M.

SFV

François Jacob

Die Logik des Lebenden

Von der Urzeugung zum genetischen Code

S. Fischer

Aus dem Französischen von Jutta und Klaus Scherrer

Titel der französischen Originalausgabe:
La logique du vivant. Une histoire de l'hérédité

Deutsche Ausgabe:

Umschlagentwurf Janorschke
Satz und Druck Buchdruckerei Göbel, Tübingen
Einband G. Lachenmaier, Reutlingen
Printed in Germany
ISBN 3 10 0356 01 2

C. F. von Weizsäcker: Vorwort

François Jacob ist den Fachleuten seit langem als der fruchtbarste Ideengeber jener molekularbiologischen Arbeitsgruppe am Institut Pasteur in Paris bekannt, aus der Jaques Monod und er selbst 1965 gemeinsam den von beiden verdienten Nobelpreis für Medizin erhielten. Das breitere Publikum interessierter Leser zeigt heute ein begreifliches Bedürfnis nach Darstellungen dieses Arbeitsgebiets aus der Feder der führenden Forscher selbst. Man wird sagen dürfen, daß von den z. T. glänzenden Büchern, die unter dem Einfluß dieses Bedürfnisses veröffentlicht worden sind, keines das hier nun auch den deutschen Lesern vorgelegte an begrifflicher Relevanz der Analyse übertrifft. Der Leser wird guttun, einige Gedankenarbeit auf diesen Text zu verwenden und – wenn er dem biologischen Fach ferner steht – noch eine primitivere Darstellung der Fakten mit zu Rate ziehen, auf die unser Verfasser als auf Bildungsgut sich bezieht.

Jacob gibt seiner Analyse eine Dimension mehr als üblich, nämlich die historische Tiefendimension. Er schreibt nicht einfach eine Darstellung zeitgenössischer Entdeckungen, sondern eine Geschichte der biologischen Begriffsbildung in der Neuzeit. Wie stets, wenn wir Geschichte genau betrachten, lernen wir die Vernunft in solchen Fragestellungen und Vorurteilen erkennen, die uns heute fernliegen, und wir begreifen unsere eigenen Fragestellungen und Vorurteile besser, indem wir sie aus denen unserer Vorgänger unter dem Druck jeweils neuer Erfahrungen und neuer Argumente sich herausbilden sehen. Greifen wir, in diesem kurzen Vorwort, alsbald die vielleicht nicht tiefste, aber am stärksten affektbesetzte Streitfrage der Deutung der glanzvollen Ergebnisse moderner Molekularbiologie heraus, eine Frage, die meist unter der Flagge des Reduktionismus segelt: Gibt es Leben als ein besonderes Phänomen oberhalb der bloßen Materie? Verschmilzt die Biologie heute mit Physik und Chemie, und wenn ja, beweist dies, daß das Leben »nichts anderes« ist als ein Zufallsprodukt im Spiel der Moleküle?

Für die empirische Wissenschaft des 16. Jahrhunderts (s. den einleitenden Abschnitt »die Zeugung« im 1. Kapitel) ist gerade die Einheit der Natur, gerade der Analogiezusammenhang zwischen Lebewesen, Organen, Metallen, Planeten, Krankheiten, Seelenkräften die Bezeugung der in ihr waltenden göttlichen Weisheit. Die Entdeckung der tiefen Kluft zwischen dem Belebten und dem Unbelebten, der Unmöglichkeit einer alljährlichen Urzeugung der niedrigeren Organismen wie der Insekten, Frösche und Mäuse aus Staub, Schlamm und Moder, die Entdeckung der Konstanz aller biologischen Arten entstammt der zunehmend verfeinerten Erfahrung des 17. und 18. Jahrhunderts und entspricht zugleich der Forderung der ordnenden und einteilenden Vernunft, die jene Zeit erhob. Die Konstanz der Arten mußte fest etabliert sein, damit der Evolutionismus des 19. Jahrhunderts eben diese Konstanz nur als eine erste Annäherung und die Abstammung aller Arten voneinander als Erklärungsprinzip ihrer Ähnlichkeiten und Unterschiede erkennen konnte. Die neuere biologische Wissenschaft nähert sich der Einheit der Natur wieder an, nicht mehr als einem Gewebe magischer Analogien, sondern in der Einheit der Grundbegriffe – Materie, Energie, Information – und der sie definierenden Gesetze, und in der Einheit der Geschichte der Natur. Der Verfasser zeigt uns in seinem Buch, wie sich dabei der Begriff des lebenden Organismus in vier zunehmend fundamentalen und darum dem Alltagsblick verborgeneren Organisationsstufen präzisiert: der sichtbaren Struktur der Lebewesen (Kap. 1), ihrer verborgenen Architektur bis zur Zelle (Kap. 2), in Chromosom und Gen (Kap. 4) und in den materiellen Trägern der organisierenden Information, den Molekülen (Kap. 5).

Jeder Schritt dieser Entwicklung unserer biologischen Begriffe ist interessant, fast jeder mußte entstandene quasi-philosophische Vorurteile verletzen. Welche verletzen wir heute? Der teleologische Rationalismus beurteilte die Zweckmäßigkeit der Organismen nach dem vertrauten Schema menschlicher Zwecksetzungen und postulierte einen anthropomorphen Gott, die wie der Mensch der Zweckbesetzung bedarf, der aber anders als der Mensch die volle Macht hat, sie auszuführen. Der antitheologische Affekt – unter Biologen häufiger als unter den vor der geheimnisvollen Schönheit der Grundgesetze verhaltenden Physikern – entzündet sich am Kampf gegen diesen doppelten Anthropomorphismus. Die objektive Zweckmäßigkeit ist älter als die hochdifferenzierten Lebewesen, die sich subjektive Zwecke setzen. Objektive Zweckmäßigkeit ist Überlebensfähigkeit der Art im Wettbewerb der Organisationsformen. Die moderne Selektionstheorie interpretiert die Entstehung des objektiv Zweckmäßigen als Werk des Zufalls. Zufällig im wissenschaftlichen Sinne sind Ereignisse, denen relative Häufigkeit gemäß den Regeln der Wahrscheinlichkeitsrechnung vorhergesagt werden kann. Das Begriffsarsenal der angewandten Wahrscheinlichkeitstheorie verweist auf Faktizität und Möglichkeit, d. h. Vergangenheit und Zukunft, also auf Zeit und Geschichte. François Jacob versteht Physik als Wissenschaft von den einfachen Teilen, Biologie als Wissenschaft von derjenigen Organisationsstufe, die wir eben Leben nennen, und sagt konsequent: »Die Biologie kann sich der Physik nicht begeben, läßt sich aber auch nicht auf sie beschränken« (S. 326). Gerade eine detaillierte Analyse aller begrifflichen Elemente dieser Organisation und ihres Werdens (vgl. z. B. die Schlußbemerkungen über Sexualität und Tod als Motoren der Evolution, S. 328) läßt erst ahnen, was der philosophische Gehalt einer solchen Wissenschaft von Organisationsstufen sein könnte.

Starnberg, im Juli 1972 C. F. von Weizsäcker

Sehen Sie dieses Ei? Mit ihm bringt man sämtliche theologischen Schulen und alle Tempel der Welt zum Einsturz.

Diderot, Gespräch mit d'Alembert

Einführung: Das Programm

Wenige Phänomene im Bereich der belebten Welt sind so augenscheinlich wie die Erzeugung des Gleichartigen durch das Gleichartige. Sehr schnell nimmt das Kind wahr, daß der Hund vom Hund abstammt und das Korn vom Korn. Sehr früh war der Mensch imstande, die Permanenz der Formen durch die Generationen hindurch zu interpretieren und auszunutzen. Der Anbau von Pflanzen, die Aufzucht von Tieren und die Versuche, sie eßbar zu machen oder sie als Haustiere zu halten, setzen bereits eine lange Erfahrung voraus. Der nutzbringenden Verwertung liegt schon eine gewisse Vorstellung von der Vererbung zugrunde. Will man reiche Ernten einbringen, dann genügt es nicht, für die Aussaat den Vollmond abzuwarten oder den Göttern zu opfern. Die Wahl der Sorten muß außerdem verstanden sein. Mit den Bauern der Vorgeschichte verhielt es sich ungefähr so wie mit dem Helden Voltaires, der behauptete, seine Feinde mittels eines raffinierten Gebräus aus Gebeten, Beschwörungen und Arsenik vernichten zu können. Wahrscheinlich war es im Bereich der belebten Welt am schwierigsten, Arsenik und Beschwörung auseinanderzuhalten. Selbst nachdem sich die Vorteile der wissenschaftlichen Methode im Bereich der physikalischen Welt endgültig durchgesetzt hatten, war noch während mehrerer Generationen das Bild, das sich die Forscher vom Ursprung der Lebewesen machten, von Glaubensvorstellungen, mythischen Anekdoten und Aberglauben geprägt. Relativ einfache Experimente genügen, um die Vorstellung von der Urzeugung und die unmöglichen Kreuzungen für falsch zu erklären. Jedoch überlebten in der einen oder anderen Form bis ins 19. Jahrhundert gewisse Aspekte der alten Mythen, nach denen der Ursprung des Menschen, der Tiere und der Erde miteinander verschmolzen war.

Die biologische Vererbung wird heute mit den Begriffen Information, Botschaft und Code umschrieben. Die Reproduktion eines Organismus wird auf die der ihn aufbauenden Moleküle zurückgeführt. Das bedeutet aber nicht, daß jede chemische Verbindung die Fähigkeit besitzt, getreue Kopien ihrer selbst zu bilden, sondern daß die Struktur der Makromoleküle bis ins Detail durch die Sequenzen von vier chemischen, in der Erbsubstanz enthaltenen Radikalen festgelegt ist. Von Generation zu Generation weitergegeben werden die »Vorschriften«, welche die molekularen Strukturen bestimmen, die Baupläne des zukünftigen Organismus sowie auch die Mittel, vermöge derer diese Pläne ausgeführt und die verschiedenen Aktivitäten des Systems aufeinander abgestimmt werden. Jedes Ei enthält in den von den Eltern erhaltenen Chromosomen seine ganze Zukunft, die Etappen seiner Entwicklung, die Form und die Eigenschaften des Wesens, das aus ihm hervorgehen wird. So wird im Organismus ein von der Vererbung vorgeschriebenes Programm verwirklicht. An die Stelle der Absicht einer *anima* tritt von nun an die Übersetzung einer Botschaft. Das Lebewesen stellt wohl die Ausführung eines Entwurfs dar, doch wurde dieser nicht von der Weltvernunft geschaffen. Es strebt nach einem Ziel, doch wurde dieses von keinem Willen bestimmt. Dieses Ziel besteht darin, für die folgende Generation ein völlig gleiches Programm vorzubereiten; und das heißt sich zu reproduzieren.

Ein Organismus ist immer nur ein Übergang, eine Etappe zwischen dem, was war, und dem, was sein wird. Die Reproduktion stellt gleichzeitig seinen Ursprung und sein Ende dar, Ursache und Ziel. Mit der Vorstellung des auf die biologische Vererbung angewendeten Programms verschwinden verschiedene Widersprüche, die die Biologie in einer Reihe von Gegensätzen zusammengefaßt hatte: Finalität und Mechanismus, Notwendigkeit und Zufälligkeit, Stabilität und Variation. In der Vorstellung vom Programm verschmelzen zwei Begriffe miteinander, die man intuitiv mit den Lebewesen in Verbindung gebracht hatte: Gedächtnis und Projekt. Gedächtnis bedeutet die von der Vererbung im Kind angelegte Erinnerung an die Eltern und Projekt den detaillierten Plan für den Aufbau eines Organismus. Diese beiden Themen standen im Mittelpunkt zahlreicher Kontroversen. Sie betreffen in erster Linie die Vererbung erworbener Merkmale. Die Vorstellung, daß das Milieu die Vererbung mitbestimmt, ist eine intuitiv natürliche Verwechslung von zwei Arten von Gedächtnis, dem genetischen und dem des Nervensystems. Das ist eine alte Geschichte, spricht doch schon die Bibel davon. Um neue Mißverständnisse mit seinem Schwiegervater zu vermeiden, bemüht sich Jakob, eine Herde von Schafen zusammenzustellen, die durch ihre Flecken und die Sprenkelung ihres Fells leicht zu erkennen sind. Er nimmt Zweige, schält aus ihnen weiße Streifen heraus und stellt sie an der Tränke auf, wo sich die Tiere begatten. »So paarten sie sich vor den Zweigen und warfen dann gefleckte und gesprenkelte Junge.« Versuche dieser Art sind bis zur Endlosigkeit durch die Jahrhunderte hindurch wiederholt worden, ohne je einen derartigen

Erfolg erzielt zu haben. Für die moderne Biologie sind die Lebewesen besonders durch ihre Fähigkeit gekennzeichnet, vergangene Erfahrung festzuhalten und weiterzugeben. Jeder der beiden Bruchstellen in der Evolution – zunächst der Entstehung des Lebenden, dann der des Denkens und der Sprache – entspricht die Entwicklung eines Gedächtnismechanismus: der der Vererbung und der des Gehirns. Zwischen beiden Systemen bestehen gewisse Analogien, denn beide wurden selektioniert, um die vergangene Erfahrung anzureichern und sie weiterzugeben; ferner deshalb, weil sich die aufgezeichnete Information nur in dem Maße fortpflanzt, in dem sie von jeder Generation reproduziert wird. Nichtsdestoweniger geht es hier aber um zwei ihrer Natur und der Logik ihrer Operationen nach verschiedene Systeme. Dank der Anpassungsfähigkeit seiner Mechanismen eignet sich das physiologische Gedächtnis – ganz im Gegensatz zum starren genetischen Gedächtnis – besonders gut zur Transmission erworbener Eigenschaften.

Das genetische Programm besteht aus dem Ineinandergreifen von wesentlich unveränderlichen Elementen. Bedingt durch ihre Struktur ist die genetische Botschaft nicht durch äußere Interventionen beeinflußbar. Ob chemisch, ob mechanisch, ereignen sich alle Phänomene, die zur Veränderung der Organismen und Populationen beitragen, ohne ihren Wirkungen Rechnung zu tragen. Sie treten ohne jede Rücksicht auf die Anpassungsbedürfnisse des Organismus auf. Eine Mutation hat »Ursachen«, die ein chemisches Radikal verändern, ein Chromosom zerbrechen und zu einer Inversion eines Segments Nukleinsäure führen. Doch in keinem Fall spielt dabei eine Beziehung zwischen Ursache und Wirkung der Mutation eine Rolle. Dieses zufällige Zusammentreffen beschränkt sich nicht nur auf die Mutationen. Es trifft auch auf jedes der Stadien zu, in denen das Erbgut eines Individuums gebildet wird, auf die Segregation der Chromosomen, auf ihre Rekombination, auf die Wahl der an der Befruchtung beteiligten Gameten und weitgehend sogar auch auf die der sexuellen Partner. Bei keinem dieser Vorgänge besteht der geringste Zusammenhang zwischen einem bestimmten Faktum und seiner Auswirkung. Für jedes Individuum ergibt sich das Programm aus einer Kaskade von Ereignissen, die alle zufällig sind. Es liegt im Wesen des genetischen Codes, daß unter dem Einfluß seiner Wirkung oder seines Milieus keinerlei absichtliche Veränderung des Programms erfolgt. Was unter dem Diktat der Botschaft entsteht, kann auf diese keinerlei Einfluß ausüben. Das Experiment erteilt dem Programm keine Ratschläge.

Das Projekt ist ebenfalls eine von der Intuition seit langem mit dem Organismus in Verbindung gebrachte Vorstellung. Solange die lebende

Welt sozusagen ein extern gesteuertes System darstellte, solange sie durch eine höchste Macht von außen verwaltet wurde, waren weder Ursprung noch Finalität der Lebewesen problematisch; sie blieben mit Ursprung und Finalität des Universums verschmolzen. Doch nachdem zu Beginn des 17. Jahrhunderts die moderne Physik entstand, sah sich die Erforschung der Lebewesen vor einen Widerspruch gestellt. Seitdem ist der Gegensatz zwischen der mechanistischen Interpretation des Organismus einerseits und der augenscheinlichen Finalität gewisser Phänomene wie der Entwicklung eines Eis zum ausgewachsenen Wesen oder des Verhaltens eines Tiers andererseits nur noch größer geworden. Claude Bernard faßt diesen Gegensatz wie folgt zusammen: »Auch wenn man der Wahrheit entsprechend zugibt, daß sich die Phänomene des Lebens von physikalisch-chemischen Gegebenheiten herleiten, so ist doch damit das Problem in seiner Gesamtheit nicht geklärt; denn die nach einem zuvor festgelegten und vorhergesehenen Plan erfolgende Bildung von Lebewesen beruht nicht etwa auf einem zufälligen Zusammentreffen von physikalisch-chemischen Phänomenen ... Die Phänomene des Lebens sind zwar rigoros festgelegten physikalisch-chemischen Bedingungen unterworfen, gleichzeitig aber ordnen sie sich einander unter und folgen sich in einer Verkettung und nach einem zuvor festgelegten Gesetz: in Ordnung, Regelmäßigkeit und Beständigkeit wiederholen sie sich ewig und stimmen sie sich untereinander ab mit dem Ziel der Organisation und des Wachstums des Individuums, sei es Tier oder Pflanze. Von jedem Wesen und von jedem Organ gibt es so etwas wie einen vorherbestimmten Entwurf, so daß, einzeln betrachtet, jedes Phänomen ihrer Organisation den Hauptkräften der Natur tributpflichtig ist; in seinen Beziehungen zu den anderen Wesen betrachtet, wird eine besondere Kraft sichtbar, die es gewissermaßen wie ein unsichtbarer Wille auf den für ihn bestimmten Weg zu leiten und auf den von ihm eingenommenen Platz zu führen scheint.«[1] Auch heute ist kein Wort dieser Zeilen zu verändern. Sie enthalten keine Formulierung, die die moderne Biologie nicht unterschreiben könnte. Doch hat die Beschreibung der Vererbung als ein in einer Sequenz von chemischen Radikalen chiffriertes Programm den von Bernard dargelegten Widerspruch ganz einfach verschwinden lassen.

In einem Lebewesen ist alles auf die Fortpflanzung hin angelegt. Von welch anderem Schicksal könnten eine Bakterie, eine Amöbe, ein Farn träumen, als zwei Bakterien, zwei Amöben, mehrere Farne zu werden? Wenn es heute Lebewesen auf der Erde gibt, dann nur deshalb, weil sich seit mehr als zwei Milliarden Jahren andere Wesen hartnäckig fortgepflanzt haben. Man stelle sich eine noch unbewohnte Welt vor. Es ist denkbar, daß in ihr Systeme entstehen können, die gewisse Eigenschaften des Lebenden besitzen wie die Fähigkeit, auf gewisse Reize zu reagieren, zu assimilieren, zu atmen, ja sogar zu wachsen, jedoch nicht sich zu reproduzieren. Handelt es sich hier um lebende Systeme? Jedes von ihnen ist die Frucht einer langen und mühseligen Entwicklung. Jede Geburt bedeutet ein in sich abgeschlossenes Ereignis ohne Zukunft. Jedes Mal ist es ein Neubeginn. Immer der Willkür irgendwelcher lokaler Katastrophen preisgegeben, können derartige Organisationen überhaupt nur von kurzlebiger Dauer sein. Darüber hinaus ist ihre Struktur von vornherein starr und ohne Möglichkeit zur Veränderung festgelegt. Entwickelt sich hingegen ein System mit der Fähigkeit der Reproduktion, und sei diese auch mühsam, langsam und kostspielig, so ist ein derartiges System doch zweifellos lebendig. Es wird sich dort ausbreiten, wo es ihm die Bedingungen gestatten. Je mehr es sich verbreitet, desto weniger ist es Katastrophen ausgeliefert. Ist einmal die lange Inkubationsperiode vorbei, so pflanzt sich diese Organisation durch die Wiederholung identischer Vorgänge immerwährend fort. Der erste Schritt ist ein für alle Male gemacht. Doch wird für ein derartiges System die Reproduktion, die eigentliche Ursache der Existenz, auch ihr Ziel. Es ist dazu verurteilt, sich zu reproduzieren oder zu verschwinden. Und man kennt Wesen, die während einer ungeheuren Anzahl von Generationen unveränderlich aufeinander gefolgt sind. Es gibt einjährige Pflanzen, die sich während Millionen von Jahren, d. h. während mindestens ebenso vieler aufeinander folgender Zyklen in nichts verändert haben. Die Pfeilschwänze sehen heute noch so aus wie die Fossilien des Mesozoikums. Das bedeutet, daß sich während dieser ganzen Zeit das Programm nicht verändert hat, daß jede Generation gewissenhaft ihren Zweck erfüllt hat, der darin bestand, das Programm für die nachfolgende Generation genau zu reproduzieren.

Doch wenn sich darüber hinaus in dem System ein Ereignis vollzieht, das das Programm »verbessert« und in der einen oder der anderen Form die Reproduktion bestimmter Nachkommen erleichtert, so erben diese ganz selbstverständlich die Fähigkeit, sich besser zu vermehren. Die Finalität des Programms läßt somit gewisse Veränderungen zu Anpassungsfaktoren werden. Denn die Variabilität ist eine Eigenschaft, die der eigentlichen Natur des Lebenden, der Struktur des Programms und der Weise, wie es in jeder Generation kopiert wird, zugrunde liegt. Die Veränderungen des Programms geschehen blindlings. Eine Auswahl wird erst hinterher getroffen, da jeder auftretende Organismus sofort durch die Reproduktion auf die Probe gestellt wird. Der berühmte »Kampf ums Dasein« stellt letzten Endes nichts anderes dar

als einen endlosen Wettbewerb um die Nachfolge, der mit jeder Generation wieder von neuem beginnt. In diesem ewigen Wettstreit gibt es stets nur ein einziges Kriterium – die Fruchtbarkeit. Im Verlaufe eines subtilen Wechselspiels zwischen den Bevölkerungen und ihrem Milieu siegen automatisch die Fruchtbarsten. Da die Reproduktion immer diejenigen begünstigt, die die meisten Nachkommen haben, treibt sie die Populationen letztlich in ganz bestimmte Richtungen. Die natürliche Selektion bringt lediglich die der Multiplikation der Organismen zum Ausdruck durch die ihrer Umgebung auferlegte Regulation. Wenn sich die belebte im Gegensatz zur unbelebten Welt entwickelt, wenn sie sich nicht in Richtung vermehrter Unordnung, sondern auf eine wachsende Ordnung zu bewegt, so dank der den Lebewesen auferlegten Forderung, sich immer mehr und immer besser zu reproduzieren. Das Gebot der Reproduktion läßt genau das, was ein inertes System unfehlbar zum Zerfall bringen würde, im Bereich des Lebenden zu einer Quelle von Neuheit und Mannigfaltigkeit werden.
Der Begriff des Programms gestattet eine klare Unterscheidung zwischen den beiden Ordnungsebenen zu treffen, die die Biologie in die Welt des Lebenden einzusetzen trachtet. Im Gegensatz zu einer häufig anzutreffenden Vorstellung ist die Biologie keine einheitliche Wissenschaft. Die Verschiedenartigkeit ihrer Objekte, die Divergenz ihrer Interessen, die Mannigfaltigkeit ihrer Techniken führt zwangsläufig zu einer Mehrung der Disziplinen. An den beiden Polen dieses Systems lassen sich zwei Haupttendenzen, zwei Anschauungen unterscheiden, die sich im Grunde radikal widersprechen. Die erste dieser Anschauungen kann als integristisch oder evolutionistisch bezeichnet werden. Für sie kann der Organismus nicht in seine Bestandteile zerlegt werden. Darüber hinaus ist es oft notwendig, den Organismus als Element eines Systems höherer Ordnung, Gruppe, Art, Population oder ökologischer Familie zu betrachten. Diese Biologie interessiert sich für die Gemeinschaften, für Verhaltensweisen, für die Beziehungen, die die Organismen unter sich oder mit ihrem Milieu eingehen. Sie sucht in den Fossilien nach Spuren für das Auftauchen der heute lebenden Formen. Unter dem Eindruck der unglaublichen Mannigfaltigkeit der Wesen analysiert sie die Struktur der lebenden Welt, sucht sie nach der Ursache für die heute vorhandenen Charaktere, beschreibt sie die Anpassungsmechanismen. Ihr Ziel ist, die Kräfte und Wege zu definieren, die die lebenden Systeme zu der heutigen Fauna und Flora geführt haben. Für den ganzheitlich denkenden Biologen sind Organ und Funktion nur im Rahmen einer Gesamtheit von Interesse, die nicht nur durch den Organismus, sondern durch die Art mit ihrem Gefolge von Sexualität, Opfer,

Feinden, Kommunikation und Riten konstituiert ist; er lehnt die Anschauung ab, nach der sich *alle* Eigenschaften eines Lebewesens, sein Verhalten, seine Leistungen einzig und allein durch die molekularen Strukturen erklären lassen. Seiner Meinung nach läßt sich die Biologie nicht auf Physik und Chemie zurückführen. Nicht, daß er sich auf eine unerfaßbare Lebenskraft beziehen wollte. Vielmehr läßt die Integration den Systemen auf allen Ebenen Eigenschaften zukommen, die in ihren einzelnen Elementen nicht vorhanden sind. Das Ganze ist mehr als die Summe seiner Teile.

Am anderen Pol der Biologie findet sich die entgegengesetzte Anschauung, die atomistisch oder reduktionistisch genannt werden kann. Für sie ist der Organismus zwar ein Ganzes, das jedoch nur durch die Eigenschaften der Teile erklärt werden kann. Sie interessiert sich für Organ, Gewebe, Zelle und Moleküle. Die atomistische Biologie versucht, die Funktionen einzig und allein aus den Strukturen abzuleiten. Unter dem Eindruck der Einheit in der Zusammensetzung und der Funktion, die sie hinter der Mannigfaltigkeit der Lebewesen beobachtet, sieht sie in den Leistungen des Organismus einfach den Ausdruck der chemischen Reaktionen, die in ihm stattfinden. Der atomistische Biologe will die Bestandteile eines Lebewesens isolieren und Bedingungen für ihre Untersuchung im Reagenzglas finden. Er ist bestrebt, durch die Veränderungen dieser Bedingungen, die Wiederholung der Versuche, die Präzisierung eines jeden Parameters das System zu beherrschen und aus ihm die Variablen zu eliminieren. Sein Wunsch besteht darin, die Komplexität so weit wie möglich zu zerlegen, um die Elemente mit dem gleichen Ideal der Klarheit und Gewißheit zu analysieren, das die Experimente der Physik und Chemie auszeichnet. Für ihn gibt es keine Eigenschaft des Organismus, die nicht letztlich in Begriffen von Molekülen und ihren Wechselwirkungen beschrieben werden könnte. Gewiß geht es ihm nicht darum, die Phänomene der Integration und des plötzlichen Entstehens zu leugnen. Ohne Zweifel kann das Ganze Eigenschaften besitzen, die den einzelnen Bestandteilen fehlen. Aber diese Eigenschaften leiten sich allein aus der Struktur dieser Bestandteile und aus ihrer Anordnung ab.

Die Verschiedenheit dieser beiden Anschauungen ist offensichtlich. Sie unterscheiden sich nicht nur in Methode und Ziel, sondern auch in Sprache, konzeptuellen Schemata und dadurch sogar in den kausalen Erklärungen der lebenden Welt. Die eine Anschauung beschäftigt sich mit den entfernten Ursachen, dank derer die Geschichte der Erde und der Lebewesen während Millionen von Generationen Einfluß nahm. Im Gegensatz hierzu beschäftigt sich die andere Anschauung mit den unmittelbaren Ursachen, die die Bestandteile des Organismus, sein Funktionieren und seine Reaktionen auf das, was ihn umgibt, wirksam werden lassen. Die Verwechslung dieser beiden Anschauungen der Biologie hat zu zahlreichen Kontroversen und Mißverständnissen geführt, die besonders die Finalität der Lebewesen betreffen. Beide Anschauungen trachten danach, in der belebten Welt eine Ordnung zu errichten. Der einen geht es um die Ordnung, durch die sich die Wesen verbinden, in der sich Verkettungen ergeben und spezifische Arten abzeichnen; der anderen um die Ordnung zwischen den Strukturen, durch die die Funktionen bestimmt werden, sich die Aktivitäten aufeinander abstimmen und sich der Organismus integriert. Betrachtet die erste die Lebewesen als Elemente eines weiten, die gesamte Erde einbeziehenden Systems, so interessiert sich die zweite für das System, das jedes Lebewesen darstellt. Die eine ist bestrebt, eine Ordnung unter den Organismen zu erstellen, der anderen geht es um die Ordnung innerhalb des Organismus. Beide Ordnungen fügen sich auf der Ebene der Vererbung zusammen, welche sozusagen die Ordnung der biologischen Ordnung darstellt. Wenn die Arten beständig sind, so deshalb, weil das Programm gewissenhaft, Zeichen für Zeichen, von einer Generation zur anderen kopiert wird. Wenn sich die Arten verändern, so deshalb, weil sich das Programm von Zeit zu Zeit modifiziert. Einerseits geht es also um die Analyse von Struktur, Logik und Ausführung des Programms. Andererseits ist es wichtig, die Geschichte der Programme zu erforschen, ihre Abweichung und die Gesetze, die die Programmveränderungen durch die Generationen hindurch in Funktion der ökologischen Systeme bestimmen. Doch beweist die Finalität der Reproduktion in allen Fällen sowohl die Struktur der heute lebenden Systeme als auch ihre Geschichte. Der einfachste Organismus, die einfachste Zelle, das einfachste Proteinmolekül ist das Ergebnis einer Versuchsreihe, die sich ohne Unterbruch während zwei Milliarden Jahren fortgesetzt hat. Welche andere Bedeutung könnte wohl ein Mechanismus haben, der die Produktion eines Metaboliten durch eine Zelle steuert, wenn nicht die eines ökonomischen Haushalts in der Produktion und von Energie? Oder welche andere Bedeutung könnte die Wirkung eines Hormons auf das Verhalten eines Fisches haben, als ihn seine Nachkommenschaft beschützen zu lassen? Ein Hämoglobinmolekül ändert seine Struktur in Abhängigkeit vom Sauerstoffdruck mit einem ganz bestimmten Zweck. Dasselbe ist der Fall, wenn eine Zelle der Nebenniere Cortison herstellt, wenn das Froschauge die sich vor ihm bewegenden Formen bemerkt, wenn die Maus vor der Katze flieht oder wenn sich der männliche Vogel vor dem Weibchen aufspielt. In allen diesen Fällen geht es um eine Eigenschaft, die dem Organismus einen Vorteil im Wettbewerb um die Nachkommenschaft gewährt. Dem Milieu angepaßt zu reagieren, einem mächtigen Feind, einem möglichen sexuellen Partner entgegenzutreten heißt nichts anderes als sich anzupassen. Im Verlaufe der natürlichen Auslese wird ein genetisches Programm, das derartige Reaktionen automatisch ablaufen läßt, einem anderen ohne derartige Reaktionen überlegen sein. Ebenso wird ein Programm die Oberhand gewinnen, das mittels verschiedener Regulationssysteme erlaubt, ein bestimmtes Verhalten zu erlernen und es zu adaptieren. In allen Fällen wirkt die Reproduktion als Hauptprogrammierer der lebenden Welt. Einerseits setzt sie jedem Organismus ein Ziel, andererseits gibt sie der Geschichte der Organismen, ohne daß diese ein Ziel hätte, eine Richtung. Lange verhielt sich der Biologe zur Teleologie wie zu einer Frau, auf die er nicht verzichten kann, aber in deren Gesellschaft er nicht öffentlich gesehen werden möchte. Dieser heimlichen Liaison gibt jetzt die Vorstellung des Programms ein legales Statut.

Die moderne Biologie will die Eigenschaften des Organismus aus der Struktur der ihn aufbauenden Moleküle erklären. In diesem Sinn entspricht sie einem neuen Zeitalter des Mechanismus. Das Programm ist ein den elektronischen Rechenmaschinen entliehenes Modell. Es stellt das genetische Material im Ei dem magnetischen Band eines Computers gleich. Es bedingt eine Reihe durchzuführender Operationen, die Starrheit ihres zeitlichen Ablaufs und den ihnen zugrunde liegenden Zweck. In Wirklichkeit unterscheiden sich diese beiden Arten von Programmen in vielerlei Hinsicht, in erster Linie in bezug auf ihre Eigenschaften. Das eine verändert sich beliebig, das andere nicht: einem magnetischen Programm wird Information in Funktion der erhaltenen Resultate hinzugefügt oder gelöscht; dagegen ist die Struktur der Nukleinsäure der erworbenen Erfahrung unzugänglich und bleibt im Verlaufe der Generationen unverändert. Die beiden Programme unterscheiden sich auch in ihrer Bedeutung und in den Wechselbeziehungen, die sie mit den ausführenden Organen verbinden. Die Maschine enthält keine Instruktionen, die auf ihre physikalischen Strukturen oder auf die sie aufbauenden Bestandteile Einfluß hätten. Im Gegensatz hierzu bestimmen die Instruktionen des Organismus den Aufbau seiner eigenen Bestandteile, d. h. der Organe, die mit der Durchführung des Programms beauftragt sind. Auch wenn sich eine Maschine konstruieren ließe, die fähig wäre, sich zu reproduzieren, würde diese doch nur Kopien dessen hervorbringen, was sie selbst im Augenblick des Kopierens ist. Jede Maschine nutzt sich mit der Zeit ab. Zwangsläufig würden die Töchter mit der Zeit etwas weniger vollkommen werden als die

Mütter. Mit jeder Generation würde das System etwas mehr in Richtung auf die statistische Unordnung zutreiben. Das Geschlecht wäre zum Tode bestimmt. Beim Lebewesen entsteht jedoch im Augenblick der Zeugung nicht einfach eine genaue Kopie der Eltern, ein neues Wesen wird erschaffen. Das bedeutet von einem Ausgangszustand aus eine Reihe von Vorgängen einzuleiten, die zum Zustand der Eltern führen. Wenn auch nicht gerade mit dem Nullpunkt, so beginnt doch jede Generation wieder mit dem lebensnotwendigen Minimum, d. h. von neuem mit der Zelle. Das Programm enthält alle Vorgänge, die jedesmal den ganzen Zyklus durchlaufen und jedes Individuum von der Jugend zum Tod führen. Darüber hinaus wird aber nicht alles vom genetischen Programm starr fixiert. Sehr häufig zieht dieses nur die Grenzen für den Einfluß der Umwelt, oder es befähigt sogar den Organismus zu reagieren und zu der angeborenen noch zusätzliche Information zu erwerben. Phänomene wie die Regeneration oder beim Individuum durch das Milieu induzierte Veränderungen weisen deutlich auf eine gewisse Flexibilität bei der Interpretation des Programms hin. Je komplizierter die Organismen werden und je wichtiger ihr Nervensystem wird, desto mehr verleihen ihnen die genetischen Instruktionen neue Möglichkeiten, wie die Fähigkeit sich zu erinnern oder zu lernen. Aber das Programm greift auch noch bei diesen Phänomenen ein. So manifestiert es sich beim Lernen, indem es seinen Gegenstand und seinen Zeitpunkt im Verlaufe des Lebens festlegt. Oder es manifestiert sich im Gedächtnis, um die Natur der Erinnerungen, ihre Anzahl und ihre Dauer zu begrenzen. Folglich richtet sich die Starrheit des Programms nach der jeweiligen Programmierung. Gewisse Instruktionen werden buchstabengetreu ausgeführt, andere treten als Fähigkeiten oder als Potentialitäten in Erscheinung. Im Grunde aber bestimmt das Programm den Grad seiner Anpassungsfähigkeit und die Skala der möglichen Variationen selber.

Es handelt sich hier um Vererbung und Fortpflanzung. Es geht um die Wandlungen, durch die sich nach und nach die Anschauung von der Natur der Lebewesen, ihrer Struktur und ihrer Permanenz im Verlauf der Generationen verändert hat. Ein Biologe hat zwei Möglichkeiten, die Geschichte seiner Wissenschaft ins Auge zu fassen. Er kann sie zunächst als die Aufeinanderfolge der Ideen und als ihre Genealogie auffassen. In diesem Falle sucht er den roten Faden, der das Denken bis zu den heute geltenden Theorien hin durchzieht. Diese Geschichte der Wissenschaft wird sozusagen von rückwärts aufgerollt, indem man von der Gegenwart aus in die Vergangenheit extrapoliert. Schritt für Schritt wählt man die Vorgängerin der geltenden Hypothese, dann die Vorgängerin der Vorgängerin und so fort. Durch dieses Vorgehen werden die Ideen unabhängig und verhalten sich ein wenig wie Lebewesen; sie entstehen, zeugen und sterben. Ihre Überzeugungskraft kann ansteckend wirken und überhandnehmen. Diese Entwicklung der Ideen kann einer natürlichen Selektion unterworfen sein, die auf einem Kriterium der theoretischen Interpretation beruht, also praktisch verwertbar ist. Oder sie stützt sich einzig auf die Teleologie der Vernunft. Gemäß dieser Betrachtungsweise beginnt z. B. die Vorstellung von der Urzeugung mit den Experimenten Francisco Redis zu verblassen. Mit den Versuchen Spallanzanis verliert sie noch mehr an Boden, um schließlich mit Pasteurs Untersuchungen gänzlich zu verschwinden. Doch ist dann unverständlich, warum man darauf warten muß, daß Pasteur die Arbeiten Spallanzanis wiederholt, um daraus trotz allen Verbesserungen dann doch nur dieselben Schlüsse zu ziehen. Ebenso unverständlich ist, warum Needham Spallanzani repetiert, dabei zu entgegengesetzten Ergebnissen kommt und daraus entgegengesetzte Schlußfolgerungen zieht. Dasselbe gilt für die Evolutionstheorie. Man kann in Lamarck den Vorgänger Darwins sehen, in Buffon den Lamarcks, in Benoît de Maillet den Buffons und so fort. Doch man fragt sich dann, warum diejenigen, die wie Goethe, Erasmus Darwin oder Geoffroy Saint-Hilaire zu Beginn des 19. Jahrhunderts nach Argumenten für die Entwicklungstheorie suchten, die Ideen Lamarcks fast gänzlich vernachlässigten.

Es gibt jedoch eine andere Möglichkeit, die Geschichte der Biologie zu betrachten. Sie erforscht die Art und Weise, auf welche die Objekte der Analyse zugänglich geworden sind und somit neuen Gebieten der Wissenschaften zum Durchbruch verhalfen. In diesem Falle müssen die Natur dieser Objekte, die Haltung der Forscher und ihre Beobachtungsweise, schließlich die Hindernisse, die ihnen ihre eigene zeitbedingte Bildung in den Weg stellt, geklärt werden. Die Bedeutung einer Konzeption hängt von ihrem operativen Wert ab, von der Aufgabe, die sie für die Ausrichtung von Beobachtung und Experiment hat. Eine mehr oder weniger lineare Folge von Ideen, in der die eine die andere Idee erzeugt, wird dann unmöglich. Dafür gibt es einen ganzen Bereich, um dessen Erforschung sich das Denken bemüht. Es versucht darin eine Ordnung aufzustellen und eine Welt abstrakter Relationen zu schaffen, die nicht nur mit den Beobachtungen und Techniken, sondern auch mit den geltenden Gebräuchen, Werten und Interpretationen übereinstimmen. Die einst verschmähten Ideen erhalten oft genausoviel

Bedeutung wie diejenigen, in denen sich die heutige Wissenschaft erkennt. Hindernisse sind oft genauso bedeutend wie geebnete Wege. Die Erkenntnis operiert hier auf zwei Ebenen. Jede Epoche ist durch den Bereich des Möglichen gekennzeichnet, der nicht nur von den gerade geltenden Theorien oder Glaubensvorstellungen bestimmt wird, sondern vor allem von der Natur der der Analyse zugänglichen Objekte, von dem zu ihrer Erforschung notwendigen Instrumentarium, von der Art und Weise sie zu beobachten und über sie zu sprechen. Die Logik kann sich nur innerhalb dieses Bereichs entwickeln. In diesem Rahmen können die Ideen spielen, sich erproben und bekämpfen. Von allen möglichen Formulierungen muß jetzt diejenige ausgewählt werden, die den Ergebnissen der Analyse am ehesten gerecht wird. Dort spielt das Individuum eine Rolle. Doch in dieser endlosen Diskussion über das, was ist und was sein kann, in der Suche nach einem Riß, durch den sich eine andere mögliche Form offenbart, bleibt der dem Individuum überlassene Spielraum manchmal sehr eng. Und je größer die Anzahl der Wissenschaftler wird, desto geringer wird die Bedeutung des Individuums. Wenn eine Beobachtung nicht hier und heute gemacht wird, so wird sie oft morgen anderswo gemacht. Man kann sich lange fragen, was aus dem wissenschaftlichen Denken geworden wäre, wenn Newton Äpfel gepflückt hätte, Darwin Hochseekapitän gewesen wäre und Einstein den Beruf seiner resignierten Träume – Klempner zu sein – ausgeübt hätte. Im schlimmsten Falle hätten Gravitations- und Relativitätstheorie einige Jahre Verspätung gehabt, was noch nicht einmal für die Evolutionstheorie gilt, die Wallace zur gleichen Zeit wie Darwin darlegte. Kommt eine Anschauung wie die von Mendel zu früh, wird sie von niemand beachtet. Wird sie für die kleine Zahl von Spezialisten erfaßbar, dann findet man sie gleichzeitig an vielen Orten. Einmal anerkannt, tragen jedoch die wissenschaftlichen Theorien mehr als alle anderen Theorien dazu bei, den Bereich des Erfaßbaren zu reorganisieren, die Betrachtungsweise der Dinge zu modifizieren und neue Beziehungen oder neue Objekte in Erscheinung treten zu lassen, kurz, die geltende Ordnung zu ändern.

Diese Art, die Evolution einer Wissenschaft wie der Biologie zu betrachten, unterscheidet sich grundsätzlich von der zuvor erwähnten. Es geht nicht mehr darum, den Königsweg der reinen Ideen aufzufinden; nicht mehr darum, den Weg nachzuzeichnen, den eine Entwicklung in Richtung darauf genommen hat, was heute als Lösung erscheint; nicht mehr darum, die heute geltenden rationalen Werte zu verwenden, um die Vergangenheit zu interpretieren und in dieser die Andeutung der Gegenwart zu suchen. Vielmehr geht es darum, die Etappen des Wissens zu ermitteln, ihre Wandlungen zu präzisieren und die Bedingungen aufzudecken, die Objekte und Interpretationen in den Bereich des Wahrscheinlichen rücken. Die Eliminierung der Vorstellung von der Urzeugung ist somit nicht mehr ein nahezu linearer Prozeß, der von Redi über Spallanzani zu Pasteur führt. Darwin ist nicht mehr einfach der Sohn Lamarcks und der Enkel Buffons. Das Verschwinden des Glaubens an die Urzeugung und das Auftreten einer Evolutionstheorie werden zu Emanationen des gesamten Denkens der Mitte des 19. Jahrhunderts. Die Kenntnis von den Lebewesen bezieht die Vorstellungen vom Leben und die einer geschichtlichen Entwicklung mit ein. Voraussetzung ihres Auftretens ist die Definition der Art, der vollzogene Bruch zwischen Organischem und Anorganischem und die Beseitigung der Reihe von Übergängen, die von den einfachsten Organismen unmerklich zu den hochkomplexen führten. Letzten Endes haben Linné und Cuvier mit ihrer Starrheit, ihrem Dogmatismus und ihrer Hartnäckigkeit, nur die Unveränderlichkeit der Gattungen in Betracht zu ziehen, mindestens so viel zur Eliminierung der Urzeugung beigetragen wie Redi und Spallanzani mit ihren Experimenten. Dadurch, daß Cuvier mit dem alten Mythos von einer Kette von Lebewesen brach, hat er vielleicht mehr für die Grundlagen der Evolutionstheorie geleistet als Lamarck mit seiner Verallgemeinerung der Entwicklungstheorie im 18. Jahrhundert.

Die Biologie kennt eine große Anzahl von Verallgemeinerungen, jedoch nur wenige Theorien. Letztere werden an Bedeutung von der Evolutionstheorie überragt, weil sie in den verschiedensten Gebieten eine große Anzahl von Beobachtungen zusammenbringt, die ohne sie isoliert bleiben würden. Sie verbindet alle Disziplinen miteinander, die sich mit den Lebewesen beschäftigen. Sie errichtet eine Ordnung in der außerordentlichen Vielfalt der Organismen und verbindet diese mit der übrigen Welt. Kurz, die Evolutionstheorie liefert der lebenden Welt und ihrer Heterogenität eine kausale Erklärung. Das Wesen der Evolutionstheorie läßt sich in zwei Thesen zusammenfassen: Zum einen gehen alle Organismen – ausgestorbene, gegenwärtige und zukünftige – auf ein einziges oder einige wenige lebende Systeme zurück, die spontan entstanden sind; zum anderen stammen die einen von den anderen Arten nach dem Prinzip der natürlichen Selektion im Fortpflanzungsprozeß ab. Als wissenschaftliche Theorie ist die Evolutionslehre mit dem schwerwiegendsten Fehler belastet: da sie auf der Geschichte basiert, ist sie keiner unmittelbaren Überprüfung zugänglich. Wenn sie im Gegensatz zum Magischen oder Religiösen aber doch einen wissenschaftlichen Charakter hat, so deshalb, weil sie dem eventuellen Dementi der

Erfahrung unterworfen bleibt. Die Formulierung der Evolutionstheorie bringt das Risiko mit sich, eines Tages von irgendeiner Beobachtung Lügen gestraft zu werden. Doch bisher haben die meisten von der Biologie aufgestellten Verallgemeinerungen einfach gewisse Aspekte der Evolutionstheorie reflektiert und sie bestätigt. Das trifft besonders auf eine ganze Reihe von Behauptungen folgender Art zu: alle Lebewesen sind aus Zellen aufgebaut; alle Lebewesen verwenden dieselben optischen Isomeren; die genetische Information eines Organismus ist in der Desoxyribonukleinsäure (DNS) enthalten; die für ein Lebewesen notwendige Energie stammt aus Reaktionen, in denen die Phosphorylierungen an die Verwendung einer chemischen Verbindung oder von Licht gebunden sind. Physiologie und Biochemie haben im Laufe dieses Jahrhunderts vor allem die Einheit von Aufbau und Funktion in der lebenden Welt nachgewiesen. Trotz der Diversität der Formen und der Varietät der Leistungen verwenden alle Organismen dieselben Stoffe, um gleichartige Reaktionen durchzuführen. Als ob die lebende Welt in ihrer Gesamtheit immer dieselben Bestandteile und Rezepte verwenden würde und außer beim Kochen und Würzen keine Phantasie beisteuerte. Es muß also angenommen werden, daß die Natur im Laufe der Evolution an das Rezept gebunden bleibt, das sich einmal als das beste bewährt hat. Zur Interpretation seiner Resultate muß sich heute jeder auf Organismen, Zellen oder Moleküle spezialisierte Biologe früher oder später auf die Evolutionstheorie berufen. Die anderen von der Biologie konzipierten Theorien wie die Leitfähigkeit der Nerven oder die Vererbung sind im allgemeinen von größter Einfachheit und erfordern nur wenig Abstraktion. Taucht ein abstrakter Begriff wie das Gen auf, so hat der Biologe keine Ruhe, bis er diesen Begriff durch materielle Elemente, Partikel oder Moleküle substituiert hat. Als ob sich eine Theorie auf ein konkretes Modell beziehen müßte, um in der Biologie Bestand zu haben.

Die Möglichkeit der Analyse neue Objekte zu erschließen, hat die Erforschung der Lebewesen wahrscheinlich am stärksten umgestaltet. Das ist nicht immer die Folge einer neuen, die sensorische Ausrüstung verstärkenden Technik, sondern viel eher das Ergebnis einer Veränderung in der Weise, den Organismus zu betrachten, zu befragen und Fragen zu formulieren, die die Beobachtung beantworten muß. Sehr oft geht es um eine ganz einfache Veränderung der Beleuchtung, die ein Hindernis verschwinden oder einen besonderen Aspekt eines Objekts, eine bisher unsichtbare Beziehung aus dem Schatten hervortreten läßt. Das Instrument, das am Ende des 18. Jahrhunderts plötzlich den Vergleich zwischen einem Pferdelauf und dem Menschenbein möglich werden und Struktur- und Funktionsanalogien auftauchen ließ, war durchaus nicht neuartig. Zwischen der Hand Fernels, der das Wort Physiologie konzipiert, und der Hand Harveys, der den Blutkreislauf dem Experiment zugänglich gemacht hat, hat sich weder Form noch Leistung des Skalpells verbessert. Diejenigen, die sich während des ganzen 19. Jahrhunderts bis hin zu Mendel mit der Vererbung befassen, unterscheiden sich nur geringfügig in bezug auf die Wahl der Versuchsobjekte und im Hinblick auf das, was beobachtet und vor allem was vernachlässigt wird. Wenn Mendels Werk während mehr als dreißig Jahren unbeachtet blieb, so deshalb, weil weder die professionellen Biologen noch die Züchter und Gärtner schon fähig waren, sich Mendels Anschauungen anzueignen. »Die Gott suchen finden ihn« sagte Pascal. Allerdings findet man immer nur den Gott, den man sucht.

Selbst ein unvermittelt die Erkenntnisfähigkeit der Sinne verfeinerndes Instrument stellt nur die praktische Anwendung einer abstrakten Konzeption dar. Das Mikroskop entsteht aus der Anwendung der physikalischen Theorien des Lichts. Um aus einem bisher unsichtbaren Körper einen Gegenstand der Analyse zu machen, genügt es nicht, ihn zu »sehen«. Als Leeuwenhoek zum erstenmal einen Wassertropfen unter einem Mikroskop betrachtet, findet er darin eine unbekannte Welt vor: ein Gewimmel von Formen, lebende Wesen, eine ganz unerwartete Tierwelt, die das Instrument der Beobachtung plötzlich zugänglich macht. Aber das damalige Denken kann mit dieser Welt nichts anfangen. Es hat keine Verwendung für diese mikroskopischen Wesen und findet keine Beziehung, um sie in die übrige belebte Welt einzufügen. Diese Entdeckung dient lediglich als Gesprächsgegenstand. Daß solch kleine, mit dem bloßen Auge nicht wahrnehmbare Wesen leben, schwimmen und sich bewegen können, ist zunächst ein Grund des Staunens, der geeignet wäre – sofern das überhaupt noch notwendig ist –, Macht und Freigebigkeit der Natur zu beweisen. Ferner wird es ein Unterhaltungsgegenstand für Höfe und Salons, die sich der amüsanten Wissenschaft widmen. Schließlich wird es denen zum Skandal, die, wie Buffon, in den mikroskopischen Wesen eine Art von Schmach für die gesamte lebende Welt sehen. Daß ein Wassertropfen Millionen lebender Körper enthalten kann, ist eine Beleidigung aller Wesen und besonders des edelsten unter ihnen. Als Robert Hooke zur gleichen Zeit ein Stück Kork unter dem Mikroskop betrachtet, unterscheidet er in ihm eine Art von Alveolen, die er Zellen nennt. Malpighi und andere finden ähnliche Formen in Schnitten gewisser pflanzlicher Parenchyme. Sie sind jedoch nicht fähig, hieraus irgendeine Folgerung über den Bauplan der Pflanzen zu ziehen. Dem Ende des 17. Jahrhunderts ist es wichtiger, die sichtbare Struktur der Lebewesen zu analysieren als sie in Untereinheiten zu zerlegen. Die Zeugung ist der einzige Bereich, für den das Denken die mikroskopischen Offenbarungen willkommen heißt. Zu allen Zeiten sind die Ereignisse, die die Mischung der Samen und die Entwicklung des Eis begleiten, mangels eines ausreichenden Instrumentariums versteckt geblieben. Und wenn Leeuwenhoek und Hartsoeker in der Spermenflüssigkeit der verschiedenartigsten männlichen Tiere aufgeregt herumschwimmende mikroskopische Tierchen unterscheiden, finden diese auch sofort eine Verwendung; freilich nicht die richtige, versuchte man doch während langer Zeit, aus den mikroskopischen Tierchen entweder die alleinigen Akteure der Zeugung zu machen oder, im Gegenteil, ihre Rolle auf die von Komparsen zu reduzieren. Die Wahrnehmung eines Objekts allein genügt nicht, um dieses der Untersuchung zugänglich zu machen. Darüber hinaus muß eine Theorie zu seiner Integration bereit sein. Beim Austausch von Theorie und Experiment nimmt stets die erstgenannte den Dialog auf. Die Theorie legt die Form der Frage fest und damit die Grenzen der Antwort. »Der Zufall begünstigt nur den vorbereiteten Geist«, sagte Pasteur. Zufall bedeutet hier, daß die Beobachtung zufällig gemacht wurde und nicht mit der Absicht, die Theorie zu verifizieren. Doch die Theorie, die den Zufall interpretiert, war bereits vorhanden.

Wie die anderen Naturwissenschaften hat die Biologie heute zahlreiche Illusionen verloren. Sie sucht die Wahrheit nicht mehr; sie baut ihre Wahrheit auf. Die Wirklichkeit erscheint dann wie ein immer labiles Gleichgewicht. In der Erforschung der Lebewesen zeigt die Geschichte eine Folge von Schwingungen auf, eine Pendelbewegung zwischen Kontinuität und Diskontinuität, zwischen Struktur und Funktion, zwischen Identität der Phänomene und Diversität der Wesen. Im Verlaufe dieses Pendelns tritt nach und nach die Architektur des Lebenden hervor, die sich in immer tiefer vergrabenen Schichten offenbart. In der belebten Welt wie anderswo handelt es sich nach dem Wort Jean Perrins immer darum, »das komplizierte Sichtbare durch das einfache Unsichtbare« zu erklären. Doch das Unsichtbare ist bei den Lebewesen wie bei den Dingen vielfältig. Das Lebende besteht nicht aus einer einzigen Organisation, sondern aus einer Reihe von Organisationen, die wie russische Puppen ineinander stecken. Hinter jeder versteckt sich eine andere. Jenseits einer jeden der Analyse zugänglichen Struktur enthüllt sich eine neue Struktur höherer Ordnung, die die erste integriert und dieser ihre Eigenschaften überträgt. Um zur Struktur höherer Ordnung zu gelangen, muß die sichtbare Struktur umgestürzt und der Bereich des Organismus zerteilt werden, damit er dann gemäß anderen Gesetzen wieder aufgebaut werden kann. Jeder der auf diese Weise freigelegten Organisationsebenen entspricht eine neue Betrachtungsweise der Entstehung der Lebewesen. Seit dem 16. Jahrhundert tritt viermal hintereinander eine neue Organisation, jedesmal eine Struktur höherer Ordnung in Erscheinung. Die Struktur erster Ordnung, gekennzeichnet durch die Anordnung sichtbarer Flächen, tritt mit dem beginnenden 17. Jahrhundert auf. Ende des 18. Jahrhunderts wird eine Struktur zweiter Ordnung sichtbar, die »Organisation«, die Organe und Funktionen einbezieht und die sich im Grunde in Zellen auflöst. Anfangs des 20. Jahrhunderts bilden die Chromosomen und die Gene die im Zentrum der Zelle verborgene Struktur dritter Ordnung. Schließlich bildet sich um die Mitte des 20. Jahrhunderts mit dem Ribonukleinsäuremolekül die Struktur vierter Ordnung heraus, die heute dem Aufbau eines jeden Organismus, seiner Eigenschaften und seiner Permanenz über die Generationen hinweg zugrunde liegt. Die Lebewesen werden auf jeder dieser Organisationsebenen, auf einer nach der anderen, analysiert.

Im folgenden wird die Beschreibung der Bedingungen versucht, die seit dem 16. Jahrhundert das sukzessive Auftreten dieser Strukturen ermöglicht haben: die Art und Weise, auf die sich die Zeugung – eine jedesmal neue Schöpfung, die stets die Intervention einer externen Kraft erfordert – in die Reproduktion, eine inhärente Eigenschaft eines jeden lebenden Systems, verwandelte. Schließlich wurde darzustellen versucht, auf welche Weise zunehmend verstecktere Objekte wie Zellen, Gene, Nukleinsäuremoleküle der Analyse zugänglich wurden. Die Entdeckung einer jeden russischen Puppe, die Sichtbarmachung dieser sukzessiven Stufen sind nicht einfach das Resultat einer Anhäufung von Beobachtungen und Experimenten. Im allgemeinen drücken sie eine tiefere Veränderung aus, eine Wandlung der Natur des Wissens selbst. Sie führen einfach eine neue Betrachtungsweise der Objekte in die Erforschung der belebten Welt ein.

Anmerkung

[1] Claude Bernard, Leçons sur les phénomènes de la vie, Paris 1878, Bd. 1, S. 50–51.

Erstes Kapitel

Die sichtbare Struktur

1573 erklärt Ambroise Paré in seinem »Monstren und Ungeheuern« gewidmeten Werk, das sein Lehrbuch über die Zeugung vervollständigt: »Die Natur sucht immer das ihr Gleichartige zu schaffen: es ist vorgekommen, daß ein Lamm einen Schweinskopf bekam, weil ein Eber das Mutterschaf gedeckt hatte«[1]. Heute ruft dieser Satz nicht so sehr deswegen Erstaunen hervor, weil hier ein mit den Merkmalen der verschiedenen Arten versehenes Monstrum auftritt: so etwas hat jeder einmal ersonnen oder gezeichnet. Ebensowenig erstaunt, wie dieses Monstrum entstand: wird einmal die Möglichkeit eines derartigen Austauschs von Formen und Organen zwischen den Tieren akzeptiert, so erscheint die Begattung noch als das einfachste Mittel, einen solchen Bastard entstehen zu lassen. Am verwirrendsten ist die in diesem Satz entwickelte Beweisführung. Um einen der nach heutiger Auffassung regelmäßigsten Naturvorgänge zu beweisen – die Bildung des Kindes nach dem Vorbild der Eltern –, führt Ambroise Paré *die Beobachtung* eines Gebildes an, von dem wir sicher sind, daß es nicht existieren kann und das uns gerade aufgrund der Regelmäßigkeit dieses Vorgangs ausgeschlossen scheint. Leider verrät uns Paré nie, wem die Nachkommen des schweinsköpfigen Lammes gleichen. Nirgends ist zu erfahren, ob es weitere Lämmer mit Schweinsköpfen zeugte.

Denn diese Zeit kennt noch kein Naturgesetz, das die Zeugung der Tiere oder die Bewegung der Sterne regelte. Man unterscheidet nicht zwischen der Zwangsläufigkeit der Phänomene und der Zufälligkeit der Ereignisse. Wenn ganz offensichtlich das Pferd ein Pferd und die Katze eine Katze hervorbringt, so ist das nicht das Ergebnis eines Mechanismus, der den Lebewesen erlaubt, Kopien ihrer selbst herzustellen, wie etwa die Druckmaschine Kopien eines Textes produziert. Wort und Vorstellung der Reproduktion tauchen erst gegen Ende des 18. Jahrhunderts auf, um die Entstehung von Lebewesen zu bezeichnen. Vorher reproduzieren sich die Lebewesen nicht. Sie werden gezeugt. Die Zeugung ist stets das Ergebnis einer Schöpfung, die in dem einen oder anderen Stadium das unmittelbare Eingreifen von göttlichen Kräften erfordert. Um die Konstanz der sichtbaren Strukturen durch die Generationen hindurch zu erklären, führt das 17. Jahrhundert die Entstehung aller Individuen derselben Art auf eine Reihe von gleichzeitigen Schöpfungen zurück, die bei der Entstehung der Welt nach einem gemeinsamen Modell geschaffen wurden. Einmal geschaffen, können die zukünftigen Wesen die Stunde ihrer Geburt auch abwarten, vor jeder Laune oder Willkür geschützt. Bis zum 17. Jahrhundert aber bleibt die Bildung eines Wesens unmittelbar dem Willen des Schöpfers unterworfen. Sie hat keine Wurzeln in der Vergangenheit. Die Zeugung jeder Pflanze und jedes Tieres ist in gewissem Sinne ein Einzelereignis, getrennt und unabhängig von jeder anderen Schöpfung, etwa so wie die Herstellung eines Gegenstandes oder eines Kunstwerkes durch den Menschen.

Die Zeugung

Die Kenntnis von der belebten Welt hat sich vom Altertum bis zur Renaissance kaum geändert. Wenn Cardanus, Fernel oder Aldrovande von Lebewesen sprechen, so wiederholen sie ungefähr das, was schon Aristoteles, Hippokrates oder Galien sagten. Im 16. Jahrhundert wird jeder Körper in dieser Welt, jede Pflanze und jedes Tier stets als eine spezifische Verbindung von Materie und Form beschrieben. Da sich die Materie immer aus den gleichen vier Elementen zusammensetzt, ist ein Körper einzig durch seine Form gekennzeichnet. Für Fernel[2] beginnt mit der Erschaffung eines Dings seine Form. Wenn dieses Ding vergeht, so verschwindet allein seine Form, nicht die Materie. Denn löste sich die Materie selbst auf, so wäre die Welt seit langem verschwunden; sie wäre aufgebraucht. Es ist die Natur, die der Materie Form gibt, um Sterne, Steine oder Lebewesen zu erschaffen. Doch stellt die Natur nichts als eine ausführende Instanz dar, ein unter der Leitung Gottes wirksames Prinzip. Wenn man eine Kirche oder eine Statue sieht, so weiß man sehr wohl, daß es einen Architekten oder Bildhauer gibt oder gab, der sie realisiert hat. Ebenso weiß man auch beim Anblick eines Flusses, eines Baumes oder eines Vogels, daß eine höchste Macht, die sie geschaffen hat, ein geistiges Wesen existiert, das, nachdem es entschieden hat, eine Welt zu schaffen, dieser ihre Ordnung gibt, sie instand hält und unablässig regiert.

Das Prinzip des Gleichartigen, das Ambroise Paré anführt, um die Entstehung eines Lammes mit einem Schweinekopf zu erklären, hat nicht dieselbe Bedeutung wie heute. Um die Dinge zu kennen, war es damals wichtig, die auf ihrer Oberfläche von der Natur eingefügten, sichtbaren Zeichen zu unterscheiden, damit es dem Menschen möglich sei, ihre Zusammenhänge zu verstehen. Das System der Ähnlichkeiten, das Netz der Analogien und der Gleichartigkeiten muß aufgedeckt werden; dadurch bietet sich ein Zugang zu gewissen Geheimnissen der Natur. Nach Porta nämlich »kann man von der Gleichartigkeit der Dinge auf die Absichten Gottes schließen«[3]. Es darf folglich, um einen Gegenstand zu begreifen, keine der Analogien, die ihn mit den Dingen und den Lebewesen verbinden, übersehen werden. So gibt es Pflanzen, die Haaren oder Augen, Heuschrecken, Hühnern, Fröschen oder Schlangen ähnlich sind. Die Tiere spiegeln sich in Sternen, Pflanzen, Steinen wider, wobei nach Pierre Belon »die Natur mehr Gefallen daran fand, die Gestalt der Fische als der anderen Tiere auszudrükken«[4]. Und die besonders schwer zu markierenden Ähnlichkeiten tragen ein Merkmal: sie sind ausgezeichnet. Die auszeichnenden Merkmale verhelfen dazu, Analogien aufzudecken, die andernfalls unerkannt verschwinden könnten. Vermöge der Ähnlichkeiten und der auszeichnenden Merkmale kann man aus der Welt der Formen in jene der Kräfte eindringen. Durch die Analogien, sagt Paracelsus, »ist das Unsichtbare sichtbar«[5]. Denn die Ähnlichkeiten sind weder unnötig noch unbegründet. Sie sind keine Äußerungen einer schlichten Mutwilligkeit des Himmels. Weil gewisse Körper die gleichen Eigenschaften besitzen, sind sie sich ähnlich. Umgekehrt ist die Ähnlichkeit Ausdruck einer qualitativen Gemeinsamkeit. Die Ähnlichkeit einer Pflanze mit den Augen ist ein Zeichen dafür, daß man diese Pflanze zur Behandlung von Augenkrankheiten verwenden soll. Hinter den Ähnlichkeiten verbirgt sich die Natur der Dinge. Und die Ähnlichkeit des Kindes mit seinen Eltern ist nur ein Sonderaspekt all der Ähnlichkeiten, durch die die Lebewesen und die Dinge im geheimen verbunden sind.

Die Ordnung, die in einem Lebewesen hergestellt ist, unterscheidet sich in diesem Fall nicht von der Ordnung, die im Weltall herrscht. Alles ist die Natur, und die Natur ist ein Ganzes, wie es die folgende für Ärzte bestimmte Passage des Paracelsus bezeugt: »Was ist nun Kunstreiche eines Arztes? Daß er wisse, was den unempfindlichen Dingen nutz und zuwider sei, was den beluis marinis, das ist den Meerwundern, was den Fischen, was den brutis, das ist Vernunftlosen, angenehm und unangenehm sei, was ihnen gesund und ungesund sei. Das ist Kunstreiche, die natürlichen Dinge betreffend. Was mehr? Die Wundsegen und ihre Kräfte, von wannen oder aus was sie das tun; was sonst sei; was die Melusine sei, was die Syrene sei, was permutatio, das ist Veränderung, transplantatio, das ist Verpflanzung, und transmutatio, das ist Vertauschung, sei, und wie sie mit vollkommenem Begreifen zu verstehen seien, was über die Natur sei, was über die Art sei, was über das Leben sei, was das Sichtbare und das Unsichtbare sei, was die Süße und was das Bitter gebe, was da rieche, was der Tod sei, was dem Fischer diene, was dem Lederer, was dem Gerber, was dem Färber, was dem Schmiede der Metalle, was dem Schmiede des Holzes, das ist dem Holzarbeiter, not zu wissen sei; was in die Küche gehört, was in den Keller gehört, was in den Garten gehört, was der Zeit angehört, was ein Jäger weiß, was ein Bergmann weiß, was einem Landfahrer zusteht, was einem Ansässigen zusteht, was Kriegsläufe bedürfen, was Frieden mache, was den Geistlichen, was den Weltlichen Ursache (ihrer Einsicht) gebe, was jedweder Stand mache, was jedweder Stand sei, was jedweden Standes Ursprung sei, was Gott, was der Satan sei, was Gift, was Gegengift sei, was in Frauen, was in Mannen sei, was Unterschied zwischen Frauen und Jungfrauen sei, zwischen gelben und bleichen, zwischen weißen und schwarzen und roten und falben in allen Dingen, warum die Farbe da, eine andere da, warum kurz, warum lang, warum geraten, warum verfehlt, und was diese Adepterei in allen Dingen anbetrifft.«[6]

Ein Lebewesen läßt sich also nicht allein auf seine sichtbare Struktur reduzieren. Es stellt eine Masche im geheimen Netz dar, das alle Gegenstände dieser Welt vereinigt. Jedes Tier, jede Pflanze weicht von einer Art sich ständig wandelndem Körper ab, der sich nicht nur in den anderen Lebewesen, sondern auch in den Steinen, in den Sternen und sogar in den menschlichen Handlungen fortsetzt. Man beobachtet ihn nicht allein in der Wirklichkeit, vielmehr in der Küche, am Himmel, auf den Wappen, beim Apotheker, beim Gerber, beim Fischer und beim Jäger. Wenn Aldrovande vom Pferd handelt, so beschreibt er dessen Form und Aussehen auf vier Seiten. Aber er braucht fast dreihundert Seiten für die Untergliederung in Pferdenamen, die Zucht des Pferdes, sein Vorkommen, Temperament, Gelehrsamkeit, Gedächtnis, Zuneigung, Dankbarkeit, Treue, Edelmütigkeit, Siegeslust, Schnelligkeit, Behendigkeit, seine Fähigkeit, sich zu vermehren, seine Sympathien und Antipathien, Krankheiten und deren Behandlung; dann erscheinen die Pferdeungeheuer, die wunderbaren Pferde, die sagenhaften Pferde, die berühmten Pferde mit der Beschreibung der Orte, wo sie bekannt geworden sind, die Rolle der Pferde in der Reitkunst, beim Gespann, im Krieg, bei der Jagd, in den Spielen, bei den Feldarbeiten, bei den Aufzügen, die Beschreibung des Pferdes in der Geschichte, in der Mythologie, in der Literatur, in den Sprichworten, der Malerei, der Bildhauerei, den Medaillen und den Wappen.

Die belebte Welt kann also nicht allein nach Formkriterien angeordnet werden. Die Einteilung der Lebewesen vollzieht sich auf einer anderen Ebene, einer anderen Aufteilung des Wissens gemäß. Alles in der Natur scheint kontinuierlich, und mehr als einzelne Kategorien findet man hier eine Hierarchie. Natürlich gibt es die alte Aufteilung von Aristoteles, der offenbare Unterschied, durch welchen sich die Lebewesen von den Mineralien unterscheiden und von dem allein die Seele Rechenschaft geben kann. Unter den Lebewesen kann man zwischen Pflanzen, Tieren und dem Menschen unterscheiden, dessen verschiedene Eigenschaften mit den verschiedenen Seelenarten übereinstimmen, die Gott ihm zugewiesen hat. Aber in der Hierarchie der Lebewesen geschieht das Fortschreiten in unsichtbaren Abständen. Es ist bei Formen, von denen die einen in die anderen übergehen, recht schwer zu unterscheiden, wo der jeweilige Bereich beginnt oder aufhört. Ein Schwamm – wer kann sagen, ob das eine Pflanze oder ein Tier ist? Und ist eine Koralle wirklich ein Stein? »Genauso wie die Zoophyten gleichzeitig dem Tier und der Pflanze ähneln«, sagt Césalpin, »gehören die Pilze gleichzeitig zu den Pflanzen und den unbeseelten Dingen.«[7] In der Tat ist die einzige Trennlinie, die das 16. Jahrhundert in der Welt des Lebenden nicht zu ziehen zögert, die Trennungslinie zwischen dem Menschen und den »rohen Tieren«. Was die Unterscheidung zwischen Pflanzen und Tieren anbelangt, so ist sie nur in einer Zone des Überschneidens denkbar, wo die Evidenz der Unterschiede vor der Bedeutsamkeit der Analogien erlischt. »Alle Teile der Pflanzen«, sagt Cardanus, »entsprechen bestimmten Teilen der Tiere, die Wurzeln ähneln dem Maul und die unteren Teile des Stammes dem Bauch, die Blätter den Haaren, die Rinde dem Leder und der Haut, das Holz den Knochen, die Blattrippen den Venen, die Blattnerven den Nerven, die Matrix gewissen Eingeweiden.«[8] Das Spiel der Ähnlichkeiten verdunkelt die Klarheit des jeweiligen Bildes und füllt die Abstände auf. Die Pflanze wird zu einem umgekehrten Tier, dessen Kopf nach unten zeigt. Césalpin beherbergt das Herz, den Sitz der Seele, »an dem Ort, wo wir mit besten Gründen das Lebensprinzip glauben ansiedeln zu müssen, ... im unteren Teil der Pflanze, wo der Stamm mit der Wurzel verbunden ist«[9].

Aufgrund dieses Gewirrs von Formen existiert keine Art in dem Sinne, wie sie das Zeitalter der französischen Klassik* verstehen wird, d. h. eine Fortdauer der sichtbaren Strukturen von einer Generation zur anderen. Die Erzeugung des Gleichartigen durch die lebenden Körper bringt keine Naturnotwendigkeit zum Ausdruck. Es bedarf, um die Ausbildung eines Wesens zu erklären, jedesmal des Rekurses auf die Handlung Gottes oder seiner Beauftragten. Die Erschaffung eines Lebewesens erfordert

* Zeitraum etwa zwischen 17. und 18. Jahrhundert.

wie die eines jeden Dinges die Vereinigung von Materie und Form. Aber die Eigenschaften der Lebewesen verlangen darüber hinaus das direkte Einschreiten der Kräfte, die die Welt regieren. Die Verbindung wird durch zwei Vermittler gesichert: die Seele, die jedem Individuum eigen ist, die in ihrer Eigenschaft, je nach dem Ort, den das Individuum in der Hierarchie der Wesen einnimmt, variiert und die nicht durch die Sinne wahrnehmbar ist; die angeborene Wärme, die allen Lebewesen gemein ist und von allen Lebewesen wahrgenommen wird.

Die Existenz der Seele ist damals ebenso notwendig, um von den Eigenschaften der Lebewesen Rechenschaft zu geben, wie heute die Elektrizität, um die Gewitter zu erklären. So wird die Einpflanzung der Seele in die Materie des Körpers zum wichtigsten Moment der Zeugung. Das ist das Natur-, man würde heute sagen, das biologische Ereignis par excellence. Was die angeborene Wärme betrifft, so ist sie das spezifische Merkmal des Lebens. Wenn der Tod eintritt, erlöscht die Wärme und der Körper erkaltet, wobei er für einige Zeit seine Form bewahrt. »Wir erkennen unseren Freund«, sagt Fernel, »obgleich sein Leben nicht mehr da ist und seine Wärme nicht mehr da ist. Die angeborene Wärme hat ihn geflohen.«[10] Alle Lebewesen tragen diese Wärme in sich, sogar »die Schlange, obgleich sie ihrem Temperament nach kalt ist«, sogar »die Alraune und der Feldmohn und alle Gräser von kaltem Temperament«[11].

Diese Wärme, Quelle alles Lebens, ist vom Schöpfer in zwei Arten eingeteilt. Die eine hat ihren Platz in den Tieren und Pflanzen, die das Vermögen besitzen, das ihnen Gleichartige zu zeugen. Das geschieht, genauer gesagt, dank dem männlichen Samen, der die Fähigkeit besitzt, die Materie, die in der weiblichen Eizelle enthalten ist, zu aktivieren und ihr die Form zu geben, »Wie wir sehen«, sagt Montaigne, »bringen die Frauen ganz allein wohl Haufen und Stücke unförmigen Fleisches hervor; um aber eine gute und natürliche Zeugung zu bewerkstelligen, muß man sie mit einem anderen Samen belegen.«[12] Die andere Art hat ihren Platz in der Sonne, von woher die Wärme die Elemente, die Erde, das Wasser und alle Arten Abfälle direkt aktivieren kann, um den niederen Lebewesen zur Geburt zu verhelfen, nämlich, so Fernel, »den Schlangen, Heuschrecken, Würmern, Fliegen, Mäusen, Fledermäusen, Maulwürfen und allem, was spontan, d. h. nicht durch Samen, sondern aus der fauligen und schlammigen Materie entsteht«[13]. Die Urzeugung ist in den Augen des 16. Jahrhunderts mindestens ebenso natürlich und verständlich wie die Zeugung durch den Samen, wenn nicht sogar natürlicher und verständlicher. Nur die Vollkommenheit der Formen kann rechtfertigen, daß die Prozesse komplizierter werden. »Die Natur hätte für alle Tiere die Zeugung aus schlammiger Materie bevorzugt«, sagt Cardanus. »Aber da die Vollkommenen, um vollendet zu werden, lange Zeit benötigen, konnte die Materie aufgrund des Zeitenwechsels nicht so lange ohne Bewegung und vor allem ohne Fruchtbehälter bleiben; aus diesen Gründen war die Materie dort notwendig, wo die Umhüllung des Eis oder die Frucht bis zu ihrer Vollendung geschützt blieb, und so ist die Samenzeugung eingerichtet worden.«[14]

Um die Zeugung zu beschreiben, verwendet das 16. Jahrhundert wenn nicht Modelle, so zumindest Bilder, die zwei schöpferischen Aktivitäten des Menschen entlehnt sind: der Alchimie und der Kunst. Die Verwendung der Wärme zur Umformung der Materie stellt die Methode par excellence der Alchimisten dar. Wenn diese irgendeine neue Verbindung des Quecksilbers, des Schwefels und des Salpeters suchen, so in der Wärme der Schmelzöfen und der Retorten. Wenn die Fäulnis ein Fleischstück in Fliegen verwandelt, so geschieht das ebenso durch die Wärme, die sie freigibt. Und wenn sich desgleichen der Samen aus vollkommenen Tieren entwickelt, so vermöge der Körperwärme. Die Materie und die Geister, die im Körper wohnen, finden sich geknetet, zermalmt, vom Herz in die Leber gesandt, von der Leber in das Gehirn, vom Gehirn in die Hoden durch »Krümmungen und Auflösung und Windungen wie die der Weinranken«, erklärt Paré[15]. Nach Maßgabe ihres Fortschreitens in den Windungen und Krümmungen des Körpers sind die Säfte und der Samen mit allen für ihre zukünftige Arbeit nötigen Kräften ausgestattet, den Begehren hervorrufenden, den knochenbildenden, fleischbildenden, nervenbildenden und venenbildenden Kräften usw. Das Spiel der unbekannten Kräfte verbirgt sich hinter dem der Sprache. Dank der Worte gibt sich schließlich das Mysterium der Natur in gewissem Maße preis; denn die Worte selbst beherbergen einen Teil der Kräfte, die sie bezeichnen. Sie auszusprechen oder sie zu schreiben führt schließlich dazu, sich in gewisser Weise zu den Geheimnissen, die sie in sich bergen, Zugang zu verschaffen, genau wie das Aufdecken von Ähnlichkeiten der Erkenntnis der Dinge den Weg öffnet. Aber letzten Endes, präzisiert Fernel, »besteht alles, was die Eltern tun, darin, der Sitz der Kräfte zu sein, die die Materie mit der Form verbinden. Über den Eltern gibt es einen mächtigeren Werkmeister. Er entsendet die Form, indem er den Hauch haucht«[16]. Die Herstellung eines Wesens durch die das Weltall lenkenden Kräfte gleicht der Herstellung der Gegenstände durch den Menschen. Ausgerüstet mit allen ihren Kräften, arbeitet die Natur »wie die Architekten, Maurer und Zimmerleute, die, nachdem sie den ersten Grundstein eines Hauses oder den Kiel eines Schiffes gelegt haben, den Rest des Bauwerkes errichten und erbauen«[17]. Oder wie »ein Bildhauer, der die Form der Bronze und der Steine meißelt«[18]. Oder auch wie »ein Maler, der nach der Natur porträtiert«[19]. Dieses Porträt nach der Natur zeugt von den Ähnlichkeiten zwischen Eltern und Kindern, wodurch sich die Vererbung in das Netz der Analogien und Ähnlichkeiten einflicht. Die Vererbung stellt in gewisser Weise den Anteil des Künstlers, diese Mischung von Form, Anordnung und Temperament, nicht aber von Materie vor, die sich vermöge des Samens von Generation zu Generation wiederfindet. »Wie ungeheuerlich ist es«, fragt sich Montaigne, »daß dieser Samentropfen, der uns hervorgebracht hat, in sich nicht nur die Abdrücke der körperlichen Form, sondern der Gedankengänge und der Neigungen unserer Väter trägt? Wo beherbergt dieser Wassertropfen diese Ähnlichkeiten, die von einem so kühnen und ungeregelten Fortschreiten sind, daß der Urenkel seinem Urgroßvater, der Neffe seinem Onkel entspricht?«[20]

Aber das naturgetreue Porträt bleibt immerfort dem Einfluß verschiedenartiger Kräfte unterworfen, die auf die Entwicklung des Embryos Einfluß nehmen können: »Also wie diser (göttlichen) gewalt ist«, argumentiert Paracelsus, »also ist auch die inbildung der frauen, war ir lust sei zu dem eussern leib, das es am Kind gezeichnet werde.«[21] Und damit wird alles möglich. Alle Visionen, alle Träume und alle Eindrücke wissen sich bis zu dem kleinen Wesen im Leib seiner Mutter ihren Weg zu bahnen. Jede Empfindung der Mutter kann sich im Kind widerspiegeln, ihm ein Merkmal, ein Kennzeichen aufdrücken. »Wird der Pfau, während er auf den Eiern brütet, mit weißen Tüchern bedeckt«, sagt Fernel, »so zeugt er kleine Pfauen, die ganz weiß und nicht gescheckt sind. Ebenso zeugt das Huhn verschiedenfarbige Küken, wenn es mit verschiedenen Farben bemalte Eier ausbrütet ... Diese Dinge werden durch die Beobachtung mehrerer Zeugen bestätigt.«[22]

Solchermaßen teilt sich schließlich das Netzwerk der Ähnlichkeiten bei der Bildung der vollkommenen Wesen, die ihresgleichen zeugen, auf. Einerseits ist die Reproduktion von Form und Temperament durch die vom Erbgut gelieferte Ähnlichkeit gewährleistet. Andererseits bleibt das Produkt der Zeugung vermittels der von den Eltern wahrgenommenen Eindrücke oder ihrer Einbildungskraft den Einflüssen der äußeren Welt gegenüber offen, die dem Kind die Signatur aller möglichen Analogien aufzudrücken vermag. Der Kreis schließt sich damit durch das Spiel der Ähnlichkeiten. Wie sollte sich das Kind nicht im Weltall widerspiegeln, da sich doch das Weltall im Kind schon vor dessen Geburt widerspiegelt? Und über diese Umwege des von unsichtbaren Kräften ausgelösten Wechselspiels der Ähnlichkeiten unter den Wesen werden alle Kombinationen von Formen möglich: Organe, Glieder und Zierde aller Wesen können sich miteinander kombinieren. Unmerklich vollzieht sich der Übergang von den kleinen Variationen, den kleinsten Anomalien, die einige Fehler ohne Wichtigkeit verraten, zu jenem Gebräu aus irgendeiner Retorte, das die Teile verschiedener Lebewesen untereinander derart austauscht, daß Monstren produziert werden. Vom Auswuchs »in Form einer Kirsche, einer Pflaume, eines Horns oder einer Feige«[23] bis zur »Stute, die ein Füllen mit Menschengesicht wirft«[24], sind alle Zwischenstufen möglich.

Denn die Beschreibungen der belebten Welt des 16. Jahrhunderts strotzen von den verschiedenartigsten Monstren. Ihnen sind nicht nur ganze Bücher gewidmet wie diejenigen Aldrovandes oder Ambroise Parés, sondern in jeder »Geschichte« der Lebewesen, seien dies Vögel oder Fische, stehen die Fabeltiere und die gewöhnlichen Lebewesen Seite an Seite. Diese Monstren spiegeln stets das Bekannte wider. Es existiert kein einziges, das nicht irgend etwas gleichen würde, das vollständig verschieden wäre von dem, was hier und dort gesehen wird. Sie gleichen schlechthin nicht einem einzigen Wesen, sondern zwei oder drei oder mehreren zugleich. Ihre einzelnen Teile entsprechen den verschiedenen Tieren. So kommt das »Monster mit dem Kopf eines Bären und den Armen eines Affen« vor oder »der Mensch, der die Hände und die Füße eines Stiers hat«, »das Kind mit dem Froschgesicht«, »der Hund mit einem hühnerähnlichen Kopf«, der »mit Fischschuppen bedeckte Löwe«, der »Fisch mit dem Kopf eines Bischofs« und alle erdenkbaren Kombinationen. Die Monstren bringen immer Ähnlichkeiten zum Ausdruck, doch sind diese abwegig geworden und entsprechen nicht mehr dem normalen Spiel der Natur. Die Kombinationen und die aus ihnen ablesbaren Anzeichen entsprechen nicht mehr der Weltordnung, sondern zeugen von den Fehlern, die ihr unterlaufen können. »Die Monstren sind Dinge wider den Lauf der Natur« sagt Ambroise Paré[25]. Wider den Lauf – ja, nicht aber wider die in der Natur wirkenden Kräfte; denn die Natur täuscht sich nie. Kommen zuweilen bei Menschen, Tieren oder auch Pflanzen Irrtümer vor, findet man physische und moralische Irrtümer, so lassen sich diese doch niemals auf Prinzipien zurückführen, da letztere unerschütterlich den höchsten Willen ausführen. »Das, was wir Monstren nennen«, erklärt Montaigne, »sind keine vor Gott, denn er sieht in der Unermeßlichkeit seines Werkes die Unendlichkeit der Formen, die er darin miteinbezogen hat.«[26] Wenn ein Mädchen mit zwei Köpfen geboren wird oder ein Mann statt Haaren »kleine lebendige Schlangen« hat, so ist das auf einen Überschuß an

Samen zurückzuführen. Andererseits führt unzulänglicher Samen dazu, daß ein Mann ohne Arm oder ohne Kopf geboren wird. Wenn eine Frau einen hundeköpfigen Sohn zur Welt bringt, liegt der Fehler nicht bei der Natur, die »immer das ihr Gleichartige schafft«, sondern bei der Frau, die sich mit einem Tier in verwerfliches Tun eingelassen hat. Und wie könnte übersehen werden, daß die Missetaten der Einbildungskraft meistens das Ergebnis sündhaften Denkens sind? Jedes Monstrum leitet sich von einem Vergehen her und zeugt von einer gewissen Unregelmäßigkeit, von einer Handlung, ja sogar einem Vorsatz, die sich der Weltordnung nicht fügen. Jeder physische oder moralische Verstoß gegen die Natur erbringt eine widernatürliche Frucht; denn auch die Natur hat ihre Moral.

Aber so seltsam ein Wissen auch erscheinen mag, das auf einem Gemisch von Beobachtung, Hypothesen, Überlegung, antiker Philosophie, scholastischen Prinzipien, Magie und Astrologie beruht, nichtsdestoweniger formt es daraus doch ein vollkommen kohärentes Bild. Alles der sinnlichen Erfahrung Wahrnehmbare ordnet sich einem Ganzen ein, in dem jede Sache und jedes Wesen seinen Platz findet und sich in ein Geflecht einfügt, welches der höchste Wille im Geheimen webt. Die Kenntnis der Dinge läßt sich nicht vom Glauben trennen. Die Schaffung eines Wesens unterscheidet sich im Grunde nicht von dem Vorgang, der einen Stern sich um die Erde drehen läßt. Die Zeugung ist nur eines der Rezepte, die Gott täglich für die Erhaltung einer von ihm gestalteten Welt verwendet.

Die Entschlüsselung der Natur

Im 17. Jahrhundert entsteht ein Lebewesen immer durch die Zeugung. Diese ändert jedoch ihre Rolle und ihre Regeln. Die lebenden Körper brauchen weniger als ein Jahrhundert, um sich sozusagen zu »häuten«. Sie entledigen sich ihrer aus Analogien, Ähnlichkeiten und Zeichen gebildeten Schicht und erscheinen jetzt in der Nacktheit der Linien und der Oberflächen, die das Auge erkennt. Es ist nicht mehr möglich, die Gestalt einer Pflanze oder eines Tieres auf die gleiche Ebene zu stellen wie die Vorstellungen, die Reisende, Historiker und Juristen von ihnen zum Ausdruck bringen mögen. Das Gelesene oder Gehörte hat nicht mehr den gleichen Wert wie das Gesehene. Damit wird das Aussehen der Lebewesen, ihre sichtbare Struktur zum Objekt von Analyse und Klassifikation. Da sich die Primärstruktur der Organismen in ihren großen Linien unaufhörlich von den Eltern zu den Kindern wiederholt, stellt die Zeugung das Mittel dar, welches die Konstanz der Formen und damit die Permanenz der Arten im Lauf der Zeit verbürgt. Die Zeugung eines Wesens kann daher nicht mehr ein isoliertes, einzigartiges und unabhängiges Ereignis sein. Sie wird zum Ausdruck eines Gesetzes, das von der Regelmäßigkeit des Universums zeugt.

Mit dem 17. Jahrhundert verändert sich das Wesen der Erkenntnis selbst. Bis dahin war diese auf Gott, Seele und Kosmos ausgerichtet. Im 17. Jahrhundert besteht das Problem nicht mehr darin, Indizien zu finden, die im Geheimen von den elementaren Absichten der Natur zeugen. Es handelt sich darum, sie zu durchdringen, ihre Phänomene zu erfassen und diese im Rahmen der Möglichkeiten des menschlichen Geistes durch Gesetze zu verbinden. Die Diskussion reduziert sich auf einen Dialog zwischen Mensch und äußerer Welt. »Zur Erkenntnis der Dinge braucht man nur zweierlei in Betracht zu ziehen«, sagt Descartes, »nämlich uns, die wir erkennen, und die Dinge selbst, die es zu erkennen gilt.«[27] In diesem neuen, sich zwischen Mensch und Natur einspielenden Verhältnis verschiebt sich das Aktionszentrum. Die erste Rolle geht vom göttlichen Willen auf den menschlichen Geist über. Das Interesse richtet sich nicht mehr auf die Erschaffung der Natur, sondern auf ihr derzeitiges Funktionieren. An die Stelle von Kontemplation, Exegese und Rätselspiel tritt in der Wissenschaft von der Natur die Entzifferung. Für Galilei »ist die Philosophie in einem großen Buch geschrieben, das immer offen vor unseren Augen liegt. Man kann es aber nicht verstehen, wenn man sich nicht zuerst bemüht, seine Sprache zu verstehen und die Buchstaben zu kennen, mit denen es geschrieben ist«[28]. Descartes behauptet: »Wenn wir z. B. eine durch unbekannte Schriftzeichen verhüllte Schrift lesen wollen, so liegt hier zwar noch keine Ordnung vor, wir nehmen aber dennoch irgendeine an, um einerseits alle einmal vorgefaßten Ansichten, die man betreffs der Wortzeichen oder der Worte oder der Sätze haben kann, zu prüfen, dann auch, um diese so anzuordnen, daß man vermöge der Aufzählung all das erkennt, was sich daraus ableiten läßt.«[29] Und Leibniz meint: »Die Kunst, die Ursachen der Erscheinungen oder die wahrhaften Hypothesen zu entdecken, gleicht der Kunst der Entzifferung, in der eine geistreiche Vermutung den Weg oft sehr abkürzt.«[30] Die Wissenschaft der Natur interessiert sich hinfort weniger für den göttlichen Willen, welcher im Geheimen die Wesen und die Dinge ordnet, als für die Aufdeckung der Geheimschrift, für die Schablone, die das menschliche Denken der Natur aufzulegen versucht, um ihre Ordnung zu erkennen. Der mögliche Schreiber der Geheimschrift tritt in den Schatten des Entzifferers. Der zur Erschaffung der Natur verwendete Code ist nicht mehr so wichtig wie der, den der Mensch sucht, um die Natur zu verstehen, und beide Codes sind nicht unbedingt identisch. »Wenn z. B. jemand einen Brief lesen will«, führt Descartes aus, »der in lateinischen Buchstaben geschrieben ist, aber bei dem diese nicht in ihrer wahren Bedeutung hingestellt sind, und wenn er deshalb annimmt, daß überall, wo ein A stehe, ein B zu lesen sei, und wo B ein C, und daß so für jeden Buchstaben der nächstfolgende zu nehmen sei, und wenn er dann findet, daß auf diese Weise sich lateinische Worte daraus bilden lassen, so wird er nicht zweifeln, daß der wahre Sinn des Briefs in diesen Worten enthalten sei. Obgleich es nur auf einer Vermutung beruht, und es möglich bleibt, daß der Schreiber nicht die nächstfolgenden, sondern andere an Stelle der wahren gesetzt und so einen anderen Sinn darin verborgen hat ...«[31] Die Vollkommenheit des Sinns und seine Kohärenz sind das Maß für die Richtigkeit des aufgedeckten Codes. So bestimmt auch bei der Befragung der Natur das Erklärungsvermögen den Wert von Hypothesen oder angeführten Gründen. Die Methode des Entzifferns beruht auf der Kombinatorik, dem essentiellen Instrument jeder wissenschaftlichen Untersuchung. Um ein Alphabet des Denkens aufzustellen, wie es Leibniz wünscht, muß seine Vielfältigkeit auf die Einfachheit der es konstituierenden Einheiten zurückgeführt werden. Und wie irgendeine Zahl als das Produkt von Primärzahlen erfaßbar sein muß, so muß jede logische Operation auf eine Kombination von Elementen zurückführbar sein. Die Kombinatorik der Logik bestimmt das Mögliche.

Will man die Natur entziffern, um in ihr eine Ordnung aufzudecken, so setzt das die Gewißheit voraus, daß sich das Netz der Schablone im Verlauf der Operation nicht verschiebt. Man muß von der Regelmäßigkeit der Naturphänomene überzeugt sein. Jede feindliche Macht muß ausgeschlossen werden, jeder »böse Geist, der, schlau, betrügerisch und mächtig«, sagt Descartes, »seine ganze Geschicklichkeit verwendet hat, um mich zu täuschen«[32]. Die Natur kann nur als Harmonie begriffen werden, in der das Verhalten der Wesen und der Dinge notwendigerweise unveränderlich gewordenen Spielregeln folgt. Wohl mag Gott die Welt erschaffen haben; wohl mag er ihr den ersten Impuls gegeben und über ihren zukünftigen Lauf bestimmt haben. Wichtig allein ist jetzt, daß dieser Lauf nicht modifiziert werden kann, daß die Natur die ihr vorgezeichneten Pläne in keiner Hinsicht abändert. Anders ist keine Wissenschaft möglich.

Bis ins 16. Jahrhundert waren alle der menschlichen Einbildung möglichen Vorstellungen durch den göttlichen Willen realisierbar. Im 17. Jahrhundert wird das Universum einer bestimmten Regelmäßigkeit, bestimmten Gesetzen oder Gesetzesgruppen unterworfen, die keiner, selbst Gott nicht, ändern kann und deren Logik sich zu einer Naturordnung fügt. Ob ursprünglich die Gesetze der Natur durch irgendein göttliches Dekret verordnet wurden oder nicht, ob andere, von anderen Gesetzen regierte Welten vorstellbar sind oder nicht, ob sich der Ablauf vom allgemeinen zum besonderen oder umgekehrt vollzieht – diese Welt existiert und funktioniert. In ihr ordnet sich alles, verbindet sich alles, stimmt sich aufeinander ab. Das geschieht nicht mehr unter der Wirkung irgendeiner verborgenen, der menschlichen Vernunft unzugänglichen Kraft von außen, sondern von innen durch das Ineinandergreifen der Gesetze. Die Natur entziffern heißt, nur die Phänomene zu analysieren, um ihre Gesetze zu finden. Die Frage nach den Grundursachen tritt hinter der Frage nach den wirkenden Ursachen zurück. Die Erkenntnis basiert nicht mehr auf der Redeweise Gottes, sondern des Menschen.

Um Objekte zu untersuchen, um sie einem kombinatorischen Experiment zu unterziehen und daraus Ordnung und Maß abzuleiten, müssen sie in einem Zeichensystem darstellbar sein. Das Zeichen ist nicht mehr die vom Schöpfer in den Dingen hinterlegte Spur, die dem Menschen ermöglichen soll, Gottes Absichten aufzudecken. Das Zeichen, integrierender Bestandteil des menschlichen Begriffsvermögens, ist gleichzeitig ein vom Denken für die Analyse erarbeitetes Mittel und ein für die Schulung von Gedächtnis, Einbildungskraft und Überlegung notwendiges Werkzeug. Das vollkommenste aller Zeichensysteme ist offensichtlich die Mathematik. Mit Hilfe der mathematischen Symbole ist es möglich, den Inhalt der Dinge zu zerlegen, sie zu analysieren und sie in verschiedenen Kombinationen wieder zusammenzusetzen. Für Galilei ist das große Buch der Natur »in der mathematischen Sprache geschrieben, ihre Buchstaben sind Dreiecke, Kreise und andere geometrische Figuren«[33]. Während des größten Teils des 17. Jahrhunderts ist nur das in mathematischer Sprache Ausdrückbare Gegenstand der Wissenschaft; zunächst muß ein geometrisches Universum ersonnen werden, um es später in analytischer Form darstellen zu können. Die Arithmetik verliert mit Newton und der Preisgabe eines geometrischen Universums ihre rein mathematische Bedeutung, sie ermöglicht aber, die Ergebnisse von Beobachtung und Messung auszuwerten, um aus ihnen die Naturgesetze abzuleiten. Die algebraische Analyse der physikalischen Phänomene gibt dem Universum sein integrierendes Gesetz. Einzig die mathematische Formulierung der physikalischen Messungen läßt zu, daß von neuem die Intervention einer mysteriösen Kraft, der Gravitation, angenommen werden kann. Ihr Ursprung ist unbekannt, sie ist aber aus arithmetischen Gründen notwendig, um Himmelsmechanik und Erdmechanik in Zusammenhang zu bringen. Die entscheidende Rolle der Physik im 17. und 18. Jahrhundert beruht nicht nur darauf, daß sie das Universum umwandelt oder auf den neuen Funktionen, die sie der Beobachtung, dem Experiment und der Überlegung zuweist. Ebenso wichtig ist, daß sie sich als einzige der Naturwissenschaften in mathematischer Sprache auszudrücken vermag. Die Physik ersetzt die Sprache der Offenbarung durch die der Logik. An die Stelle von Finsternis, Unbestimmtheit und der endlosen Exegese von heiligen Texten setzt sie Klarheit, Eindeutigkeit, Kohäsion der Berechnung. Von Galilei bis zu Newton rechtfertigt die Physik die auf die Errichtung einer Ordnung in der Welt zielenden Anstrengungen des Denkens.

Nach einer anfänglichen Beschränkung auf die Objekte der Mathematik greift die Suche nach einer Ordnung zunehmend auf empirische Bereiche über, die auf den ersten Blick außerhalb der Reichweite einer derartigen Analyse zu liegen schienen. Nach und nach wird die Reduzierung des Komplexen auf das Einfache, die Erfassung der sichtbaren Kompliziertheit durch die zugrunde liegende Einfachheit, das Spiel der Kombinatorik auf das nicht unmittelbar Meßbare angewendet. Die verschiedenartigsten Dinge, Substanzen, Wesen, ja sogar die Eigenschaften lassen sich letzten Endes klassifizieren. Zuweilen kann hieraus eine Ordnung abgeleitet werden, indem das allgemeine Gesetz bestimmt wird, das erlaubt, Objekte oder Meinungen selbst heterogener Natur zu vereinen, sie zu klassifizieren und innerhalb dieser Ordnung den gesamten Bereich beliebig zu überblicken, in dem das Gesetz gültig ist. Doch muß hierfür ein Symbolsystem gefunden werden, um diese Objekte darzustellen und ihre Zusammenhänge zu finden. Denn wollte ein Mensch, behauptet Condillac[34], das Inventar der ihn umgebenden Objekte nur für sich aufstellen und für sich allein eine Berechnung anstellen, so müßte er ebenso Zeichen erfinden, wie wenn er das Verzeichnis seiner Objekte oder das Resultat seiner Berechnungen anderen mitteilen wollte. Eine Vorstellung ist nur dann möglich, wenn sie sich in einem von ihr selbst erfundenen Zeichensystem ausdrücken läßt.

Der Mechanismus

Im Zusammenhang mit dem Studium der Lebewesen bilden sich im Laufe des 17. Jahrhunderts zwei Strömungen heraus: die aus der Medizin hervorgehende Physiologie und die an die systematische Erfassung der Objekte dieser Welt gebundene Naturgeschichte. Da das zeitgenössische Denken die Analyse der sichtbaren Strukturen begünstigt, kann sich die Naturgeschichte als Wissenschaft konstituieren. Dagegen bleibt die Physiologie aus Mangel an Begriffen und Beweismitteln begrenzt. Zweifellos ließen sich in der damaligen Physiologie eine ganze Reihe ideologischer Tendenzen unterscheiden: Tendenzen, die mit denen, die sie anwenden, mit den untersuchten Objekten, den verfolgten Zielen und den beobachteten Phänomenen variieren. Doch sind hier nur die Begriffe von Bedeutung, die als Richtlinien für das Studium der lebenden Welt fungieren. Aber noch existieren keine, die diese Rolle spielen könnten. Während dieser ganzen Epoche kann das Funktionieren der Lebewesen überhaupt nur insoweit erfaßt werden, als es die Mechanismen der unbelebten Welt widerspiegelt.

Das 17. Jahrhundert findet sich in einem Universum wieder, dessen Gravitationszentrum sich verlagert hat: Sterne und Steine gehorchen den durch Berechnung erfaßbaren Gesetzen der Mechanik. Um den Lebewesen einen Platz anzuweisen und um ihre Mechanismen zu erklären, bietet sich forthin nur eine einzige Alternative an: entweder sind die Lebewesen Maschinen, bei denen nur Gestalt, Maße und Bewegungen zu berücksichtigen sind; oder aber sie entziehen sich den Gesetzen der Mechanik, womit die Idee von Einheit und Kohärenz in der Welt hinfällig wäre. Vor diese Wahl gestellt, würden weder Philosophen noch Physiker, ja nicht einmal Mediziner mit der Antwort zögern: die ganze Natur ist Maschine, so wie die Maschine Natur ist. »... es ist der aus diesen und jenen Rädern zusammengesetzten Uhr ebenso natürlich«, führt Descartes aus, »die Stunden anzuzeigen, als dem aus diesem oder jenem Samen aufgewachsenen Baum es ist, diese Früchte zu tragen«[35]. Nach Hobbes kann man unterschiedslos in Betracht ziehen, daß das Tier eine Maschine ist und daß ein Automat, dessen Glieder sich wie die eines Menschen bewegen, ein künstliches Leben hat. Hiermit ist keine Metapher, kein Vergleich und keine Analogie gemeint, sondern völlige Identität. Sterne, Steine oder Lebewesen, kurz, alle Körper sind den gleichen Bewegungsgesetzen unterworfen. Für das 17. Jahrhundert ist der Mechanismus ebenso natürlich und notwendig wie eine gewisse Form des Vitalismus für die Anfänge der Biologie.

Bis zum Ende des 18. Jahrhunderts gibt es keine klar gezogene Grenze zwischen Lebewesen und Dingen. Das Lebende setzt sich übergangslos im Unbelebten fort. Alles ist kontinuierlich in der Welt, behauptet Buffon, und man kann »in unmerklichen Stufen vom vollkommensten

Wesen zur formlosesten Materie, vom hoch organisierten Tier bis zum primitivsten Mineral hinabsteigen«[36]. Noch gibt es keine grundsätzliche Unterscheidung zwischen Belebtem und Unbelebtem. Die übliche Unterscheidung zwischen Mineral, Pflanze und Tier dient zunächst dazu, die großen Kategorien für die organisierten Strukturen in dieser Welt aufzustellen. Ebensogut kann man, wie Charles Bonnet, diese Klassifikation auf der Organisationsstufe der Körper begründen, auf ihrer Bewegungs- und Denkfähigkeit. Damit unterscheidet man zwischen »den rohen oder unorganisierten Wesen, den organisierten aber unbelebten Wesen, den organisierten und belebten Wesen und schließlich den organisierten, belebten und vernunftbegabten Wesen«[37]. Zwischen diesen verschiedenen Gruppen bestehen keine klaren Zäsuren. Charles Bonnet präzisiert: »Die augenscheinliche Organisation der blättrigen oder in Schichten angeordneten Gesteine wie Schiefer, Talke usw. und diejenige der fasrigen oder aus Fibern zusammengesetzten Steine wie Asbeste scheinen den Übergang von den rohen festen zu den organisierten festen Wesen darzustellen.«[38] Vorderhand stellt die Organisation noch ausschließlich die Vielfalt der sichtbaren Struktur dar. Jene spezielle Eigenschaft einer Organisation, die das 19. Jahrhundert Leben nennt, wird vom 17. Jahrhundert überhaupt nicht und vom 18. Jahrhundert kaum erkannt. Die großen, für das Leben notwendigen Funktionen sind noch nicht bekannt. Doch gibt es Organe, die funktionieren: ihr Räderwerk und ihre Bauweise zu erkennen, ist Ziel der Physiologie.

Im 17. Jahrhundert gibt es somit noch keinen Grund, den lebenden Körpern einen besonderen Platz anzuweisen und sie von der großen, das Universum bewegenden Mechanik auszunehmen. Im Tierkörper ist nur das analysierbar, was eindeutig von den Gesetzen der Bewegung abhängt wie Knochengerüst und Körperwuchs. Diese können Galilei zufolge »weder in der Kunst noch in der Natur« unendlich vergrößert werden, ohne daß dabei der Zusammenhang zerstört und das normale Funktionieren der Organe behindert würde. »Ich glaube, daß ein kleiner Hund zwei oder drei Hunde derselben Größe auf seinem Rücken tragen könnte, aber es scheint mir undenkbar, daß ein Pferd auch nur ein einziges Pferd seiner eigenen Größe tragen könnte.«[39] Dasselbe trifft auch auf den Flug der Vögel zu, bei denen nach Borelli notwendigerweise eine Beziehung zwischen Körpergewicht, Spannweite der Flügel und Muskelkraft bestehen muß, damit sich der Organismus von der Erde loszureißen vermag. »Selbst wenn der Mensch Flügel hätte, würde ihm das Fliegen nie gelingen; denn er hat keine genügend starke Brustmuskulatur.«[40] Diese Vorstellungen gelten jedoch in erster Linie für den Blutkreislauf in den Gefäßen. Die Fibern, sagt Harvey, »verankern das Herz wie Schiffstaue«. Die Herzklappen überwachen den Eingang der Herzkammern »wie Wächter vor den Toren«. Die Herzkammern »stoßen einen bereits in Bewegung befindlichen Blutstrom aus, ähnlich wie ein Spieler einen Ball stärker und weiter befördert, wenn er ihn im Fluge schlägt, als wenn er ihn einfach würfe«[41]. Es wird oft behauptet, daß Harvey mit den Analogien von Herz und Pumpe, von Blutzirkulation und hydraulischem System zur Einführung des Mechanismus in der belebten Welt beigetragen hätte. Hiermit wird jedoch die Reihenfolge der Faktoren umgestellt. Tatsächlich ist das Herz nur deshalb der Analyse zugänglich, weil es wie eine Pumpe funktioniert; und nur weil sich die Blutzirkulation in Begriffen von Volumen, Durchfluß und Geschwindigkeit messen läßt, kann Harvey mit Blut ähnliche Experimente durchführen wie Galilei mit Steinen. Nimmt Harvey jedoch das Problem der Zeugung in Angriff, das nicht von dieser Art der Mechanik abhängt, so scheitert er.

Die Theorie der Tier-Maschinen ist somit eine direkte Konsequenz des Standes der Erkenntnis im 17. Jahrhundert. Sie spiegelt eine Haltung wider, die bei Fernel oder Vesal undenkbar gewesen wäre. Bei den Griechen mögen Aristoteles oder die Atomisten eine Art Mechanismus vorweggenommen haben, der jedoch radikal verschieden war. Zunächst handelte es sich bei den Griechen hauptsächlich um Analogien zu didaktischen Zwecken, während es dem 17. Jahrhundert darum geht, die die Welt regierenden Kräfte zu vereinheitlichen. Zum anderen liegt für Aristoteles der Antrieb für jede Bewegung eines lebenden Körpers eindeutig in der Seele. Bei Descartes leiten sich die Eigenschaften der Objekte ausschließlich aus der Anordnung der Materie ab. Das betrifft die Bewegungen einer Maschine, deren Teile einzig mit dem Ziel hergestellt und eingerichtet worden sind, ihr eine Eigenbewegung zu erlauben; und das betrifft notwendigerweise den Tierkörper, für den es daher in keiner Weise erforderlich ist, »eine vegetative oder sensitive Seele oder ein anderes Bewegungs- und Lebensprinzip anzunehmen als sein Blut und seinen Spiritus, die durch die Hitze des Feuers bewegt werden, das dauernd in seinem Herzen brennt und das keine andere Natur besitzt als alle Feuer, die sich in unbeseelten Körpern befinden«[42]. Die mechanistische Betrachtungsweise muß folglich auf alle Aspekte der Physiologie angewendet werden, nicht nur auf die Bewegung des Körpers und der Organe, sondern auch auf »die Aufnahme des Lichts, der Töne, der Gerüche, des Geschmacks, der Wärme ... den Eindruck ihrer Wahrnehmungen auf das Organ des Sensus communis und der Einbildungskraft, die Zurückhaltung oder Verankerung dieser Ideen im Gedächtnis, die inneren Bewegungen des Appetits und der Gemütsbewegungen«[42a] Durch denselben Mechanismus wird die Gesamtheit der lebenden und unbelebten Körper von jeder verdächtigen Beziehung, von jeder auf Sympathie oder Antipathie beruhenden Anziehung oder Abstoßung abgeschirmt. Das Spiel der magischen Kräfte wird damit unmöglich, den physikalischen Kräften wird alles möglich.

Sehr bald wird jedoch die Unzulänglichkeit der Mittel ersichtlich, die dem Mechanismus des klassischen Zeitalters zur Erklärung des Funktionierens der Lebewesen zur Verfügung stehen. Je deutlicher die Vielfältigkeit der Lebewesen zutage tritt, desto schwieriger wird es, alle ihre Eigenschaften ausschließlich mit den auf Räder, Hebel und Haken einwirkenden Impulsen zu erklären. Der Mechanismus in seiner ursprünglichen Form kann sich dem zunehmenden Gewicht der Beobachtungen nicht entziehen. Sein Bild der Lebewesen – eine aus Räderwerken zusammengesetzte Maschine, die nur die einmal erhaltene Bewegung weitergeben kann – führt unvermeidlich dazu, Daseinsgrund und Zweck der Maschine außerhalb ihrer selbst zu suchen. Eine Maschine kann nur von außen erklärt werden. Für einen bestimmten Zweck hergestellt, dient sie nur dazu, diese Aufgabe zu erfüllen. Ebenso leiten sich die Versuche des 17. Jahrhunderts, den Mechanismus zu verstärken oder ihn abzugrenzen, weniger von einer durch die damalige Wissenschaft ermöglichten Stellungnahme als von der Metaphysik her. In seiner Beschreibung der lebenden Welt hat Descartes zwei Bereiche ausgespart: Gott, der, nachdem er die Welt erschaffen und ihr die Anfangsbewegung verliehen hat, nicht mehr eingreift, und das menschliche Denken, dessen Komplexität alles übersteigt, was bei den Tieren existiert oder was mit den Automaten realisiert werden kann. Hiervon zeugt die Sprache. Sind Elster und Papagei, ja sogar ein Automat wohl fähig, Worte hervorzubringen, so ordnen sie diese doch nicht, um auf das ihnen Gesagte zu antworten »als Zeichen dafür, daß dem, was sie sagen, Gedanken zugrunde liegen«[43]. Materialismus und Vitalismus versuchen später, genau diese Punkte zu widerlegen.

Die erste der beiden Komponenten, aus denen der Vitalismus des 17. Jahrhunderts besteht, ist ein Bedürfnis, das Lebende zu valorisieren. Das Lebende ist immer etwas mit Magie durchtränkt, eine Art Fetischismus haftet ihm an. In ihm sind alle Kräfte der Natur zusammengefaßt. In ihm besitzt die Materie wunderbare Eigenschaften. Darin ist sie aktiviert, beeinflußt und transformiert. Mit seinem Gefolge von Bildern, Metaphern und Sympathien nimmt das Lebende einen privilegierten Platz in der Welt ein. Von vornherein stuft es sich über allen anderen Körpern ein. Man weist ihm stets den höchsten Koeffizienten zu. Neben ihm verlieren die unbelebten Objekte alle Farbe und jede Prägung. Von den Dingen zu den Lebewesen, vom Staub zum Denken besteht nicht nur eine Hierarchie der Kompliziertheit, sondern auch der Werte. Die Phänomene sind bei den Lebewesen nicht nur komplexer, sie sind auch vollkommener. Einer einzigartigen Qualität muß eine einzigartige Kausalität entsprechen. Die Vollkommenheit wird schnell zum erklärenden Prinzip. Die Forderung nach der Valorisierung des Lebenden im allgemeinen und des Menschen im besonderen tritt in zwei Arten von Anthropomorphismus zutage: entweder extrapoliert man die Hierarchie ins Unendliche, in eine souveräne Intelligenz, oder man überträgt einige der spezifischen Eigenschaften des Menschen auf die Gesamtheit der lebenden Formen. Das zeigt sich besonders klar in den Interpretationen, die das 18. Jahrhundert für die »bewunderungswürdige« Regularität der Honigwaben in Bienenstöcken gibt. Seit dem Altertum ist das Staunen über die Architektur der Alveolen über ihre Regelmäßigkeit und ihre Symmetrie nicht erloschen. Gegen Ende des 17. Jahrhunderts beginnen Physiker und Geometer sich für diese Strukturen näher zu interessieren. Sie studieren ihre Grundflächen, messen ihre Winkel und berechnen ihre Verhältnisse. Zum allgemeinen Erstaunen stellt sich heraus, daß jede Alveole genau der Hälfte der den Kristallographen als »rhombischer Dodekaeder« bekannten Struktur entspricht. Die Symmetrie dieser Einteilung erlaubt, unter den Bedingungen, in denen sich die Alveolen befinden, am besten den Raum auszufüllen. Jede von ihnen grenzt an 12 andere, von denen 6 auf gleicher Ebene, 3 darüber und 3 darunter liegen. Jede haftet ohne jeden Zwischenraum eng ihren Nachbarn an. Angesichts einer derart leistungsfähigen Architektur sind zwei Haltungen möglich: die Bewunderung oder die Suche nach einer Erklärung durch irgendein mechanisches Modell. Der Hinweis auf die Vollkommenheit kann möglicherweise ebenfalls zu zwei Stellungnahmen führen. Zunächst kann man wie Réaumur der Biene menschliche Qualitäten zuschreiben. Dann verrät der rhombische Dodekaeder die Kunstfertigkeit der Biene, ihre Eigenschaften als Architekt, ja sogar ihren Sinn für Ökonomie. »Davon überzeugt, daß die Bienen die pyramidenförmige Basis verwenden, die tatsächlich zu bevorzugen ist, vermute ich«, sagt Réaumur, »daß ein Grund oder einer der Gründe hierfür die Einsparung von Wachs sei, daß von allen Zellen gleicher Kapazität und mit pyramidenförmiger Basis die Zelle mit einem Minimum an Material oder an Wachs hergestellt werden könnte, bei der jeder Rhombus zwei Winkel von ungefähr 110 Grad und zwei Winkel von ungefähr 70 Grad hätte.«[44] Der Sinn für Sparsamkeit basiert also auf einer soliden Kenntnis der Mathe-

matik. Aber wenn man die Biene so erhöht, erniedrigt man schließlich den Menschen. Ohne der Bewunderung Einhalt zu gebieten, kann man doch wie Fontenelle einige Einschränkungen in bezug auf alle diese den Bienen zuzuschreibenden Eigenschaften vorbringen. »Das große Wunder besteht« nach Fontenelle »darin, daß die Bestimmung dieser Winkel bei weitem die Mittel der allgemeinen Geometrie übersteigt und ausschließlich den neuen auf der Theorie des Unendlichen basierenden Methoden zukommt. Am Ende wüßten diese Bienen jedoch zu viel, und das Übermaß ihres Ruhmes ist auch ihr Untergang. Man muß auf eine unendliche Intelligenz zurückgreifen, nach deren Befehlen sie blindlings handeln.«[45] Mag es für einen Mathematiker noch angehen, bei einem Tier einige Kenntnisse der elementaren Geometrie zu finden: doch Kenntnisse der Infinitesimalrechnung – niemals!
Die andere Haltung gegenüber diesen Alveolen basiert dagegen auf einer Analyse, die die Vollkommenheit ignoriert und dem Wunderbaren den ihm gebührenden Platz beläßt. Einzig Gestalt und Bewegung rechtfertigen die Regularität der Strukturen. So wird es Buffon möglich, die Bedingungen zu erforschen, die diese geometrischen Anordnungen entstehen lassen. Die hexagonale Form findet sich oft bei den Mineralien, in den Kristallen und vor allem während ihrer Entstehung. Aber manchmal findet sie sich auch bei den Lebewesen, so im Magen der Wiederkäuer, unter den in Verdauung begriffenen Stoffen, in bestimmten Körnern und Blumen. Sie entsteht immer, wenn Objekte ähnlicher Form der Wirkung ungefähr gleicher, doch entgegengerichteter Kräfte unterworfen werden. Bei gewissen Fischen z. B. behindern sich die im Wachstum begriffenen Schuppen gegenseitig. Sie versuchen den ihnen angebotenen Raum nach besten Möglichkeiten auszufüllen und nehmen schließlich diese hexagonale Gestalt an. Man kann sogar Experimente durchführen und mechanische Modelle entwickeln, in denen zylindrische oder kugelförmige Körper gleichstarken Kräften unterworfen werden. »Man fülle ein Gefäß mit Erbsen oder besser mit einem anderen Korn von zylindrischer Form«, sagt Buffon, »und man verschließe es sorgfältig, nachdem man so viel Wasser hinzugefügt hat, wie die Zwischenräume zwischen den Körnern aufnehmen können. Man lasse dieses Wasser kochen: alle Zylinder werden zu sechsflächigen Säulen. Der rein mechanische Grund hierfür ist offensichtlich. Jedes Korn mit zylindrischer Form sucht den größtmöglichen Raum innerhalb des vorhandenen Raumes einzunehmen. Alle Körner werden durch die gegenseitige Kompression notwendigerweise hexagonal. Jede Biene versucht ebenfalls in einem vorgegebenen Raum den größtmöglichen Platz einzunehmen. Da der Körper der Biene zylindrisch ist, müssen ihre

Alveolen aus demselben Grund der gegenseitigen Behinderung hexagonal sein ... Man will nicht einsehen oder kann nicht verstehen, daß diese mehr oder weniger große Regularität einzig von der Zahl und von der Gestalt abhängt und nicht im geringsten von der Intelligenz dieser kleinen Tiere; je größer ihre Zahl ist, desto zahlreicher sind auch die Kräfte, die sich einander entgegensetzen, desto größer ist in der Folge der mechanische Druck, die erzwungene Regularität und anscheinende Vollkommenheit in ihren Werken.«[46] In der Folge kann die Form der Alveolen betrachtet werden, ohne ihren Erbauern die geringste Intelligenz zuzuschreiben. Dadurch geht der Honigwabe nichts von ihrer Schönheit und den Bienen nichts von ihrer Poesie ab.
Die zweite Komponente des Vitalismus im 17. Jahrhundert ist eine Reaktion auf den kartesianischen Mechanismus und auf dessen Mißbrauch besonders dort, wo die Logik bis zur äußersten Grenze getrieben wird wie bei v. Holbach und La Mettrie. Nach Hartsoeker ist es absurd, an die Erforschung der Lebewesen in »der Meinung« heranzugehen, »daß alles fast ausschließlich durch die Kräfte der Mechanik und ohne Vermittlung einer Seele und einer Intelligenz geschähe«[47]. Im 17. Jahrhundert greift der Vitalismus auf eine alte Tradition zurück, die von der Alchimie und Medizin verjüngt wurde. Doch sucht er weniger die Existenz spezifischer Lebensphänomene zu beweisen als *gegen* eine materialistische Tendenz aufzutreten. Es handelt sich in erster Linie um eine Feindschaft gegen den Atheismus und gegen die Berufung des Zufalls als einer die Welt regierenden Kraft. Man weigert sich zuzugeben, daß die Ursachen, so behauptet Stahl, »durch ihr Einwirken nur Zufälliges hervorbringen«[48]. Die Vollkommenheit der Wesen, ihre Eigenschaften und ihre Zeugung erfordern ein unbekanntes Prinzip, ein jenseits jeder Erkenntnis befindliches großes X. Eine übersinnliche Kraft, eine »Psyche« ist notwendig, um die göttlichen Befehle durchzuführen, denn eine andere Rechtfertigung für die Finalität der Lebewesen kann nicht gefunden werden. Diese auf mysteriöse Weise wirkende Kraft erhält die verschiedensten Namen: zunächst gemäß der Tradition den der Seele, dann den der Intelligenz und sogar den der »plastischen Natur«. Ende des 18. Jahrhunderts verändert diese mysteriöse Kraft ein wenig ihr Wesen und wird zur »Lebenskraft«. Sie stellt jetzt kein zentrales Prinzip und keine Macht mehr dar, die, im Herzen des Organismus befindlich, seine Aktivitäten lenkt; sie ist eine besondere Eigenschaft der die Lebewesen konstituierenden Materie, ein Prinzip, das sich im ganzen Körper ausbreitet und jedes Organ, jeden Muskel und jeden Nerv bewohnt, um ihnen ihre Eigenschaften zu übertragen. Jeder Körperteil besitzt demnach ein »Gefühl«, einen »Tastsinn«, eine

»Gliederung«, die seinen Aktivitäten zugrunde liegt. Aber wenn auch der Vitalismus am Ende des 18. und am Anfang des 19. Jahrhunderts eine entscheidende Stufe im Verlaufe der Trennung der Wesen von den Dingen und für die Begründung einer Biologie darstellt, so wirkt der Animismus des 17. Jahrhunderts doch kaum als Promotor der Erkenntnis. Das bedeutet keinesfalls, daß die Animisten oder Vitalisten weniger Beobachtungen als die Mechanisten machten. Doch sind diese Beobachtungen sehr selten *aufgrund* des Vitalismus gemacht worden, um eine Vitalkraft zu beweisen. Der Vitalismus tritt in den meisten Fällen erst nach der Beobachtung in Erscheinung, er beobachtet nicht, sondern interpretiert. Der Vitalismus führt weder das Skalpell von Willis, um ein Kleinhirn zu sezieren und seine Verbindungen festzulegen, noch lenkt er den Blick Hartsoekers, um im Mikroskop die männlichen Samentierchen zu sehen. Wenn Swammerdam die Metamorphose der Insekten entdeckt, so spielt es keine große Rolle, ob er darin die Wirkung der Seele oder die Regelmäßigkeit der Vorsehung sieht. Wichtig ist im 17. Jahrhundert vorerst, die Objekte und die Ereignisse von den ihre Umrisse verschleiernden Glaubensbekenntnissen und Sagen zu befreien. Ob Lebewesen oder Dinge, es handelt sich hauptsächlich darum, sie des Mysteriösen und Wunderbaren zu entledigen, sie in die Grenzen des Sichtbaren und Analysierbaren zurückzuführen, kurz, aus ihnen wissenschaftliche Objekte zu machen. Trotz der Unzulänglichkeit seiner Mittel repräsentiert der Mechanismus die einzige Haltung, die zu jener Zeit mit der Erkenntnis übereinstimmt. Selbst die Animisten verwenden den Mechanisten teure Analogien, um damit ihr Vorgehen zu beschreiben. »Wer es unternimmt, die Naturphänomene zu erklären«, sagt Hartsoeker, »ist einem Menschen vergleichbar, der vor eine äußerst komplizierte Maschine geführt wird, die er von außen weder sehen noch überprüfen kann«[49] und deren Mechanismus er dennoch begreifen soll. Schließlich stellt der Animismus des 17. Jahrhunderts weniger eine Einstellung der wissenschaftlichen Forschung als eine Philosophie und eine Moral dar.

Mit Newton ändert sich der Charakter des Mechanismus, der, auf die Welt der Substanzen übergreifend, zur Begründung einer (der) Chemie führt. In ihrer Darstellung der unbelebten Welt verknüpft die Physik die Gesetze der Bewegung mit dem korpuskulären Aufbau der Materie. Diese ist kein homogenes Substrat mehr, das unendlich unterteilt werden kann, sondern sie setzt sich aus einer unendlichen Zahl einzelner, voneinander getrennter und nicht identischer Teilchen zusammen. Konstituierte sich Descartes' Welt aus Materie und Bewegung, so fügte ihr Newton den Raum hinzu, d. h. die Leere, in der sich die Teilchen bewegen. Die Teilchen werden von der Anziehungskraft an ihrem Platz festgehalten und untereinander verbunden und lassen so ein kohärentes Universum entstehen. Die Anziehungskraft ist kein konstituierender Bestandteil des Universums, sie hat an seinem Aufbau keinen Anteil. Doch webt sie zwischen allen das Universum bildenden Atomen ein Netzwerk von engen Verbindungen, das der Welt ihren Zusammenhalt gibt. Das Prinzip der gegenseitigen Anziehung gibt den Chemikern eine Kraft, die ihnen erlaubt, die astralen Einflüsse, mit denen die Alchimie die Metalle mit den Sternen und den Planeten in Beziehung gebracht hatte, zu ersetzen. Wenn man Substanzen mischt, bleiben diese nicht inert, sondern ersetzen sich gegenseitig. Zwischen verschiedenen Stoffen sind Beziehungen feststellbar, die bewirken, daß sie sich mehr oder weniger leicht miteinander verbinden. Sind zwei »zu ihrer Verbindung disponierte« Substanzen vereint, bemerkt Geoffroy, und kommt eine dritte dazu, die zu einer der beiden einen stärkeren Bezug hat, so vereint sie sich mit ihr, »indem sie die andere zwingt, ihren Partner fahren zu lassen«[50]. Die Kraft, die auf diese Art gewisse Korpuskeln verschiedener Natur verbindet, wird »Affinität« genannt. Es handelt sich nicht mehr um ein magisches Prinzip, nicht mehr um eine Tugend, vergleichbar derjenigen, die die Alchimie den Substanzen zuschrieb. Es ist eine Eigenschaft der Stoffe, die man messen kann, indem man die Reihenfolge bestimmt, in der die einen von den anderen ersetzt werden.

Nach und nach zeichnen sich Gruppen bzw. Familien von Stoffen ab wie die Säuren oder Basen, denen gewisse Eigenschaften gemeinsam sind. Jedes Mitglied einer Familie geht mit jedem Mitglied der anderen Familie Verbindungen ein. Somit kann man die Substanzen wie die Pflanzen klassifizieren, wobei derselbe Weg beschritten werden muß: das von Lavoisier verwendete Klassifikationsschema, seine Verfahren und seine Methode sind dieselben wie die Linnés. Wie bei den Pflanzen ist es notwendig, das wichtigste Charakteristikum der Substanzen zu erkennen und diese in Funktion dieses Charaktermerkmals zu benennen. In der Tat muß in den physikalischen Wissenschaften das Wort die Idee gebären und die Idee die Tatsache darstellen, was nach Lavoisier »drei Abdrücke ein und desselben Stempels sind«[51]. Da die Chemie in erster Linie eine analytische Wissenschaft ist, kommt der Benennung der Stoffe eine besondere Bedeutung zu: »Eine analytische Methode ist eine Sprache und eine Sprache ist eine analytische Methode.« Bis dahin war die Sprache der Chemie äußerst heterogen. Gewisse von den Alchimisten eingeführte Ausdrücke hatten einen recht enigmatischen Charakter, dessen Sinn nur den Eingeweihten verständlich war. Dagegen waren andere Ausdrücke den Stoffen nicht ihren Eigenschaften entsprechend verliehen worden, sondern je nach den Zufälligkeiten der Umstände, ihrer Entdeckung oder ihres Aussehens. So gebrauchten die Alchimisten Ausdrücke wie »kraftloses Weinsteinöl«, »Arsenbutter« und »Zinkblumen«. Lavoisier legt Wert darauf, den analytischen Geist in die Chemie einzuführen, was sich nur durch die Vervollkommnung der Sprache verwirklichen läßt. Zuerst müssen die einfachen, nicht durch die chemische Analyse zerlegbaren Substanzen bezeichnet werden. »Ich habe so gut wie ich konnte«, führt Lavoisier aus, »die einfachen Substanzen mit einfachen Wörtern bezeichnet ... so daß sie die allgemeinste und charakteristischste Eigenschaft der Substanz zum Ausdruck brächten.«[52] Die zusammengesetzten Stoffe, die durch die Vereinigung mehrerer einfacher Substanzen entstehen, müssen mit zusammengesetzten Namen bezeichnet werden. Da die Zahl der binären Kombinationen schnell mit der der Namen ansteigt, müssen zur Vermeidung von Verwechslungen Klassen eingeführt werden. »Der Name der Klassen und der Blumen ist in der natürlichen Ordnung der Ideen; er ruft die einer großen Anzahl von Individuen gemeinsame Eigenschaft in Erinnerung. Dagegen führt der Name der Arten die Vorstellung auf die besonderen Eigenschaften einiger Individuen zurück.«[53] So setzen sich beispielsweise die Säuren aus zwei Substanzen zusammen, die für einfach gehalten werden. Die eine vermittelt die allen gemeinsame saure Eigenschaft: hierauf muß der Klassen- oder Gattungsname basieren. Die andere charakterisiert hingegen eine bestimmte Säure: sie muß den spezifischen Namen festlegen[54]. Das gilt nicht nur für die Säuren, sondern auch für alle anderen Stoffe wie metallische Kalke, verbrennbare Substanzen usw. Indem so die Substanzen der Ordnung und Messung zugänglich werden, indem man sie klassifizieren, benennen, ihre Eigenschaften messen kann, wird die Chemie zu einer Wissenschaft mit eigenen Techniken, eigener Sprache und eigenen Begriffen.

Diese von der Chemie verkörperte modifizierte Form des Mechanismus bewirkt, daß ein neuer Bereich der Physiologie Objekt der Forschung wird. Harvey konnte den Blutkreislauf im 17. Jahrhundert analysieren, weil er als einzige der großen Körperfunktionen fast ausschließlich von den Gesetzen der Bewegung abhängt und weil das Herz als Pumpe und das Blut als Flüssigkeit den Regeln der Hydraulik unterworfen sind. Ebenso werden im 18. Jahrhundert zwei Funktionen, die in erster Linie mit den Begriffen und Methoden der Chemie zusammenhängen, der Analyse zugänglich: Verdauung und Atmung. Réaumur und Spallanzani können die Erforschung der Verdauung in Angriff nehmen, weil diese nach Réaumur »ausschließlich durch die Aktion eines Lösungsmittels und die von ihm ermöglichte Fermentation wirkt«[55]. Der Magensaft löst eine Reihe chemischer Reaktionen aus. Er wirkt »auf Fleisch und Knochen ungefähr so wie Königswasser auf Gold«. Ähnlich kann Lavoisier die Atmung nur deshalb begreifen, weil die Atmung eines Vogels und die Verbrennung einer Kerze ähnliche Studienobjekte darstellen; ihre Analyse erfordert die gleichen Begriffe, Techniken und Maße. Die Parallele der Verbrennung veranlaßt Lavoisier, die Atmung mit anderen Funktionen in Verbindung zu bringen oder zumindest mit dem, was mit der Terminologie und den Konzepten der Physik und der Chemie analysiert werden kann. So verbindet er Atmung und Verdauung, denn am Ende des 18. Jahrhunderts ist kein Feuer mehr denkbar, ohne daß Brennstoff verbraucht würde; und »wenn die Tiere nicht durch Nahrungsmittel ersetzen würden, was sie durch die Atmung verlören, so würde der Lampe bald das Öl ausgehen, und das Tier würde zugrunde gehen wie eine erlöschende Lampe, die keine Nahrung mehr erhält«[56]. Er verbindet die Atmung mit dem Blutkreislauf, weil der Lampe Brennstoff zugeführt werden muß. Schließlich findet er sogar einen Zusammenhang zwischen Atmung und Transpiration, um die unvermeidliche Temperaturerhöhung infolge eines ständigen Feuers zu vermeiden. Die Tätigkeit eines jeden Organs schließt somit einen Bereich ein, der mit den Techniken der Chemie analysiert werden kann; dazu gehört selbst das Gehirn, ja das Denken. »Man kann die Anstrengungen eines Menschen, der einen Vortrag hält, oder eines Musikers, der ein Instrument spielt, nach Gewichten messen. Man könnte sogar den mechanischen Anteil in der Arbeit des Philosophen beim Denken, des Schriftstellers beim Schreiben und des Musikers beim Komponieren berechnen.«[57]

So wird bei Lavoisier das Tier wie eine Maschine analysiert. Allerdings arbeitet diese Maschine nicht mehr ausschließlich in Funktion von Bauplan und Bewegung, sondern nach Prinzipien verschiedenster Art – sind doch elektrische Phänomene selbst in Froschmuskeln wahrnehmbar. Das beste Modell für die Beschreibung eines lebenden Körpers ist die Dampfmaschine mit einer Wärmequelle, die gespeist werden muß, ihrem Kühlungssystem und den Mechanismen, die die Bewegungen der Teile aufeinander abstimmen, koordinieren und harmonisieren. »Die Maschine Tier hängt« nach Lavoisier »hauptsächlich von drei Regulationsmechanismen ab: von der Atmung, die Sauerstoff und Kohle verbraucht und Wärmekalorien abgibt; von der Transpiration, die, je nachdem, ob mehr oder weniger Wärme abgeführt werden muß, ansteigt oder absinkt; schließlich von der Verdauung, die dem Blut zurückgibt, was es durch Atmung und Transpiration verliert.«[58] Sind diese verschiedenen

Bereiche der Physiologie analysierbar, da sie den Methoden und Konzepten der Physik und Chemie zugänglich geworden sind, so tragen in der Folge die beobachteten Analogien und die verwendeten Modelle dazu bei, daß sich das am Ende des 18. Jahrhunderts gültige Bild von den Lebewesen radikal verändert. In der Tätigkeit eines Organismus greift alles ineinander, alles verbindet und gliedert sich. Hinter den Formen zeichnen sich die Erfordernisse der Physiologie ab. Ein lebendiger Körper besteht nicht einfach aus einer Verbindung von Elementen oder einer Zusammenschaltung funktionierender Organe. Er ist die Gesamtheit von Funktionen, von denen jede einzelne bestimmten Erfordernissen genügt. Die Organe hängen nicht nur voneinander ab, vielmehr ist ihr Vorhandensein und ihre Organisation Konsequenz von Notwendigkeiten, gegeben von den Naturgesetzen, die die Materie und ihre Veränderungen überwachen. Ihre Eigenschaften erhalten die Lebewesen durch ein Spiel von Beziehungen, die im geheimen die Teile verbinden, damit das Ganze funktioniert. Es repräsentiert die hinter der sichtbaren Struktur verborgene Organisation. Jetzt erst kann die vom 19. Jahrhundert als Leben bezeichnete Idee einer Gesamtheit der den Lebewesen vorbehaltenen Eigenschaften Fuß fassen.

Die Arten

Während des sog. klassischen Zeitalters werden die Lebewesen in erster Linie aufgrund ihrer sichtbaren Struktur bestimmt und analysiert. An die Stelle des hergebrachten Netzes der Ähnlichkeiten tritt das der Vergleiche. Die Kenntnis der Dinge basiert auf ihren Beziehungen, ihren Identitäten oder Differenzen. Wo sowohl das Gesuchte als auch das Gegebene an »einer gewissen Natur« teilhaben, ist der Vergleich einfach und klar. Ist das nicht der Fall, so muß eine langwierige Analyse der Objekte das ihnen Gemeinsame aus der Komplexität der Proportionen herausschälen. Als Grundlage für die Analyse und den Vergleich sind aber nicht alle Qualitäten gleichwertig, die die Sinne in den Objekten erkennen können. Nur das Sichtbare erlaubt, das Universum zu erfassen. Denn wenn man einen Stern sieht, so berührt man ihn doch nicht, noch kostet oder hört man ihn. Wahrscheinlich war es dem menschlichen Geist in keinem Bereich so schwer wie in dem der lebenden Welt, sich von den jahrhundertealten Gewohnheiten und Ideen zu befreien und sich aus der Unzahl von Bildern zu lösen, die nach Tournefort »die Einbildungskraft ermüden«[59] und die Wesen in die Grenzen zurückführen, die das Auge festlegt. Endgültig werden erst gegen Ende des 17. Jahrhunderts alle zweifelhaften Analogien, alle unsichtbaren Bande und alle obskuren Ähnlichkeiten verworfen, die nach Linné »nicht in aller Augen höchste Überzeugungskraft haben und sich nur der Kunst zur Schande eingeschlichen haben«[60]. Jetzt kann sich eine Naturgeschichte entwickeln, die die sichtbare Struktur der Lebewesen zum Objekt und ihre Klassifikation zum Ziel hat.

Um Naturgeschichte zu betreiben, müssen die Wesen zuerst beobachtet und beschrieben werden. Beschreiben heißt aussagen, was der Blick von einem Wesen erfaßt und all das verwerfen, was »ohne die Hilfe einer Lupe nicht augenscheinlich ist«[61]. Ein Wesen wird folglich auf sein Aussehen reduziert, und Form, Größe, Farbe und Bewegung werden in Worte übertragen. Die Beschreibung muß die Details vernachlässigen. Hingegen darf sie keine der »spezifischen Zeichen« und keinen der essentiellen Bestandteile mit Schweigen übergehen. Sie muß präzis und knapp sein, denn nach Linné »ist es sinnlos, dort viel anzuführen, wo wenig genügt«[62].

Die Naturgeschichte verlangt somit sowohl vom Subjekt als auch vom Objekt besondere Qualitäten. Der Naturforscher muß in erster Linie auf vorgefaßte Bilder verzichten und beobachten können. Aber die Beobachtung allein genügt nicht. Überdies muß das, was wichtig ist, erkannt werden und nichts als das. Der Naturforscher darf sich nicht damit begnügen, einen Organismus als Ganzes zu examinieren. Er muß ihn analysieren, seine Teile untersuchen und das Wesentliche seiner Charakterzüge erfassen. Auch das Untersuchungsobjekt muß den Erfordernissen der Analyse genügen. Es ist klar, daß die Pflanze einfacher im Detail beschrieben werden kann als das Tier; denn sie ist weniger mit Leidenschaften und verborgenen Merkmalen belastet. Durch seine Bewegungen und sein unaufhörliches Beben verändert das Tier ständig seine Form. Die Pflanze entfaltet in permanenter Unbeweglichkeit vor dem Beobachter ihre Gestalt und ihre Muster. Unter der Hülle des Tieres verbirgt sich ein geheimnisvoller Bereich; unter Fell, Federn oder Schild ist undeutlich die geheime Welt der Organe, die ganze Maschinerie der Eingeweide erkennbar. Die Pflanze hingegen verbirgt nichts; alle ihre Organe sind dem Blick zugänglich, ihre Verwendung ist offensichtlich. Nach Tournefort ist es ganz klar, »daß man die Struktur einer Maschine besser begreift und die Benennung ihrer Teile leichter in Erinnerung behält, wenn man die Verwendung jedes einzelnen Teiles kennt«[63].

Auf den ersten Blick bildet die Struktur eines Tieres oder auch einer Pflanze eine sehr komplexe Architektur. In ihrer Gesamtheit lassen sich die Formen nur schwer miteinander vergleichen. Aber wenn das Netzwerk der Ähnlichkeiten und der Verschiedenheiten nicht aus dem Gesamtorganismus, sondern aus seinen einzeln analysierten Teilen abgeleitet wird, wird das Komplexe zum Einfachen. Die sichtbare Gestalt der Pflanze läßt sich in ein Spiel von Linien, Flächen und Volumen aufteilen. Die Gesamtstruktur ist aus mehr oder weniger geometrischen Figuren zusammengesetzt. Bedingung hierfür ist jedoch, daß die zu beobachtenden Qualitäten gut ausgewählt werden, denn nicht alle sichtbaren Merkmale garantieren dieselbe Allgemeingültigkeit. So ist zum Beispiel die Farbe zu stark von Individuum zu Individuum Veränderungen unterworfen. Linné zufolge muß die Beschreibung »einzig und allein durch die Verwendung von Ausdrücken der Kunst, sofern diese genügen«, erarbeitet werden, »indem die Teile nach Zahl, Gestalt, Proportion und Anordnung beschrieben werden«[64]. Nicht diese oder jene Pflanze soll verglichen werden, sondern die Zahl ihrer Staubfäden, die Form ihrer Kelche, die Anordnung ihrer Pollenkörner, die Proportionen von Staubfäden und Stempeln. Schließlich läßt sich jede Pflanze als ein Gefüge aus Elementen veranschaulichen, deren Zahl und Proportionen gegeben sind. Jedes einzelne Element kann in seinen Parametern unendlich variieren. Jede Art eines jeden Elements kann sich mit den Arten aller anderen Elemente in eine unendliche Anzahl von Kombinationen zusammenfügen. Die Botanik wird zu einer Art Kombinationsspiel mit nahezu unendlichen Möglichkeiten.

Man muß nun diese Zusammenstellungen von Elementen einordnen und klassifizieren. Das ist eine sehr heikle Aufgabe. Einer der Gründe hierfür ist die Vielfalt der belebten Welt: die Anzahl der bekannten Varietäten, die Ende des 17. Jahrhunderts mehrere Zehntausend überschreitet, nimmt unaufhörlich zu, zumal das Mikroskop der lebenden Welt die Grenzen entzogen hat. Ein anderer Grund liegt in ihrer Kontinuität: nicht nur kennt man bis zum 19. Jahrhundert keine klare Trennlinie zwischen den Wesen und den Dingen, die lebende Welt bildet darüber hinaus ein ununterbrochenes Gewebe voller Nuancen und Abstufungen. Die Natur macht keine Sprünge. Zwischen Vierfüßlern, Vögeln und Fischen wirft sie Brücken, zieht Verlängerungslinien, wodurch sich alles annähert, verbindet und hält. »Sie läßt die Fledermaus unter den Vögeln fliegen«, sagt Buffon, »während sie das Gürteltier im Panzer eines Schalentiers einsperrt; sie hat die Form des Walfisches nach der Form des Vierfüßlers konstruiert, dessen Gestalt sie im Falle des Walrosses und des Seehundes einfach verstümmelt hat, die, auf der Erde geboren, in die Wellen tauchen und sich den gleichen Walfischen zugesellen, als wollten sie die universelle Verwandtschaft aller aus demselben

Mutterschoß hervorgegangenen Geschöpfe demonstrieren.«[65] Wohl kann man die Wesen in Kategorien ordnen, doch kennt die Natur selbst keine Klassen. Der Unterschied zwischen zwei Wesen von verwandtem, aber doch verschiedenem Typus ist gering. So gering, daß er Robinet zufolge »nicht kleiner sein könnte, ohne daß das eine Wesen das andere wiederholte; noch könnte er größer sein, ohne einen Zwischenraum entstehen zu lassen«[66]. Diese beiden Wesen berühren sich so nah wie möglich. Der Übergang von einem zum anderen darf weder eine Zwischenform noch einen Zwischenraum zulassen, denn »wenn zwischen zwei beliebigen Wesen ein Zwischenraum existierte«, argumentiert Charles Bonnet, »welchen Sinn hätte dann der Übergang des einen zum anderen?«[67] Zwischen der niedrigsten und der höchsten Stufe einer Reihe von Wesen besteht somit eine unendliche Anzahl von Zwischenstufen. Die Gesamtheit der Wesen bildet eine kontinuierliche Reihe, eine ununterbrochene Kette, von der wir Bonnet zufolge »sehen können, wie sie sich auf der Oberfläche des Erdballs windet, in die Abgründe des Meeres taucht, sich in die Lüfte emporschwingt, in die himmlischen Räume eindringt«[68]. Nur unserer Unwissenheit ist es zuzuschreiben, daß uns gewisse Glieder der Kette verborgen bleiben und wir nur Bruchstücke erblicken. Die Verbindung zwischen Einzelwesen aller Arten erweist sich als so eng, daß nach Adanson ihre Gesamtheit gut »nur ein einziges Ganzes bilden könnte, ein einziges universales Wesen, von dem sie Teile wären«[69].

Schließlich besteht ein dritter Grund für die Schwierigkeit, ein Ordnungssystem der lebenden Welt zu schaffen, darin, daß es, wie Buffon betont, »in der Natur in Wirklichkeit nur Einzelwesen gibt, und daß die Gattungen, Ordnungen und Klassen nur in unserer Einbildung bestehen«[70]. Übertrieben ausgedrückt müßte sich, um der Natur getreu zu folgen, eine Klassifikation der Wesen bis ins Unendliche verästeln. Sie müßte so viele Kategorien umfassen, wie es Individuen geben kann. Dann aber wäre keine Wissenschaft mehr möglich. Um Botanik zu betreiben, muß man sich somit der Natur anpassen. Nach dem Bild von Tournefort muß man »die sich gleichenden Pflanzen wie in Sträußen zusammenfassen und sie von den andersartigen absondern«[71]. Das bedeutet dort »Trennlinien« zu erkennen, wo alles kontinuierlich erscheint und dort Zwischenräume zu finden, wo die Natur keine zu kennen scheint. Aber auch wenn das Universum in Wirklichkeit nicht unterteilt ist, erscheint es uns doch unterteilt; das genügt, die Versuche einer Klassifikation zu rechtfertigen. Die Rolle des Naturforschers besteht dann darin, die markantesten Trennlinien zu finden. »Diese so sehr notwendige Ordnung«, fährt Fontenelle in seiner *Éloge de Tournefort* aus, »ist keineswegs von der Natur errichtet worden, die eine wunderbare Verwirrung der Bequemlichkeit für die Physiker vorzog. Deren Aufgabe ist es, der Natur nahezu zum Trotz eine Zusammenstellung und ein System der Pflanzen zu schaffen«.[72]

Um die Pflanzen zu klassifizieren, muß man sie in einem Symbolsystem darstellen, d. h. man muß ihnen Namen geben. Eine Pflanze zu benennen bedeutet bereits sie einzuordnen. Beide Operationen sind unlösbar miteinander verbunden. Sie entsprechen zwei Aspekten derselben Kombinatorik, die sich in diejenige der sichtbaren Strukturen, der Flächen und Volumen einfügen muß, die sich ihrerseits vereinen, um die Diversität der Pflanzen zu bilden. Der Verbindungspunkt zwischen dem Sichtbaren, dem zu Bezeichnenden und Einzuordnenden ist der Charakter. Für Linné »erkennt man die Pflanze an ihrem Namen und umgekehrt den Namen durch die Pflanze; das ist die Folge des beiden gemeinsamen Charakters, der in der Pflanze eingeprägt und im Namen beschrieben ist«[73]. Den Details der Struktur der Pflanze verhaftet, stellt der Charakter ihr »Erkennungszeichen«[74] dar. Er stellt deshalb die auch noch nach Untersuchung und Beschreibung der Pflanze in Gedanken festzuhaltende Spur dar. Beschreiben heißt in der Tat alles sagen, alle sichtbaren Gegebenheiten anzuhäufen. Hingegen bedeutet den Charakter zu finden, Eigenschaften zusammenzubringen, die gewissen Individuen gemeinsam sind und sie von anderen unterscheiden. Vor allem bedeutet es, im Gewimmel des Sichtbaren die besonderen Zeichen auszuwählen, die im Geiste unlösbar an die Pflanze gebunden bleiben und das Bild von der Pflanze in allen Details ersetzen müssen. So befreit sich das Denken aus dem Chaos der sinnlich wahrnehmbaren Bilder, es zieht nur noch einen Charakter in Betracht, benennt ihn und behält ihn im Geiste, kurz, es reduziert die Pflanze auf den Charakter. Darauf kann das Denken seine Klassifikationsarbeit durchführen.

Die Klassifikation stellt immer eine Pyramide dar, eine Hierarchie, die auf verschiedene Ebenen eingestufte Gruppen von Klassen umfaßt. Jede auf einer Ebene eingeordnete Klasse schließt eine oder mehrere Unterklassen der darunterliegenden Ebenen mit ein. Jede Hierarchie kann mehr oder weniger kompliziert arbeiten: einfach wie in der »synoptischen Darstellung«[75], wo sie sich auf ein System aufeinander folgender dichotomischer Schlüssel reduziert; oder sie ist komplizierter wie in den »systematischen« Klassifikationen, wo jede auf einer Ebene befindliche Klasse mehr als zwei der darunterliegenden Klassen miteinschließt. Das 18. Jahrhundert ordnet die Gesamtheit der belebten Welt in eine fünfstufige Hierarchie: Reich, Klasse, Ordnung, Gattung und Art. Letztere wird ihrerseits durch die Zusammenfassung von Varietäten gebildet, deren Verschiedenheit Linné zufolge nur auf »zufällige

Ursachen wie Klima, Boden, Wärme, Winde usw.«[76] zurückzuführen ist. An sich stellt die Verteilung der Lebewesen auf fünf Ebenen eine einfache Konvention dar. Sie bedeutet, daß man einen Organismus nur dann als angemessen eingestuft betrachten kann, wenn er sich mehr oder weniger eindeutig in eine der auf jeder Ebene definierten Gruppen einfügen läßt.

Ein derartiges Gebäude kann mit Hilfe zweier Techniken errichtet werden, je nachdem, ob man nach einer Art deduktiver Logik oder empirisch vorgeht: nach den Systemen oder nach der Methode. Die Systeme sind wesentlich älter als die Methode. Auf Aristoteles zurückgehend wurden sie von der Scholastik vermittelt. Die Errichtung eines Systems setzt eine gewisse Vorstellung von den zu klassifizierenden Objekten sowie den sich zwischen ihnen einstellenden Beziehungen voraus. Deshalb gibt es so viele Systeme wie Anschauungen, d. h. wie Botaniker. Die Anzahl der Variablen erlaubt, die Klassifikation je nach gewünschter Genauigkeit den empirischen Daten anzupassen. Alle Systeme sind bestrebt, diejenige Anordnung von Charakteren und jene logische Beziehung zu finden, die die beste Gliederung der Klassen ermöglicht. »Man muß auf die Kombinationskunst zurückgreifen«, behauptet Tournefort: »d. h. die Teile der Pflanzen müssen einer nach dem anderen so gut untereinander kombiniert werden, daß man am Schluß diejenigen auswählen kann, nach denen die Gattungscharaktere bestimmt werden können, die die größte Klarheit bringen und die der Erfahrung am besten angepaßt sind«[77]. Man analysiert die kombinatorischen Möglichkeiten, die die Verwendung des einen oder anderen Pflanzenteils bietet, und man wählt denjenigen aus, der mehr realisierbare Kombinationen ergibt als in der Natur bestehen. Die willkürliche Auswahl der Kriterien bestimmt so die Aufteilung.

Die Technik der Methode hat im Gegensatz zu der der Systeme keine Konzeption *a priori* nötig. Ein rigoroser und genauer Vergleich der Objekte erlaubt, ihre Unterschiede hervorzuheben. Demnach kann es nicht nur eine einzige Methode geben. Das Vorgehen besteht in der willkürlichen Wahl einer Referenzpflanze, die auf irgendeine Art und Weise mit den anderen Pflanzen verglichen wird, um alle Unterschiede und Abweichungen genau festzustellen. »Zuerst bestimmte ich jede Pflanze«, erklärt Adanson, »indem ich jeden ihrer Teile mit all seinen Details in ebenso vielen einzelnen Artikeln beschrieb; in dem Maße wie neue Arten auftauchten, die zu den schon beschriebenen eine Beziehung hatten, schrieb ich sie daneben auf und ließ alle Ähnlichkeiten fallen, um nur ihre Unterschiede aufzuzeichnen.«[78] Die Masse der Ähnlichkeiten bildet sozusagen einen nicht beachteten Hintergrund, vor dem die

Unterschiede hervorstechen. Natürlich gruppiert lassen sie Trennlinien erscheinen. Diese je nach der Größe der Unterschiede mehr oder weniger klar hervortretenden Trennlinien bestimmen die Hierarchie der Klassen.

Systeme und Methode gehen nach verschiedenen, ja sogar gegensätzlichen Prinzipien vor. Nichtsdestoweniger haben beide eine gemeinsame Sprache und führen zu ähnlichen Resultaten, da beide Techniken die gleiche fünfstufige Hierarchie ermöglichen. In beiden Fällen besteht eine der Etappen in einer willkürlichen Wahl, auf der letzten Endes das ganze Gebäude ruht. Das führt zu einer allen Klassifikationen gemeinsamen Schwierigkeit. Buffon zufolge »liegt das heikelste Problem der Naturgeschichte darin, zuverlässig zwischen dem unterscheiden zu können, was in einem Subjekt tatsächlich vorhanden ist, und dem, was wir bei seiner Analyse willkürlich hinzufügen«[79]. Für Systematiker wie Ray, Tournefort oder Linné und für Methodiker wie Magnol, Adanson oder die beiden Jussieu rechtfertigt sich die Wahl einer neuen Klassifikation nur durch ein einziges Kriterium: weniger Willkür und mehr Übereinstimmung mit der Natur. Das Ziel der Naturgeschichte besteht genau darin, die wahre Ordnung in der Natur zu finden. Und hierfür muß das Essentielle vom Akzidentellen unterschieden werden.

Während Jahrhunderten – seit Aristoteles und die Scholastik hindurch – beruhte die Einheit einer Gruppe von Lebewesen auf ihrer »Essenz«, die aus der Summe von »Gattung« und »Differenz« bestand. Im 17. Jahrhundert ändern sich Sinn und Rolle dessen, was man die Essenz der Wesen nennt; doch liegt noch sämtlichen Bemühungen um eine Analyse und eine Klassifikation die Suche nach dem Essentiellen zugrunde. Wichtig sind beim Vergleich der Pflanzen die in ihrer Essenz begründeten Unterschiede, die keine Folgen von Zufällen oder den Naturgesetzen nicht unterworfenen Variablen sind. Nach Tournefort »bedingt die Struktur den Charakter, und dieser unterscheidet im wesentlichen eine Pflanze von der anderen«[80]. Doch alle sind sich darin einig, daß sich bis in die Wahl des Charakters ein großer Anteil von Willkür geltend macht. Den Erfordernissen entsprechend kann der Charakter, den gesamten Vergleich der Pflanzen umfassend, von dem »spezifischen Kennzeichen« eines einzelnen Organs ausgehend sich über die Gesamtheit der in der ganzen Pflanze gefundenen Merkmale erstrecken. Der Charakter kann nach Linné »künstlich, unterscheidend oder wesentlich sein«[81]. Zur Festlegung der Trennlinien zwischen den Klassen darf nur »der am treffendsten unterscheidende Charakter«[82] verwendet werden. Alle zufälligen Merkmale sind hingegen zu verwerfen, d. h. alle Einflüsse, die vom Pflanzungsort, von Temperatur, Bewässerung, von der Exponierung gegen Sonne und Winden herrühren, kurz alles, was sich mit den Wachstumsbedingungen verändern kann. Damit wird das Essentielle einer Pflanze zu jenem Einmaligen, das ihr von der Natur auferlegt ist und das sich jeder äußeren Intervention entzieht. Als Gegensatz zum Akzidentellen ist das Essentielle notwendigerweise objektiv. Es ist von der Beobachtung unabhängig, es leitet sich von den weit zurückliegenden Ursprüngen der Schöpfung her. Die allgemeine Ordnung, in welche sich die Essenz eines jeden Lebewesens eingliedert, wird von der Natur und nicht vom Verstand bestimmt. Das Essentielle der Pflanzen stellt gewissermaßen das gute Gewissen des Naturforschers dar. Es gestattet ihm, wie Tournefort rät, seine Klassen »ohne Gewissensbisse« zu unterteilen[83] und dabei nur auf die Leistungsfähigkeit zu achten. Für Linné besteht das Essentielle einer Pflanze in dem, was ihr von »der fortgesetzten Zeugung der Arten« vorgeschrieben ist[84].

Mögen Systeme und Methode ihre jeweils eigene Logik haben, so steht diese doch in keinerlei Zusammenhang mit der Wirklichkeit der Natur. Sie müssen daher ein fremdes Element heranziehen, das nicht ausschließlich auf der sichtbaren Struktur der Wesen beruht, sondern auf der Permanenz dieser Struktur durch die Generationen hindurch. Da es für die Naturforscher unerläßlich wird, ihre Klassifikationen auf die Realität der Natur zu begründen, entsteht gegen Ende des 17. Jahrhunderts die Vorstellung von der Art *(species)*. Die Art wird zu einer privilegierten Kategorie, weil sie nicht nur auf einer gewissen Ähnlichkeit zwischen den Individuen – möge diese auch noch so groß sein – beruht, sondern ebenfalls auf der immer das Gleichartige hervorbringenden Generationenfolge. »Die spezifische Identität von Ochse und Kuh oder von Mann und Frau leitet sich« nach John Ray »schon aus dem Umstand her, daß beide von denselben Eltern, ja oft von derselben Mutter geboren werden«[85]. Eine Ordnung bleibt in der Struktur der Tiere und Pflanzen erhalten, weil sie mit allen ihren Eigenschaften getreulich von den Eltern auf die Nachkommen übertragen wird. Die dem Lebewesen spezifische Form setzt sich gewissermaßen in seinem Samen fort; »eine Art entsteht niemals aus dem Samen einer anderen Art, und auch das Umgekehrte ist nicht möglich«, konstatiert Ray. Darüber hinaus ist es angebracht, aus der Art alle sterilen Hybriden auszuschließen, alle »Maultiere«, die aus gewissen, mit der Natur nicht übereinstimmenden Paarungen hervorgehen. Damit die Art ihren universalen Charakter behält, muß die Zeugung nach Buffon »stetig, fortwährend, unveränderlich, mit einem Wort, der der anderen Tiere ähnlich sein«[86]. Unter diesen Bedingungen laufen die Naturvorgänge in der belebten wie in der unbelebten Welt geregelt ab, d. h. sie gehorchen Gesetzen, und die Art ist nur eine ihrer

Ausdrucksformen.
Die Naturgeschichte des 17./18. Jahrhunderts beruht auf der Eigenschaft der Lebewesen, das ihnen Gleichartige zu zeugen und auf der sich hieraus ergebenden Vorstellung von der Art. Für die Klassifikation der belebten Welt muß die Art auf zwei ganz verschiedenen Ebenen zur Geltung kommen. Zunächst stellt die Art dadurch, daß sie nicht nur auf einer willkürlichen Aufteilung des Sichtbaren beruht, sondern daß sie die Regelmäßigkeit der Natur selbst ins Spiel bringt, eine gemeinsame und auch allgemein anerkannte Grundlage all der Klassifikationen dar, deren Grundeinheit sie bildet. Die Art wird Gegenstand von Erörterungen, wie sie zum Beispiel um den Begriff der Gattung entstehen. Sie rechtfertigt den Versuch, in der Kette der Wesen eine Ordnung zu errichten und das kontinuierliche Gewebe, das die lebende Welt bildet, aufzuteilen. Weil Arten »existieren«, beruht die Wissenschaft von den Wesen nicht auf Einbildungen, sondern auf natürlichen Grundlagen. Ferner bezeugt die Permanenz der Arten durch die Generationen hindurch, daß die lebende Welt, wie man sie heute sieht, tatsächlich jene Welt reflektiert, die zur Zeit der Schöpfung errichtet wurde. »Wir zählen genau so viele Arten«, sagt Linné, »wie am Anfang verschiedene Formen geschaffen wurden.«[87] Die Naturgeschichte erhält den ihr in der Gesamtheit der Erkenntnis zukommenden Platz nicht allein deshalb, weil sie eine Ordnung in der belebten Welt errichten kann. Darüber hinaus muß die Klassifikation eine Verbindung zwischen der heute existierenden belebten Welt und ihrem Ursprung errichten. Der Begriff der Art verbürgt die Permanenz der lebenden Formen von der Schöpfung an. »Im Universum ist ein Individuum nichts«, erklärt Buffon, »hundert, ja tausend Individuen sind noch immer nichts. Die einzigen Wesen der Natur sind die Arten; es sind unvergängliche Wesen, so alt, so permanent wie die Natur selbst. Man kann sie als ein von der Welt unabhängiges Ganzes betrachten, als Ganzes, das, als eine Einheit unter den Werken der Schöpfung, folgerichtig auch in der Natur nur eine Einheit darstellt.«[88] Die zwischen den Wesen herstellbaren Beziehungen beruhen immer wieder auf einem anderen logischen System, sei es auf der Permanenz der sichtbaren Strukturen bei Tournefort und Linné oder später bei Cuvier auf der funktionellen Integration der Organismen oder dann nach Darwin auf der Dezendenztheorie.

Durch die Definition des Begriffs der Art wird die Zeugung zum Ausdruck der Regelmäßigkeit der Natur. Die Zeugung kann jedoch im 17. Jahrhundert nur im Hinblick auf die sichtbare Struktur der Lebewesen und mittels der Gesetze der Mechanik analysiert werden. Im Unterschied zum Blutkreislauf können die Phänomene der Zeugung nicht durch das Messen von Volumen, Bewegungen und Geschwindigkeiten erfaßt, noch in Begriffen von Hebeln, Rädern und Pumpen beschrieben werden. Als sich Harvey für die Zeugung der Wesen interessiert, ist er nicht erfolgreicher als sein Lehrer Fabrice d'Acquapendente. Dieser ließ Hühnereier bebrüten und öffnete jeden Tag eines von ihnen, um den Zustand des Embryos zu untersuchen. Harvey schlachtet die Hirschkühe des englischen Königs zur Zeit ihres Liebesspiels und weidet jeden Tag eine von ihnen aus, um den Inhalt ihrer Gebärmutter zu examinieren. Dabei findet er niemals etwas anderes als eine unförmige Masse vor, ein Häufchen Schleim, eine Art »Narbe«, aus der sich allmählich Herz, Blutgefäße, Eingeweide, Kopf und Füße abzeichnen. Deshalb muß sich Harvey auf wenig überzeugende Analogien beschränken: Das Weibchen wird von dem Männchen auf ähnliche Weise befruchtet, wie das Eisen nach der Berührung durch den Magneten eine magnetische Eigenschaft erhält [89]. Oder die Gebärmutter wird mit dem Gehirn verglichen, weil »jene den Fötus empfängt wie dieses die sich dort bildenden Ideen« [90]. Weil Harvey seinen *Exercitationes de generatione animalium* das berühmt gewordene Motto *»Omnia ex ovo«* voranstellte, wird ihm oft die Urheberschaft der Idee zugeschrieben, der zufolge sich jedes Lebewesen letztlich aus einem Ei entwickelt. Aber mit *ovum* ist nicht nur das Ei gemeint, sondern jede schon geringfügig organisierte Substanz wie verwesendes Fleisch, verfaulte Pflanzen oder Exkremente; es bezeichnet ebenfalls die Puppen der Schmetterlinge und aller anderen Insekten, kurz alles, aus dem man ein Lebewesen hervorgehen sieht, sei dieses nun ein Vierfüßler, eine Fliege, ein Wurm oder eine Pflanze.

Da sie ein unmittelbares Einwirken göttlicher Kräfte auf die Materie ins Spiel brachte, konnte die Urzeugung im 16. Jahrhundert mindestens so leicht erklärt werden wie die Zeugung durch den Samen. Dem 17. Jahrhundert geht es darum, die okkulten Kräfte durch die Organisation der Materie und die Gesetze der Bewegung zu ersetzen, die die Bildung der Lebewesen ebensogut erklären sollen wie den freien Fall der Körper oder die Bewegungen der Sterne. Descartes sieht darin keine besondere Schwierigkeit. Da die Materie in allen Körpern der Erde dieselbe ist, unterscheiden sich die Wesen von den Dingen nur durch die Anordnung dieser Materie. Daher muß wenig genügen, um die Materie zu beleben und aus ihr einen lebendigen Körper hervorgehen zu lassen. Ein wenig Wärme oder ein leichter Druck, ein einfaches Reiben reicht aus, um die Teile in Bewegung zu bringen und sie unter sich reagieren zu lassen. »Da es also nur weniger Faktoren bedarf, um ein Wesen zu bilden, ist es in der Tat nicht weiter erstaunlich, daß sich so viele Tiere, Würmer, Insekten spontan unter unseren Augen in jedem faulenden Stoff bilden.«[91] Wärme und Bewegung müssen nach und nach auf jeden Teil einwirken. Das kleine Wesen kann sich weder im Fleisch noch in den Eiern höherer Tiere so urplötzlich bilden und vollausgerüstet auftauchen wie Minerva aus dem Kopf Jupiters. Die Materie organisiert sich nach und nach und Organ für Organ mit der Genauigkeit eines höchst komplizierten Uhrwerks. Bei den ihresgleichen hervorbringenden Wesen ist schon die gesamte Mechanik durch die Organisation der Materie im Samen vorbereitet. Wenn Descartes von der Entwicklung eines Embryos spricht, gebraucht er ähnliche Begriffe wie später Laplace für die Beschreibung der Bewegungen des Universums: »Würde man alle Samenbestandteile irgendeines Tieres, z. B. des Menschen im Detail kennen, so ließe sich allein daraus nach sicheren und mathematischen Gründen die ganze Gestalt und der Aufbau eines jeden Gliedes ableiten.«[92]

Angesichts der zunehmenden Bedeutung der Beobachtung kann die Vorstellung von der Urzeugung nur schlecht bestehen. Je genauer das mit Lupe oder Mikroskop ausgerüstete Auge die Insekten betrachtet, desto komplizierter erweist sich ihre sichtbare Struktur. Nach und nach tritt ein ganzes Netzwerk von Fasern, Gefäßen und mit Präzision ineinander verflochtenen Nerven ans Tageslicht. »Eine Fliege«, stellt Malebranche bewundernd fest, »hat ebenso viele und vielleicht sogar mehr organische Teile als ein Pferd oder ein Ochse. Hat doch ein Pferd nur vier Füße, eine Fliege aber sechs ... Im Auge des Ochsen findet man nur eine einzige Linse, dagegen entdeckt man heutigentags Tausende von Linsen im Auge der Fliege.«[93] Swammerdams und Malpighis Beobachtungen führen zur Entdeckung der Metamorphosen des Seidenspinners, der Grille, des Käfers und des Schmetterlings. Sie beschreiben ihre Geschlechtsorgane und ihre verschiedenen Paarungsweisen. All das läßt sich schlecht mit der Entstehung von Würmern und Fliegen infolge von Wärme und Fleischfermentation in Übereinstimmung bringen. Doch kann das 17. Jahrhundert die Urzeugung der Insekten in erster Linie deshalb widerlegen, weil die hierfür notwendigen Experimente nur Bewegungen der Luft und der Lebewesen erfordern. Wird Fleisch in einer hermetisch verschlossenen Flasche verwahrt, dann fault es nicht und es entstehen keine Fliegen. In seinem Buch über die Zeugung führt Francesco Redi die Idee für ein derartiges Experiment auf die Lektüre Homers zurück. Wenn faulendes Fleisch allein genügte, um Insekten entstehen zu lassen, wundert sich Redi, warum fürchtet sich dann Achilles im 19. Gesang der *Ilias* so sehr, daß der Körper des Patrokles die Beute der Fliegen werden könnte?[94] Warum bittet er Thetis, den Körper des Patrokles vor Insekten zu schützen, die im Verstorbenen Würmer ausschlüpfen lassen könnten und somit sein Fleisch verdürben? Das Experiment beweist, daß die Befürchtungen des Achilles berechtigt waren. Nach Redi »entstehen diese Würmer allesamt in der Folge der Ablage von Eiern. Die faulende Materie, in der man sie vorfindet, ist nichts weiter als der Ort, das Nest, wo die Tiere zum Zeitpunkt der Fortpflanzung ihre Eier legen und wo sie ihre Nahrung finden. Mit anderen Worten, ich versichere, daß diese Materie nie etwas erzeugt.«[95] Dasselbe trifft auf die sich in den Gedärmen von Menschen und Tieren befindenden Würmer zu. Diese entstehen nicht aus den Gedärmen ihrer Wirte, sondern aus in Luft, Wasser und Nahrungsmitteln enthaltenen Keimen, die von den Tieren eingeatmet oder geschluckt werden. Genauso verhält es sich mit Insekten, die in Pflanzen entstehen. Sie werden keinesfalls von den Früchten, Wurzeln oder Rinden der Pflanzen erzeugt, sondern von Insekten, die dort ihre Eier ablegen. Am Ende des 17. Jahrhunderts entsteht ein Wurm aus einem Wurm, eine Fliege aus einer Fliege und ein Aal aus einem Aal. Wo ein Lebewesen auftritt, gab es zuvor ein gleichartiges Wesen, um es zu erzeugen. Logischerweise müßte jetzt die Vorstellung von der Urzeugung verschwinden. Doch sie nimmt sofort in jener unsichtbaren und leicht grotesken Welt der Infusorien Zuflucht, die plötzlich mit Hilfe des Mikroskops im Wasser der Dachtraufe, in einem Absud von Pflanzen und im Speichel beobachtet wird. Um sie aus dieser Welt zu vertreiben, genügt es nicht, neue Experimente durchzuführen. Nein, erst muß die Vorstellung von der Art erhärtet, klar abgegrenzt und ihre Permanenz gewährleistet werden.

Bei der Zeugung durch die Eltern verbirgt sich das Geheimnis im Samen, und hier müssen Gestalt und Bewegung an die Stelle der okkulten Kräfte treten. Denn die Irrtümer einer Bildungskraft, die Kaprizen der mütterlichen Einbildungskraft, der Einfluß von Nahrung und Träumen auf das im Entstehen begriffene Kind, kurz, alle Launen und alle Unregelmäßigkeiten, die den normalen Ablauf der Dinge stören, stimmen schlecht mit der Harmonie des Universums und den Gesetzen der Natur überein. Doch der Inhalt des Samens ist das einzige Problem der Zeugung, das das 17. Jahrhundert mit seinen analytischen Methoden in

Angriff nehmen kann und das den Forschungstechniken und dem Auflösungsvermögen des Mikroskops zugänglich ist. Nur in diesem Bereich vermag das klassische Zeitalter Prinzipien und Tugenden durch Gestalten und Teilchen zu ersetzen. Eine der einfachsten Fragen, die sich jetzt im Zusammenhang mit der Zeugung erhebt, ist die nach dem Inhalt der Samen beider Geschlechter, genauer, wie es kommt, daß gewisse Tiere Eier legen und andere lebendige Junge gebären. Im Verlaufe der Untersuchung, Sezierung und Durchforschung der Körper werden in den »Testikeln« der lebendgebärenden Weibchen kleine, mit einer eiweißähnlichen Flüssigkeit angefüllte Haufen wahrgenommen, die nach der Paarung gelb werden. Reinier de Graaf gelingt es sogar, eine Korrelation zwischen der Anzahl dieser Blasen und derjenigen der in den Hörnern der Gebärmutter entstehenden Embryonen zu entdecken. Bis den Embryologen im 19. Jahrhundert der Nachweis gelingt, daß die von de Graaf beobachteten Blasen in Wirklichkeit Follikeln sind, die die eigentlichen Eier umgeben, spielen sie die Rolle von Eiern. Am Ende des 17. Jahrhunderts besitzen also alle Weibchen Eier. »Ich zweifle nicht mehr daran«, sagt Sténon, »daß die Testikeln der Frauen Eierstöcke sind.«[96] Ob das junge Tier wie das Küken aus dem Ei schlüpft oder ob es wie das Kalb lebendig aus dem Bauch seiner Mutter hervorgeht, der Vorgang bleibt derselbe. Bei allen sezierten Tieren – Ziegen, Schafen, Kühen – findet sich stets dieselbe Anatomie. »Auf dieselbe Weise verläuft« de Graaf zufolge »die Zeugung bei den Frauen, da diese wie das Vieh Eier in den Testikeln und an der Gebärmutter angebrachte Trompeten haben«[97]. Trotz der Einsprüche der »Preziosen«, die sich entrüsten, für Hühner gehalten zu werden, wird endlos darüber diskutiert, ob sich Eier ohne Paarung bilden könnten und ob auch Jungfrauen und frigide Frauen Eier besitzen würden. Man fragt sich, ob die Frauen mit ihrer Menstruation jeden Monat ein Ei ausstoßen oder ob sich im Gegenteil das Ei erst »unter dem Reiz der Lust« ablösen würde.

Im männlichen Samen nimmt das Mikroskop wie im Wasser der Dachtraufe oder im Heuaufguß eine Unzahl von Geschöpfen, kleinen Würmern wahr, die leben, sich bewegen und in alle Richtungen schwimmen. Von dieser ganzen Welt, die das Mikroskop plötzlich, fast zufällig enthüllt, sind die »Tierchen« des männlichen Samens allerdings die einzigen, die einen Platz und eine Aufgabe finden. Mit den Tierchen der Dachtraufe weiß man nichts Rechtes anzufangen, man weiß weder, wo sie einzuordnen sind noch ob man sie als Wunder oder Ärgernis auffassen soll. Dagegen entsprechen die Tiere des männlichen Samens ungefähr dem, was die Vernunft suchte. Um das Männchen seine Rolle spielen zu lassen und um den Samen von Prinzipien und Tugenden zu befreien, mußten Teilchen und organisierte Körper gefunden werden. Der Fund übertrifft tatsächlich alle Erwartungen. »Auf der ganzen Oberfläche des Erdballs gibt es nicht so viele lebende Menschen wie Tierchen im Samenerguß eines einzigen Männchens«, sagt Leeuwenhoek[98], der mit Nachdruck hervorhebt, daß seine Studien nicht zum Schaden seiner eigenen Nachkommenschaft durchgeführt worden seien. Somit finden sich bei den Weibchen Eier und bei den Männchen Samentierchen; und sie müssen genügen, um die ganze Komplexität eines Tieres zu erzeugen. Wenn man eine Bildungskraft ablehnt, den Eingriff jeder mysteriösen Kraft verwirft, wenn man die Partikeln des Samens allein nach Gesetzen der Bewegung derart organisieren will, daß sie zum Tier werden, findet das Problem keine Lösung. Nach Malebranche »ist es nicht möglich, daß die Vereinigung der beiden Geschlechter ein derart bewundernswertes Werk hervorbringen könne wie den Tierkörper. Wohl kann man annehmen, daß die allgemeinen Gesetze der Bewegungsübertragung für Entwicklung und Wachstum der Teile eines organisierten Körpers ausreichen, doch man kann sich nicht überzeugen, daß sie je für den Bau einer derart komplexen Maschine ausreichten.«[99] In einer Zeit, in der die Lebewesen allein durch ihre sichtbare Struktur erfaßt werden, muß die fortwährende Erhaltung dieser Primärstruktur in der Zeugung erklärt werden. Die Primärstruktur kann nicht verschwinden, sie muß von einer Generation zur anderen durch den Samen erhalten bleiben. Um die Gestalt zu erhalten, muß schon der Samen den »Keim« des kleinen zukünftigen Wesens enthalten, muß dieses »präformiert« sein. Der Keim stellt bereits die sichtbare Struktur des künftigen Kindes dar, die der der Eltern gleicht. Er enthält das Projekt des zukünftigen lebenden Körpers nicht nur potentiell in irgendeinem aktiven Teil des Samens, von dem ausgehend sich der Körper des kleinen Wesens nach und nach organisiert wie bei der Ausführung eines Plans, sondern schon materialisiert wie eine Miniatur des kommenden Organismus; einem reduzierten Modell vergleichbar, das in allen Teilen, mit allen Bestandteilen und Details vorhanden ist. Im Keimling ist bereits der ganze, leblos scheinende Körper des kommenden Wesens realisiert. Die Befruchtung besteht lediglich darin, ihn zu aktivieren und sein Wachstum auszulösen. Erst dann kann sich der Keimling entwickeln, sich nach allen Richtungen ausdehnen und seine endgültige Größe annehmen; hierin ist er jenen japanischen Blumen vergleichbar, die getrocknet gekauft werden, die sich aber, einmal ins Wasser gelegt, entrollen, entfalten und ihre endgültige Gestalt finden. Bei den Tieren ist es so wie bei den Pflanzen, wo in vielen Körnern deutlich die Miniatur der zukünftigen Pflanze wahrgenommen werden kann in allen ihren Details, mit der Anlage der Stengel und der Zweige und den gefalteten Blättern. Es ist vollkommen unnötig, die Materie zum Zeitpunkt der Befruchtung und während der fötalen Entwicklung zu organisieren. Jedes Lebewesen beginnt mit etwas, das ihm schon gleicht. Bei Tieren und Pflanzen genügen jetzt Hebel, Räder und Federn, um die Entwicklung des Keims zu gewährleisten, denn es geht nur noch um Wachstum. Jeder Teil des Keims breitet sich nach und nach in allen Richtungen aus und bleibt im Großen, was er schon im Kleinen war.

Die wichtigste Frage, die man in bezug auf die Zeugung stellen kann, ist die folgende: welcher der beiden Samen – der männliche oder der weibliche – enthält den Keim? Selbstverständlich entstehen zwei Schulen. Zunächst kann man davon ausgehen, daß der Keim im Ei lokalisiert ist. Die Fruchtbarkeit ist dann ausschließlich dem Weibchen vorbehalten. In ihm ruht unbeweglich die Miniatur des zukünftigen Lebewesens, das im Eierstock die Stunde der Befruchtung abwartet. Das Männchen spielt in diesem Prozeß eine sehr bescheidene Rolle, da es sich auf die Aktivierung des Keims beschränkt; diese erfolgt in der einen oder anderen Form durch die Samenflüssigkeit. Tatsächlich spricht eine Menge von Argumenten dafür, daß das Ei bei der Zeugung die Hauptrolle spielt. Hierzu gehören in erster Linie die Versuche mit Hühnereiern, in denen Malpighi und andere schon vor jeder Bebrütung die Formen des zukünftigen Kükens erkennnen. Der Hahn hat kein Penetrationsorgan. Er begnügt sich damit, die Eier zu besprengen, um sie zu aktivieren. In gleicher Weise übergießt bei den Fischen das Männchen nur die vom Weibchen gelegten Eier. Dasselbe gilt auch für den Frosch, dessen Liebespraktiken freilich darin einzigartig sind, daß sich das Männchen hinter dem Weibchen plaziert und es mit seinen Armen umfängt. Sie bleiben so während ganzer Wochen verstrickt, und es ist unmöglich zu erkennen, auf welche Weise das Männchen seine Rolle spielt. Swammerdam gibt vor, daß es bei den Fröschen wie bei den Fischen zugehe, wo das Männchen die vom Weibchen ausgestoßenen Eier mit seinem Samen besprühe. Aber es scheint höchst zweifelhaft, daß sich die Befruchtung wirklich außerhalb des weiblichen Körpers vollzieht; auf jeden Fall muß sich der Keim im Ei befinden. Was nun den Mann betrifft, so weiß alle Welt, daß jene Flüssigkeit, die er mit so viel Vergnügen verbreitet, nicht in die Gebärmutter eindringt, sondern daß sie, kaum ejakuliert, wieder aus der Frau herausfließt. Es sind genügend Fälle von Mädchen bekannt, die schwanger geworden sind, ohne je die männliche Flüssigkeit in sich hätten eindringen lassen. Allein die »spirituelle Essenz« dieser Flüssigkeit dringt in die Gebärmutter ein, steigt zu den Eierstöcken hoch und dringt durch eine der für diese Funktion vorgesehenen Poren in das Ei ein. Oder es verhält sich so, daß dieser »subtile« Teil der männlichen Flüssigkeit in die Blutgefäße der Frau eindringt; dort vermischt er sich mit dem Blut, löst »die Verheerungen aus, die die Frauen quälen« und dringt zum Eierstock vor, wo das Ei erst dann befruchtet wird, wenn das Blut der Frau in seiner Gesamtheit befruchtet ist. Gewiß gibt es eine Ähnlichkeit zwischen Vater und Kindern, die Verwirrung stiften könnte. Doch ist es offensichtlich, daß die im Geist der Samenflüssigkeit konzentrierte männliche Kraft bei der Organisation des Fötus ihre Rolle spielt. In der Tat hängt die Anlage des Embryos von verschiedenen Faktoren ab: sicherlich von der Gestalt des Keimlings; dann von der Aktivität und von der Lebensführung der Mutter während der Schwangerschaft; doch auch von der Kraft, mit der die Teile des Embryos aktiviert wurden, als sie von der Samenessenz des Vaters durchdrungen wurden.

Aber ebensogut kann man die umgekehrte These aufstellen und den Keim in den mikroskopischen Tierchen suchen, die in der männlichen Samenflüssigkeit schwimmen. Damit wird alle Fruchtbarkeit dem Mann zurückgegeben, »was auch seiner Würde eher entspricht«. Warum sollte man auch in den Eiern für die Zeugung notwendige Geschöpfe erfinden, sieht man doch solche sich im männlichen Samen bewegen? Die Zeugung der Lebewesen ist einfach die Entwicklung dieser mikroskopischen Tierchen, von denen ein jedes, wie Hartsoeker sagt, »unter einer zarten und feinen Haut ein männliches oder weibliches Tier derselben Art im Kleinen enthält und verbirgt«[100]. Die Rolle des Weibchens beschränkt sich darauf, das Nest und die für die Entwicklung der Samentierchen notwendige Nahrung zu bereiten. Diese dringen in die Gebärmutter ein, steigen bis zum Eierstock hoch und suchen eine günstige Stelle, die sie zum bleibenden Wohnsitz wählen könnten. Ein einziges hat dabei Erfolg, indem es in das Ei eindringt, das »nur eine einzige Öffnung hat, um einen Wurm eintreten zu lassen«, sagt Hartsoeker; »... und sobald ein einziger dort eingetreten ist, so schließt sich diese Öffnung wieder und untersagt jedem weiteren Wurm den Durchgang«[101]. Einmal in seinem Ei installiert, wächst das kleine Wesen und entwickelt sich unmerklich, bis es die Größe und die Reife erreicht hat, die für die Geburt notwendig sind. Bei genauer Betrachtung dieser Samentierchen lassen sich schließlich zwei Arten unterscheiden. »Die Samentierchen unterscheiden sich durch ihr Geschlecht«, behauptet Leeuwenhoek, »und man unterscheidet Männchen und Weibchen.«[102] Viele Forscher versuchen mit dem Mikroskop die in jedem Samentierchen verborgene Form des entsprechenden Tieres zu entdecken. Jedoch vergeblich. Trotz aller Anstrengungen ist die verborgene Form hinter der das mikroskopische Samentierchen umhüllenden Haut nicht sichtbar. Man kann sie sich nur vorstellen, etwa als Homunkulus, einen verkümmerten Fötus, der mit zurückgefalteten Beinen, den Kopf tief zwischen die Arme gesteckt, in seinem Würmchen ruht[103]. Man muß sich damit abfinden. Der Keim gleicht dem Brauch der Natur entsprechend einem Fisch oder einem Wurm. Wer könnte den Maikäfer in dem Wurm erkennen, aus dem er hervorging? Wer würde glauben, daß die wunderbaren Schmetterlinge mit ihren leuchtenden Flügeln anfänglich jene gräßlichen, nur mühsam kriechenden Raupen waren? Es besteht kein Zweifel, folgert Geoffroy, daß »der Mensch als Wurm begann«[104].

Stellt die Präformation der Keime im 17. Jahrhundert angesichts der Unmöglichkeit, auf eine verborgene Struktur zurückzugreifen, das einzige Mittel dar, die Permanenz der sichtbaren Strukturen durch die Generationen hindurch zu sichern, so wird hierdurch das Problem jedoch einfach um eine Stufe verschoben. Denn die Bildung des Keims im Samen wird jetzt zur eigentlichen Zeugung. Es muß erklärt werden, woher er kommt und wie er sich organisiert. Und die Schwierigkeit bleibt dieselbe; denn will man nicht irgendeine mysteriöse Kraft anrufen, eine Bildungskraft, dann ist man auf die Gesetze der Bewegung verwiesen, die für die Erklärung der Organisation eines Keimes genau so unzureichend sind wie für die eines Embryos. Folglich bleibt nur die eine Lösung: anzunehmen, daß die Keime aller Organismen – der vergangenen, gegenwärtigen oder zukünftigen – von allem Anfang an existiert haben; daß sie zur Zeit der Schöpfung gebildet worden sind und daß sie nur auf die Stunde der Aktivierung durch die Befruchtung warten. Damit ist die Theorie der Präexistenz der Keime gegeben. Da alle diese Keime notwendigerweise unendlich klein sein müssen, steht es außer Betracht, sie sehen zu wollen, und sei es mit dem Mikroskop. Aber »der Geist darf nicht dort haltmachen, wo es die Augen tun«, fordert Malebranche, »denn die Sicht des Geistes erreicht fernere Horizonte als die des Körpers«[105].

Je nach dem Platz, der den ihre Aktivierung abwartenden Keimen angewiesen wird, sind zwei Vorstellungen der Präexistenz möglich. Vorerst kann man die Keime außerhalb der gerade lebenden Wesen lokalisieren und sie, wie Claude Perrault, mehr oder weniger über die ganze Natur verteilen. Die Keime sind zu klein, als daß man sie ausfindig machen könnte. Sie kommen jedoch im Wasser und in den Nahrungsmitteln vor, die man zu sich nimmt, oder in der Luft, die man einatmet. Damit »wird die Zeugung zwangsläufig«, sagt Perrault; »denn es ist nahezu unmöglich, daß die kleinen Körperchen, die in fast unendlichen

Mengen von allen Gattungen und Arten überall auf der Welt existieren, nicht auch in der homogenen Substanz des Korns zu finden seien oder daß sie ihm nicht irgendwie beigemischt würden«[106]. Die Keime wählen die Wesen der gleichen Art, um sich in ihnen in Form des kleinen Geschöpfes einzunisten, das die Befruchtung abwartet, um mit dem Wachstum zu beginnen.

Ebensogut aber kann man die Keime im Inneren der Lebewesen lokalisieren. In diesem Fall enthält das kleine vorgeformte Geschöpf die Keime seiner zukünftigen Abkömmlinge, die ihrerseits die Keime ihrer Kinder enthalten und so fort. So enthält Malebranche zufolge ein einfacher Apfelkern »Apfelbäume, Äpfel und Samen für Apfelbäume für unendliche oder nahezu unendliche Jahrhunderte, und zwar im Verhältnis von einem ausgebildeten Apfelbaum zu einem Apfelbaum im Samen«[107]. Dasselbe gilt für die Tiere. Die Keime aller zu allen Zeiten existierenden Menschen stammen von der Schöpfung her, sie können sich aber nach Ansicht Swammerdams in den Lenden Evas oder Adams befinden[108]. Das hängt davon ab, ob die Keime im Ei oder im Samentierchen lokalisiert werden. Befindet sich der Keim im Ei, so »wurden alle Tiere einer Art, die im Laufe der Zeit noch gezeugt werden müssen, gemeinsam mit den ersten Weibchen erschaffen«[109]. Zieht man hingegen vor, den Keim im Samentierchen zu sehen, dann »sind die ersten Männchen gemeinsam mit allen weiteren der gleichen Art erschaffen worden, die sie in der Folge bis heute erzeugt haben und bis zum Ende der Jahrhunderte erzeugen werden«[110]. Auf jeden Fall aber unterscheiden sich in dem einen wie in dem anderen System die männlichen und weiblichen Keime voneinander; denn nur der Keim des einen der beiden Geschlechter enthält jeweils das kleine Geschöpf, das geboren werden soll, und in ihm finden sich die Keime aller seiner Abkömmlinge, die wie russische Puppen ineinander geschachtelt sind. Die Größe der Puppen nimmt von einer Generation zur anderen ab entsprechend dem Verhältnis des Organismus zu seinem Ei. Der Fötus, der in tausend Jahren geboren werden soll, ist somit ebensogut ausgebildet wie der, der in neun Monaten geboren wird. Nur die Größe ist verschieden. Aber seine Winzigkeit, die ihn vor unseren Augen verbirgt, nimmt ihn nicht von den Gesetzen der Natur aus. Sie lieferte der Einbildungskraft sicherlich einen Grund zur Unruhe, wäre nicht bekannt, daß die Materie bis ins Unendliche teilbar ist. All das genügt im übrigen nicht, um die Entwicklung des Fötus vor den Phantasien der mütterlichen Einbildungskraft zu schützen. »Es ist noch kein Jahr her«, führt Malebranche an, »daß eine Frau, die mit zuviel Devotion das Bild des hl. Pius anläßlich seiner Kanonisierungsfeierlichkeiten betrachtet hatte, ein Kind gebar, welches der Darstellung dieses Heiligen vollkommen glich. Es hatte das Gesicht eines Greises, soweit das bei einem bartlosen Kind möglich ist. Seine Arme waren über der Brust gekreuzt und seine Augen zum Himmel gerichtet... Dieses Phänomen konnte ganz Paris so gut sehen wie ich selbst, da man das Kind ziemlich lange im Weingeist konserviert hielt.«[111]

Auf die alleinige Kenntnis der sichtbaren Struktur der Lebewesen und der Gesetze der Mechanik beschränkt, verweist das 17. Jahrhundert die eigentliche Zeugung, in deren Verlauf die Materie zu einem Wesen organisiert wird, in den Bereich der letzten Gründe, mit denen es sich ausdrücklich nicht beschäftigen will. Die Wissenschaft interessiert sich nur für das gegenwärtige Universum, d. h. für die Produkte der Schöpfung und die in der Regelmäßigkeit ihrer Bewegungen in Erscheinung tretenden Gesetze. Auch wenn die Zeugung eines Wesens noch nicht zur »Re-Produktion«, zur »Nach-Bildung« des Kindes nach dem Ebenbild der Eltern geworden ist, so hat sie doch ihre Rolle und ihren Status geändert. Sie stellt nicht mehr einen isolierten von allen anderen unabhängigen Schöpfungsakt dar, die unmittelbare Verwirklichung einer Absicht ohne Beziehung zu ähnlichen Vorhaben. Die Bildung eines Wesens fügt sich in die fortwährende Verwirklichung ein und desselben langfristigen Projekts im Verlaufe der Zeit ein. Damit das Gleichartige immer das Gleichartige hervorbringt und die Art durch die Generationen hindurch erhalten bleibt, müssen die Keime aller Individuen, die eine Art umfaßt, gleichzeitig, endgültig und nach dem gleichen Vorbild erschaffen worden sein. Da es unvorstellbar ist, daß die sichtbare Struktur unter dem Einfluß einer Struktur höherer Ordnung bei jeder Geburt von neuem gebildet wird, kann keine andere Lösung in Betracht kommen, als die einander folgenden Generationen auf eine simultane Schöpfung zurückzuführen. Notwendigerweise müssen Vater, Sohn und Enkel miteinander geformt worden sein. Die Vorstellung dieser Präexistenz läßt sich ganz folgerecht mit dem Begriff der Art in Einklang bringen. Wird der vorgeformte Keim, der sich im Samen des Erzeugers befindet, zur Zeit der Schöpfung mit allen anderen Keimen seiner Art gebildet, so sind keine im Verlaufe der Zeugung von außen kommende Intervention und keine Irregularitäten möglich, die auf die elterlichen Phantasien oder auf widernatürliche Fehler zurückgeführt werden könnten. Die Generationen folgen sich zwangsläufig; sie sind einander identisch, da sie immer auf die Aktivierung der gleichen, dem ursprünglichen Vorrat entnommenen Stoffe zurückgehen. Damit wird die Art zu einer Sammlung von Keimen, zu jenem Vorrat nach dem gleichen Vorbild hergestellter Exemplare.

Präformation und Präexistenz stellen somit die Zeugung der Lebewesen anderen Naturphänomen gleich. Nach Leibniz können die Wesen wie die Dinge »nur durch Erschaffung anfangen und nur durch entsprechende Vernichtung endigen«[112]. Das Universum hat die Hände Gottes in seiner ganzen Vielfalt und in all seinen Teilen fertig verlassen. Durch seinen Willen wurde alles aus dem Nichts geschaffen. Jeder Stern, jeder Stein und jedes Wesen, die im Laufe der Zeit erscheinen werden, sind durch eine endgültige und abgeschlossene Schöpfung entstanden. Seit dem ersten Anstoß funktioniert das System ohne jedes göttliche Einschreiten mit jener Regelmäßigkeit, die in den Gesetzen der Natur ihren Ausdruck findet. Die Sterne drehen ihre Bahnen, dic Steine fallen und die Wesen werden geboren.

Während des ganzen 18. Jahrhunderts und solange die Lebewesen als Kombinationen sichtbarer Elemente aufgefaßt werden, stellen Präformation und Präexistenz die einzig mögliche Lösung für das Problem der Zeugung dar. Nur sie geben Antwort auf Fontenelles Argumentation: »Sie behaupten, daß die vernunftlosen Tiere ebenso Maschinen seien wie die Uhren? Aber stellen Sie eine männliche Hunde-Maschine neben eine weibliche und Sie werden sehen, daß aus ihnen eine dritte kleine Maschine entstehen kann, während zwei Uhren ihr ganzes Leben lang beieinander sein können, ohne je eine dritte Uhr hervorzubringen.«[113] Die Erzeugung eines Wesens bleibt noch immer das Ergebnis eines Projekts, dessen Konzeption und Verwirklichung nicht unabhängig von der Schöpfung der Welt gedacht werden kann. Die sichtbare Ordnung der Lebewesen erhält sich durch Generationen. Die Kontinuität der lebenden Formen innerhalb der Art und in der Zeit erfordert die Kontinuität dieser Formen selbst durch die Prozesse der Zeugung hindurch. Wie könnte ein Huhn aus einem Ei hervorgehen, wenn im Ei nicht alles vorhanden wäre, was ein Huhn kennzeichnet, d. h. eine bestimmte sichtbare Struktur? Was die Aktivierung des Keims und sein Wachstum anbetrifft, so wäre es nach Haller »nicht mehr gerechtfertigt, uns zu fragen, auf welchen Mechanismus sie zurückzuführen seien, als uns zu fragen, warum die Resorption des männlichen Samens dem Mann einen Bart wachsen lasse«[114].

Zahlreiche Beobachtungen des 18. Jahrhunderts zeugen jedoch von der peinlichen Genauigkeit, Geduld und Ehrlichkeit der Naturforscher. Ihr Ideenreichtum und ihre Geschicklichkeit werden durch viele Experimente bewiesen. Notwendig hängen diese Versuche noch von den Prinzipien und Techniken der Mechanik ab und bleiben auf jene Bereiche der Bildung der Lebewesen beschränkt, die den Methoden der Mechanik zugänglich sind. So wird z. B. ein Glied amputiert oder sogar ein Körper zerstückelt und die Wirkung beobachtet. Das geeignetste Studienobjekt für die mechanistische Analyse der Zeugung sind zweifelsohne die Samen selber. Man kann die Spermienflüssigkeit am Erreichen ihres natürlichen Bestimmungsortes hindern; oder Flüssigkeit und Eier werden getrennt isoliert, um sie in der Folge vermischen zu können. Man kann die Flüssigkeit verdünnen, erhitzen und untersuchen, ob sie ihre Aktivität noch immer bewahrt. So wird die Zeugung in einigen ihrer Phänomene Experimenten zugänglich, selbst wenn diese noch auf ziemlich einfache Manipulationen beschränkt bleiben. Aber die Präformation bleibt so unentbehrlich, die Möglichkeit einer anderen Lösung ist so unvorstellbar, daß jedes experimentelle Resultat nur als weiterer Beweis für die Theorie des präexistierenden Keims interpretiert wird.

In der Diskussion, ob bei der Zeugung die erste Rolle dem Ei oder dem Samentierchen zukomme, fällt die Entscheidung dank der Entdeckung der Parthenogenese sehr rasch zugunsten des Eis. Auf den Rat Réaumurs beobachtet Charles Bonnet die Vermehrung der Blattläuse. Zur Bestürzung aller zeigt es sich, daß ein einziger dieser Organismen sich selbst genügt, um seine Abkommenschaft zu sichern. »Nehmen Sie einen Kleinen im Augenblick seiner Geburt«, empfiehlt Bonnet, »schließen Sie ihn sofort in strengster Einsamkeit ein und treiben Sie die Vorsicht bis zum Skrupel, um seine Jungfräulichkeit besser zu sichern, werden Sie für ihn ein wachsamerer Argus als derjenige der Fabel; nach einem gewissen Wachstum wird der kleine Einsiedler zu gebären beginnen, und nach einigen Tagen werden Sie ihn inmitten einer zahlreichen Familie finden.«[115] Es besteht kein Zweifel, daß die Blattlaus »verdiente, Blattläusin genannt zu werden«. Existiert aber ein vermehrungsfähiger Organismus, »ohne je ein Verhältnis mit einem anderen Individuum seiner Art unterhalten zu haben«[116], so wird klar ersichtlich, daß der Keim nirgends anders als im Ei lokalisiert werden muß. Auch die Anatomie spricht für das System der Eier. Für Haller und Bonnet setzt die das Innere des Eigelbs bedeckende Membrane diejenige fort, die das Gedärm des Hühnerembryos auskleidet. Das Eigelb ist daher ein Anhang des Embryos. Aber »da das Eigelb auch in Eiern vorkommt, die niemals befruchtet wurden, folgt hieraus notwendig, daß der Keim vor der Befruchtung existiert (präexistiert)«[117]. Die Konsequenz ist augenfällig: der Ursprung des Huhns befindet sich nicht in der vom Hahn gespendeten Flüssigkeit; das Huhn war im Ei bereits vor jeder Befruchtung »im Kleinen vorgezeichnet«.

Hingegen bleibt die Rolle der spermatischen Würmer bei der Zeugung sehr ungewiß. Buffon nimmt an, daß diese Würmer wohl ein tierartiges, aber kein eigentlich tierisches Leben haben. Über die Tierhaftigkeit der Samentierchen wird endlos diskutiert. Doch selbst wenn die Würmer des männlichen Samens von tierischem Wesen sind, so unterscheiden sie sich doch in keinerlei Hinsicht von den im Wasser der Dachtraufe entstehenden und lebenden Würmern. Man kann sie überall finden, nicht nur in der Samenflüssigkeit, sondern auch in den weiblichen Tieren, etwa in den läufigen Hündinnen und selbst im rohen Fleisch, in der Sülze vom Kalb, in den Exkrementen. Weit davon entfernt, das fruchtbare Prinzip des Mannes darzustellen, könnten die Samentierchen zur Homogenisierung der spermatischen Flüssigkeit dienen oder die Anziehungskraft der Samen verstärken. Vielleicht dienen sie auch nur der »geschlechtlichen Lust«.

Die Rolle der spermatischen Flüssigkeit und der darin befindlichen Samentierchen kann im Hinblick auf eine einfache mechanistische Vorstellung, in Begriffen von Substanz und Kraft analysiert werden. Mit physikalischen Mitteln ist die Übertragung von Substanz, aber nicht von Kraft zu verhindern. Die eierlegenden Organismen eignen sich für diese Versuche am besten, da befruchtete und unbefruchtete Eier isoliert werden können. Das gilt vor allem für die Frösche, wo das Männchen während der Befruchtung das Weibchen von hinten tagelang umschlingt. Réaumurs treue Mitarbeiterin wird beauftragt, ein derartiges Paar zu beobachten und während des ganzen Vorgangs keinen Blick von ihm zu lassen. »Wie ich von ihr verlangt habe«, berichtet Réaumur, »richtete sie den Blick auf das Hinterteil des Männchens und ließ ihn darauf ruhen. Kaum blickte sie hin, da sah sie einen Strahl hervorschießen, den sie am ehesten mit einem Strahl von Tabaksrauch zu vergleichen wußte.«[118] Aber nichts besagt, daß dieser Rauchstrahl irgendeine Rolle bei der Befruchtung der Eier spielt, die das Weibchen gleichzeitig paketweise ausscheidet. Würde vom Männchen tatsächlich Substanz auf die Eier übertragen und dieser Strahl einer Samenemission entsprechen, dann müßte es möglich sein, diesen Samen von den Eiern fernzuhalten, die daraufhin steril bleiben müßten. Réaumur beschließt, einem männlichen Frosch vor der Paarung »eine Hose aus Schwimmblase, und zwar eine gut geschlossene, vor allem das Hinterteil abschließende Hose« anzupassen[119]. Doch die Befruchtung wird dadurch nicht im geringsten gestört, denn den Fröschen gelingt es, sich mit Hilfe ihrer Pfoten der Unterhosen zu entledigen. Und nach wie vor schlüpfen Kaulquappen aus den Eiern. Dem geschickteren Spallanzani gelingt es, Höschen zu fabrizieren, die am Platze bleiben. »Die auf diese Weise bekleideten Männchen paarten sich zwar, doch waren die Folgen der Paarung wie vorausgesehen: keines der Eier war fruchtbar, da keines von ihnen

von der spermatischen Flüssigkeit befeuchtet werden konnte, von der ich kleine, gut sichtbare Tropfen in den Höschen wahrnahm.«[120]
Dieses biologische Material macht es möglich, jede Samenart einzeln und außerhalb des Tierkörpers zu isolieren. So wird die Idee geboren, die Befruchtung durch Mischung der beiden Samen in einem Fläschchen durchzuführen, um »dieser Tierart künstlich das Leben zu geben«, sagt Spallanzani, »indem die Mittel der Natur imitiert werden, die diese zur Vermehrung der Amphibien verwendet«[121]. Wenige Tage nachdem die Eier mit der männlichen Samenmilch in Berührung kamen, öffnen sie sich. Aus ihnen schlüpfen Kaulquappen, die unverzüglich zu schwimmen beginnen. Auf diese Weise läßt sich die künstliche Befruchtung bei den verschiedensten Tieren, bei Kröten, Salamandern, Seidenspinnern und sogar bei einer läufigen Hündin durchführen, der man mit einer Spritze den männlichen, einem Hund entnommenen Samen in die Gebärmutter injiziert.
Die künstliche Befruchtung erfüllt die für jede experimentelle Analyse notwendige Voraussetzung: das Vorhandensein einer Aktivität, die beobachtet und gemessen werden kann. Sie erlaubt zu untersuchen, ob die eine oder andere Samenart nach einer bestimmten Behandlung noch fruchtbar bleibt. Sie ermöglicht es Spallanzani, den männlichen Samen im Hinblick auf die Frage zu analysieren, ob seine Aktivität irgendeiner Kraft im Samen oder den Samentierchen selber zugeschrieben werden muß. Ein Tropfen spermatischer Flüssigkeit des Froschs behält, in einem Liter Wasser verdünnt, seine Aktivität: das ist in Anbetracht der enormen Zahl von Samentierchen nicht weiter erstaunlich. Hingegen werden Eier nicht befruchtet, wenn sie über die Samenflüssigkeit, doch ohne diese zu berühren, gehalten werden: die Flüssigkeit wirkt durch direkten Kontakt und schließt die Wirkung jeglichen »spermatischen Dunstes« aus. Werden die Samentierchen zum Beispiel durch Hitze getötet, so kann der Samen die Eier noch immer befruchten: das aktive Prinzip des männlichen Samens liegt daher nicht in den Samentierchen selbst, sondern in »einer Kraft, die das kleine Herz der Kaulquappen stimuliert«[122]. Nur dieses letzte Experiment Spallanzanis ist falsch, und sein Resultat wird erst ein halbes Jahrhundert später richtiggestellt werden. Für Spallanzani ist es die Bestätigung für das Vorhandensein des vorgeformten Keimes im Ei und liefert einen neuen Beweis dafür, »daß die kleinen Maschinen der Föten ursprünglich im Weibchen sind und daß das Männchen nur die Flüssigkeit spendet, die ihre Bewegung bewirkt«[123].
Selbst die Ergebnisse der unmittelbarsten Beobachtung werden verworfen. Die Untersuchung der Entwicklung eines Embryos im Ei ist

mit den technischen Mitteln des 18. Jahrhunderts in der Tat möglich. Was hierbei untersucht werden kann, bezieht sich ausschließlich auf Gestalt und Bewegung; denn es handelt sich darum, zwischen dem Wachstum eines vorgeformten Keims und der fortschreitenden Bildung dessen zu unterscheiden, was im Verlauf einer »Epigenese« zur sichtbaren Struktur werden wird. So entdeckt Kaspar Friedrich Wolff bei der mikroskopischen Beobachtung der Entwicklung eines Huhns übereinandergelagerte Membranen. Diese sind zuerst einfach, dann gefaltet, sie bilden Ausbuchtungen, Rinnen und Röhren, aus denen sich Organanlagen entwickeln wie das Nervensystem, dann die Gefäße, ein Verdauungstrakt usw. Folglich ist die Primärstruktur eines Lebewesens im Ei nicht vorgeformt. Sie organisiert sich nach und nach im Verlaufe einer Reihe von Faltungen, Aufblähungen, Schwellungen, durch eine ganze Sequenz sich in Zeit und Raum folgender mechanischer Operationen. v. Baer gelangt ein halbes Jahrhundert später aufgrund von ähnlichen Beobachtungen zu demselben Schluß. Wolffs Werk *Theoria generationis*, das im 19. Jahrhundert zum Ausgangspunkt der experimentellen Embryologie wird, bleibt im 18. Jahrhundert fast vollständig unbekannt. Weder gibt es einen Rahmen, in den sich die Epigenese einfügen ließe, noch eine Erklärung für die Zeugung der Lebewesen, in der die Präformation keine Rolle spielte.

Die Vererbung

Obwohl es im 18. Jahrhundert unmöglich war, von Präexistenz und Präformation abzugehen, konnte doch die Unzulänglichkeit dieser Vorstellungen bewiesen werden. Eine einfache Rechnung genügt hierfür. Buffon schätzt[124], daß ein Keim mehr als tausendmillionenmal kleiner sei als ein Mensch: wird die Größe des Menschen als Einheit genommen, so wird jene des Keimes durch das Verhältnis $\frac{1}{1\,000\,000\,000}$ gegeben, d. h. »durch eine Zahl mit zehn Zeichen«, diejenige des Keimes der zweiten Generation »durch eine Zahl von neunzehn Zeichen« und in der sechsten Generation »durch eine Zahl von fünfundfünfzig Zeichen«. Verglichen mit der Dimension der Sphäre des Universums »von der Sonne bis zu Saturn« und unter der Voraussetzung, daß die Sonne einemillionmal größer als die Erde und von Saturn durch tausend Sonnen-Durchmesser getrennt sei, drückt sich die Größe des kleinsten Atoms, das im Mikroskop wahrzunehmen ist, durch eine Zahl von vierundfünfzig

Stellen aus. Der Keim der sechsten Generation wäre demnach kleiner als das kleinstmögliche Atom! Absurd, schließt Buffon.

Desgleichen müssen die Phänomene der Regeneration in Betracht gezogen werden, die Fähigkeit, die gewissen Tieren erlaubt, einen ganzen Körper aus einzelnen Stücken neu zu bilden wie der von Bonnet untersuchte Wurm oder die von Trembley beobachtete Hydra. Wie ein Baum Äste treibt, läßt dieser »Süßwasserpolyp mit hörnerförmigen Armen« junge Polypen wachsen, die größer werden, sich vom väterlichen Stamm lösen und ihrerseits junge Polypen entwickeln. Ein Polyp läßt sich kreuz und quer zerschneiden, zerstückeln und gewissermaßen fein zerhacken: zwei oder drei Wochen später ist aus jedem dieser Stücke ein neuer vollkommener Polyp entstanden, der seinerseits kleine Polypen bildet. In gleicher Weise regenerieren sich die abgeschnittenen Beine des Krebses, die Glieder des Salamanders, ja sogar der Kopf der Schnecke. Aber ob man nun das Bein des Krebses oben am Rumpf abschneidet oder weit unten, nahe der Extremität, ob man das ganze Bein entfernt oder nur einen Teil – immer wächst genau das nach, was fehlt. Wie aber soll dieses Phänomen mit der Präformation in Einklang gebracht werden? Müßte etwa der amputierte Organismus einen seiner präformierten Nachkommen zu Hilfe rufen und ihm das fehlende Stück entleihen? Demnach müßte man wie Réaumur »annehmen, daß es keine Stelle im Bein des Krebses gibt, wo nicht ein Ei zu finden wäre, das ein Bein enthielte oder, was weitaus wunderbarer wäre, den Teil eines präformierten Beines, der dem Abschnitt von der Stelle an, wo dieses Ei plaziert ist, bis zum Ende des Beines entspräche«[125]. Doch besser noch: ist das Bein einmal nachgewachsen, kann es von neuem abgeschnitten werden, und es bildet sich wieder ein neues Bein. Man müßte demzufolge annehmen, daß das neue wie das alte Bein mit einer unendlichen Zahl von Eiern angefüllt seien, dazu bestimmt, mit Präzision die Beinstücke zu erneuern, die eventuell einmal abgenommen werden könnten.

Letztlich sind die Phänomene der Vererbung von Bedeutung. Bis dahin hatten sich die Verfechter der Präformation durch die Ähnlichkeiten innerhalb einer Familie kaum stören lassen. Daß ein Kind Züge seiner Eltern aufweist, war leicht durch irgendeine aktivierende oder ernährende Kraft zu erklären. Mit der Zeit beginnt freilich die Regelmäßigkeit dieser Ähnlichkeiten Aufmerksamkeit zu erwecken. Heiratet ein schwarzer Mann eine weiße Frau, so werden sich die beiden Farben stets mischen: das Kind wird immer olivenfarbig geboren. In ihm sind stets eindeutig väterliche oder mütterliche Züge zu erkennen wie Größe, Gestalt, zahlreiche besondere körperliche oder charakterliche Merkmale.

Dasselbe gilt für die Tiere: aus der Paarung des Esels mit der Stute geht niemals ein Esel oder ein Pferd hervor, sondern stets eine Mischung aus beiden. Wie sollen Präexistenz und Präformation mit den Zufälligkeiten der Paarung in Einklang gebracht werden? »Wird der kleine im Ei der Stute schon vollständig geformte Esel deshalb Eselsohren erhalten, weil ein Esel die Teile des Eis in Bewegung gebracht hätte?« Lächerlich – beantwortet Maupertuis seine eigene Frage[126].

Wenn auch im 18. Jahrhundert die Phänomene der Vererbung allmählich eine neue Bedeutung erlangen, so bleiben sie doch zumindest bei den Tieren nur Objekte der Beobachtung und nicht des Experiments. Sind die Lebewesen nur Kombinationen von sichtbaren Elementen, so kann man in den Kreuzungen von Tieren, die sich in vielen Merkmalen unterscheiden, nur eine veränderte Zusammenstellung dieser Elemente erwarten. Auch wenn mit der Konzeption der Art jede Möglichkeit für das Entstehen eines hundeköpfigen Kindes oder eines fischschwänzigen Schafes ausgeschlossen wurde, stellt die lebende Welt nach wie vor eine Kontinuität dar. Sie bildet gleichsam ein fehlerloses Gewebe, in dem alles graduiert und nuanciert ist. Die Grenzen, die die Natur den Liebesspielen der Tiere setzt, bleiben höchst unbestimmt. Man könnte die Gerüchte überprüfen, die über die Produkte illegitimer Vereinigungen zwischen Tieren nahe benachbarter Arten noch im Umlauf sind; so die Bildung des »Onotaurus«, jener seltsamen Tierart, die durch die Paarung zwischen Stier und Stute, zwischen Kuh und Esel oder zwischen Stier und Eselin entsteht; oder auch die Paarung eines Hundes mit einer Katze und eines Huhns mit einer Ente. Charles Bonnet schlägt Spallanzani vor, »einen hitzigen Pudel in Gesellschaft von Kaninchen« zu bringen[127]. Réaumur schließt in einem Schrank ein Huhn zusammen mit einem Hasen ein, »der sich des Huhns als einer Häsin bediente, und das Huhn ließ all das mit sich geschehen, was es einem Hahn erlaubt hätte«[128]. Trotz der Liebkosungen des »feurigen Hasen«, trotz der »starken Neigung, die diese zwei so schlecht zusammenpassenden Tiere füreinander entwickelt hatten«, bleiben zur großen Enttäuschung Réaumurs die Eier, die das Huhn legt, steril. Aber alle diese Mißerfolge festigen nur die Idee, daß das Prinzip der Art in der Tat auf die Abstammung zurückzuführen ist.

Angesichts dieser Mißerfolge beschränkt Réaumur[129] sein Streben auf die Kreuzung von Tieren, die, obwohl derselben Art angehörig, sich durch leicht feststellbare Merkmale unterscheiden lassen. Er verschafft sich zwei Arten von Hühnern: die einen »unterscheiden sich von allen anderen dadurch, daß sie einen Körperteil zuviel haben, eine sehr große Kralle«, den anderen »fehlt ein sehr beträchtlicher und bemerkens-

werter Teil, das Steißbein«. Mit diesem Material plant Réaumur eine Versuchsreihe, in deren Verlauf die verschiedenen Typen gewissen »Kombinationen« gemäß zu paaren seien. Man könne ein Huhn mit fünf und einen Hahn mit vier Krallen oder umgekehrt kreuzen oder Tiere mit oder ohne Steißbein, erklärt Réaumur. Die aus diesen Verbindungen hervorgehenden Hühner müßten allein durch die Tatsache, ob sie ein Steißbein besitzen oder nicht, »uns zeigen, ob ursprünglich das Weibchen oder das Männchen den Keim besaß«. Die Originalität dieses Plans ist die Idee, bei einer Kreuzung das Verhalten von nur einem oder zwei und nicht von einer ganzen Anzahl von Merkmalen zu analysieren. Genau dieses Prinzip wird Mendel mehr als ein Jahrhundert später erlauben, die Wissenschaft der Vererbung zu begründen. Obwohl Réaumur den Plan dieser Hybridisierungen entwickelt, so berichtet er doch niemals von ihrer Durchführung oder von ihren Ergebnissen. Bei den Pflanzen gelingt es zum erstenmal, nachdem die Phänomene ihrer Sexualität entdeckt worden waren, einige Hybriden herzustellen. Diese Kreuzungen weisen Merkmale beider Eltern auf. Sie sind von intermediärer Natur, sagt Kölreuter, »genau so wie sich bei der Verbindung eines sauren und eines alkalischen Salzes ein drittes, neutrales Salz bildet«[130]. Gewisse Hybriden sind fruchtbar. In diesem Falle sieht man gewisse Merkmale der Eltern im Verlaufe der Generationen auftauchen oder verschwinden. Diese Tatsache läßt sich mit der Präformation nur schlecht in Einklang bringen.
Was im 18. Jahrhundert noch nicht durch Experimente mit Tieren festzustellen ist, kann durch Beobachtung beim Menschen gefunden werden; bei der menschlichen Art, in deren Bereich noch nicht alle phantastischen Ideen über Produkte von Paarungen mit anderen Arten in Bann gelegt worden sind, wo sich aber gewisse Eigentümlichkeiten der Form leichter und sicherer feststellen lassen. Die Beobachtung beschränkt sich nicht mehr auf die einfache Feststellung von Zügen des Kindes, die an den Vater oder die Mutter oder an beide erinnern. Eine genealogische Forschung entsteht, die bestimmte anatomische Merkmale soweit wie möglich durch die Generationen hindurch verfolgt. Wie Maupertuis berichtet, »wurde *Jacob Ruhe,* Chirurg in Berlin, mit sechs Fingern an jeder Hand und mit sechs Zehen an jedem Fuß geboren. Er hatte diese Eigentümlichkeit von seiner Mutter, *Elisabeth Ruhe,* die sie von ihrer Mutter, *Elisabeth Horstmann* aus Rostock, erhielt. Elisabeth Ruhe gibt diese Eigentümlichkeit an vier ihrer acht Kinder weiter, die sie von Johann-Christian Ruhe empfing, der seinerseits weder an Füßen noch an Händen eine Anormalität hatte. *Jakob Ruhe,* eines dieser sechsfingrigen Kinder, heiratete 1733 in Danzig Sophie-Luise von Thüngen, die keine Beson-

derheiten aufwies. Sie bekam von ihm sechs Kinder, von denen zwei Knaben das Merkmal der Sechsfingrigkeit besaßen. Einer von ihnen, *Jakob Ernst,* hat sechs Zehen am linken und fünf am rechten Fuß; an der rechten Hand hatte er einen sechsten Finger, den man ihm abschnitt; an der linken Hand hatte er an Stelle des sechsten Fingers nur eine Art Warze. Diese von mir mit Genauigkeit verfolgte Genealogie zeigt, daß die Sechsfingrigkeit gleichermaßen durch den Vater und die Mutter vererbt werden kann.«[131] Die gleiche Anomalie findet sich bei einer von Réaumur[132] und Charles Bonnet[133] beschriebenen Familie auf Malta. Auch dort führen die Untersuchungsergebnisse zu denselben Folgerungen. Auf die Phänomene der Vererbung lassen sich sogar Sprache und Methoden der Mathematik anwenden. Um den Zufall beim wiederholten Auftreten einer anatomischen Anomalie innerhalb ein und derselben Familie auszuschließen, stützt sich Maupertuis auf eine Berechnung der Wahrscheinlichkeit. In einer Stadt von 100 000 Einwohnern konnten im Verlaufe einer Untersuchung nur zwei Individuen mit sechs Fingern festgestellt werden. »Nehmen wir an, was unwahrscheinlich ist, daß mir drei andere entgangen seien und daß man auf 20 000 Einwohner mit einem Sechsfingrigen rechnen müßte; die Wahrscheinlichkeit, daß dessen Sohn oder Tochter ohne sechsten Finger geboren werden, ist 20 000 zu 1 und die, daß beide, Sohn und Enkel, sechsfingrig werden, ist 20 000 mal 20 000 oder 400 000 000 zu 1. Schließlich ist die Wahrscheinlichkeit, daß sich diese Anomalie in drei aufeinanderfolgenden Generationen nicht wiederholt, 8 000 000 000 000 zu 1. Das ist eine so große Zahl, daß die Gewißheit der am besten demonstrierten physikalischen Tatsachen nicht von so hoher Wahrscheinlichkeit wäre.«[134] Wenn der Physiker von Lebewesen spricht, verwendet er die Sprache der Mathematik und die Denkweise, die er auf die Dinge anwendet. Sind die Gesetze des Zufalls auf einen Bereich anwendbar, können sie andernorts nicht ignoriert werden.

Die Erforschung der Lebewesen geht im Verlaufe des 18. Jahrhunderts nach und nach von den Medizinern auf Spezialisten eines neuen Typus über, auf die Naturforscher. Aber noch hat diese keinerlei Individualität erworben, noch hat sie keine eigenen Methoden, Konzepte und Sprache gefunden. Einerseits haben die Ergebnisse der Systematik eine Ordnung in das Chaos der sichtbaren Formen gebracht. Andererseits lassen die Fortschritte der Physiologie eine in der Tiefe der Wesen versteckte Ordnung vermuten. Aber die sichtbare Struktur und die versteckte Ordnung gehören noch verschiedenen Bereichen an, und es gibt keinerlei Berührung zwischen ihnen. Die Naturgeschichte des 18. Jahrhunderts entwirft ein Fresko, ein zweidimensionales Ganzes, ein Netz, in das sich die belebte Welt einfügen kann. Erst am Ende des Jahrhunderts und vor allem im folgenden Jahrhundert erhält der Organismus eine neue Dimension und eine neue Tiefe. Jetzt werden sich neue Beziehungen zwischen der Oberfläche und der Tiefe eines Wesens, zwischen Organ und Funktion, zwischen Sichtbarem und Unsichtbarem abzeichnen.

Mit der Vorstellung der Zeugung ließen sich weder die Bildung eines Lebewesens noch die Beständigkeit der Arten unabhängig von den Endursachen betrachten. Einer veränderten Einstellung zufolge verloren die okkulten Kräfte zugunsten von Naturgesetzen jeden Einfluß auf die Entstehung des Lebens auf der Erde. Doch selbst als diese die Entwicklung des Keims übernommen hatten, mußte noch die individuelle Schöpfung eines jeden Wesens, das lebt, gelebt hat oder leben wird, angenommen werden. Die Idee einer Präexistenz der Keime war gewissermaßen das Eingeständnis der Unmöglichkeit, die Zeugung allein durch die Gesetze der Bewegung, die auf eine passive Materie einwirken, zu erklären. Während des ganzen klassischen Zeitalters wird die von der Physik angewendete Methode der experimentellen Forschung kaum auf die belebte Welt übertragen. Diese ist noch immer voller Überlieferungen, Glaubensvorstellungen, Aberglauben. Wenn auch die Konzeption der Art das Gleichartige durch die Zeit hindurch vereint, so ist die Abgrenzung der Art nach wie vor schlecht definiert. Zwar sind viele Monstren verschwunden, doch nicht alle. Trotz aller Experimente Réaumurs gibt es noch immer die »schändlichen Liebesleidenschaften«, von denen Voltaire spricht, Vertauschungen von Organen, Fabelwesen und phantastische Stammfolgen. Was die Kreuzungen anbetrifft, bleibt die Trennlinie zwischen Möglichem und Unmöglichem noch verwischt. Gleichzeitig aber geben das Beispiel der Physik und ihr Erfolg in ihren Bemühungen um eine Vereinigung von Himmels- und Erdmechanik der Beobachtung und dem Experiment gegenüber den Systemen ein vermehrtes Gewicht bei der Entzifferung der Natur. Die von Newton in der Einleitung zu seiner *Optik* vertretene Ansicht findet mehr und mehr Anhänger. »Mein Werk beabsichtigt nicht, die Eigenschaften des Lichts durch Hypothesen zu erklären, sondern vielmehr sie unverhüllt darzustellen, um sie durch Schlußfolgerungen und durch Experimente zu beweisen.«[135]. An die Stelle der Logik der Systeme tritt die Logik der Tatsachen. Die Erforschung der belebten Welt bringt gewisse Tatsachen zum Vorschein, die wie die Regeneration der Würmer oder der Polypen oder die Ähnlichkeit des Kindes mit seinem Vater *und* mit seiner Mutter nur schlecht mit den gültigen Theorien und mit der Existenz eines im Keim vorgeformten Wesens vereinbar sind.

Aus allen diesen Beobachtungen entsteht die Vorstellung von der Reproduktion. Dieser Begriff wird zuerst für die Regenerationserscheinungen bei Tieren verwendet, wo sich nach einer Amputation der ursprünglich vorhandene Teil zurückbildet. Wird dem Krebs ein Bein abgeschnitten, so regeneriert es sich. Es wird zurückgebildet, re-produziert. Der Begriff Reproduktion kommt wohl zum erstenmal in einer 1712 in den Abhandlungen der Akademie der Wissenschaften veröffentlichten Arbeit Réaumurs vor unter dem Titel *»Sur les diverses reproductions qui se font dans les Écrevisses, les Omars, les Crabes, etc. Et entre autres sur celles de leurs Jambes et de leurs Écailles«* (Über die verschiedenen Reproduktionen bei Krebsen, Hummern, Krabben usw. Und unter anderem über diejenigen ihrer Beine und ihrer Schalen)[136]. Diese Bedeutung wird während des ganzen 18. Jahrhunderts beibehalten, vor allem in den Abhandlungen von Charles Bonnet. In der *Encyclopédie* heißt es im Kapitel »Reproduction«: »Unter Reproduktion versteht man gewöhnlich die Wiederherstellung einer Sache, die einmal existierte und dann zerstört wurde. Beispiel: die Reproduktion der Glieder des Krebses.« Wie es scheint, hat Buffon dem Begriff Reproduktion als erster eine umfassendere Bedeutung gegeben. In seiner 1748 erschienenen »Histoire naturelle des animaux« bedeutet Reproduktion nicht nur die Neubildung amputierter Teile, sondern auch die Zeugung der Tiere. Das zweite Kapitel mit dem Titel »De la Reproduction en général« beginnt folgendermaßen: »Prüfen wir diese dem Tier und der Pflanze gemeinsame Eigenschaft genauer, dieses Vermögen, seinesgleichen hervorzubringen, diese Kette der sich immer wieder erneuernden Existenz von Individuen, die die wirkliche Existenz der Art darstellt.«[137] Auf diese Weise an die Vorstellung von der Art gebunden, wird der Begriff der Reproduktion jetzt allgemein verwendet. Wenn auch der Artikel »Reproduction« in der *Encyclopédie* diesen Begriff noch im Sinn der Rückbildung eines fehlenden Gliedes definiert, so führt doch der Artikel »Génération« an: »Man versteht unter diesem Begriff Zeugung im allgemeinen die Eigenschaft, sich zu reproduzieren, die den organisierten Wesen eigen ist.«[137a] Sogar die überzeugten Verfechter der Präformation sprechen von Reproduktion. Zum Beispiel überschreibt Charles Bonnet ein Kapitel seiner *Palingénésie philosophique* mit »Ein anderes Merkmal für die Vorzüglichkeit der organischen Maschinen. Ihre verschiedenartigen Reproduktionen.«[138] Der Begriff Reproduktion wird allgemein anerkannt, jedoch nicht der Sinn, den ihm Buffon gibt. Für Haller, Charles Bonnet, Spallanzani, für das

ganze Ende des 18. und selbst zu Beginn des folgenden Jahrhunderts entstehen die Lebewesen noch immer aus präformierten Keimen.
Buffon und Maupertuis suchen nach einer anderen Lösung als der Präformation, um sowohl die Neubildung des Gleichartigen als auch die Regeneration fehlender Teile und die Phänomene der bilateralen Vererbung zu erklären. Es geht nach Maupertuis darum, in der Diversität der Zeugungsweisen die »allgemeinen Mechanismen von Produktion und Konservation der Natur« zu entdecken[139]. Es ist notwendig, hinter den Besonderheiten »die Mechanik, deren sich die Natur bedient, um die Reproduktion durchzuführen«, zu enthüllen, sagt Buffon[140]. Diese Mechanik ist notwendigerweise verborgen. Es ist unmöglich, die Reproduktion durch die Beständigkeit der sichtbaren Struktur zu erklären. Maupertuis und Buffon setzen eine verborgene Struktur höherer Ordnung voraus, die die sichtbaren Elemente miteinander verbindet und organisiert. Einzig auf die Hilfsmittel des Newtonschen Mechanismus beschränkt und ohne experimentelle Beweise, die Techniken und Vorstellungen des folgenden Jahrhunderts voraussetzten, sind diese Bemühungen zum Mißerfolg verurteilt. Aber die Vorstellung der Reproduktion, die Suche nach einem allen Lebewesen gemeinsamen Mechanismus, das Erfordernis, die sichtbare Oberfläche zu überwinden und zu einer verborgenen Organisation Zuflucht zu nehmen – all das trägt dazu bei, daß eine Biologie, das heißt eine Wissenschaft vom Lebenden möglich wird.

Anmerkungen

[1] Paré, Œuvres, Paris 1841, Bd. III, § 20, S. 43.
[2] Fernel, De abditis rerum causis, I, 1, in: Opera, Genf 1637, S. 483–484.
[3] Porta, Phytognomonica, I, 8, Rouen 1650, S. 14.
[4] Belon, La nature et diversité des poissons, Paris 1555, S. 87.
[5] Theophrast von Hohenheim, gen. Paracelsus, Die Bücher von den unsichtbaren Krankheiten, in: Medizinische, naturwissenschaftliche und philosophische Schriften, hrsg. v. Karl Sudhoff, München 1925, Bd. 9, S. 252.
[6] Theophrastus Paracelsus, Das Buch Paragranum, in: Werke, hrsg. v. W.-E. Peukert, Basel und Stuttgart 1965, Bd. 1, S. 578–579.
[7] Césalpin, De plantis libri XVI, Buch I, Kap. XIV, Florenz 1583, S. 28.
[8] Cardanus, Les livres intitulés de la Subtilité, französische Übersetzung, Paris 1584, VIII, S. 196 b.
[9] Césalpin, De plantis libri, XVI, Buch I, Kap. 1, S. 3.
[10] Fernel, Ambiani physiologiae libri, IV, k, in: Opera, S. 101.
[11] Fernel, De abditis rerum causis, II, 7, in: Opera, S. 590.
[12] Montaigne, Essais, Buch I, VIII, Paris 1946, La Pléiade, S. 48.
[13] Fernel, De abditis rerum causis, I, 8, in: Opera, S. 538.
[14] Cardanus, De la Subtilité, IX, S. 235 b.

[15] Paré, De la génération de l'homme, Vorwort, in: Œuvres, Bd. 2, S. 634.
[16] Fernel, De abditis rerum causis, I, 7, in: Opera, S. 535.
[17] Paré, De la génération de l'homme, X, in: Œuvres, Bd. 2, S. 651.
[18] Fernel, De abditis rerum causis, I, 3, in: Opera, S. 491.
[19] Paré, De la génération de l'homme, X, in: Œuvres, Bd. 2, S. 638.
[20] Montaigne, Essais, Buch II, 37, S. 540.
[21] Theophrast von Hohenheim, gen. Paracelsus, Die Bücher von den unsichtbaren Krankheiten, in: Medizinische, naturwissenschaftliche und philosophische Schriften, hrsg. v. Karl Sudhoff, München 1925, Bd. 9, S. 294.
[22] Fernel, Ambiani physiologiae libri, VII, in: Opera, S. 239.
[23] Paré, Des Monstres et Prodiges, XVI, in: Œuvres, Bd. III, S. 34.
[24] Ibid., XX, S. 44.
[25] Paré, Œuvres, Bd. III, Vorwort, S. 1.
[26] Montaigne, Essais, Buch II, 31, S. 692.
[27] Descartes, Règles pour la direction de l'esprit, XII, in: Descartes, Œuvres et Lettres, Paris, La Pléiade 1953, S. 75; vgl. auch Regeln zur Leitung des Geistes, Leipzig 1948, S. 55.
[28] Galilei, Il Saggiatore, in: Opere, Florenz 1890–1909, Bd. VI, S. 232.
[29] Descartes, Règles, X, S. 70–71; vgl. auch Regeln zur Leitung des Geistes, Leipzig 1948, S. 48.
[30] Leibniz, Neue Abhandlungen über den menschlichen Verstand, Frankfurt a. M. 1961, Bd. 2, 4. Buch, S. 485.
[31] Descartes, Les Principes de la philosophie, Teil IV, § 205, in: La Pléiade, S. 668; vgl. auch Die Prinzipien der Philosophie, in: Descartes, Philosophische Werke, hrsg. v. J. H. Kirchmann, Berlin 1870, S. 285.
[32] Descartes, Première méditation, in: La Pléiade, S. 272.
[33] Galilei, Il Saggiatore, in: Opere, Bd. VI, S. 232.
[34] Condillac, Essai sur l'origine des connaissances humaines, Amsterdam 1746, Bd. I, Sektion 4, Kap. 1, S. 179.
[35] Descartes, Les Principes de la philosophie, Teil IV, § 203, in: La Pléiade, S. 666; vgl. auch Die Prinzipien der Philosophie, in: Descartes, Philosophische Werke, S. 283.
[36] Buffon, De la manière d'étudier et de traiter l'histoire naturelle, in: Œuvres complètes, Paris 1774–1779, Bd. I, S. 17.
[37] Charles Bonnet, Contemplation de la nature, in: Œuvres complètes, Neuchâtel 1781, Bd. VII, S. 42.
[38] Ibid., S. 79–81.
[39] Galilei, Discours concernant deux sciences nouvelles, französische Übersetzung, Paris 1970, S. 107.
[40] Borelli, De Motu Animalium, Rom 1685, Kap. CCIV, S. 243.
[41] Harvey, On the Motion of the Heart and the Blood in Animals, 1628, Kap. XVII, in: The Works of W. Harvey, übers. von der Sydenham Society, London 1847, Nachdruck 1965, S. 78–80.
[42/42a] Descartes, Traité de l'homme, in: La Pléiade, S. 873; vgl. auch Über den Menschen, Heidelberg 1969, S. 135–136.
[43] Descartes, Discours de la méthode, in: La Pléiade, Kapitel V, S. 165.
[44] Réaumur, Des gâteaux de cire. Mémoires pour servir…, in: Morceaux choisis, Paris 1939, S. 101–102.
[45] Fontenelle, Histoire de l'Académie Royale, 1739, S. 35.
[46] Buffon, Discours sur la nature des Animaux, in: Œuvres complètes, Bd. 5, S. 380 bis 381.
[47] Hartsoeker, Cours de physique, Den Haag 1730, Bd. 7, S. 71.
[48] Stahl, Recherche sur la différence entre machine et organisme, XXXIV, in: Œuvres médico-philosophiques et pratiques, Paris 1859–1863, Bd. 2, S. 289.
[49] Hartsoeker, Suite des Eclaircissements sur les Conjectures physiques, Amsterdam 1712, S. 55.
[50] Geoffroy, Table des différents Rapports observés en Chymie, in: Traité de la

Matière médicale, Paris 1743, Bd. 1, S. 18.
[51] Lavoisier, Traité de chimie, Paris 1793^2, discours préliminaire, S. VI.
[52] Ibid., S. XVIII–XIX.
[53] Ibid., S. XX.
[54] Ibid., S. XXI.
[55] Réaumur, Second mémoire sur la digestion, Mémoire de l'Académie des Sciences Paris 1752, in: Œuvres choisies, S. 202.
[56] Lavoisier, Premier mémoire sur la Respiration des Animaux (Seguin und Lavoisier), in: Œuvres, Paris 1862, Bd. 2, S. 691.
[57] Ibid., S. 697.
[58] Ibid., S. 700.
[59] Tournefort, Eléments de Botanique, Paris 1694, Bd. 1, S. 4.
[60] Linné, Philosophie Botanique, Paris 1788, 299, S. 277.
[61] Introduction à la Botanique, in: Tournefort, Muséum National d'Histoire Naturelle, Paris 1957, S. 284.
[62] Linné, Philosophie Botanique, 291, S. 271.
[63] Tournefort, Eléments de Botanique, Bd. 1, 2. Teil, S. 47.
[64] Linné, Philosophie Botanique, 327, S. 306.
[65] Buffon, Les Pingouins et les Manchots, in: Œuvres complètes, Edition Flourens, 1853–1857, Bd. 8, S. 589.
[66] Robinet, De la Nature, Amsterdam 1766, Bd. 4, S. 5.
[67] Bonnet, Contemplation de la Nature, II, 10, in: Œuvres, Bd. 7, S. 52.
[68] Ibid., S. 51.
[69] Adanson, Familles des Plantes, Paris 1763, S. CLXIV.
[70] Buffon, De la manière d'étudier..., in: Œuvres complètes, Bd. 1, S. 54.
[71] Tournefort, Eléments de Botanique, S. 13.
[72] Fontenelle, Œuvres, Paris 1767, Bd. 5, S. 219–220.
[73] Linné, Philosophie Botanique, 261, S. 246.
[74] Tournefort, Introduction à la Botanique, S. 284.
[75] Linné, Philosophie Botanique, 153, S. 128–129.
[76] Ibid., 158, S. 132.
[77] Tournefort, Introduction à la Botanique, S. 289.
[78] Adanson, Familles des Plantes, S. CLVIII.
[79] Buffon, De la manière d'étudier..., in: Œuvres complètes, Bd. 1, S. 88.
[80] Tournefort, Eléments de Botanique, S. 1.
[81] Linné, Philosophie Botanique, 186, S. 166.
[82] Ibid., 258, S. 242.
[83] Tournefort, Introduction à la Botanique, S. 297.
[84] Linné, Philosophie Botanique, 259, S. 242.
[85] Ray, Historia plantarum, London 1686, Bd. 1, Kap. XX, S. 40.
[86] Buffon, Histoire naturelle des Animaux, in: Œuvres complètes, Bd. 3, S. 15.
[87] Linné, Philosophie Botanique, 157, S. 130.
[88] Buffon, De la Nature, in: Œuvres complètes, Bd. 3, S. 414.
[89] Harvey, On the generation of Animals, 1651, in: The Works of W. Harvey. On Parturition, S. 575.
[90] Ibid., S. 577.
[91] Descartes, Primae Cogitationes, in: Œuvres, Paris 1897–1913, Bd. 11, S. 506.
[92] Descartes, Formation de l'animal, in: Œuvres, Bd. 11, S. 277.
[93] Malebranche, Entretiens sur la Métaphysique, sur la Religion et sur la Mort, Paris 1711, Bd. 2, S. 14–15.
[94] Redi, Experimenta circa Generationem Insectorum, in: Opera, Amsterdam 1686, Bd. 1, S. 30–31.
[95] Ibid., S. 17–18.
[96] Sténon, Elementorum myologique specimen, Florenz 1667, S. 117.
[97] de Graaf, Traité de parties des femmes qui servent à la génération, Warschau 1701, Vorwort, S. II–III.

[98] Leeuwenhoek, Brief an Grew vom 25. 4. 1679, in: Arcana Naturae, Leiden 1696[3], 2. Teil, S. II.
[99] Malebranche, Entretiens, Bd. 3, S. 13.
[100] Hartsoeker, Essay de dioptrique, Paris 1694, Kap. X, S. 89.
[101] Ibid., S. 228.
[102] Leeuwenhoek, Brief an Leibniz, in: Epistolae physiologicae, Delft 1719, S. 294.
[103] Hartsoeker, Essay de dioptrique, S. 230.
[104] Geoffroy, Thése de médecine, in: Matière médicale, Bd. 1, S. 95.
[105] Malebranche, Recherche de la Vérité, Paris 1700, Bd. 1, S. 48.
[106] Perrault, De la méchanique des Animaux, in: Œuvres diverses de physique et de mécanique, Leiden 1721, S. 485.
[107] Malebranche, Recherche de la Vérité, Bd. 1, S. 47–48.
[108] Swammerdam, Histoire générale des Insectes, Utrecht 1682, S. 48.
[109] Malebranche, Recherche de la Vérité, Bd. 1, S. 48.
[110] Hartsoeker, Essay de dioptrique, S. 231.
[111] Malebranche, Recherche de la Vérité, Buch II, 7; Bd. 1, S. 200.
[112] Leibniz, Studien zur Theodizee, in: Leibniz, Die Hauptwerke, Stuttgart 1958, S. 226.
[113] Fontenelle, Lettres galantes, in: Œuvres, Bd. 1, S. 322–323.
[114] Zitiert in Bonnet, Considérations sur les Corps organisés, in: Bonnet, Œuvres, Bd. VI, S. 443.
[115] Bonnet, Contemplation de la Nature, VIII, 8, in: Œuvres, Bd. VIII, S. 130.
[116] Bonnet, Insectologie, in: Œuvres, Bd. I, S. 230.
[117] Bonnet, Contemplation de la Nature, in: Œuvres, Bd. VIII, S. 71.
[118] Réaumur, Mémoire sur les Grenouilles, in: Morceaux choisis, Paris 1939, S. 250.
[119] Ibid., S. 247.
[120] Spallanzani, Expériences pour servir à l'histoire de la génération, Genf 1785, XIII, S. 13.
[121] Ibid., CXIX, S. 128–129.
[122] Ibid., CLXIX, S. 201.
[123] Ibid., CLII, S. 184.
[124] Buffon, Histoire naturelle des Animaux, in: Œuvres complètes, Bd. III, S. 231–232.
[125] Réaumur, Mémoires Acad. Sc., Paris 1712, S. 235.
[126] Maupertuis, Vénus Physique, in: Œuvres, Lyon 1768, Bd. II, S. 70.
[127] Bonnet, Lettres, in: Œuvres, Bd. XII, S. 382.
[128] Réaumur, Art de faire éclore les Poulets, Paris 1751[2], Bd. II, S. 340.
[129] Ibid., S. 366–367.
[130] Zitiert in R. Olby, Origins of Mendelism, London 1966, S. 154.
[131] Maupertuis, Lettres, in: Œuvres, Bd. II, S. 307–308.
[132] Réaumur, Art de faire éclore ..., S. 377 ff.
[133] Bonnet, Corps organisés, CCCLV, in: Œuvres, Bd. VI, S. 479 ff.
[134] Ibid., S. 309–310.
[135] Newton, Traité d'Optique, Buch I, französische Übersetzung, Amsterdam 1720, Bd. I, S. 1.
[136] S. 226.
[137/137a] Buffon, Histoire naturelle des Animaux, in: Œuvres complètes, Bd. III, S. 25.
[138] Bonnet, Œuvres, Bd. II, S. 418.
[139] Maupertuis, Lettres, in: Œuvres, Bd. II, S. 418.
[140] Buffon, Histoire naturelle des Animaux, in: Œuvres complètes, Bd. III, S. 48.

Zweites Kapitel

Die Organisation

Solange die Lebewesen als Kombinationen von sichtbaren Strukturen begriffen wurden, war die Präformation das einfachste Mittel, um diese Strukturen im Verlaufe der Generationen zu erhalten. Die lineare Kontinuität der lebenden Welt in Raum und Zeit erforderte eine Kontinuität der Formen im Zeugungsprozeß selbst. Die Funktion der Zeugung bestand in der Verewigung der sichtbaren Ordnung. Die Art stellte eine starre Einheit dar, ein permanentes Ganzes, einen vorgeschriebenen Rahmen, in den sich das Individuum einfügte. Die Abstammung mußte daher am Beharrungsvermögen des Systems teilhaben.

Während der zweiten Hälfte des 18. Jahrhunderts und des Übergangs zum 19. Jahrhundert verändert sich allmählich das Wesen der empirischen Erkenntnis. Analyse und Vergleich erstrecken sich nicht mehr ausschließlich auf die die Objekte bildenden Elemente, sondern auch auf die zwischen diesen Elementen entstehenden inneren Beziehungen. Die reine Möglichkeit der Existenz der Körper verlagert sich zunehmend mehr in ihr Inneres. Die Interaktion der Teile gibt dem Ganzen seine Bedeutung. Die Lebewesen werden jetzt dreidimensionale Einheiten, ihre Strukturen bauen sich in Schichten von innen her auf, gemäß einer Ordnung, die von der Tätigkeit des Gesamtorganismus vorgeschrieben ist. Die Oberfläche eines Wesens wird vom Inneren und das Sichtbare der Organe von dem Unsichtbaren der Funktionen bestimmt. Form, Eigenschaften und Verhalten eines Lebewesens werden von einer Organisation festgelegt. Die Wesen unterscheiden sich in ihrer Organisation von den Dingen. Auf der Ebene der Organisation fügen sich die Organe in die Funktionen ein. Die Organisation vereinigt die Teile des Organismus zu einem Ganzen, sie erlaubt dem Organismus, den Anforderungen des Lebens zu genügen, und sie verteilt die Formen innerhalb der belebten Welt. Die Organisation bildet gewissermaßen eine Struktur höherer Ordnung, auf die sich alles bezieht, was bei den Wesen wahrgenommen wird. Somit entsteht an der Wende des 18. zum 19. Jahrhundert eine neue Wissenschaft. Ihr Ziel ist nicht mehr die Klassifikation der Wesen, sondern die Erkenntnis des Lebenden. Ihr Objekt ist nicht mehr die Untersuchung der sichtbaren Struktur, sondern die Analyse der Organisation.

Schon Mitte des 18. Jahrhunderts werden die Lebewesen meistens als »organisierte Wesen« oder »organisierte Körper« bezeichnet. Doch wird die Organisation zu diesem Zeitpunkt einfach als eine besonders ausgeprägte Komplexität der sichtbaren Strukturen und der Anordnung von Elementen, die einen Körper zusammensetzen, aufgefaßt. Eine verborgene Struktur wird vorläufig nur von Newtons Darstellung des physikalischen Universums gefordert. Der sichtbaren Kombinatorik der Oberflächen und der Volumen entspricht in Newtons Mechanik eine geheime Kombinatorik der die Materie bildenden Korpuskeln. Die Beschaffenheit der Körper und die Eigenschaften der Substanzen ergeben sich nicht allein aus der Art der sie zusammensetzenden Atome, sondern ebenso aus dem Spiel der Verbindungen, die zwischen ihnen durch Anziehung oder Affinität entstehen. Die Wesen erhalten ihre Eigenschaften also notwendigerweise durch die sie bildenden Teilchen und durch die zwischen ihnen entstehenden Beziehungen. Wie bei den Dingen muß die sichtbare Struktur eines organisierten Wesens auf der Anordnung der Teilchen und auf ihrer Vereinigung mittels einer der Anziehung ähnlichen Kraft beruhen, die dem Ganzen seinen Zusammenhalt gibt.

In den meisten aus der zweiten Hälfte des 18. Jahrhunderts datierten Abhandlungen tritt die Vorstellung einer elementaren Zusammensetzung der Lebewesen auf. Für den Physiologen Haller, der sich bemüht, das Gefüge und die Tätigkeit von Muskeln und Nerven zu untersuchen, ist ein Wesen »teilweise aus Fäserchen und teilweise aus einer unendlichen Zahl von Plättchen zusammengesetzt, die durch ihre verschiedene Lage kleine Zwischenräume abteilen, kleine Flächen bilden und alle Körperteile miteinander verbinden«[1]. Die Faser wird zum Grundbestandteil, aus dem alle organisierten Körper gebaut sind. Die Faser ist für den Physiologen, was für den Geometer die Linie ist. »Die kleinste Faser oder die Elementarfaser, so wie wir sie eher mit der Vernunft als mit den Sinnen wahrnehmen«[2], stellt gewissermaßen die theoretische Grenze der anatomischen Analyse dar, bis zu der man mit der Spitze des Skalpells Muskeln, Nerven oder Sehnen aufteilen können muß. Sämtliche Organe werden von einer einzigen Art von Fasern gebildet. Die gleichen Fasern überkreuzen sich in allen Richtungen in einem kontinuierlichen Gewebe, das die Teile des Körpers miteinander verbindet. Ein Organ erhält seine Festigkeit oder Geschmeidigkeit, seine Elastizität oder seine Steifheit durch die Art und Weise, in der sich die Fasern miteinander verflechten und durch die Anordnung ihrer mehr oder weniger engen, mit mehr oder weniger Flüssigkeit getränkten Maschen. Die Fasern besitzen ebenfalls eine komplexe Struktur, und ihre Vereinigung gibt dem Organismus seine Eigenschaften. »Die kleinste Faser«, sagt Charles Bonnet, »das geringste Fäserchen können ihrerseits für unendlich kleine Maschinen gehalten werden, die ihre eigene Funktion haben. Die gesamte Maschine, die große Maschine entsteht so aus der Gesamtheit einer ungeheuren Anzahl von winzigen Maschinen, die in allen ihren Handlungen zusammenwirken oder auf ein gemeinsames Ziel zulaufen.«[3]

Aber meistens stellt die Zusammensetzung der Wesen aus elementaren Einheiten eine Forderung der Logik und nicht der Anatomie dar. Ein Korn Meersalz, erklärt Buffon, ist ein Würfel, der aus anderen Würfeln zusammengesetzt ist, und es unterliegt kaum einem Zweifel, daß die Grund- und Hauptbestandteile dieses Salzes nicht auch Würfel seien, die unserem Vorstellungsvermögen noch immer entgehen. Ebenso »sind die Tiere und Pflanzen, die sich in allen ihren Teilen vermehren und fortpflanzen können, organisierte Körper. Sie sind aus anderen gleichartigen organischen Körpern zusammengesetzt, deren Grund- und Hauptbestandteile ebenfalls organisch und gleichartig sind und die wir mit bloßem Auge dank ihrer akkumulierten Masse wahrnehmen können, deren Grundbestandteile wir freilich nur durch gedankliche Folgerungen und Analogie erkennen können.«[4] Die Reduzierung der Organismen auf eine Gesamtheit von Einheiten leitet sich folglich unmittelbar von der Korpuskulartheorie der Materie her und ergänzt sie in gewisser Hinsicht. Die elementaren Einheiten, die die organisierten Wesen aufbauen, heißen bei Maupertuis »lebende Teilchen« und bei Buffon »organische Moleküle«. Sie spielen bei den Wesen dieselbe Rolle wie die Atome bei den Dingen. Und wie die Anordnung der Atome Form und Quantität der Dinge bestimmt, so determiniert die Anordnung der lebenden Partikeln Gestalt und Eigenschaften der Wesen. Diese Einheiten, die mit bloßem Auge nicht wahrzunehmen sind, von der Logik hingegen gefordert werden, stellen wie die Atome das höchste Ziel einer jeden Analyse dar. Die lebenden Einheiten sind wie die Atome durch jene Kraft miteinander verbunden, die die Physiker Anziehung und die Chemiker Affinität nennen und die Wesen wie Dingen ihren Zusammenhalt gibt. Die Einheiten sind ebensowenig zerstörbar wie die Atome. Diese Einheiten sind jedoch keine Atome. Sie sind ausnahmslos den Lebewesen vorbehaltene Teilchen eines besonderen Typus. Letztlich unterscheidet sich die Zusammensetzung der Wesen von der der Dinge nur durch die Natur ihrer elementaren Bestandteile. Stirbt ein organisiertes Wesen, so gehen die es zusammensetzenden Teilchen

nicht zugrunde. Sie trennen sich einfach und sind somit frei, eine neue Verbindung einzugehen und an der Bildung eines neuen Wesens teilzunehmen. Überall in der Natur existieren derartige lebende Teilchen. Sie werden von den Organismen geschluckt oder eingeatmet, die unter den organischen Molekülen wählen und die »rohen Moleküle« verwerfen. Die lebenden Teilchen werden in erster Linie für das Wachstum des Organismus verwendet, und wenn dieser ausgewachsen ist, dient der Überschuß dazu, den Samen für die Reproduktion zu bilden. »Die Samenflüssigkeit einer jeden Art enthält« nach Maupertuis »eine unzählige Menge von Teilen, die dazu bestimmt sind, durch ihre Zusammenfügung Tiere der gleichen Art hervorzubringen.«[5]
Für Maupertuis wie für Buffon gehören Fortpflanzung der Lebewesen und ihre elementare Zusammensetzung zusammen. Soll die Zeugung nicht mehr durch die Präformation erklärt werden, so muß auf eine hinter der sichtbaren Ordnung verborgene Ordnung zurückgegriffen werden; dann ist ein organisiertes Wesen nicht mehr ein Objekt mit unauflösbarer Form, sondern eine Vereinigung »elementarer und unverweslicher Teile«, die sich verbinden oder trennen können. »Die Vereinigung dieser Teile«, sagt Buffon, »bildet für uns sichtbare organisierte Wesen; folglich ist die Fortpflanzung oder die Zeugung nur eine Veränderung der Form, die einzig durch die Zusammenfügung dieser gleichartigen Teile zustande kommt, genauso wie die Zerstörung eines organisierten Wesens durch die Auftrennung derselben Teile geschieht.«[6] Da das Absterben von Organismen der Natur immer wieder frei werdende Einheiten zur Verfügung stellt, kostet die Bildung eines Lebewesens keine Materie. Das, was bei der Zeugung organisierter Wesen nach dem Vorbild der Eltern produziert wird, ist die Anordnung der organischen Moleküle, die Verteilung der artspezifischen Einheiten, die Organisation.
Auch wenn es im 18. Jahrhundert gelingt, in der korpuskularen Struktur der Materie einen Ausweg aus der Sackgasse der Präformation zu finden, so stehen doch weder die Begriffe noch die technischen Mittel zur Verfügung, um die bei den Lebewesen postulierte Struktur zu analysieren. So besteht notwendigerweise zwischen den Molekülen der Eltern und denjenigen des Samens, der zur Bildung des Kindes dienen wird, eine Identität. Jeder Samen enthält ein vollständiges Sortiment der verschiedenen Typen der Teilchen, die die verschiedenen Organe bilden. Alle Körperteile müssen also bei der Samenproduktion mitwirken, alle müssen hierfür ihren Beitrag an spezifischen Molekülen leisten. »Das Experiment könnte vielleicht diesen Punkt erhellen«, schlägt Maupertuis vor, »wenn man während langer Zeit versuchte,

einige Tiere von Generation zu Generation zu verstümmeln; man würde vielleicht sehen, daß sich die abgeschnittenen Teile nach und nach zurückbildeten; vielleicht würde man am Ende sehen, daß sie schließlich zugrunde gingen.«[7] Das sei ein bereits durchgeführtes Experiment, antwortet hierauf Charles Bonnet, Parteigänger der Präformation; bei gewissen Völkern, denen die Sitte vorschreibt, jedem Mann ein Testikel zu entfernen, haben die Jungen bei der Geburt nach wie vor zwei Testikeln[8].

Die Anziehungskraft fügt die Samenteilchen zusammen, damit das Kind entsteht. Jeder Teil des Kindes wird durch die Vereinigung von Teilchen desselben Typus geformt, die von Vater und Mutter stammen und die sich dank der besonders hohen Anziehung, die die Moleküle gleicher Natur füreinander haben, erkennen und vereinigen. Gelegentlich wurde versucht, in dieser Anziehung ähnlicher Teilchen zweier Elternteile eine Vorwegnahme der spezifischen Paarung zu sehen, die die Genetik des 20. Jahrhunderts zwischen homologen Chromosomen beobachten wird. Doch im 18. und im 20. Jahrhundert sind verschiedene Dinge gemeint. Für die Genetiker setzt die Kombination erblicher Merkmale und ihre Vereinigung im Verlauf der Generationen den Rückgriff auf unabhängige Faktoren voraus, die zwar die Ausprägung der Kennzeichen leiten, die sich jedoch von diesen ihrem Wesen und ihrer Funktion nach vollständig unterscheiden. Dagegen nimmt Maupertuis an, daß die in dem Samen vorhandenen Teilchen dieselben sind wie die, die den Körper des Organismus bilden und ihm seine Kennzeichen verleihen. Die Mehrzahl der in jedem Samen enthaltenen Teilchen ist mit denjenigen im Körper des Erzeugers identisch. Das Kind ähnelt also auf ganz natürliche Weise seinen Eltern, da es aus identischen Teilen entsteht. Da sich in jeder Generation dieselben Teilchen im Samen befinden, werden die charakteristischen Züge immerfort weitergegeben. Aber »Zufall oder Mangel an Familienmerkmalen lassen manchmal andere Kombinationen entstehen«[9]. Auf solch zufällige Kombinationen gehen die ungewöhnlichen Zeugungen zurück, so das Entstehen von Ungeheuern oder das Auftreten eines neuen vererblichen Merkmals wie das Entstehen eines weißen Kindes von einem schwarzen Elternpaar. Kann sich das 18. Jahrhundert eine geheime Ordnung vorstellen, die Gestalt und Eigenschaften eines Lebewesens regiert, so kann es sich doch auf keine auf verschiedenen Ebenen gelagerten Strukturen berufen. Es unterscheidet nicht zwischen dem »Familienmerkmal«, dem materiellen Teilchen, das in die Zusammensetzung des Körpers eingeht, um ihm diesen Zug zu geben, und dem Samenteilchen, das seine Reproduktion determiniert.

Das 18. Jahrhundert nimmt hingegen eine Forderung sehr klar wahr, die sich aus einem System ergibt, in dem in jeder Generation die Gestalt der Eltern durch die Zusammenfügung elementarer Einheiten im Kind reproduziert wird. Diese Forderung läßt ein »Gedächtnis« notwendig werden, das eingreift, um den Zusammenbau der Teilchen zu leiten. Solange sich die sichtbare Struktur durch Präformation über Generationen erhält, ist das Gedächtnis nichts anderes als diese Struktur selbst. Deshalb stellt sich das Problem nicht, wenn das Entstehen aller Keime auf eine gleichzeitige Schöpfung zurückgeführt wird. Aber von dem Augenblick an, wo sich die Teilchen bei jeder Zeugung nach dem Vorbild der Eltern zusammenfügen müssen, muß dieses Bild auch durch sich folgende Generationen hindurch erhalten bleiben. Es gibt zwei Arten, dieses Problem anzugehen. Für den Leibniz-Anhänger Maupertuis besteht kein Unterschied zwischen dem Gedächtnis, das die lebenden Teilchen steuert, um den Embryo zu bilden, und dem psychischen Gedächtnis. Die Materie selbst ist mit einem Gedächtnis sowie »mit Intelligenz, Begierde oder Abscheu« versehen [10]. Die lebenden Teilchen werden gegenseitig durch ihre Affinität angezogen, doch kann ihre Lokalisierung im Embryo nur durch ihr Gedächtnis erklärt werden. Jedes Teilchen »bewahrt die Erinnerung an seine alte Lage und wird diese immer dann einnehmen, wenn es möglich wird, um im Fötus denselben Teil zu bilden« [11].

Im Gegensatz hierzu führt der Materialist Buffon die Erhaltung des Vorbilds der Eltern bei der Zeugung und die Bestimmung der Lage der organischen Moleküle im Kind nicht auf ein jedem Korn der Materie eigenes Vermögen zurück, sondern auf eine besondere Struktur. Die Teilchen bedürfen eines Modells, das sie leitet, und einer Gußform, die sie gliedert, um die Gestalt der Eltern wiederzufinden. »Nehmen wir an, daß, so wie wir Formen bilden können, durch welche wir dem Äußeren der Körper die Gestalt geben, die uns gefällt, auch die Natur Formen machen könne, mittels derer sie nicht nur die äußere, sondern auch die innere Gestalt bestimmt.« [12] Denn für die Bildung eines Lebewesens muß nicht nur die die sichtbare Gestalt bestimmende Vereinigung von Linien, Oberflächen und Volumina reproduziert werden. Gleichfalls muß die innere Anordnung, die versteckte Struktur der Organe fortgepflanzt werden, die die Tätigkeit des lebenden Körpers bestimmt. Die Reproduktion der Lebewesen erfordert somit, um mit Buffon zu sprechen, eine *innere Gußform,* das einzige Mittel, um »das Innere der Körper nachzubilden« [13]. Von Zeitgenossen wie von Nachkommen ist Buffon oft wegen dieser Äußerungen verspottet worden. Doch Buffon hat deutlich eine der Hauptschwierigkeiten für die Erklärung von Reproduktion und Wachstum wahrgenommen und untersucht, die erst vor ganz kurzer Zeit von der Molekularbiologie überwunden worden ist. Strukturen können in einer oder in zwei, aber nicht in drei Dimensionen kopiert werden. Buffon verwendet das Modell der Gußform, denn das offensichtlichste Mittel zur Reproduzierung eines dreidimensionalen Körpers ist das des Bildhauers, der den vom Körper in Wachs oder Gips zurückgelassenen Abdruck verwendet. Doch das Wachs kann nur die Flächen der Gegenstände »wahrnehmen«, wenn man sich einmal so ausdrücken darf. Unter der Oberfläche kann das Wachs nichts »erfassen«, und so bleibt ihm das, was im Inneren des Gegenstands vor sich geht, unbekannt. Die Form reproduziert also nur die Oberfläche des Gegenstands, unter der der Materie anläßlich des Abgusses keine besondere Ordnung auferlegt wurde. Die Gußform des Bildhauers reicht demnach nicht aus, um die Fortpflanzung der Lebewesen zu erklären; eine *innere* prägende Form ist notwendig. »Man kann uns sagen«, erklärt Buffon, »daß der Begriff einer inneren Prägeform zunächst zwei sich widersprechende Vorstellungen einzuschließen scheint, daß sich die Vorstellung der Form nur auf die Oberfläche beziehen kann, und daß sich die Vorstellung des Inneren hier auf die Masse beziehen muß; es ist, als ob man die Vorstellung der Oberfläche und die Vorstellung der Masse miteinander verbinden wollte und ebensogut von einer massiven Oberfläche wie von einer inneren Form spräche« [14]. Derselben Schwierigkeit begegnet man beim Studium der Entwicklung des Embryos, denn das Wachstum der Organe vollzieht sich nicht in zwei, sondern in drei Dimensionen. Buffon behauptet, daß im Gegensatz zu dem, was allgemein angenommen wird, die Entwicklung nicht einzig und allein durch Hinzufügung von Molekülen auf die Oberflächen geschehen kann, sondern »durch ein inniges Aufnehmen, welches die Masse durchdringt« [15]. Es ist tatsächlich notwendig, daß die für das Wachstum gebrauchte Masse in das Innere eines jeden Teils und in alle Dimensionen eindringt gemäß »einer gewissen Ordnung und in einem gewissen Maß, so daß an einer Stelle des Inneren nicht mehr Substanz ankommt als an einer anderen«.

Die innere Prägeform stellt also eine verborgene Struktur dar, ein »Gedächtnis«, das die Materie dergestalt organisiert, daß das Kind als Ebenbild seiner Eltern entsteht. Das Kind bildet sich folglich durch eine Epigenese. Insofern aber die Erinnerung an die bereits bei den Eltern verwirklichte Organisation durch die Kontinuität der inneren Prägeform bewahrt wird, ist die Epigenese keine völlige Neubildung mehr und keine vollständige Organisation des Wesens aus dem Chaos der Materie, wie es von Aristoteles und dem 16. Jahrhundert angenommen wurde. Nach Buffon »ist der Abdruck oder die Prägeform einer jeden

Pflanzen- und Tierart das konstanteste und unveränderlichste in der Natur; das veränderlichste und verweslichste ist die Substanz, aus der die Organismen aufgebaut sind«[16]. Maupertuis seinerseits faßt das Vorhandensein einer bevorzugten Klasse lebender Teilchen ins Auge, die durch die Generationen hindurch die Urmerkmale der Art bewahren würden. »Ist dieser Instinkt [der Teilchen] wie der Geist einer Republik in allen den den Körper bildenden Teilen verbreitet? Oder gehört er wie in einer Monarchie nur einem bestimmten unteilbaren Teil an? Wäre im letzten Falle dieser Teil nicht das die Essenz des Tieres eigentlich Bestimmende, während die anderen Teile nur Umhüllungen oder eine Art Umkleidung wären?«[17]

Im 18. Jahrhundert geht die Vorstellung, daß die Lebewesen aus elementaren Bestandteilen zusammengesetzt sind, noch über den Horizont von Beobachtung und Erfahrung hinaus. Buffon bemüht sich, mit den ihm zur Verfügung stehenden Mitteln den Nachweis für die Existenz von organischen Molekülen, ihre universelle Verteilung in der Natur und ihre Fähigkeit, sich miteinander zu verbinden, zu erbringen. Seine Ergebnisse vermögen niemanden zu überzeugen. Außerdem muß für diese lebenden Einheiten, die sich von den Atomen eindeutig unterscheiden, ein Ursprung gefunden werden. Trotz Buffon, der ihre Bildung durch die Aktivierung der Materie unter dem Einfluß der Wärme erklärt, bleibt kein anderer Ausweg, als ihre Erschaffung mit dem Endzweck in Zusammenhang zu bringen. Für die Verfechter der Präformation stellt die Vorstellung von lebenden Einheiten nur eine Theorie mehr dar. Ihre unmittelbare Auswirkung besteht darin, daß die Urzeugung wieder eine gewisse Gültigkeit erhält. Denn wenn es überall organische Moleküle gibt und wenn sich diese durch Wärme verbinden, warum sollte dann diese organische Materie, die man nach Buffon »wie einen universellen Samen betrachten kann«[18], nicht jene unsichtbare und närrische Welt hervorbringen, die unter dem Mikroskop wahrzunehmen ist, alle jene kleinen Wesen, die im Regenwasser, im Aufguß von Pflanzen und Samen herumschwimmen und nicht einmal den Namen von Tieren verdienen? Hier kann das Experiment einsetzen, denn es handelt sich wiederum um einen einfachen Mechanismus, der abzuklären ist. Da die Wärme die Aufgußtierchen tötet, genügt es, Fleischbrühe in einem Glas zu verschließen und zu erhitzen, um festzustellen, ob sich Aufgußtierchen weiterhin noch vermehren können. Nach diesem Verfahren beobachtet Needham, daß die Wärme die Vermehrung dieser kleinen Würmer nicht verhindert. Viel sorgfältiger vorgehend findet Spallanzani nach der Erhitzung der Fleischbrühe kein einziges lebendiges Aufgußtierchen mehr vor. Aber je nachdem ob man annimmt, daß sich die Wärme auf die Materie oder auf eine Kraft auswirkt, kann man ihre Wirkung noch immer in Zweifel ziehen. Materie, das bedeutet Vorhandensein von Aufgußtierchen in der Fleischbrühe oder Luft im Glas; so eliminiert Spallanzanis Experiment jede Art von Urzeugung selbst bei den mikroskopischen Wesen. Ist mit Kraft eine Eigenschaft der Fleischbrühe oder der Luft gemeint, eine »erzeugende Kraft«, eine »Fruchtbarkeit«, eine für die Vermehrung der Aufgußtierchen notwendige »Spannkraft«, so beweist das Experiment überhaupt nichts mehr. Wie soll das Vorhandensein oder das Gegenteil bewiesen werden? Bis zum folgenden Jahrhundert kann das Denken auf die Möglichkeit der Urzeugung noch nicht verzichten.

Weder Maupertuis noch Buffon wollen mit ihren Theorien Metaphysik machen. Als gute Newton-Anhänger sind sie darauf bedacht, die Eigenschaften der Lebewesen auf die in der Physik geltenden Gesetze abzustützen. Die elementaren Einheiten, die lebenden Partikeln, die organischen Moleküle dienen nur dazu, die mechanistische Interpretation der lebenden Welt mit der Newtonschen Interpretation des Universums in Übereinstimmung zu bringen. Wie die Dinge werden die Wesen auf Kombinationen von Einheiten zurückgeführt, wodurch Buffon zufolge »die Natur ihre Werke unendlich verändern kann« [19]. Bei den lebenden Körpern wie bei den chemischen Substanzen kommt nur den Elementen eine Individualität zu, die Verbindungen sind ausschließlich transitorischer Natur. Das Studium der Lebewesen reduziert sich folglich auf die Erforschung der Gesetze, die die Verbindungen dieser Einheiten lenken. Die bei den Hybriden beobachtete Vererbung von beiden Elternteilen erfordert eine Fortpflanzung, die nichts weiter ist als der Mechanismus, der den Einheiten ermöglicht, sich zusammenzufügen. Damit ist der Ausgangspunkt für eine neue Anschauung gegeben, die sich während der zweiten Hälfte des 18. Jahrhunderts entwickelt. Der Vielfalt von Strukturen, Prozessen und Sitten, die bei den Wesen beobachtet werden, muß in der ganzen lebenden Welt eine Einheit von Aufbau und Funktion zugrunde liegen. Die atmenden Tiere analysierend findet Buffon »immer dieselbe Grundorganisation, dieselben Sinnesorgane, dieselben Eingeweide, dieselben Knochen, dasselbe Fleisch, dieselben Flüssigkeitsströme, dieselben Spielregeln und dieselbe Wirkung bei den festen Körpern« [20]. Bei der Analyse lebender Körper sind nicht nur die der Beobachtung zugänglichen Organe von Wichtigkeit, sondern auch die Art und Weise, wie sie ineinandergefügt sind, ihre Organisation.

Der verborgene Bauplan

Während des ganzen 18. Jahrhunderts umschrieb die Organisation nichts anderes als die Zusammensetzung der Strukturen, das ein Wesen kennzeichnende Mosaik der Elemente. Doch am Ende des Jahrhunderts bekommt die Organisation eine neue Rolle und eine neue Funktion. Indem sie nach und nach an die Stelle der sichtbaren Struktur tritt, erhalten die unmittelbaren Tatsachen der Beschreibung, die Gesamtheit des Wesens und seiner Tätigkeit ein verborgenes Fundament.

Einerseits machen sich die neuen Erfordernisse der Physiologie geltend. Mit Lavoisiers Analyse verändert sich die relative Bedeutung, die den Organen und ihrer Tätigkeit zugeschrieben wird, setzt sich die Vorstellung von großen Körperfunktionen durch, die den Bedürfnissen des Organismus Genüge leisten, und offenbart sich die Notwendigkeit ihrer Koordination. Ist die Atmung ganz allgemein eine Verbrennung, dann muß sich jedes Lebewesen unabhängig von seiner Form und dem Ort seines Vorkommens mit Sauerstoff versorgen können. Es muß fähig sein, Brennstoff in den Nahrungsmitteln zu finden, sie bis zum Ort der Verbrennung zu befördern, die Schlacken loszuwerden, die Temperatur zu regulieren, kurz, eine ganze Reihe von Prozessen mit Genauigkeit aufeinander abzustimmen. Es ist jetzt nicht mehr möglich, Lungen oder Magen, Herz oder Nieren voneinander unabhängig zu betrachten. Ein Lebewesen stellt nicht mehr eine einfache Vereinigung autonom funktionierender Organe dar. Es ist ein Ganzes, dessen Teile voneinander abhängen und von denen jeder einzelne eine besondere Funktion im Interesse aller ausübt.

Andererseits ändert sich allmählich die Einstellung der Naturforscher. Während des ganzen 18. Jahrhunderts wurde im allgemeinen jede einzelne Art unabhängig von den anderen Arten anatomisch analysiert. In allen Einzelheiten wurden Struktur und Eigenschaften von Löwe, Biene oder Fledermaus beschrieben, wovon eine an Einzeldarstellungen reiche Literatur zeugt. Dagegen beschränkt sich die Anatomie seit dem Ende des Jahrhunderts nicht mehr darauf, jedes Organ eines Wesens einzeln zu beschreiben. Sie versucht, das Organ mit der Funktion zu verbinden, dasselbe Organ bei mehreren Tieren oder die verschiedenen Arten von Organen bei ein und demselben Tier miteinander zu vergleichen. Es genügt nicht mehr, den Lauf des Pferdes zu untersuchen. Wie Daubenton muß man ihn mit dem Arm des Menschen vergleichen, um die Analogien hinsichtlich der Anzahl der Knochen, ihrer Gestalt und ihrer Rolle zu präzisieren. Oder man muß wie Camper das Gehirn und das System des Gehörs der Fische mit denen des Menschen vergleichen, um die Ähnlichkeiten der Struktur mit den Ähnlichkeiten der Funktion zu vergleichen. Man kann wie Vicq d'Azyr bei den verschiedenen Arten fleischfressender Tiere die Struktur der Zähne und des Magens, der Klauen und der Muskeln in Parallele setzen, um ihre Beziehungen aufzudecken und deren Konstanz zu beweisen. Wichtig ist jetzt nicht mehr der Unterschied an der Oberfläche, sondern die Ähnlichkeit in der Tiefe.

So beginnt sich ein ganzes Netz von neuen Beziehungen unter den Wesen abzuzeichnen. Während des gesamten 18. Jahrhunderts stellte das charakteristische Merkmal nur ein Fragment des Organismus dar, ein unabhängiges Element, das aus praktischen Gründen der Taxonomie bestimmt worden war. Mit der Erforschung der Funktionsähnlichkeiten tritt das Kennzeichen aus seiner Isolierung heraus, um das Element einer Gesamtheit zu werden. Nicht, daß seine Aufgabe in der Klassifikation verschwunden wäre: für Vicq d'Azyr und für Storr behält es den Wert, der ihm von Tournefort und Linné gegeben wurde. Doch darf das Kennzeichen nicht für sich betrachtet werden, sondern in Funktion der Beziehungen, die es mit der Gesamtheit der Strukturen des Organismus verbinden. »Die Beziehungen sind« nach Lamarck »immer unvollständig, wenn sie sich nur auf eine vereinzelte Betrachtung erstrecken, d. h. wenn sie nur durch die Betrachtung eines einzeln genommenen Teils bestimmt sind.«[21] Von jetzt an sind weniger die Kennzeichen wichtig als ihre Beziehungen untereinander. Durch die Analyse dieser Beziehungen läßt sich die Konstitution eines Wesens präzisieren und seine Klassifikation determinieren. Es genügt nicht mehr, die Ähnlichkeiten und Unterschiede zwischen den Organismen im Detail zu beobachten. Man muß sie in großer Zahl vergleichen. »Die Idee muß«, sagt Goethe, »über dem Ganzen walten und auf eine genetische Weise das allgemeine Bild abziehen.«[22] Hinter der Kombinatorik der Organe zeichnet sich eine Logik des Organismus ab.

Außerdem kommt den verschiedenen Teilen eines Lebewesens nicht mehr dieselbe Bedeutung in der Gesamtheit des Organismus zu. Um zu leben, müssen sich Pflanze und Tier in erster Linie ernähren und fortpflanzen. Dementsprechend sind alle Elemente des Organismus angeordnet. Wenn die Merkmale nicht gleichwertig sind, so nicht mehr infolge einer willkürlichen Abstufung, die einzig auf den Erfordernissen der Klassifikation beruht, sondern wegen der relativen Wichtigkeit der Organe in der Gesamtheit der Struktur. Es gibt verschiedene Ordnungen von Kennzeichen, denen, entsprechend ihrer Konstanz unter den Organismen, verschiedenes Gewicht zukommt. Es genügt nicht, die Kennzeichen zu zählen, sie müssen gewogen werden. Die Bedeutung eines Kennzeichens erster Ordnung wiegt mehrere Kennzeichen der zweiten Ordnung auf und so fort. »In der Summierung der Kennzeichen dürfen diese« nach Antoine Laurent de Jussieu »nicht wie Einheiten gezählt werden, sondern je nach ihrem relativen Wert, derart, daß ein einziges konstantes Merkmal die Summe mehrerer unkonstanter Merkmale aufwiegt oder sogar höher bewertet wird.«[23] Das Merkmal erhält seine Bedeutung und seinen Platz in der Hierarchie durch seine Rolle in der Struktur des Organismus. Die Organe der Befruchtung sind nicht deshalb bedeutend, weil sie für die Klassifikation bequem sind. Sie sind für die Klassifikation bequem, weil sie eine wichtige Funktion, die Fortpflanzung, wahrnehmen und weil sie eben daher die Pflanzenstruktur in ihrer Gesamtheit widerspiegeln. »Man muß die für die Befruchtung verantwortlichen Teile besonders beachten«, sagt Lamarck in »La Flore française«, »d. h. die Frucht, die Blume und ihre Bestandteile. Dieses Prinzip basiert in erster Linie auf dem Vorrang, den man natürlicherweise denjenigen Organen einräumt, die die Gewähr für die kommende Generation in sich tragen und auf die sich, wie auf ein Zentrum, der untergeordnete Mechanismus der anderen Teile bezieht, die nur für sich allein zu leben scheinen.«[24] Die Einstufung der Kennzeichen weist auf eine Hierarchie der Strukturen hin.

Ende des 18. Jahrhunderts ändern sich somit die Beziehungen zwischen dem Äußeren und dem Inneren eines Wesens, zwischen Oberfläche und Tiefe, zwischen Organen und Funktionen. Durch den Vergleich der Organe wird der Analyse ein System von Beziehungen gegeben, die sich in der Tiefe des Lebewesens gliedern, um dieses zum Funktionieren zu bringen. Hinter dem Sichtbaren der Formen profiliert sich ein verborgener Bauplan, der durch die Notwendigkeit zu leben bedingt ist. Diese Struktur zweiter Ordnung ist die Organisation, die das Sichtbare und das Verborgene kohärent zusammenfügt. Für Lamarck »ist die Organisation der wichtigste aller Gesichtspunkte, um als Richtlinie für eine methodische und der Natur entsprechende Einteilung der Tiere zu dienen«[25]. Sie leitet die Analyse, denn »bei den Tieren wird man die hauptsächlichen Beziehungen immer nach der inneren Organisation bestimmen«[26]. Sie erlaubt, die lebende Welt zu durchgehen und Ordnung in ihre Kompliziertheit zu bringen, da »jede Klasse durch ein besonderes Organisationssystem ausgezeichnete Tiere enthalten muß«[27]. Hierdurch können sich Unterschied der Strukturen und Konstanz der Funktionen im selben Bereich entfalten und koordinieren. Die Organisation verleiht den Lebewesen das innere Gesetz, von dem die Möglichkeit ihrer Existenz selbst abhängt.

Die Einführung der Vorstellung von der Organisation im Herzen der lebenden Welt hat mehrere Folgen. Die erste besagt, daß der Organismus ein Ganzes ist, das von jetzt an wie eine integrierte Gesamtheit von Funktionen, also von Organen erscheint. Bei einem Wesen darf niemals jeder einzelne Teil für sich genommen betrachtet werden, sondern das Ganze, »die Zusammensetzung jeder Organisation in ihrer Gesamtheit«, sagt Lamarck, »d. h. in ihrer Allgemeingültigkeit«[28]. Kann man den Teilen einen ungleichen Wert und eine ungleiche Bedeutung zukommen lassen, so immer im Hinblick auf das Ganze. Das zeigt sich mit der größten Klarheit in den einfachsten Organisationsformen. »Hauptsächlich bei den Insekten fangen« Lamarck zufolge »die meisten für die Erhaltung des Lebens wichtigen Organe an, beinahe gleichmäßig auf den ganzen Körper verteilt zu sein, anstatt wie bei den vollkommensten Tieren an besonderen Stellen isoliert vorzukommen.«[29]

Weiterhin führt die Vorstellung der Organisation dazu, die Idee, die schon das 18. Jahrhundert gehabt hatte, weiterzuentwickeln, derzufolge das Lebewesen keine im Leeren isolierte Struktur ist, sondern daß es sich in die Natur einfügt, mit der es mannigfaltige Verbindungen unterhält. Leben, Atmung und Ernährung eines Wesens setzen eine Abstimmung zwischen den mit diesen Funktionen beauftragten Organen und den äußeren Bedingungen voraus. Die Organisation muß auf das, was Lamarck »die Umstände« nennt, reagieren. Unter Umständen sind die Lebensbedingungen in Erde und Wasser, die Böden, Klimata und die anderen, die Organismen umgebenden lebenden Formen zu verstehen, kurz, die ganze »Mannigfaltigkeit des Milieus, in dem sie leben«.

Schließlich wird mit der Vorstellung der Organisation ein radikaler Schnitt durch die Objekte dieser Welt durchgeführt. Bis jetzt wurden die Körper der Natur traditionsgemäß auf drei Reiche verteilt: das Reich der Tiere, der Pflanzen und der Mineralien. Durch diese Einteilung standen die Dinge sozusagen auf derselben Ebene wie die Wesen; das wurde durch die unmerklichen Übergänge gerechtfertigt, die sowohl zwischen Mineral und Pflanze als auch zwischen Pflanze und Tier erkannt wurden. Mit Pallas, Lamarck, Vicq d'Azyr, de Jussieu und Goethe teilt das ausgehende 18. Jahrhundert die »Erzeugnisse der Natur« nicht mehr in drei, sondern in zwei Gruppen ein, die ausschließlich durch das Kriterium der Organisation voneinander unterschieden werden. »Man wird zuerst«, sagt Lamarck nach 1778, »eine große Anzahl von Körpern bemerken, die aus einer rohen, toten Materie zusammengesetzt sind; diese vergrößert sich durch das Aneinanderreihen von Substanzen, die bei ihrer Bildung mitwirken, und nicht durch die Wirkung irgendeines inneren Entwicklungsprinzips. Diese Wesen nennt man allgemein *anorganische* oder *mineralische Wesen*... Andere Wesen sind mit für bestimmte Funktionen vorgesehenen Organen ausgestattet und besitzen ein stark ausgeprägtes Lebensprinzip sowie die Fähigkeit, ihresgleichen hervorzubringen. Man hat sie unter der allgemeinen Bezeichnung von *organischen Wesen* zusammengefaßt.«[30] Hinfort bestehen nur noch zwei Klassen von Körpern. Das Anorganische ist das Nicht-Lebende, das Unbeseelte, das Inerte. Das Organische ist das, was atmet, was sich ernährt und fortpflanzt; es ist das, was lebt und was »notwendigerweise dem Tod unterworfen« ist[31]. Das Organisierte ist mit dem Lebenden identisch. Die Wesen trennen sich endgültig von den Dingen.

Nachdem einmal die Wesen von den anderen Körpern losgelöst, doch unter sich durch die Organisation vereint sind, stellt sich das Problem der Genese der belebten Welt nicht mehr in denselben Begriffen wie das der unbeseelten Welt. Um mit Lamarck zu sprechen, können jetzt nicht mehr alle oder der größte Teil der lebenden Formen als in ihrer ganzen Kompliziertheit gleichzeitig geschaffen betrachtet werden. Hingegen müssen die einen von den anderen durch eine Reihe sukzessiver Veränderungen abgeleitet werden. Infolge der Neigung der Natur, Fortschritte zu machen, die zu Anhäufung der auf die Struktur der Organismen selbst ausgeübten Wirkungen führt, kann die kontinuierliche Reihe der Wesen im Raum aus einer kontinuierlichen Reihe von Umwandlungen in der Zeit abgeleitet werden. Das Auftreten der Wesen und ihre Verschiedenartigkeit beruhen auf einem Charakteristikum des Lebenden selbst: auf seiner Fähigkeit zur Variation und Anpassung.

Nach und nach zeichnet sich der Gegenstand einer Wissenschaft ab, die nicht mehr die Pflanzen oder die Tiere als Bestandteile bestimmter Klassen der Natur erforscht, sondern das Lebewesen, das durch eine bestimmte Organisation spezifische Eigenschaften erhält. Zur Bezeichnung dieser Wissenschaft verwenden Lamarck, Treviranus und Oken fast gleichzeitig den Begriff der Biologie. »Alles, was den Pflanzen und Tieren generell gemein ist«, sagt Lamarck, »ebenso wie alle Fähigkeiten, die jedem dieser Wesen eigen sind, muß ohne Ausnahme das einzige und umfassende Objekt *der Biologie* darstellen: denn die von mir genannten zwei Arten von Wesen sind beide ihrem Wesen nach lebende Körper, und es sind die einzigen Wesen von dieser Natur, die unseren Erdball bewohnen. Die Gesichtspunkte der Biologie sind folglich vollständig unabhängig von den Unterschieden, die Pflanzen und Tiere gemäß ihrer Natur und gemäß ihrer Beschaffenheit besitzen und den Fähigkeiten, die gewissen Tieren zu eigen sein können.«[32] Auf diese Weise mit einem Namen und einem Forschungsgegenstand ausgestattet, erarbeitet die neue Wissenschaft im Verlauf des 19. Jahrhunderts allmählich ihre eigenen Begriffe und Techniken. Über die Unterschiede der Formen, Eigenschaften und Lebensbereiche hinaus handelt es sich darum, die dem Lebenden gemeinsamen Kennzeichen freizulegen und dem forthin mit Leben Bezeichneten einen Inhalt zu geben.

Das Leben

Der klassische Rationalismus gelangt zur Erkenntnis, indem er Objekt und Subjekt, die Dinge und ihre Vorstellung im Geist zusammenfallen läßt. Mit dem Auftreten dessen, was Kant das transzendentale Feld nennt, wächst am Ende des 18. Jahrhunderts die Bedeutung des Subjekts bei der Erforschung der Natur. An der Stelle der prästabilierten Harmonie dominiert das Erkenntnisvermögen über die Objekte der Erkenntnis. Um die Natur zu dechiffrieren und ihre Gesetze zu finden, genügt es nicht mehr, Gleichheit und Ungleichheit von Dingen sowie Lebewesen zu erforschen und zusammenzustellen, um diese beiden letzteren in den Reihen einer zweidimensionalen Klassifikation unterzubringen. Die empirischen Gegebenheiten müssen sich in die Tiefe profilieren, sich abstufen in Abhängigkeit ihrer Beziehung zu einer zusammenfassenden Einheit, die Voraussetzung jeder Erkenntnis ist, aber außerhalb der Erkenntnis liegt. Wie in jeglichem Bereich der Empirie reicht die interne Analyse nicht mehr zur Erfassung der Welt des Lebenden aus. Das Leben ist es, das als übergreifender Bezugspunkt dient, um dem Bewußtsein zu ermöglichen, Vorstellungen nicht nur von verschiedenen Lebewesen, sondern verschiedener Elemente ein und desselben Lebewesens zu verbinden und zwischen ihnen Beziehungen aufzustellen. Bei der Erforschung der Welt des Lebenden erlaubt der Begriff Leben Wahrheit *a posteriori* zu erlangen und eine Synthese zu verwirklichen.

Der Begriff der Organisation selbst, auf dem jetzt das Lebewesen gründet, läßt sich nicht mehr ohne ein Ziel verstehen, das mit dem Leben identisch ist. Dieses Ziel ist nicht mehr von vornherein durch die von außen verlangte Notwendigkeit gegeben, das Hervorbringen der Wesen einer *anima* zuzuschreiben. Der Ursprung des Ziels findet sich in der Organisation selbst. Die Vorstellung von der Organisation, von der Totalität erfordert insofern eine Finalität, als die Struktur nicht unabhängig von ihren Auswirkungen gesehen werden kann. Sieht man eine geometrische Figur in den Sand gezeichnet, kann man sicher sein, daß die Elemente dieser Figur dort nicht zufällig vereint worden sind [33]. Dem Anschein nach sind diese Elemente durch eine äußerliche Beziehung miteinander verbunden. Tatsächlich ist es aber die Gesamtheit der Struktur, die die Möglichkeit ihres Zusammenhalts begründet, die inmitten der Unordnung eine Ordnung repräsentiert. Dem Zufall von Wind, Regen und Unbill aller Art ausgesetzt, glättet sich der Sand und die Zeichnung wird ausgelöscht. Die Figur kann sich nur dank einer Zufall und Zerstörung entgegenwirkenden inneren Kraft formen und erhalten. In einem organisierten Produkt der Natur ist alles Ziel und alles Mittel. »Jedes Geschöpf ist« Goethe zufolge »Zweck seiner selbst; alle seine Teile stehen in der unmittelbarsten Wechselwirkung; ... so ist auch jedes Tier als physiologisch vollkommen anzusehen.«[34] Die Finalität des Lebewesens gründet so in der Vorstellung des Organismus selbst; weil die Teile sich wechselseitig hervorbringen müssen, müssen sie sich miteinander verbinden, um ein Ganzes zu bilden. Nach Kant müssen sich die organisierten Wesen selbst organisieren. Kant nimmt in freilich etwas veränderter Form das schon von Fontenelle verwendete Argument von der Uhr wieder auf. »In einer Uhr ist ein Teil das Werkzeug der Bewegung der anderen Teile, aber ein Rad ist niemals die wirkende Ursache der Hervorbringung des anderen Rads. Ein Teil ist zwar *um* des anderen willen, aber nicht *durch* denselben da. Die Ursache für die Hervorbringung der Räder ist nicht in der Natur dieser Materie, sondern außer ihr in einem Wesen enthalten, welches nach Ideen eines durch seine Kausalität möglichen Ganzen wirken kann. Die Uhr kann die ihr entwandten Teile weder von selbst ersetzen oder ihren Mangel durch andere Teile ersetzen oder bessert sich etwa selbst aus, wenn sie in Unordnung geraten ist. Ein organisiertes Wesen ist also nicht bloß Maschine, denn die Maschine hat lediglich bewegende Kraft, während der Organismus in sich bildende Kraft besitzt und regulierende Kraft, die er den ihn aufbauenden Materien übermittelt.«[35]

Solange es dem 17. Jahrhundert in erster Linie um den Beweis der Einheit des Weltalls ging, mußten die Geschöpfe den Gesetzen der Mechanik unterstehen, die die Dinge lenken. Zur Erfassung der die organisierten Körper belebenden Kräfte wurde von der Bewegung gesprochen, die unaufhörlich in den festen und flüssigen Teilen der Organismen auftritt. Das Fehlen einer Vorstellung vom Leben tritt in der Definition der *Enzyklopädie* zutage, nach der das Leben »das Gegenteil des Todes ist« – was fast einer Binsenwahrheit gleichkommt. Zu Beginn des 19. Jahrhunderts wird es hingegen wichtig, die Eigenschaften des Lebenden näher zu kennzeichnen. Die Erforschung der Wesen kann nicht länger als eine Fortsetzung der Wissenschaft von den Dingen betrieben werden. Die Analyse des Lebenden setzt Methoden voraus, Vorstellungen, eine eigene Sprache, denn mit den Worten werden in die Wissenschaft der organisierten Körper Ideen eingeführt, die aus den physikalischen Wissenschaften stammen, die aber den biologischen Phänomenen nicht gerecht werden. »Hätten die Menschen vor der Physik Physiologie betrieben«, argumentiert Bichat, »so bin ich überzeugt, daß sie die Erkenntnisse der Physiologie in zahlreichen Fällen auf die Physik übertragen hätten, daß sie gesehen hätten, daß die Flüsse dank der tonischen Wirkung ihrer Ufer fließen, daß sich die Kristalle durch die Erregung vereinigen, die sie gegenseitig auf ihre Empfindlichkeit ausüben, daß sich die Planeten bewegen, weil sie sich gegenseitig auf große Distanzen anregen.«[36] Im 19. Jahrhundert wird eine Beschreibung des Funktionierens organisierter Wesen mit Begriffen der Schwerkraft, Affinität und Bewegung völlig unzulässig. Um die Kohäsion der Wesen beizubehalten, die Ordnung des Lebenden im Gegensatz zur Unordnung der unbeseelten Materie zu behaupten, wird eine Kraft von besonderer Eigenschaft benötigt, die Kant als »inneres Handlungsprinzip« bezeichnet. Man braucht das Leben.

Die Vorstellung von der Organisation beinhaltet gleichzeitig das, was Leben ermöglicht und was von ihm bestimmt wird. Obwohl Ursprung aller Wesen, entzieht sich das Leben der Analyse ihrer Eigenschaften und Funktionen. Die organisierten Körper erhalten ihre Eigenschaften dank einer geheimnisvollen Kraft, die ihre Moleküle trotz aller äußeren Kräfte, die sie trennen wollen, zusammenhält. Genau diese Kraft gibt nach Cuvier dem »Körper des Weibes im Zustande der Jugend und Gesundheit: diese gerundeten, reizenden Formen, diese Zierlichkeit der Bewegungen, diese sanfte Wärme, das liebliche Rosenrot der Wangen, die von Liebe funkelnden oder geistvoll strahlenden Augen, die Gesichtszüge, in welchen sich heiterer Witz oder das Feuer der Leidenschaft ausdrückt... Aber ein Augenblick reicht hin, um diesen Zauber zu vernichten.«[37] Der lebendige Körper ist dem Wirken verschiedener von den Dingen sowie den Wesen herrührender Einflüsse ausgesetzt, die ihn zu zerstören suchen. Um ihnen zu widerstehen, ist ein Reaktionsprinzip notwendig. Das Leben ist nichts anderes als dieses Prinzip des Kampfes gegen die Zerstörung. Für Bichat ist es »die Gesamtheit der sich dem Tod widersetzenden Funktionen«[38]; für Cuvier die »Kraft, die den Gesetzen Widerstand leistet, die die rohen Körper steuern«[39]; für Goethe »die hervorbringende Kraft«, die dem Wirken äußerer Elemente entgegentritt[40]. »Durch Aufhebung der zwischen den Bestandtheilen der Nahrungsstoffe wirkenden chemischen Kräfte (der Cohäsion und Affinität), durch Änderung der Lage oder des Ortes, in welchem sich ihre Elementartheilchen befinden, giebt sich« für Liebig »die Lebenskraft als bewegende Kraft zu erkennen.«[41] Der Tod ist die Niederlage dieses

Prinzips des Widerstands, und der Kadaver ist nichts anderes als der erneut der Herrschaft physikalischer Kräfte anheimfallende Körper. Die Kräfte der Ordnung, der Vereinigung und des Lebens befinden sich in ständigem Kampf mit den Kräften der Unordnung, der Zerstörung und des Tods. Der lebende Körper ist die Bühne dieses Kampfes, Gesundheit und Krankheit sind seine Peripetien. Wenn die vitalen Eigenschaften obsiegen, findet das Lebewesen erneut seine Harmonie und seine Genesung. Sind dagegen die physikalischen Eigenschaften stärker, erfolgt der Tod. Nichts von all dem findet sich bei den unbelebten Körpern: die Dinge sind unabänderlich wie der Tod.

Erfordern anfänglich die Organisation des Wesens, seine Tätigkeit und seine gesamte Struktur die Intervention eines Lebensprinzips, so stirbt das Lebewesen, indem es sich im Leben verausgabt. Sind die physikalischen Eigenschaften der Materie ewig, so sind die Lebenseigenschaften eines Wesens vergänglich. Die rohe Materie gelangt in die lebendigen Körper, um dort von den Eigenschaften des Lebens durchdrungen zu werden. Die Wesen werden Cuvier zufolge »Arten von Werkstätten, in welche tote Körper aufgenommen werden, um sich daselbst miteinander zu verbinden ... und sie nach einiger Zeit wieder zu verlassen, um unter die Gesetze der toten Natur zurückzukehren« [42]. Während der Lebensdauer eines Wesens sind die physikalischen Eigenschaften von den Lebenseigenschaften sozusagen »in Bann gelegt«; das hindert sie, die von ihnen natürlicherweise produzierten Phänomene hervorzurufen. Doch handelt es sich hier um keine dauerhafte Verkettung, denn es liegt im Wesen der Lebenseigenschaften, daß sie sich schnell verbrauchen. »Die Zeit verbraucht sie«, sagt Bichat [43]. Weil der Organismus lebt, ist er dem Tod geweiht. Das Lebewesen fängt gewisserweise die Lebenskraft ein, es legt sie fest und macht sie unbeweglich – aber nur für einen Augenblick, da es durch genau das, was das Leben entstehen läßt, zerstört wird. »Wenn das Leben die Mutter des Todes ist«, sagt Cabanis, »so gebärt und verewigt der Tod seinerseits das Leben.« [44] Das Lebende reduziert sich zu einem Haufen Materie, den das Leben einen Augenblick lang leicht berührt. Doch auch wenn sich die Lebenseigenschaften in jedem Wesen verbrauchen, so erhalten sie sich doch im Rahmen der belebten Welt. Jeder lebende Körper, mag er aus einem Korn oder aus einem Fötus hervorgegangen sein, ist ein Teil eines gleichartigen Körpers gewesen. Bevor er seine Eigenständigkeit erwarb, bevor er seinerseits der Sitz eines unabhängigen Lebens wurde, hat jeder Organismus zuerst am Leben eines anderen Wesens teilgenommen, von dem er sich danach abgelöst hat. Das Leben wird ohne Unterbruch von Wesen zu Wesen weitergegeben. Das Leben ist immerwährend.

Man wäge den Unterschied, der diese Form des Vitalismus vom Animismus des vorangegangenen Jahrhunderts trennt. Der Rückgriff auf ein Lebensprinzip ist auf die Haltung der Biologie selbst zurückzuführen, auf die Notwendigkeit, die Wesen von den Dingen zu trennen und diese Trennung nicht auf der Materie, deren Einheit anerkannt wird, zu begründen, sondern auf den Kräften. Der Vitalismus wirkt als abstrahierender Faktor. Das Leben spielt im Wissen eine genau umschriebene Rolle: es ist das, was im Tier oder in der Pflanze befragt wird, es ist das eigentliche Objekt der Analyse. Es stellt jenes Bruchstück des Unbekannten dar, durch welches der Organismus sich vom Ding unterscheidet und die Biologie von der Physik. Der Vitalismus ist für die Anfänge der Biologie genau so bedeutend, wie es der Mechanismus für das klassische Zeitalter war. Das gilt nicht nur für die Naturforscher, Physiologen und Mediziner, sondern auch für die Chemiker, die die organischen Verbindungen untersuchen, d. h. die Substanzen, die die Lebewesen bilden oder von ihnen hervorgebracht werden. Liebig zufolge muß man in Erwägung ziehen, »daß alle in dem Gebiete der anorganischen Chemie erworbenen Erfahrungen, die Kenntnis des Verhaltens der einfachen Körper und ihrer in Laboratorien darstellbaren Verbindungen mit dem lebendigen Thierkörper und dem Verhalten seiner Bestandtheile in keine Art von Beziehung gebracht werden konnten«[45].

Die Chemie des Lebenden

Schon Ende des 18. Jahrhunderts wurde die Zusammensetzung der verschiedenen organischen Körper genau untersucht. So hatten vor allem Scheele und Bergmann eine ganze Reihe organischer Säuren analysiert und das »süße Prinzip der Öle«, das spätere Glyzerin, isoliert. Mit Beginn des 19. Jahrhunderts verfeinern sich die Untersuchungsmethoden hauptsächlich auf Grund der Elektrolyse, und die Atomtheorie wird präzisiert. Unter der Rubrik »organische Chemie« findet eine unbegrenzte Zahl verschiedener Verbindungen Aufnahme, die immer Kohlen- und Wasserstoff, oft Sauerstoff und zuweilen Stickstoff, Schwefel und Phosphor enthalten. Diese Verbindungen sind entweder die tatsächlichen Bestandteile der Lebewesen oder die Produkte ihrer Absonderungen und ihrer Zersetzung. Auf Lavoisier geht eine Klassifikationsmethode der Chemie zurück und eine allgemeine Nomenklatur. Berzelius hat ihr eine universelle Zeichensprache geschaffen. Jedes Ele-

ment wird durch den ersten Buchstaben seines lateinischen Namens dargestellt, dem, um Verwirrungen zu vermeiden, zuweilen ein zweiter Buchstabe folgt. Die Formel für einen Stoff ergibt sich aus der Nebeneinanderstellung der Symbole, die seinen Elementen entsprechen; jedes Symbol hat einen Zahlenkoeffizienten, der die Anzahl der im Molekül vorhandenen Atome zum Ausdruck bringt. Diese Symbolik sowie die Vervollkommnung der Analyse ermöglichen, mit den die Lebewesen zusammensetzenden Riesenmolekülen zu arbeiten und sie darzustellen.
Eine Chemie des Organischen kann aber nicht nur auf den Verbesserungen der Techniken der anorganischen Chemie beruhen. Gleichfalls sind die Anschauungen der Biologie eine Vorbedingung dafür, daß sich ungeachtet der Verschiedenheit der Wesen eine Einheit der lebenden Welt abzuzeichnen beginnt. Solange die lebende Welt eine unendliche Zahl von Strukturen darstellte, war zu erwarten, daß man in ihr eine unendliche Zahl von Verbindungen finden würde. Sind hingegen die lebenden Körper durch eine bestimmte Organisation und eine bestimmte Tätigkeit gekennzeichnet, stellen sie immer etwas dar, das sich ernährt, wächst und sich vermehrt, so kann man die Natur der Verbindungen untersuchen, die das Belebte vom Unbelebten unterscheiden, sowie die Natur der Reaktionen, dank denen die Nahrungsmittel umgesetzt und in die lebende Substanz eingefügt werden. Auf diese Weise wird ein neuer Bereich abgesteckt, der einerseits an die Chemie grenzt, da die in den Lebewesen enthaltenen Substanzen aus den allgemeinen Grundbausteinen der Materie gebildet sind. Andererseits gliedert er sich der Biologie ein, da sich diese Substanzen grundsätzlich von denen der anorganischen Chemie unterscheiden.
Am unmittelbarsten bietet sich der Analyse der durch die Lebewesen fließende Strom von Materie an, das heißt die »Metamorphose« der Nahrungsmittel in charakteristische Verbindungen und die Bildung von Abfallprodukten, die verworfen werden. Die Aufgabe der organischen Chemie besteht folglich darin, die Veränderungen der Substanzen innerhalb der Organismen zu untersuchen und die Natur der Elemente und ihrer Kombinationen zu erkennen im Moment, wo diese vom Organismus aufgenommen oder ausgeschieden werden. Freilich fordern diese Veränderungen die Gesetze der gewöhnlichen Chemie heraus: in völlig anderen Kombinationen vereint, zeigen die die Wesen zusammensetzenden Elemente völlig verschiedene Eigenschaften. Die organische Chemie muß die das Leben bildenden und durchlaufenden Substanzen identifizieren; sie muß sie zu analysieren suchen. »Allein synthetische Beweise können von ihr nicht erwartet werden, weil« nach Liebig »alle Vorgänge im Organismus unter dem Einfluß einer immateriellen Tätig-

keit stehen, über welche der Chemiker nicht nach Willkür verfügen kann.«[46] Wöhler verwirklicht im Laboratorium die künstliche Herstellung von Harnstoff, indem er eine Lösung von Ammoniumcyanat sieden läßt. Doch weigert er sich, hierin die Synthese einer organischen Verbindung aus anorganischen Stoffen zu sehen. Denn wenn auch das Ausgangsmaterial, die Blausäure, eine verhältnismäßig einfache Verbindung ist, so ist es dennoch eine organische Substanz. »Ein Naturphilosoph«, schreibt Wöhler an Berzelius, »würde sagen, daß sowohl aus der tierischen Kohle als auch aus den daraus gebildeten Cyanverbindungen das Organische noch nicht verschwunden und daher immer noch ein organischer Körper daraus wieder hervorzubringen ist.«[47] Erst Berzelius bringt die von den Chemikern zwischen Organischem und Anorganischem errichtete Schranke zum Einstürzen, indem er Azetylen aus Kohle und Wasserstoff darstellt. In der ersten Hälfte des 19. Jahrhunderts wird allein durch die Analyse nachgewiesen, daß die Lebewesen eine beträchtliche Anzahl von Verbindungen mit oder ohne Stickstoff enthalten. Ihrer Zusammensetzung entsprechend üben diese Substanzen im Organismus verschiedene Aufgaben aus.

Die Verbindungen ein und derselben Elemente besitzen verschiedene Eigenschaften, je nachdem ob sie in anorganischen oder organischen Substanzen vorkommen. Die Lebewesen haben demnach eine besondere Kraft, um in der Materie einen Form- oder Bewegungswechsel zu vollziehen und um den chemischen Grundzustand der Kombination von Elementen in den dem Organismus angebotenen Nährsubstanzen zu stören und zu zerstören: die Lebenskraft. »Sie bewirkt eine Zersetzung dieser Nahrsubstanzen«, sagt Liebig, »sie hebt die Kraft der Anziehung auf, die zwischen ihren kleinsten Theilchen unausgesetzt tätig ist; sie ändert die Richtung der chemischen Kräfte in der Art, daß die Elemente der Nahrungsstoffe sich in einer anderen Weise ordnen, daß sie zu neuen, den Trägern der Lebenskraft gleichen oder unähnlichen Verbindungen zusammentreten ... sie hebt den Cohäsionszustand der Nahrungsmittel auf und zwingt die neuen Verbindungen, zu Formen zusammenzutreten, welche keine Ähnlichkeit mit den Formen haben, welche durch die frei (ohne Widerstand) wirkende Cohäsionskraft gebildet werden.«[48] Die chemischen Kräfte, die die Atome in den anorganischen Molekülen zusammenbringen, wirken in den lebenden Körpern wie ein Hindernis, das die Lebenskraft überwindet. Wären beide Kräfte gleichstark, so wäre kein Effekt möglich, kein Wachstum, keine Fortpflanzung. Würde die chemische Kraft obsiegen, müßte das Lebewesen zugrunde gehen. Um den Organismus lebensfähig zu erhalten, muß die Lebenskraft überwiegen. Die Vitalität kann keinem besonderen Organ,

keinem Stoff und keinem Molekül zugeschrieben werden. Sie ist eine Eigenschaft des Wesens in seiner Gesamtheit, ein Charakteristikum des Ganzen, das nach Liebig aus dem »Zusammentreten seiner Elementartheilchen in einer gewissen Form« hervorgeht[49]. Sie hängt unmittelbar von der Organisation der Lebewesen ab.
Die Lebenskraft war für den Beginn des letzten Jahrhunderts deshalb von derartiger Wichtigkeit, weil sie eine Funktion ausübte, die später die Physik zwei neuen Konzeptionen zuschreiben wird. In den Lebewesen identifiziert man heute einen dreifachen Fluß von Materie, Energie und Information. In ihren Anfängen ist die Biologie zwar fähig, den Materiefluß zu erkennen, doch um den beiden anderen Strömen Rechnung zu tragen, muß sie auf eine besondere Kraft zurückgreifen. Bis zur Mitte des 19. Jahrhunderts sind die Beziehungen zwischen Wärme und Arbeit tatsächlich höchst unbestimmt. Carnot führt die Wärme auf die Bewegung der Korpuskeln in den Körpern zurück. Wird Carnots Werk auch später zur Begründung des zweiten Satzes der Thermodynamik, so bleibt es doch während fast zwanzig Jahren unbekannt, bis zu dem Augenblick nämlich, wo das Äquivalenzprinzip und die Vorstellung von der Energie eine Integration aller Wärmephänomene erlauben. Bis dahin muß ein Faktor gefunden werden, der die zwischen den Molekülen der Elemente wirkenden Anziehungskräfte neutralisiert, der diese Elemente in verschiedenen chemischen Verbindungen neu verteilt und die Atome in neue Kombinationen umgruppiert. Eine Kraft muß in Anspruch genommen werden, die unter Mitwirkung des Sonnenlichtes in den Pflanzen den Sauerstoff von den Elementen trennt, zu denen er die größte Affinität hat und die ihn als Gas ausscheiden. »Eine gewisse Quantität Lebenskraft muß« nach Liebig »verwendet werden, teils um die Elemente der komplexen stickstoffhaltigen Bestandteile in der Form, Beschaffenheit und Ordnung zu erhalten, die ihnen zukommt, teils als Widerstand gegen die unaufhörliche Einwirkung des Sauerstoffs der Luft auf ihre Elemente, so wie des Sauerstoffs, der in ihrem Organismus durch den Lebensprozeß abgeschieden wird.«[50] Genau dasselbe behauptet die moderne Biochemie, wobei sie die Lebenskraft durch Energie ersetzt. Für Berzelius, Liebig, Wöhler und Dumas stellt die Vitalität nicht ein auf Distanz agierendes Prinzip dar wie die Schwere oder der Magnetismus, sondern eine Kraft, die ihre Wirkungen »innerhalb einer materiellen Ballung« ausübt, sobald sich die an der Reaktion beteiligten Substanzen in Kontakt befinden. Die Vitalität bedarf einer bestimmten Temperatur, um in Erscheinung zu treten, denn alle Lebensvorgänge setzen aus, sobald der Organismus der Kälte ausgeliefert wird. Die Verbrennung des atmo-

sphärischen Sauerstoffs mit bestimmten Nährsubstanzen liefert Wärme. Substanzen, die fähig sind zu oxydieren und eine »Atmungsfunktion« ausüben, sind vor allem stickstofffreie Verbindungen wie Zucker und Fette.

Die stickstoffhaltigen Substanzen spielen dagegen eine »formgebende Rolle« bei der Bildung der Organe und Gewebe. Doch bringt die Erklärung ihrer Zusammensetzung und ihrer Produktion Schwierigkeiten mit sich, sie erfordert ebenfalls einen Rückgriff auf die Lebenskraft. Alle Wesen und Gewebe, die beobachtet werden, enthalten hoch komplexe, doch einander ähnliche stickstoffhaltige Substanzen. Ob man die Stickstoffverbindungen des Bluts, das Fibrin und das Albumin analysiert oder die der Milch, das Kasein, immer liegen Kohlenstoff, Wasserstoff, Sauerstoff und Stickstoff in streng konstanten Verhältnissen vor, zu denen andere Elemente, besonders Schwefel und Phosphor, in veränderlichen Quantitäten hinzukommen. Es muß also angenommen werden, daß alle lebenden Gewebe aus derselben Grundsubstanz gebildet sind, die fähig ist, andere Elemente in verschiedenen Mengen zu binden. Diese Kombinationen charakterisieren die verschiedenen Organe und Gewebe. Die Grundsubstanz wird von Mulder als *Protein* bezeichnet, um ihre Vorrangstellung zu unterstreichen. Durch die Produktion von Protein sowie seine Kombinationen mit anderen Elementen wird das architektonische Gerüst der Lebewesen errichtet. »Soweit als unsere Forschungen reichen«, behauptet Liebig, »kann man es demnach als ein Erfahrungsgesetz betrachten, daß die Pflanzen in ihrem Organismus Proteinverbindungen erzeugen und daß sich aus diesen Proteinverbindungen die zahlreichen Gebilde und Bestandtheile des Thierkörpers unter Mitwirkung des Sauerstoffs der Luft und der Bestandtheile des Wassers durch die Lebenskraft entwickeln.« [51] Besitzen jedoch Substanzen ähnlicher Zusammensetzung unterschiedliche Eigenschaften, muß ein neues Prinzip zu Hilfe gerufen werden. In der Tat muß angenommen werden, daß in diesen Molekülen die gleichen Atome verschiedene Positionen einnehmen können und daß folglich die Position der Atome im Molekül die Natur und die Eigenschaften des Moleküls bestimmt. Zu derselben Vorstellung führt auch die Analyse einer Reihe von einfacheren Körpern. Die Untersuchung von Substanzpaaren, die in ihren Eigenschaften so unterschiedlich sind wie die Zyanate und die Fulminate oder wie die Traubensäure und die Weinsäure ergibt eine identische Zusammensetzung von Elementen. Wiederum muß die Position der Atome im Molekül eine Rolle spielen. Diesen Strukturunterschied bei Identität der Zusammensetzung bezeichnet Berzelius mit Isomerie. Es besteht also ein Ordnungsprinzip, ein Prinzip der molekularen Struktur, demzufolge die Natur und die Eigenschaften eines Moleküls von der relativen Position seiner Atome abhängen. Die moderne Biologie bringt diese molekulare Ordnung, diese Wahl unter möglichen Strukturen mit den Vorstellungen von Entropie und Information in Verbindung. Die organische Chemie des beginnenden 19. Jahrhunderts muß freilich eine mysteriöse Kraft berufen, die den Atomen ihren Platz zuweist.

Die in den Lebewesen ablaufenden Reaktionsmechanismen unterscheiden sich sichtlich von denjenigen, die der Chemiker im Laboratorium verwirklicht. Wohl ist die Atmung eine Verbrennung, wie Lavoisier zeigte, doch handelt es sich hier um eine Verbrennung ganz besonderer Art. In den Organismen werden die Nahrungsmittel nicht wie im Ofen brutal bei hoher Temperatur verbrannt, sondern langsam und bei niedriger Temperatur. Im Laboratorium kann Zucker verkohlt, doch nicht wie durch Bierhefe in Alkohol und Kohlensäuregas umgewandelt oder wie in Käsestücken zu Buttersäure und Wasserstoff umgesetzt werden. In den Wesen steuern gewisse Prinzipien, gewisse Substanzen – Fermente oder Diastasen genannt – die chemischen Reaktionen, durch welche sich die Verbindungen zwischen den Elementen ändern und ein Körper in neue Produkte umgewandelt wird. Der Wirkungsmechanismus dieser Fermente kann auf zweifache Weise erklärt werden. Zunächst kann mit Liebig davon ausgegangen werden, daß gewisse Körper die Fähigkeit haben, gewisse ihrer Eigenschaften anderen Körpern zu übermitteln. Die Fermente sind in diesem Fall Substanzen, deren Atome sich im Zustand heftiger Bewegung befinden und die andere Verbindungen umwandeln, indem sie diesen ihre eigene Bewegung übertragen. »Man kann den angeführten Erscheinungen keine andere Erklärung unterlegen, als daß hierbei Zersetzung oder Verbindung infolge der Berührung mit einem anderen Körper herbeigeführt wird, der sich selbst im Zustand der Zersetzung oder Verbindung befindet. Es ist klar, daß die Action, in der sich die Atome des einen Körpers befinden, auf die Atome des daneben liegenden zweiten Körpers von Einfluß ist.«[52] Die Bierhefe kann Zucker deshalb gären lassen, weil sie bereits eine im Zustand der »Metamorphose« befindliche Substanz enthält. Kraft der den Fermenten eigenen chemischen Natur greift die Auflösung über den Bereich dieser Substanz hinaus auf die Moleküle einer benachbarten Verbindung über.

Berzelius weist auf die Möglichkeit hin, die Eigenschaften der Fermente einer neuen chemischen Kraft zuzuschreiben, die bei der Umwandlung von gewissen anorganischen wie auch organischen Verbindungen in Erscheinung tritt. Viele einfache oder zusammengesetzte Stoffe erweisen sich im festen oder flüssigen Zustand als fähig, den chemischen Kräften entgegenzuwirken, auf denen das Gleichgewicht anderer Verbindungen beruht, und damit deren Umwandlung auszulösen. Diese Körper wirken auf ganz besondere Art. Sie modifizieren die Verbindungen zwischen den Atomen einer Substanz, ohne an der Reaktion selbst teilzunehmen, findet man sie doch nach Ablauf der Reaktion unverändert vor. So induzieren Magnesium, Silber oder das Fibrin des Blutes die Zersetzung von Wasserstoffsuperoxyd. Schwefelsäure, ganz wie die aus keimenden Körnern extrahierte Diastase, wandelt die Stärke in Zucker um. Und so zeigt sich das Platinpulver fähig, bei gewöhnlicher Temperatur reinen Alkohol entweder zu entflammen oder ihn in wäßriger Lösung zu Essigsäure zu oxydieren. Diesen Typus von Reaktionen unbekannten Ursprungs, der durch die Anwesenheit bestimmter Stoffe bewirkt wird, bezeichnet Berzelius als *Katalyse.* »Die katalytische Kraft scheint eigentlich darin zu bestehen, daß Körper durch ihre bloße Gegenwart ... die bei dieser Temperatur schlummernden chemischen Verwandtschaften zu erwecken vermögen ... Sie wirkt dabei im ganzen in derselben Art wie die Wärme.«[53] Folglich können die in den Lebewesen ablaufenden Reaktionen mit den Reaktionen dieser Katalyse verglichen werden. Zum Beispiel findet sich die Diastase nicht überall in der Kartoffel, sondern in ihren »Augen«, wo sich die Stärke in Dextrin und Zucker verwandelt. Durch diese Reaktion der Katalyse wird die Umgebung der Augen zu einem Produktionszentrum für Säfte, die die Nahrung der jungen Keime sichern. »Es ist zu vermuten«, sagt Berzelius, »daß in den lebenden Pflanzen und Tieren Tausende von katalytischen Prozessen zwischen den Geweben und Flüssigkeiten vor sich gehen und die Menge ungleichartiger chemischer Zusammensetzungen hervorbringen, von deren Bildung aus dem gemeinschaftlichen rohen Material, dem Pflanzensaft oder dem Blut, wir nie eine annehmbare Ursache einsehen konnten ...«

So sind die Vorstellungen und Techniken der Chemie die Voraussetzung für die Entwicklung einer empirischen Wissenschaft, die in der Zusammensetzung der Lebewesen ihren Forschungsgegenstand erkennt und die sukzessiv ihre eigenen Vorstellungen und ihre eigene Sprache entwickelt. Nach und nach klärt sich die Natur dieser wunderbaren Verbindungen, die anscheinend nur von Organismen gebildet werden können. Wiederum zeichnet sich hinter der Komplexität der molekularen Architekturen ein einfaches System von Kombinationen ab. Das ist zum Beispiel bei den Fetten und Ölen der Fall, die seit Anbeginn ein Lieblingsobjekt der Chemiker darstellten. Von der Alchimie bis zum 18. Jahrhundert hat man ununterbrochen Schweineschmalz, Schmer und Butter zerstoßen, durch Kneten erweicht und verbrannt, ohne dadurch ihre Natur und ihre Zusammensetzung aufklären zu können. Infolge der Anwendung weniger brutalerer Methoden der Analyse glaubt Chevreul, daß die Fette durch die Kombination mehrerer einfacherer Verbindungen gebildet seien. Ebenso wie man Legierungen durch Amalgamierung von gewissen Metallen in bestimmten Proportionen erhält, bilden sich die Fette durch die Verbindung eines »süßen Prinzips« – später Glyzerin genannt – mit gewissen »Fettsäuren«. Es gibt eine große Vielfalt dieser Fettsäuren. Natur und Eigenschaften eines Fettes sind durch den Typus der Säuren bestimmt, die sich mit dem Glyzerin verbinden.

Es kommt vor, daß bei Reaktionen, an denen organische Verbindungen beteiligt sind, ein Element den Platz eines anderen einnimmt, es gewissermaßen verdrängt, ohne daß dabei die Architektur des Moleküls zerstört würde. Diese »Substitutionen« können nicht nur einzelne Elemente betreffen, sondern auch Atomgruppen, »Radikale«, die während der chemischen Umwandlungen intakt bleiben. Ohne sich jemals selber zu verändern, können die Radikale sich auch als ganzer Block an ein Molekül binden, sich diesem wieder entziehen und zusätzliche Atome erhalten. Mit den Arbeiten von Dumas, Laurent, Gerhardt, Liebig und Wöhler treten Familien von Substanzen in Erscheinung, »Typen«, »Kerne«, denen sich eine Mannigfaltigkeit von Radikalen zugesellen kann und deren Gegenwart dem Molekül bestimmte chemische Funktionen verleiht wie die eines Alkohols, eines Aldehyds, einer Säure, eines Amins, eines Äthers usw. Die Menge der organischen Verbindungen kann somit nach zwei Prinzipien klassifiziert werden. Einerseits gibt es homologe Reihen, die gestatten, die Substanzen je nach ihrer Zusammensetzung in natürliche Familien einzuordnen. Andererseits gibt es chemische Funktionen, die eine Beziehung zwischen Verbindungen herstellen, die verschiedenen Familien angehören, jedoch ähnliche Eigenschaften haben.

Im Grunde läßt sich die unendliche Mannigfaltigkeit der organischen Verbindungen auf eine Kombinatorik mit einer begrenzten Anzahl von Typen und Funktionen reduzieren. Die Varietät der Moleküle und ihrer Eigenschaften entsteht aus der Mobilität bestimmter Atome oder Atomgruppen, die weggenommen oder hinzugefügt werden können, ohne daß dabei die Gesamtheit des Aufbaus verändert würde, hierin dem Gebälk eines Gebäudes vergleichbar, dessen Steine und Ziegel ersetzt werden können, ohne dabei seine Konstruktion zu beschädigen. Hinter der Varietät der lebenden Formen, der Organe, der Substanzen profiliert sich das Spiel der chemischen Reaktionen, die die Nahrungsmittel abbauen und sie derart verändern, daß die für das Leben der Wesen notwendigen Molekülarten aufgebaut und ihre Abfallprodukte verworfen werden können. Zwischen Biologie und Chemie stehend versucht die neue Wissenschaft die Konturen des Lebens freizulegen, dessen spezifische Eigenschaft und Unteilbarkeit zu Beginn des 19. Jahrhunderts bestätigt wird. Die organische Chemie definiert die Größe des Unterschieds zwischen den Dingen und den Wesen, zwischen dem, was mit den Gesetzen der Physik erfaßt werden kann, und dem, was ihnen unzugänglich ist. Genau diese Kluft wird Ende des Jahrhunderts und im folgenden Jahrhundert dank zwei neuen Auffassungen von der Struktur der Materie vermindert: die eine wird von der statistischen Mechanik aus der Unordnung der Moleküle abgeleitet werden, die andere wird sich auf die von der physikalischen Chemie entwickelte Struktur der Moleküle gründen.

Der Organisationsplan

Zu Beginn des 19. Jahrhunderts suchen die Naturforscher die herrschende Ordnung nicht nur unter den Lebewesen, sondern auch im Inneren des Organismus selbst zu erkennen. Folglich stellen die Tiere und nicht so sehr die Pflanzen die Hauptgegenstände der Analyse dar. Wenn die Pflanzen die Kombinationen ihrer Strukturen klarer erkennen lassen, so zeigen die Tiere deutlicher die Erfordernisse der Organisation. Hinter dem komplizierten Bauplan eines Tieres kommt das Geheimnis der Funktionen zum Vorschein. Hier läuft alles zusammen, was die unaufhörlichen Schwingungen hervorbringt, die das Leben kennzeichnen. Der Kampf zwischen den Kräften des Lebens und des Todes wird im Verhalten der Tiere, beim Übergang von Gesundheit zur Krankheit und in der Bedrohung von allen Seiten offensichtlich.
Für die Erforschung der Organisation eines Tieres reicht es nicht aus, dieses zu sezieren, alle seine Elemente zu bestimmen und davon eine Karte anzufertigen. Die Organe müssen entsprechend ihrer Rolle im Gesamtorganismus analysiert werden. Doch bleibt der Physiologie das für die Chemie charakteristische Vorgehen untersagt. Körperteile abzutrennen, um sie zu erforschen, hat eine Veränderung ihrer Natur zur Folge. Denn »die Maschinen«, behauptet Cuvier, »die Gegenstand unserer Untersuchungen sind, können nicht in ihre einzelnen Teile zerlegt werden, ohne zugleich zerstört zu werden«[54]. Die Einzelheiten der Morphologie sind der Totalität des Lebewesens untergeordnet. Die An-

ordnung der anatomischen Teile weist auf einen inneren Zusammenhang hin, auf eine Koordination von Funktionen, die die Strukturen in der Tiefe ineinanderfügt. Entspricht die Funktion einer fundamentalen Forderung des Lebens, so ist das Organ nichts weiter als ein ausführendes Mittel. Die Funktion läßt keinerlei Abweichungen zu, doch das Organ bewahrt einige Freiheitsgrade. Das Tierreich durchgehend, besteht die Möglichkeit, das Konstante und das Veränderliche zu definieren, um festzustellen, welche Organveränderungen die Funktion noch zuläßt. Die lebenden Körper sind Cuvier zufolge »sozusagen fertige Experimente der Natur, welche jedem einzelnen Theile entweder entzieht, oder zufügt, so, wie wir wünschen würden, es in unseren Werkstätten tun zu können, und die uns daher unmittelbar die Wirkungen dieser Entziehungen oder Zutaten zeigen«[55]. Wichtig ist, hinter der Verschiedenartigkeit der Formen die Einheit der Funktionen festzustellen. Wichtiger als der Strukturunterschied zwischen einer Pfote und einem Flügel ist die Ähnlichkeit ihrer Aufgabe. Mögen sich auch Lunge und Kiemen in ihrer Bauweise unterscheiden, so sind doch beides Atmungsorgane, ob der Gasaustausch nun an der Luft oder im Wasser vor sich geht. Die morphologischen Unterschiede zwischen Hoden und Eierstock, zwischen Epididymis und Eileiter, zwischen Penis und Klitoris dürfen nicht über die Symmetrie zwischen den beiden Systemen, die Ähnlichkeit der Funktionen und der anatomischen Zusammenhänge hinwegtäuschen. Die Lebensphänomene können sich in jedem Organismus nur durch eine Umhüllung geschützt vollziehen, die sie von den äußeren Elementen abschirmt. »Diese Hülle mag nun als Rinde, Haut oder Schale erscheinen«, erklärt Goethe; »alles was zum Leben hervortreten, alles was lebendig wirken soll, muß eingehüllt sein.«[56].
Diese nicht mehr auf einem Kriterium der Form, sondern der Lokalisierung und Funktion gründenden Ähnlichkeiten lassen die alte aristotelische Vorstellung der Analogie wieder aufleben. Tatsächlich nehmen die Naturforscher an, daß sich die Strukturen je nach der Funktion, die sie in den verschiedenen Arten ausüben, in ihrem Bau verändern können. Man kann nach Geoffroy Saint-Hilaire »den Vorderfuß genausogut im Hinblick auf seine verschiedenen Verwendungen wie auf seine zahlreichen Metamorphosen beobachten und feststellen, daß er sukzessive dem Fliegen, Schwimmen, Springen, Laufen usw. dient; hier ist er ein Werkzeug, um in der Erde zu wühlen, dort Kralle zum Klettern, anderswo Angriffs- oder Schutzwaffe oder er wird in unserer Art sogar zum Hauptorgan der Berührung und in der Folge davon eines der wirkungsvollsten Werkzeuge unserer intellektuellen Fähigkeiten«[57]. Tatsächlich umfaßt der Begriff der Analogie bei Geoffroy Saint-Hilaire und

Cuvier zwei verschiedene Aspekte, die Owen später durch die Begriffe der Homologie und Analogie unterscheidet. Die Homologie beschreibt die Übereinstimmung der Strukturen, die Analogie die Übereinstimmung der Funktionen. Homolog sind solche Organe, die dieselbe Lage einnehmen und bei den verschiedenen Arten einer ähnlichen Aufgabe dienen: zum Beispiel die Hand des Menschen und der Flügel des Vogels. Analog sind solche Organe, die, obwohl sie Unterschiede der Strukturen, der Lage und der anatomischen Beziehungen aufweisen, bei verschiedenen Arten dieselben Funktionen ausüben: so das System der Verdauungsorgane, zum Beispiel die Leber, die bei den Schalentieren, Mollusken und Wirbeltieren in verschiedener Form auftritt. Der Vergleich von Tieren derselben Klasse zeigt, daß inmitten unzähliger Verschiedenheiten in Größe, Form und Farbe gewisse Übereinstimmungen hinsichtlich der Struktur, Lage und den entsprechenden Funktionen der Organe bestehen. Die Veränderungen der Form sind nicht zufällig. Die einzelnen Elemente sind miteinander verkettet, um die Harmonie des Ganzen sicherzustellen. »Auf diese wechselseitige Abhängigkeit der Verrichtungen voneinander und auf die Unterstützung, welche sie sich gegenseitig leisten, gründen sich« Cuvier zufolge »die Gesetze, welche die Beziehungen ihrer Organe bestimmen, und die nicht weniger strenge bindend sind als metaphysische oder mathematische.«[58] Objekt der Analyse ist nicht mehr irgendeine Zusammenstellung von Strukturen innerhalb einer unendlichen Zahl von Kombinationen, sondern ein System von Beziehungen, die sich in der Tiefe des Organismus ineinanderfügen. Um die Lebewesen zu analysieren und vor allem zu klassifizieren, müssen sie entsprechend den großen Funktionen des Kreislaufs, der Atmung, Verdauung usw. eingeteilt werden. Das eigentliche Ziel der Zoologie wird die Erforschung der verschiedenen Möglichkeiten, wie diese Funktionen ausgeübt werden. Das Hauptwerkzeug der Zoologie wird die vergleichende Anatomie.

Die vergleichende Anatomie kennt zwei Methoden. Einmal kann sie sich fast ausschließlich auf die Beobachtung der Morphologie stützen. Die Physiologie wird dadurch mit einbezogen, daß man die Analyse auf die großen funktionellen Bereiche beschränkt, die Geoffroy Saint-Hilaire als »Regionen« bezeichnet. Bei einer ganzen Serie von Arten müssen Region für Region die Übereinstimmungen der Strukturen, die »Analogien« untersucht werden. Man vergleicht beispielsweise die Ausbildung der Kiemendeckel der Fische mit der der Ohrknöchelchen bei den luftatmenden Wirbeltieren; oder man vergleicht die Bestandteile von Kehlkopf, Luftröhre und Bronchien der Landtiere mit den Bögen, Zähnchen und knorpeligen Blättchen der Kiemen der Wassertiere; oder man vergleicht die Zusammensetzung, Form, Lokalisierung und die anatomischen Verhältnisse des Zungenbeins bei Fischen, Vögeln und Säugetieren. Auf die Art oder Region Bezug nehmend, von der man annimmt, daß sie der maximalen Entwicklungsstufe entspricht, reiht man die anderen morphologischen Typen je nach den sich abzeichnenden Verschiebungen und Formveränderungen ein. Sehr häufig tritt dasselbe Organ innerhalb der Arten in einer Folge geringfügiger Übergänge zwischen Extremen auf. In der einen oder anderen Form finden sich schließlich dieselben Teile in gleicher Anzahl wieder. Die Homologie entsteht also durch sich selbst.

Doch kommt es auch vor, daß die Rekonstituierung einer Serie unmöglich ist. In diesem Fall sind die Übergangsformen entweder noch unbekannt oder bereits verschwunden. Zur Identifikation eines Teils und zur Kenntnis seiner Analogien muß auf die »Konnexionen« zurückgegriffen werden. Denn das konstanteste Merkmal einer Region findet sich in den Beziehungen, die zwischen ihren Teilen bestehen. Welchen Veränderungen in Form, Volumen und Lage ein anatomischer Teil auch immer unterworfen sein mag, er bewahrt stets dieselben Beziehungen mit seiner engeren Umgebung, er bleibt stets mit denselben umliegenden Elementen verbunden. »Ein Organ wird« Geoffroy Saint-Hilaire zufolge »eher verändert, atrophiert oder unterdrückt als an eine andere Stelle versetzt.«[59] Das Prinzip der Beziehungen erlaubt folglich die Identifikation eines Teils, der in einer Art auftaucht. Meistens handelt es sich um die ungewöhnliche Entwicklung einer Formation, die auch andernorts existiert. Im Bereich einer gegebenen Region sind die verschiedenen Strukturen nicht unabhängig. Es besteht ein »Gleichgewicht der Organe«, so daß sich die übermäßige Entwicklung eines Elements auf seine Nachbarn auswirkt. Ein normales Element erwirbt niemals eine neue Eigenschaft, ohne daß ein anderes Element innerhalb seines Systems oder seiner Beziehungen gleichermaßen beeinflußt würde. »Nimmt ein Organ außerordentlich zu«, erklärt Geoffroy Saint-Hilaire, »so werden dadurch die benachbarten Teile beeinflußt, die sich von jetzt an nicht mehr normal entwickeln können; nichtsdestoweniger aber bleiben alle erhalten.«[60] Die Untersuchung von Schulterknochen der Wirbeltiere im Hinblick auf ihre Funktion bei der Atmung läßt Veränderungen der Form, Größe und Lage erkennen, die sich in vier Entwicklungsstufen einteilen: ihre beiden Extreme sind die Hypertrophie und der rudimentäre Zustand. Bei den Fischen reichen die Schulterknochen über das Herz hinaus und hinter die Kiemen, um die Funktionen des Brustbeins auszuüben. Dieselbe Formation kann sich auch in die benachbarten Organe integrieren, indem sie entweder ihre

Funktion beibehält oder eine andere erhält. »Der Bildungstrieb ist hier in einem zwar beschränkten, aber doch wohl eingerichteten Reiche zum Beherrscher gesetzt«, sagt Goethe. »Die Rubriken seines Etats, in welche sein Aufwand zu verteilen ist, sind ihm vorgeschrieben, was er auf jedes wenden will, steht ihm, bis auf einen gewissen Grad, frei. Will er der einen mehr zuwenden, so ist er nicht ganz gehindert, allein er ist genötigt, an einer andern sogleich etwas fehlen zu lassen; und doch kann die Natur sich niemals verschulden oder wohl gar bankrott werden.«[61]

Wenn sogar die Erforschung der Beziehungen nicht ermöglicht, Homologien zu bestimmen, so muß die Disposition der Regionen beim Embryo untersucht werden. Denn häufig treten im Verlaufe der embryonalen Entwicklung anatomische Besonderheiten auf, die später beim ausgewachsenen Wesen wieder verschwinden. So können zum Beispiel bei den verschiedenen Wirbeltieren die Schädelknochen einzeln identifiziert werden. Der Schädel der ausgewachsenen Fische scheint aus einer größeren Anzahl von Teilen zusammengesetzt zu sein als der der ausgewachsenen Säugetiere. Dieser Unterschied verschwindet freilich, wenn der Schädel der Embryonen untersucht wird und Zentren der Knochenbildung gezählt werden. Dabei ist Geoffroy Saint-Hilaire zufolge feststellbar, daß »der Schädel aller Wirbeltiere aus ungefähr ebenso vielen Teilen zusammengesetzt ist und daß diese Teile stets dieselbe Anordnung, dieselbe Beziehung beibehalten und zu ähnlichem Gebrauch dienen«[62].

Die andere Art vergleichende Anatomie zu betreiben besteht darin, Physiologie und Morphologie enger miteinander zu verbinden. Die Organismen werden nicht mehr Region für Region untersucht, sondern in ihrer Gesamtheit. Die Strukturveränderungen werden nur noch verglichen, um die Permanenz der Funktionen zu erkennen. Die Anatomie wird zum Werkzeug, das nach Cuvier »die Gesetze der Organisation der Tiere und der Modifikationen, welche diese Organisation bei den verschiedenen Arten erleidet«, erfaßt[63]. Die bloße Existenz eines Wesens ist nicht nur vom Ablauf bestimmter Funktionen, sondern auch von ihrer Koordination abhängig. Der lebende Körper kann daher keine einfache Zusammenstellung von Organen sein, die sich verschiedenartig verbinden, um jenen Funktionen Genüge zu leisten. Die Organe müssen überdies so angeordnet sein, daß sie ein harmonisches Ganzes bilden, »weil im lebenden Organismus die Teile nicht bloß nebeneinander liegen«, führt Cuvier aus, »sondern auch gegenseitig aufeinander wirken, und alle zusammen auf einen gemeinschaftlichen Zweck hin arbeiten ... Es gibt keine Verrichtung, die nicht der Hilfe und des

Zusammenwirkens nahezu aller übrigen bedürfte.«[64] Jede Veränderung einer Struktur übt folglich einen Einfluß auf die anderen Strukturen aus. Bestimmte Veränderungen, die absolut nicht zusammen bestehen können, schließen sich gegenseitig aus. Dagegen scheinen sich andere gegenseitig zu bedingen, und zwar nicht nur benachbarte Organe, sondern sogar solche, die auf den ersten Blick am weitesten entfernt, also am unabhängigsten zu sein scheinen. Aus der Verbindung der Funktionen ergibt sich das »Gesetz der Koexistenz«, das die Beziehungen zwischen den Organen festlegt. »Ein Tier, das nichts als Fleisch verdauen kann, muß imstand sein, seine Beute wahrzunehmen, zu verfolgen, zu überwinden und zu zerfleischen. Es bedarf daher eines scharfen Blicks, eines feinen Geruchssinns, eines schnellen Laufs, Gewandtheit und Stärke in den Klauen und Kinnladen. Niemals werden also bei derselben Tierart gleichzeitig scharfe, zum Zerschneiden des Fleisches geeignete Zähne zugleich mit einem von Horn umgebenen Fuße vorkommen, der dem Tier bloß als Stütze dient und mit dem es nichts ergreifen kann.«[65] Es ergibt sich hieraus die allgemeine Regel, daß alle Tiere mit Hufen Pflanzenfresser sind. Hufe an den Füßen zeigen immer Backenzähne mit flacher Krone, einen sehr langen Darmkanal an. Und die Gesetze, welche die Beziehungen zwischen den verschiedene Funktionen ausübenden Organen festlegen, beziehen sich gleichzeitig auf die verschiedenen Teile ein und desselben funktionellen »Systems«, deren besondere Abweichungen sie untereinander verbinden. Im Verdauungssystem befinden sich zum Beispiel die Gestalt der Zähne, die Länge, die Windungen und Erweiterungen des Verdauungskanals, die Zahl und Menge der Verdauungssäfte immer in einer gewissen Übereinstimmung unter sich.

Das Gesetz der Koexistenz, die Abklärung der Wechselbeziehungen führen zu einer völlig neuen Betrachtungsweise der Lebewesen und ihrer Erforschung. Cuvier geht es nicht mehr darum, die Elemente eines Organismus zu identifizieren, um sie mit denjenigen eines anderen zu vergleichen und daraus auf die Variationen zu schließen. Die Strukturen ordnen sich nach einer geheimen Regel einander unter, die durch Analogien erfaßt werden soll. Ein Wesen ist ein »einziges und verschlossenes« Ganzes. Alle seine Teile entsprechen sich, sie arbeiten mit demselben Ziel, indem sie sich gegenseitig beeinflussen. Kann sich jedoch kein Teil ändern, ohne dabei die anderen Teile in Mitleidenschaft zu ziehen, so muß es möglich sein, aus einem für sich genommenen Teil auf alle anderen zu schließen. Das ist zum Beispiel bei den Bewegungsorganen und bei den Knochen der Wirbeltiere der Fall. »Es gibt beinahe keinen Knochen«, behauptet Cuvier, »bei welchem eine Abweichung in den Gelenkflächen, Krümmungen und Vorsprüngen nicht auch verhältnismäßige Veränderungen in den übrigen nach sich zöge; und man kann auch, wenn man nur einen dieser Knochen sieht, bis auf einen gewissen Grad auf die Beschaffenheit des ganzen Skelettes schließen.«[66] Auf diesem Prinzip beruht die Paläontologie, die Rekonstruktion verschwundener Organismen nach einigen wenigen als Fossilien wiedergefundenen Elementen. Dank der vergleichenden Anatomie bleibt ein aufgefundenes Fragment kein isoliertes Element mehr. In ihm liegt der Hinweis für eine ganze Organisation.

Doch sind die Organe untereinander nicht nur durch ein Netz von Wechselbeziehungen verbunden. Sie sind einer Hierarchie unterworfen, die von der Existenz des Lebewesens selbst vorgeschrieben wird. A.-L. von Jussieu hatte bereits die gegenseitige Unterordnung der Charaktere herausgestellt, doch basierte diese noch auf einem Kriterium der Struktur: bestimmte Charaktere kommen öfter als andere vor, weil sie bedeutender sind. Bei Cuvier ist die Bedeutung des Charakters lediglich ein Maß für die Funktion, die er ausübt. Die Unterordnung der Strukturen verweist auf eine Hierarchie der Funktionen, auf ein Koordinationssystem, das die Anordnung der Organe bestimmt. Die relative Bedeutung eines Organs läßt sich an den Imperativen erkennen, die es den anderen auferlegt. Entweder schließen bestimmte Züge der Gestaltung gewisse andere Züge aus oder aber erfordern diese. Folglich sind die Zusammenhänge zwischen den verschiedenen Organen zu »berechnen«. Cuvier sagt: »Die Teile, die Eigenschaften oder die Züge der Bildung, die den höchsten Grad von Unverträglichkeit oder von Koexistenz mit anderen zeigen, oder mit anderen Worten, die den bedeutendsten Einfluß auf den gesamten Körper ausüben, sind die *wichtigsten Charaktere* oder die *Hauptcharaktere*. Die anderen sind die untergeordneten Charaktere. Ein Mittel, die Hauptcharaktere zu erkennen, ist, wenn man bemerkt, daß sie die beständigsten sind.«[67] Betrachtet man die Organismen im Hinblick auf ihre Ähnlichkeit, so variieren diese Charaktere zu allerletzt. Das gilt für die »animalen Funktionen« – wie das nur den Tieren eigene Empfindungsvermögen und die vom Willen gelenkte Bewegung – genausogut wie für die »vegetativen Funktionen« wie Ernährung und Zeugung, die Tieren und Pflanzen gemeinsam sind. Herz und Organe des Kreislaufs sind ein Zentrum der vegetativen Funktionen, Hirn und Rückenmark sind das Zentrum der animalen Funktionen. Geht man die Gesamtheit der Tiere durch, dann sieht man, wie beide Systeme parallel zueinander immer geringfügiger werden. »Bei den untersten Tieren, wo man keine Nerven mehr gewahr wird, zeigen sich auch keine deutlichen Fasern, und die Organe der Verdauung sind bloße Höhlungen in der homogenen Masse des Körpers. Bei den Insekten verschwindet selbst das Gefäßsystem noch früher als das Nervensystem.«[68] Damit ist jede Klassifikation der Lebewesen nach Kriterien der Struktur ausgeschlossen. Den Klassen liegt die funktionelle Organisation der Wesen zugrunde, die bestimmte Organismen einander annähert und sie dabei von anderen entfernt. Die Wechselbeziehung der Formen, die sich aus der Anordnung der Bewegungsorgane, der Verteilung der Nervensubstanz und der Entwicklung des Atmungssystems ergibt, hat jetzt als Basis für die Aufteilung des Tierreichs zu dienen.

Im 19. Jahrhundert hängt folglich die bloße Existenz eines Lebewesens von der Harmonie seiner Organe ab, die sich wiederum von einer Interaktion der Funktionen des Lebewesens herleitet. Damit wird das verändert, was ein Lebewesen überhaupt ausmacht. Im 18. Jahrhundert konnten alle unter den Formen beobachteten Unterschiede bis ins Unendliche kombiniert werden, um alle nur vorstellbaren Varietäten von lebenden Körpern entstehen zu lassen. Das ist im 19. Jahrhundert nur noch von abstrakter Bedeutung. Nicht mehr alle Variationen sind erlaubt. Verwirklichbar sind nur die den funktionellen Erfordernissen des Lebens genügenden Kombinationen. Die Struktur eines Organismus muß sich einem Plan der Gesamtheit, einem *Organisationsplan* anpassen, der die funktionellen Aktivitäten koordiniert. Doch auch wenn alle von der vergleichenden Anatomie erarbeiteten Ergebnisse das Vorhandensein eines derartigen Plans offensichtlich machen, hat dieser für Geoffroy Saint-Hilaire nicht dieselbe Bedeutung wie für Cuvier. Geoffroy Saint-Hilaire zufolge lassen sich im allgemeinen keine anatomischen Strukturen finden, die einer einzigen Art eigentümlich sind. Es gibt kein Element, das hier auftritt und andernorts nicht vorhanden ist. Was bei dem einen besteht, findet sich auch bei dem anderen. Einzig können so umfangreiche Veränderungen auftreten, daß dadurch die Bestimmung von Analogien erschwert wird. Das wird zum Beispiel dann beobachtet, wenn ein bestimmter Teil einer Region eine übertriebene Bedeutung annimmt, die die benachbarten Organe derart beeinflußt, daß sie sich nicht mehr normal entwickeln können. Aber dennoch bleiben alle erhalten. Meistens können alle wiedererkannt werden, selbst dann, wenn sie, auf ihre einfachste Expression reduziert, zu unbrauchbaren »Rudimenten« geworden sind. »Die Natur verwendet« Geoffroy Saint-Hilaire zufolge »stets dasselbe Material und ist nur im Verändern der Form erfinderisch. So als ob sie tatsächlich immer denselben ursprünglichen Anforderungen unterworfen wäre, sieht man sie immer dieselben Elemente in gleicher Anzahl, unter gleichen Begleitumständen und mit den gleichen Verbindungen entwickeln.«[69] Sie handelt, als wenn der Bau der Tiere einem einzigen Plan gehorchte, und zwar nicht einem besonderen Plan für die Wirbeltiere oder einem anderen für die Weichtiere oder einem dritten für die Insekten. Sie handelt so, als ob ein »universaler Plan« für alle Organismen des Tierreichs bestünde. Die Wirbeltiere unterschieden sich beispielsweise von den wirbellosen Tieren durch eine Veränderung der Formen, jedoch nicht der konstituierenden Elemente, die ihre Anordnung und ihre Beziehungen bewahren. Man kann also mit Geoffroy Saint-Hilaire behaupten, daß »jeder Teil der Insekten denselben Platz bei den Wirbeltieren findet, daß er dort immer an seinem Platz ist und daß er dort auch immer mindestens eine seiner Funktionen beibehält«[70]. Die Insekten leben im Inneren ihrer Wirbelsäule wie die Weichtiere in ihrer Schale.

Es ist nicht das erste Mal, daß die Idee von einem integrierenden Plan für den Aufbau aller Lebewesen vorgebracht wird. In der zweiten Hälfte des 18. Jahrhunderts wurde diese Idee oft beschworen. Buffon fand in der ganzen belebten Welt »immer denselben Organisationshintergrund«. Daubenton zufolge bestand eine »ursprüngliche und allgemeine Absicht«. Für Vicq d'Azyr schien die Natur »immer nach einem ursprünglichen und allgemeinen Modell zu operieren, von dem sie sich nur ungern entfernt«. Für Goethe existierte eine »essentielle Form, mit der die Natur unaufhörlich spielt«. Der Idee von einem einzigen, die Zusammensetzung aller Organismen lenkenden Plan liegt noch bis zu Geoffroy Saint-Hilaire – der selber hieran festhält – die alte Vorstellung der Kontinuität der lebenden Welt zugrunde, die Kette von Lebewesen, die sich das 18. Jahrhundert vorstellte. Um sich auf ein einziges Modell, einen einzigen Organisationstypus in der Gesamtheit des Tierreichs beziehen zu können, muß noch immer eine Kontinuität angeführt werden, auch wenn diese nicht mehr in den Formen ersichtlich, sondern in der Tiefe des Lebenden verborgen ist.

Genau diese Kontinuität wird von Cuvier durchbrochen. Der Organisationsplan wird gewissermaßen zu dem Verbindungspunkt von zwei Serien von Variablen, die eine außerhalb, die andere innerhalb der lebenden Körper liegend. Cuvier zufolge »müssen die verschiedenen Teile eines jeden Naturkörpers so zusammengeordnet sein, daß das Gesamtwesen derselben nicht nur in sich selbst, sondern auch in Beziehung auf seine Umgebung möglich sei«[71]. Einerseits gibt es die Welt, in der der Organismus lebt und die seine, um mit Cuvier zu sprechen, »Daseinsbedingungen« festlegt. Der Organismus ist keine abstrakte, im Leeren lebende Struktur. Er nimmt einen bestimmten Raum ein, wo er allen vom Leben gestellten Forderungen Genüge leisten muß.

Er verlängert sich nach außen durch die Erde, die er durchwühlt, die Luft, die er atmet, die Nahrung, die er aufnimmt. »Seine Sphäre«, behauptet Cuvier, »erstreckt sich über die Grenzen des lebenden Körpers hinaus.« Ein ganzes Spiel von Interaktionen knüpft sich zwischen dem an, was lebt und dem, was das Leben möglich macht. In allen seinen Möglichkeiten muß sich das Lebende an die Grenzen halten, die durch die Daseinsbedingungen gegeben sind.

Die anderen Variablen sind durch die Organisation des Körpers gegeben. Die Kontinuität ist nicht mehr in den Formen und Strukturen festgelegt, sondern in den Funktionen, die sich koordinieren müssen, um den Existenzbedingungen zu entsprechen. Die Analogien werden durch Vermittlung der Funktionen über die belebte Welt verteilt. In den höheren Arten sind sie alle vereint und verschwinden eine nach der anderen, je einfacher die betrachteten Formen werden. Unter der Bedingung, daß die Harmonie des Ganzen bewahrt wird, haben die ausführenden Kräfte, die Organe, alle Freiheit, sich zu verändern. Theoretisch kann sich jedes Organ grenzenlos modifizieren und jede Variation mit allen Variationen der anderen Organe kombinieren, um derart ein kontinuierliches Ganzes zu bilden. Dies ist praktisch aber unmöglich, da die Organe keine unabhängigen Elemente sind. Sie reagieren aufeinander. Verfolgt man jedes Organ einzeln, so findet man im Bereich der belebten Welt einen graduellen Verfall. In den Arten, wo das Organ keine Funktion mehr ausübt, findet man noch seine Spur, so als ob die Natur es nicht hätte unterdrücken wollen. Doch folgen nicht alle Organe der Tiere derselben Verfallsordnung. »Wollte man die Arten nach jedem Organe, für sich betrachtet, ordnen, müßte man so viele Reihen bilden, als man Organe berücksichtigen wollte.«[72]

Schließlich findet sich beim Durchgehen des Tierreichs in seiner Gesamtheit keine lineare Reihe, die von einem extremen Typus zum anderen durch aufeinanderfolgende Zwischenstufen gebildet wird, sondern unzusammenhängende Gruppen, die voneinander vollkommen abgesondert sind. Wohl findet man stets dieselben Funktionen wieder, doch unterstehen diese verschiedenen Hierarchien und werden von verschiedenen Organisationen ausgeübt. Es gibt nicht nur einen Plan für die gesamte Welt, sondern mehrere. »Es bestehen vier Hauptformen, vier allgemeine Pläne, wenn man sich so ausdrücken darf, nach welchen alle Tiere modelliert zu sein scheinen und deren fernere Unterabteilungen nichts weiter als ziemlich geringfügige, auf die Entwicklung oder Zugabe einzelner Teile gegründete Modifikationen sind, welche am Wesen des Grundplans nichts ändern.«[73] Die lebende Welt besteht also aus kleinen isolierten Inseln, die durch unüberbrückbare Gräben voneinander getrennt sind. Die Kopffüßler sind zum Beispiel keine Übergangsformen. Sie sind keine Weiterentwicklung anderer Tiere, und ihre eigene Entwicklung »hat nicht über sie hinausgeführt«. Hier sieht man »die Natur einen Sprung machen« von einem Bauplan zu einem anderen. Sie läßt zwischen ihren Produkten »einen offenen Graben« bestehen[74]. Um die Unmöglichkeit, die großen Tiergruppen in einer kontinuierlichen Reihe untereinander zu verbinden, klar ersichtlich zu machen, werden sie als Stämme bezeichnet. Zwischen den beiden ersten Stämmen bestehen keinerlei Ähnlichkeiten. Weich- und Wirbeltiere haben nichts Gemeinsames und sind sich weder durch die Anzahl ihrer Teile noch die Organisation ähnlich. Reihen, die freilich auch nicht linear sind, lassen sich nur innerhalb der Gruppen jedes Stammes finden. »Der Tintenfisch und die Kopffüßler sind derart kompliziert, daß unmöglich ein anderes Tier gefunden werden kann, das genau zwischen ihnen und den Fischen eingestuft werden könnte; doch innerhalb dieser Klasse besteht eine Reihe von ebenso vielen aufeinanderfolgenden Vereinfachungen eines allgemeinen Planes wie bei den Wirbeltieren. So kann man vom Tintenfisch bis zur Auster genauso absteigen wie vom Menschen zum Karpfen. Doch steigt man weder im einen noch im anderen Stamm nur in einer einzigen Linie hinunter.«

Damit ist die Kette zerrissen, die bisher alle Lebewesen vereinte, als ob jeder Unterschied zwischen zwei benachbarten Organismen stets durch unendlich viele Zwischenstufen überbrückt werden könnte. Nicht nur zwischen den Wesen und Dingen tut sich eine Kluft auf, sondern ebenfalls zwischen den einzelnen Gruppen von Lebewesen. Die Gesamtheit des Tierreichs kann nicht mehr als eine einzige Reihe von Abstufungen und Nuancen aufgefaßt werden. Man durchläuft sie nicht mehr, indem man nach und nach ein wenig mehr Struktur, Komplexität und Vervollkommnung anfügt. Durch die ganze lebende Welt hindurch bestehen dieselben funktionellen Erfordernisse. Ernährung, Atmung und Fortpflanzung sind immer obligatorisch, sei es in der Luft oder im Wasser, an der Wärme oder an der Kälte, im Licht oder im Dunkel. Die Kontinuität wird von jetzt an in die Funktionen verlegt und nicht mehr in das Mittel, das zu ihrer Durchführung dient. Um die Wesen zu verbreiten, um ihre Organisation den Existenzbedingungen anzupassen, geht die Natur in Sprüngen vor. Ein Tier ist um einen »Organisationskern« angelegt, um ein Zentrum, das die innere Anordnung seiner Strukturen bestimmt. Es ordnet sich in konzentrischen Schichten um einen Kern an. Vom Zentrum aus aufeinandergeschichtet liegen die wichtigsten Organe in der Mitte, die untergeordneten außen. Das Wesentliche ist in der Tiefe des Organismus vergraben, das Sekundäre

entfaltet sich an der Oberfläche. Das Herz der Organisation kann nicht variieren, denn sonst müßte alles verändert, müßte der Plan durch einen anderen ersetzt werden. Die sekundären Organe können sich dagegen nach Belieben verändern, und das um so leichter, je unbedeutender sie sind, das heißt je näher sie sich an der Oberfläche befinden. »Wenn man an der Oberfläche anlangt, wohin die Natur die am wenigsten wichtigen Organe, deren Verletzung am wenigsten Gefahr bringt, verlegt hat«, führt Cuvier aus, »wird die Zahl der Verschiedenheiten so groß, daß alle Bemühungen der Naturforscher nicht zureichend waren, einen Begriff davon zu geben.«[75] Im Zentrum der Organisation identisch, weichen die Wesen einer selben Gruppe zunehmend voneinander ab, je näher man der Peripherie kommt. Im Verborgenen identisch, unterscheiden sie sich durch das Sichtbare. An den Oberflächen finden sich die kleinen kontinuierlichen Reihen, die auf zahllosen Variationen beruhen. Im Inneren sind nur radikale Veränderungen, Sprünge von einem Plan zum anderen möglich.
Daraus folgt, daß sich zu Beginn des 19. Jahrhunderts die Disposition der Lebewesen im Raum verändert. Betroffen ist nicht nur der Raum, in dem sich die Gesamtheit der Wesen entfaltet, der in isolierte Eilande zerstückt und in unabhängige Reihen aufgeteilt ist. Es handelt sich ebenfalls um den Raum, in dem sich der Organismus selber entfaltet, der um einen Kern herum sich Schicht für Schicht nach außen verlängert und ihn an seine Umgebung bindet. Gleichzeitig sind die Beziehungen zwischen den Teilen eines Organismus und diejenigen, die alle lebenden Körper miteinander vereinen, vollkommen neu verteilt.

Die Zelle

Im 19. Jahrhundert ist die Biologie imstande, die Analyse der Organisation auf die Feinstruktur der Lebewesen auszudehnen. Neben der sogenannten Makroorganisation taucht eine Mikroorganisation der Lebewesen auf. Mit Makroorganisation ist das vom Zoologen Beobachtete gemeint, der hinter dem Wirrwarr der Organe den Plan wahrzunehmen sucht, der ihre Funktionen koordiniert. Die Mikroorganisation aber umfaßt die Feinstruktur der organisierten Körper, ihre elementare Zusammensetzung, die unabhängig von der Verschiedenartigkeit der Formen der Substanz eines jeden Wesens einen besonderen Charakter zukommen läßt, ein Gefüge, eine Vielzahl von Eigenschaften, die den anorganischen Körpern abgehen.

Die Entdeckung der Zelle wird häufig ins 17. Jahrhundert verlegt. Aber wenn es auch Hooke, Malpighi, Grew und Leeuwenhoek gelang, mit den ersten Mikroskopen in den Schnitten von Kork oder gewissen Parenchymen Reihen von Alveolen wahrzunehmen, die Hooke »Zellen« nannte, so war es damals doch unmöglich, diese Beobachtung zu verallgemeinern und diesen Strukturen eine Funktion zuzuweisen. Als Maupertuis und Buffon versuchten, in die Substanz der Lebewesen eine Diskontinuität und die Vorstellung ihrer elementaren Zusammensetzung einzuführen, handelten sie lediglich als gute Schüler Newtons. Lebende Teilchen und organische Moleküle stellten nur das Mittel dar, um in lebenden Körpern die diskontinuierliche Natur der Materie wiederzufinden und die Welt der Wesen auf die der Dinge auszurichten, wie sie die Mechanik des 18. Jahrhunderts sah. Aber um die Eigenschaften der Wesen mit der Struktur der Materie in Übereinstimmung zu bringen, mußten Moleküle eines besonderen, den lebenden Körpern vorbehaltenen Typus postuliert werden. Letzten Endes unterschied sich die Zusammensetzung der Wesen von der der Dinge nur durch die besondere Natur ihrer Moleküle. Doch galt dem 18. Jahrhundert als elementarer Bestandteil der lebenden Körper das fundamentale Element der anatomischen Analysen, das bei der Sezierung der Muskeln, Nerven oder Sehnen gefunden wurde: die Faser. Jedoch blieb die Faser bei den meisten Organen ein Gedankengebilde, ein Konglomerat von Molekülen, die untereinander von einer klebrigen Substanz, dem Gluten, verbunden waren. Für Haller gab es nur eine Faserart, die alle Organe aufbaute. Dieselben Fasern verflochten sich in einem kontinuierlichen Gewebe, das sich vom Knochen bis zur Sehne, von der Sehne zum Muskel, vom Muskel zum Nerv und zum Gefäß ausdehnte. Auf der Anordnung der Fasern, dem von ihnen gebildeten Gewebenetz, der in ihren Maschen zurückgehaltenen Flüssigkeitsmenge beruhte Härte oder Weichheit, Starrheit oder Biegsamkeit eines Organismus.

Die Biologie des 19. Jahrhunderts verändert diese Vorstellung. Dieselben Organe erfüllen ungeachtet ihrer Verschiedenheit stets dieselben Funktionen. Was die innere Struktur der Organe betrifft, gibt es jetzt keine warm- oder kaltblütigen Tiere, keine Säugetiere oder Reptilien mehr, sondern Sehnen oder Gefäße, Knochen oder Membranen, die, stets eine gleichartige Aufgabe erfüllend, notwendig also auch die gleiche Natur haben müssen. Die Beobachtung von Unterschieden zwischen dem Muskel einer Taube und eines Frosches zeigt nicht nur, daß der eine Muskel einem Vogel und der andere einer Froschart angehört. Die Unterschiede sind zudem das Ergebnis von äußeren Umständen, des Einflusses, den hier und dort eine andere Umgebung ausgeübt hat. Der

Gleichartigkeit der Funktionen muß eine Einheit in der Struktur zugrunde liegen.
Umgekehrt können Pinel und Bichat zufolge die verschiedenen Organe, die in demselben Lebewesen verschiedene Funktionen ausüben, auch nicht mehr dieselbe Zusammensetzung haben. »Eine einfache Überlegung genügt« für Bichat, »um zu begreifen, daß sich diese Organe nicht nur durch die Weise, in der die sie bildende Faser angeordnet und verflochten ist, unterscheiden müssen, sondern auch durch die Natur dieser Faser selbst; unter ihnen besteht ein Unterschied sowohl der Zusammensetzung als auch des Gefüges.«[76] Ein Organ erhält seine Eigenschaften nicht mehr ausschließlich durch seine Form. Es wird in erster Linie durch die Natur und die Eigenart des Gewebes gebildet. Auf den ersten Blick scheinen die lebenden Körper höchst verschiedenartige Gewebe zu besitzen, jedoch nur scheinbar, denn das Gewebe kennzeichnet nicht das Organ, sondern das »System« wie das der Nerven, Gefäße, Muskeln, Knochen, Sehnenbänder usw. Dank der Qualität des Gewebes, aus dem das System gefügt ist, stellt letzteres gewissermaßen den Berührungspunkt von Anatomie und Physiologie dar. Ein lebender Körper ist also mit Gewebeschichten, Membranlamellen angefüllt, die sich über mehrere Organe hin erstrecken und den Körper in große Funktionsbereiche aufteilen. Das Organ ist nur ein besonderer Abschnitt eines solchen Bereichs, die Gestalt, die das Gewebe in einem Sektor des Systems annimmt. Unabhängig von seiner Lokalisierung und seinen Nachbarschaftsbeziehungen muß ein Organ gleichzeitig im Hinblick auf sein System gesehen werden, um seine Rolle aufzufinden, und auf sein Gewebe, um seine Eigenschaften zu verstehen.
Wird nicht nur der äußere Aspekt der Gewebe, sondern ihr Gefüge, ihre Dichte und Aktivität in Betracht gezogen, dann reduziert sich die augenscheinliche Vielfältigkeit der Gewebe auf eine kleine Anzahl von Typen, die je nach Anatom zwischen 10 und 21 betragen kann. Bichat zufolge verfährt »die Natur überall gleichmäßig, unterschiedlich sind allein ihre Ergebnisse, sie geizt mit den Mitteln, die sie anwendet, und ist verschwenderisch in den Wirkungen, die sie so erzielt, sie variiert auf tausendfältige Weise einige Hauptprinzipien, die, verschieden angewendet, unserer Ökonomie zugrunde liegen und ihre zahllosen Phänomene ausmachen«[77]. Beim Klassifizieren der Membranen nach Struktur, Eigenschaften und Aufgaben treten zwei große Gruppen in Erscheinung: die einfachen Membranen, »deren isoliertes Vorkommen sich mit den benachbarten Teilen nur durch die indirekten Beziehungen der Organisation verbindet«, und die zusammengesetzten Membranen, die sich »aus der Vereinigung von zwei oder drei der letzteren« ergeben

»und die dabei häufig sehr verschiedene Charaktermerkmale vereint«[78]. Letzten Endes beherbergen die Gewebe die Lebenseigenschaften und die Vereinigung von Geweben die Eigenschaften des Organismus. In einem Gewebe ist jedes Element und jede Struktur wie eine Kleidung aus einem Stoff zugeschnitten. Wie ein lebender Körper durch die Vereinigung von Organen gebildet wird, die, indem jedes einzelne eine Aufgabe erfüllt, die Eigenschaften des Ganzen ausmachen, genau so ist ein Organ oft durch die Verflechtung mehrerer Gewebe zusammengesetzt, die, indem jedes seine Funktion ausübt, der Struktur des Gesamten eine ganze Reihe von Eigenschaften vermitteln. Eine kleine Anzahl von Geweben reicht somit aus, um die Varietät der lebenden Welt zu bilden. »Die Chemie«, führt Bichat an, »hat ihre einfachen Körper, die durch verschiedene ihnen mögliche Kombinationen die zusammengesetzten Körper bilden... Entsprechend hat die Anatomie ihre einfachen Gewebe, die durch ihre Kombinationen ... die Organe bilden.«[79]

Mit Bichat tritt eine zusätzliche Organisationsebene in Erscheinung, eine Zwischenstufe zwischen Organ und Molekül. Das Gewebe stellt das letzte Ziel der anatomischen Untersuchung dar: das, was mit Hilfe von Skalpell und Schere in einem Körper erkannt werden kann. Die Eigenschaften eines Organismus oder seiner Teile sind den Molekülen der ihn formenden Materie nicht inhärent. Sie verschwinden in dem Augenblick, wo sich die Moleküle zerstreuen und ihre Organisation verlieren. Die Verkettung dieser Moleküle zu einem Gewebe vermittelt dem Lebenden seine besonderen Eigenschaften. Die Gewebe stellen die Rohstoffe dar, von denen jeder einzelne dazu bestimmt ist, eine besondere Funktion auszuüben. Es gibt Gewebe für Knorpel und Drüsen, wie es Stoffe für Hemden und Mäntel gibt. Der Begriff Stoff indiziert bereits die Kontinuität der Struktur. Das Lebewesen ist zusammengesetzt aus ununterbrochenen Lamellen, aus Schichten, die zu Organen gefaltet werden, die ineinander übergehen, sich trennen, von denen sich die einen um die anderen wickeln und die sich von einer Struktur zur benachbarten verlängern. Die Komplexität der funktionellen Systeme klärt sich durch die Einfachheit der anatomischen Kombinatorik.

Die Kontinuität des Gewebes entspricht in gewissem Sinne der Totalität des Lebewesens, die die Biologie zu Anfang des 19. Jahrhunderts voraussetzt. Der lebende Körper kann nicht unbegrenzt zerstückelt werden. Er kann nicht mehr als eine einfache Verbindung von Elementen aufgefaßt werden, wie das Maupertuis und Buffon taten. Selbst als Oken eine elementare Zusammensetzung der Wesen von neuem in Betracht zieht, sind es nicht autonome und zusammengefügte Einheiten, sondern zur Totalität des Organismus verschmolzene Einheiten. Die neue Vorstellung Okens, aus der sich nach und nach die Zellulartheorie entwickelt, erlaubt, die Körper großer Tiere mit den mikroskopischen Geschöpfen in Beziehung zu bringen, in letzteren dieselben Elemente zu sehen, aus denen die erstgenannten gebildet sind und das komplexe Lebende als aus der Verbindung von einfachem Lebenden gebildet zu sehen. Tod und Verwesung ausgeliefert, zersetzen sich das Fleisch der Tiere und die Gewebe der Pflanzen in eine Unendlichkeit von »Infusorien«. Jedes dieser winzigen Geschöpfe scheint aus einem Tropfen Schleim gebildet zu sein, derselben klebrigen Substanz, die sich bei allen Lebewesen findet. Für Oken stellen die solcherart nach dem Tode frei gewordenen kleinen Tiere in Wirklichkeit die Grundbausteine des Lebenden dar: in Alveolen oder Zellen angeordnet bilden sie Gewebe. Doch damit das Tier eine Ganzheit bleibt, finden sich die Zellen nicht einfach zusammengeschüttet wie die Körner eines Sandhaufens. »Wie Sauerstoff und Wasserstoff im Wasser und Quecksilber und Schwefel im Zinnober ineinander aufgehen«, sagt Oken, »so entsteht hier eine echte gegenseitige Durchdringung, eine Verflechtung und Vereinigung aller Infusorien.«[80] Die Vorstellungen von einer elementaren Zusammensetzung der Lebewesen und die ihrer Ganzheit sind nicht unvereinbar, insofern ein Wesen als die Integration von Einheiten und seine Auflösung nach dem Tod als ihre Desintegration gesehen wird. Die elementaren Einheiten können sich nicht einfach vereinen und ihre Individualität in einem komplizierten Wesen bewahren. Sie müssen zu einer neuen Individualität verschmelzen, die über sie hinausgeht. Die Teile lösen sich im Ganzen auf.

So verändert die neue Auffassung der Biologie sogar die den Lebewesen in ihrer Feinstruktur durch die Organisation gegebenen Möglichkeiten. Im 18. Jahrhundert war die Vorstellung von lebenden, in einem organisierten Wesen durch ihre Anziehung vereinten Teilchen nur ein besonderer Aspekt der Kombinationen, die jedem Körper zugrunde liegen. Die organischen Moleküle stellten nur eine besondere, ausschließlich den Lebewesen vorbehaltene Art von Molekülen dar. Von unzerstörbarer Natur, konnte jedes durch den Tod frei gewordene Molekül immer wieder eine neue Kombination eingehen und von neuem Teil eines lebenden Körpers werden. Folglich waren die Eigenschaften eines Organismus einfach durch die Summe der Eigenschaften aller sie konstituierenden Moleküle gegeben. Im 19. Jahrhundert ist die Fragestellung grundverschieden. Die nicht mehr von den Formen der Lebewesen, sondern von der Organisation des Lebenden ausgehende Biologie kann die kompliziertesten und die einfachsten Organismen miteinander in Verbindung bringen. Indem sie das Kleine zur elementaren Einheit des

Großen werden läßt, sucht sie einen allen Lebewesen gemeinsamen Nenner: die Tier- oder Pflanzeneinheit. Diese Einheit kann jetzt nicht mehr durch ein einfaches Molekül, ein inertes Element oder ein Stück Material dargestellt werden. Sie ist bereits ein Lebewesen, ein kompliziertes Gebilde mit der Fähigkeit, sich zu bewegen, zu ernähren, fortzupflanzen – sie hat schon alle Haupteigenschaften des Lebens. Doch könnten Tier und Pflanze nicht aus dem Gewimmel einer Unzahl kleiner voneinander unabhängiger Wesen bestehen. Ist ein Organismus in seiner Einheit, Koordination und seinen Regulationssystemen aus lebenden Elementen aufgebaut, so muß angenommen werden, daß diese nicht einfach zusammengewürfelt, sondern integriert sind. Die Einheiten müssen sich zu einer Einheit höherer Ordnung verquicken. Sie müssen sich dem Organismus unterordnen, auf jede Individualität zugunsten des Ganzen verzichten. Um diesen Preis kann sich das unteilbare Wesen aus elementaren Einheiten zusammensetzen. Der Organismus ist kein Mosaik, sondern ein Monolith.

Erst als die Möglichkeit derartiger Beziehungen zwischen dem Lebewesen und seinen Bestandteilen akzeptiert wird, erhält jene Vorstellung des 17. Jahrhunderts einen Sinn, nach der gewisse Gewebe aus Zellen bestehen, den Alveolen des Bienenstocks vergleichbar. In wenigen Jahren wird so eine ganze Reihe von Beobachtungen hinsichtlich der Zusammensetzung der Pflanzen und Tiere als auch ihrer Fortpflanzung zusammengetragen. Wie schon Maupertuis und Buffon gezeigt hatten, darf die Erforschung der Fortpflanzung der Lebewesen nicht von der ihres Aufbaus getrennt werden. Die Bedeutung der Zellentheorie liegt darin, daß sie für zwei scheinbar verschiedene Probleme eine einheitliche Lösung hat: indem sie die Wesen in Zellen auflöst, von denen jede einzelne mit sämtlichen Lebenseigenschaften versehen ist, erhält die Fortpflanzung der Wesen gleichzeitig einen Sinn und einen Mechanismus.

Zum selben Zeitpunkt steigert die Anwendung achromatischer Linsen das Auflösungsvermögen des Mikroskops. Überall werden Gewebe untersucht, und jeder nimmt Bläschen, Gefäße und Zellen wahr, die, mehr oder weniger dicht zusammengefügt und aneinandergekittet, zuweilen durch Zwischenräume getrennt sind. Diese Beobachtungen werden zuerst bei den Pflanzen gemacht, da sich dort diese Details der anatomischen Feinstruktur dank ihrer Größe und Gestalt am besten unterscheiden lassen. Dann folgen die Gewebe der Tiere. Es gibt sogar mikroskopische Geschöpfe, die wie eine Zelle aussehen. Zum Beispiel finden sich in einer Amöbe keine klar erkennbaren Organe, es gibt nach Dujardin einfach nur einen Tropfen einer Substanz, die »klebrig, durchsichtig, im Wasser unlöslich ist, an den Sektionsnadeln hängenbleibt, sich in kugelförmige Massen ballt und wie Schleim Fäden zieht«[81]. Diese von Dujardin als »Sarkode« bezeichnete Substanz wird später bei Purkinje und v. Mohl zum »Protoplasma«. Mit Hilfe von Wärme und Säuren wird versucht, die Gewebe der Pflanzen aufzutrennen: immer finden sich dieselben Bläschen, dieselben in einer Membran eingeschlossenen Kügelchen. Man versucht, verschiedene Lösungen in die Gewebe eindringen zu lassen, um bestimmte Bereiche der Zelle spezifisch anzufärben und dadurch von anderen abzuheben. Und nach und nach erscheint die Zelle nicht mehr als einfacher Schleimtropfen, sondern als kleines Gebäude, in dem sich Zonen verschiedenen Aussehens unterscheiden lassen, Kavitäten und Granulationen, die in unaufhörlicher Bewegung sind. In sämtlichen Zellen ist hauptsächlich eine einzigartige, sehr dichte und dunkle Masse zu beobachten, die Brown als »Kern« bezeichnet. Ungeachtet ihrer Form und Funktion, ungeachtet ihrer Lokalisierung im Organismus und ihrer Zugehörigkeit zu einer Pflanze oder zu einem Tier scheint eine Zelle stets denselben allgemeinen Aspekt zu haben – als ob sie sich immer nach demselben Plan richtete.

Für das mit einem Mikroskop bewaffnete Auge löst sich letztlich jedes Lebewesen in ein Mosaik von Einheiten auf. Zu diesem Ergebnis kommen die meisten Histologen, es wird von Schleiden für die Pflanzen und von Schwann für die Tiere in der »Zellentheorie« verallgemeinert. Allerdings bleibt die Zellentheorie nicht auf dieses Strukturproblem beschränkt. Schwann kehrt gewissermaßen Stellung und Aufgabe der Zelle um. Die Zelle bleibt nicht mehr einfach Ziel der Analyse der Lebewesen, sie wird gleichzeitig Einheit des Lebenden, das heißt Individualität, die alle Lebenseigenschaften enthält, und Ausgangspunkt für den Bau des Organismus. Schwann behauptet: »Auf analoge, jedoch sehr mannigfaltige Weise bilden sich die Elementartheile aller Gewebe aus Zellen, so daß man den Grundsatz aufstellen kann: daß es ein gemeinsames Entwicklungsprinzip für die verschiedensten Elementartheile der Organismen gibt und daß die Zellenbildung dieses Entwicklungsprinzip ist.«[82] Hierbei ist nicht ausschlaggebend, daß Zellen in allen Geweben vorkommen oder daß alle Organismen aus Zellen zusammengesetzt sind. Entscheidend ist, daß die Zelle selbst alle Eigenschaften des Lebenden besitzt und daß sie den notwendigen Ansatz für jeden organisierten Körper darstellt.

Hiermit setzt die Zellentheorie dem Vitalismus eine erste Grenze. Sie verwirft eine der fundamentalen Forderungen des Vitalismus, der einst die Biologie begründet hatte. Um das Belebte vom Unbelebten zu unterscheiden, mußte in jedem Wesen ein unteilbares Ganzes gesehen werden. Für die Zoologen, Anatomen oder Chemiker mußte das Leben auf dem Gesamtorganismus beruhen und nicht auf diesem oder jenem Organ, Teil oder Molekül. Da das Leben nicht auf einfache Elemente zurückgeführt werden konnte, blieb es, jenseits jeder Interpretation, der Analyse unzugänglich. Hieraus wurde die Notwendigkeit einer Kontinuität in der inneren Struktur der Wesen abgeleitet. Bichat ließ auf dieser Kontinuität das Gefüge der Gewebe beruhen und Oken die Verschmelzung der Zellen zu einer »Infusorienmasse«, in der sich die Individualität eines jeden Elements auflöste. Schwann ficht genau diese Vorstellungen von Ganzheit und Kontinuität an, indem er nicht mehr von der elementaren Zusammensetzung der Lebewesen ausgeht, sondern von für zwei ihrer Haupteigenschaften verantwortlichen Ursachen: Ernährung und Wachstum. Vom vitalistischen Standpunkt aus sind die Ursachen dieser beiden Phänomene im Gesamtorganismus zu sehen. Durch die Kombinierung der Moleküle zu einem Ganzen – entsprechend dem Organismus während jeder seiner Entwicklungsetappen – entsteht eine Kraft, die das Lebewesen befähigt, aus seiner Umgebung Materialien aufzunehmen und aus ihnen die für das Wachstum aller seiner Teile notwendigen Bestandteile zu ziehen. Folglich vermag keiner der Einzelteile sich zu ernähren und zu wachsen. Doch kann ebenfalls davon ausgegangen werden, daß in jeder Zelle die Moleküle so angeordnet sind, daß diese dadurch befähigt wird, andere Moleküle aufzunehmen und aus eigener Kraft zu wachsen. Die Eigenschaften des Lebenden können also nicht mehr dem Ganzen zugeschrieben werden. Sie beruhen auf jedem Teil und jeder Zelle, die gewissermaßen ein »unabhängiges Leben« führt.

Schwann zufolge wird diese zweite Auffassung durch sämtliche bei Pflanzen und Tieren gemachten Beobachtungen bestätigt. Was ist denn das Ei anderes als eine wachstums- und fortpflanzungsfähige Zelle? Das gilt vor allem für das Ei der sich durch Parthenogenese fortpflanzenden Weibchen; in diesem Fall ist keine mystische Kraft zu beschwören, die die Befruchtung veranlaßt hätte. Was ist eine Spore, aus der gewisse niedrige Pflanzen entstehen? Und kann man nicht bei gewissen Pflanzen Fragmente entnehmen, ohne daß in diesen vom Organismus abgetrennten Stücken die Fähigkeit zur Vermehrung verlorenginge? Es besteht somit kein Grund dafür, nur die Pflanze in ihrer Gesamtheit mit besonderen Eigenschaften auszustatten. »Der Grund der Ernährung und des Wachstums«, folgert Schwann, »liegt nicht in dem Organismus als Ganzem, sondern in den einzelnen Elementarteilen, den Zellen.« [83]

So geht die Fähigkeit, sich zu ernähren, zu wachsen und sich zu vermehren, durch die Auflösung des Organismus in seine elementaren Einheiten durchaus nicht verloren. Die Qualität des Lebenden kommt nicht nur dem Gesamtorganismus zu. »Jede Zelle führt« nach Schleiden »ein zweifaches Leben: ein ganz selbständiges, nur ihrer eigenen Entwicklung angehöriges und ein andres mittelbares, insofern sie integrierender Theil einer Pflanze geworden.« [84] Der Organismus kann nicht mehr als eine monolithische Struktur, eine Art Autokratie aufgefaßt werden, in der die beherrschten Individuen an der Machtausübung nicht teilhaben. Er wird zum »Zellenstaat«, zu einer Gemeinschaft, in welcher nach Schwann »jede Zelle ein Bürger ist«. Wenn die verschiedenen Zellen eines Organismus auch nach demselben Plan gebaut sind, so gehören sie doch verschiedenen Typen an; jeder Typus führt einen Auftrag zum Vorteil der Gemeinschaft aus. In dem Zellverband werden die Aufgaben verteilt, es herrscht Arbeitsteilung. Das Dasein eines Wesens hängt also von der Zusammenarbeit seiner Teile ab. Bestimmt der Organismus auch die Bedingungen seiner eigenen Existenz, so kann er doch nicht deren Ursache sein.

Die Lebenseigenschaften müssen also der Zelle zugeschrieben werden; das nicht etwa vermöge der mysteriösen Kraft einer *anima*, sondern vielmehr infolge einer spezifischen Anordnung von Molekülen, die der Zelle die Durchführung bestimmter chemischer Reaktionen ermöglicht. »Diese Erscheinungen lassen sich« nach Schwann »unter zwei natürliche Gruppen bringen: Erstens Erscheinungen, die sich auf die Zusammenfügung der Moleküle zu einer Zelle beziehn; man kann sie die plastischen Erscheinungen der Zellen nennen; zweitens Erscheinungen, die sich auf chemische Veränderungen, sowohl der Bestandtheile der Zelle selbst, als des umgebenden Cytoblastems beziehn; diese kann man metabolische Erscheinungen nennen.« [85] Die Zelle kann als ein Individuum betrachtet werden, das durch seine Membran von der übrigen Welt getrennt wird. Doch wenn auch die Membran die Zelle isoliert, so ermöglicht sie ihr gleichzeitig, mit ihrer Umgebung Beziehungen aufzunehmen, ihr ihre Nahrung zu entziehen und ihre Abfälle auszuscheiden. Um zu erklären, daß die Membran zwischen dem Zellinhalt und ihrer Umgebung zu unterscheiden fähig ist, müssen ihr besondere Eigenschaften zugeschrieben werden. »Ich glaube daher«, sagt Schwann, »daß man zur Erklärung der Verschiedenheit des Zelleninhaltes von dem äußern Cytoblastem der Zellenmembran nicht nur im allgemeinen die Fähigkeit zuschreiben muß, die Substanzen, womit sie in Berührung oder womit sie imbibiert ist, chemisch zu verändern, sondern sie auch so zu trennen, daß bestimmte Substanzen auf der innern, andere auf der äußern Fläche der Zellenmembran auftreten. Bei der Erklärung der Sekretion schon im Blute vorhandener Stoffe, z. B. des Harnstoffs durch die Zellen, womit die Harnkanälchen ausgekleidet sind, kommt man ohnehin ohne eine solche Fähigkeit der Zellen nicht aus.«[86] Schwann sieht nichts, was das Einschreiten einer mysteriösen Kraft erforderte. Es ist bekannt, daß der elektrische Strom die Zersetzung gewisser Substanzen und die Auftrennung der Bestandteile bewirkt. Warum sollten die Eigenschaften der Membranen nicht auf die Lage der sie zusammensetzenden Atome zurückzuführen sein? Eine vitalistische Absicht oder Kraft wird unnötig. »Wenn von organischen Erscheinungen die Rede ist, genügt es, die Erklärung hierfür in den Kräften zu sehen, die nach strengen Gesetzen der blinden Notwendigkeit, wie die physikalischen Kräfte wirken.«[87]

Der andere Aspekt der Zellentheorie bezieht sich auf das Entstehen von Zellen und Organismen. Es geht nicht mehr um Zusammensetzung und Struktur, sondern um den Ursprung. Jeder kann sehen, wie sich eine Zelle teilt und dabei zwei Zellen entstehen, genauso wie von Siebold die Protisten sich teilen und vermehren sieht, jene Wesen, die aus einer einzigen Zelle bestehen. Der Organismus kann also mit einer Kolonie von Einzellern verglichen werden, und der Körper eines Tiers entsteht infolge einer Reihe von Zellteilungen, die von einem Ei ausgehen. Aber wenn sich – so argumentieren Schleiden und Schwann – eine Zellpopulation durch Teilungen vermehrt, so entsteht nicht jede Zelle unbedingt aus einer anderen Zelle. Unter gewissen Bedingungen können sich Zellen auch durch eine Art Urzeugung aus einem »primitiven Keimstoff« bilden. Erst mit Virchow wird die Idee aufgegeben, daß eine Zelle aus irgendeinem organischen Magma entstehen könne. »Wo eine Zelle entsteht, da muß eine Zelle vorausgegangen sein (Omnis cellula e cellula), ebenso wie das Tier nur aus dem Tiere, die Pflanze nur aus der Pflanze entstehen kann.«[88] Die Kontinuität der Formen und Eigenschaften, die man durch die Generationen hindurch beobachtet, gilt nicht nur für die Tiere und Pflanzen, sondern ebenso für die sie bildenden Einheiten. Die Zellentheorie erhält hiermit ihre endgültige Form, die in Virchows Satz zusammengefaßt ist: »Jedes Tier erscheint als eine Summe vitaler Einheiten, von denen jede den vollen Charakter des Lebens an sich trägt.«[89]

Aufgrund der Zellentheorie basieren Zusammensetzung und Eigenschaften der Lebewesen nicht mehr auf den Erfordernissen irgendeines Systems, sondern auf Objekten, die durch die Beobachtung aufgedeckt wurden. Im Grunde ist es der Analyse gelungen, der logischen Notwendigkeit einer Kombinatorik, um die sich schon Maupertuis und Buffon bemühten, einen Inhalt zu geben. Ungeachtet der Natur eines Wesens, sei es Tier, Pflanze oder mikroskopisches Geschöpf, es wird stets aus denselben elementaren Einheiten gebildet. Der Organismus erhält Form und Eigenschaften durch die Anordnung der Zellen, ihre Anzahl und ihre Eigenschaften. Aber wenn auch die Zelle schon einen hohen Grad der Komplexität darstellt, so beruht die Struktur der Körper der belebten wie der unbelebten Welt doch stets auf demselben Prinzip. Die Biologie hat mit der Zelle ihr Atom gefunden. Es gibt keinen einzigen Aspekt der Erforschung der Lebewesen, der nicht von der Zellentheorie transformiert worden wäre. Die Entdeckung der Merkmale des Lebenden setzt von jetzt an voraus, daß die Zelle erforscht und ihre Struktur untersucht wird, daß das den verschiedenen Typen Gemeinsame, also für das Zellenleben Notwendige gesucht wird oder im Gegenteil das Unterschiedliche, das der Erfüllung spezifischer Funktionen dienen kann.

Die Erforschung der Fortpflanzung der Lebewesen ist durch die Zellentheorie am stärksten verändert worden. Die Biologie des 19. Jahrhunderts hatte sich bis dahin mit der Fortsetzung der im vorigen Jahrhundert durchgeführten Analyse begnügt. Nach und nach hatten die Verbesserung des Mikroskops und die zunehmende Genauigkeit der Beobachtungen dazu geführt, daß unter den alten Streit zwischen Präformation und Epigenese ein Schlußstrich gezogen wurde. Mit der Filtration der männlichen Samenflüssigkeit hatten Prévost und der Chemiker J.-B. Dumas ein für alle Male die Unentbehrlichkeit der Samentierchen, der »Zoospermen«, für die Befruchtung bewiesen. Es wurde festgestellt, daß nicht der von de Graaf im Eierstock wahrgenommene Follikel, sondern eine von v. Baer im Innern dieses Follikels entdeckte weißliche Masse das weibliche Ei ist. Die Entwicklung des Embryos nach der Befruchtung wird Gegenstand systematischer Beobachtungen. Jetzt werden die von C. F. Wolff fast ein Jahrhundert zuvor beobachteten Phänomene wiederentdeckt und noch detaillierter beschrieben. v. Baer beobachtet das Ei nach der Befruchtung und sieht nicht etwa das Heranwachsen eines kleinen vorgebildeten Wesens, sondern er findet eine Folge komplizierter Ereignisse, im Verlaufe derer sich nach und nach die Formen und Strukturen des zukünftigen reifen Tieres entwickeln. Das Ei ist zunächst nur eine Art von kleiner Kugel, die sich erst in zwei, dann in vier, dann in eine große Anzahl aneinanderklebender Alveolen »segmentiert«. Sukzessive bilden sich Falten, »Keimblätter«, die übereinander gleiten, die sich zusammenrollen, sich verformen, sich krümmen, um Organe entstehen zu lassen. »Die Entwickelung der Wirbelthiere«, führt v. Baer aus, »geht von einer Axe nach oben, in zwei Blättern, die in der Mittelebene verwachsen, und auch nach unten in zwei Blättern, die ebenfalls in der Mitte verwachsen.

Dadurch bilden sich zwei Hauptröhren übereinander. Während der Bildung derselben sondert sich der Keim in Schichten, und so bestehen daher beide Hauptröhren aus untergeordneten Röhren, die sich einschließen als Fundamental-Organe, und welche die Fähigkeit enthalten, zu allen Organen sich auszubilden.«[90] In einer gegebenen Art vollzieht sich die Entwicklung des Embryos immer auf gleiche Weise und gemäß derselben Ordnung in Zeit und Raum, so als ob sie einem bestimmten Plan folgte. Zunächst findet eine kontinuierliche Vervollkommnung des Tierkörpers durch eine zunehmende histologische und morphologische Differenzierung statt. Dann verfeinern sich nach und nach die in groben Umrissen entworfenen Formen und präzisieren sich in spezialisierten Strukturen.

Betrachtet man die nächstverwandten Arten derselben Familie, so finden sich bemerkenswerte Ähnlichkeiten der Entwicklung. v. Baer bezeichnet das als Gesetz der embryonalen Ähnlichkeit. »Ich besitze zwei Embryonen in Weingeist aufbewahrt, deren Namen ich beizuschreiben vergessen habe, und nun bin ich ganz außer Stand zu sagen, zu welcher Klasse sie gehören. Es können Eidechsen oder kleine Vögel oder sehr junge Säugetiere sein, so vollständig ist die Ähnlichkeit in der Bildungsweise von Kopf und Rumpf dieser Tiere, und die Extremitäten fehlen noch. Aber auch wenn sie vorhanden wären, so würden sie auf ihrer ersten Entwicklungsstufe nichts beweisen; denn die Beine der Eidechsen und Säugetiere, die Flügel und Beine der Vögel nicht weniger als die Hände und Füße des Menschen: alle entspringen aus der nämlichen Grundform.«[91] Dasselbe gilt für die wurmförmigen Larven der Schmetterlinge, Fliegen und Käfer: die Larven gleichen einander oft viel mehr als die reifen Insekten.

Die von der vergleichenden Anatomie beobachtete Diskontinuität der lebenden Welt wird von der Embryologie bei der Entwicklungsanalyse in den verschiedensten Arten wiedergefunden. Beim Vergleich der Eifurchung der Verschiebung der Keimblätter, der Ordnung des Auftretens verschiedener Organe findet v. Baer im Tierreich keine kontinuierliche Reihe von Veränderungen, sondern Gruppen oder »Typen« der Entwicklung. Die von ihm beobachteten vier Haupttypen entsprechen den vier Stämmen Cuviers. Von einer Gruppe zur anderen unterscheidet sich die Embryonalentwicklung grundsätzlich, während sich innerhalb derselben Gruppe stets ähnliche Phänomene zeigen. Auch da beschränken die Anforderungen der Organisation noch die Variationsmöglichkeit, und zwar nicht nur im Raum, sondern auch in der Zeit. Die wichtigsten, zentralsten und grundsätzlichsten Vorgänge laufen zuerst ab. »Im Embryo erscheinen die allgemeinsten, einer großen Gruppe eigenen Züge vor den hochspezialisierten«, erklärt v. Baer. »Weniger allgemeine Strukturen leiten sich von den allgemeineren ab, bis zuletzt die hochspezialisierten gebildet werden.« Bevor man den Vogel erkennen kann, identifiziert man den spezifischen Wirbel im Embryo. Es scheint eine Geschichte der Embryonen zu geben, als wenn, eine gemeinsame Organisationsbasis innerhalb derselben Gruppe bildend, alle ihre Mitglieder zuerst denselben Weg einschlügen und die am wenigsten Vollkommenen die Entwicklung früher abbrächen als die Vollkommensten.

Das Ei stellt keine starre Struktur mehr dar, aus der eine bereits vorbereitete Form hervorgeht. Es ist der Ursprung eines Systems, in dem eine ganze Reihe sukzessiver Umstellungen vor sich gehen und in dem jede Entwicklungsstufe Vorbedingung des folgenden Stadiums ist. In seiner embryonalen Entwicklung erscheint das Lebewesen durch eine Folge von Ereignissen geformt, von denen die einen die anderen bedingen, als wenn sich die Organisation gleichzeitig im Raum und in der Zeit entfaltete. Und nicht nur die Zeit der individuellen Entwicklung, die das Gleiten der Blätter und das Erscheinen der Organe rhythmisch bestimmt, sondern auch eine viel entferntere, dunklere, tiefere Zeit, durch welche sich ein neuer Typus von Beziehungen zwischen gewissen Lebewesen abzuzeichnen scheint.

Die Erforschung der Entwicklungsanomalien erhält eine neue Bedeutung. Denn Broussais hat eine neue Methode der Analyse lebender Wesen eingeführt. Die physiologischen Experimente bestehen meistens darin, den natürlichen Zustand eines Organismus derart zu verändern, daß das Erscheinungsbild der einen oder anderen Funktion gestört wird. Zu demselben Ergebnis führt auch die Beobachtung gewisser pathologischer Zustände. Was ist eine Krankheit anderes als ein Übermaß oder ein Mangel im Ablauf gewisser Prozesse, die sich beim gesunden Tier im Gleichgewicht befinden? In vielen Fällen könnte kein Experiment die Abweichung vom Normalen mit der gleichen Genauigkeit, mit der gleichen Selektivität verwirklichen. Wenn ganz offensichtlich die Kenntnis des physiologischen Zustands für eine Interpretation der pathologischen Zustände wichtig ist, so stellt umgekehrt die Erforschung des Pathologischen ein wertvolles Werkzeug für die Funktionsanalyse der Lebewesen dar.

Die Monstren ändern damit ihre Bedeutung. Ihre Bildung läßt sich nicht mehr auf den göttlichen Zorn zurückführen, auf die Bestrafung eines geheimen Vergehens, als Vergeltung widernatürlicher Taten oder Gedanken. Es ist nicht mehr vorstellbar, daß diese Wesen am Rande der Ordnung von aller Ewigkeit an vorbereitet wären und mit den anderen den Augenblick abwarteten, um das Tageslicht zu erblicken. Tatsächlich tauchen Mißbildungen als Folge schwerwiegender Störungen der embryonalen Entwicklung auf. Man kann beobachten, daß Hühnereiern, die zur Zeit ihrer Bebrütung heftig geschüttelt worden sind, Küken entschlüpfen, die alle möglichen Anomalien aufweisen. Bisher, so führt Etienne Geoffroy Saint-Hilaire an, zeigte das Monstrum »die Organisation zur Zeit ihrer Saturnalien, die von der allzu lang und eifrig betriebenen Produktion ermüdet ist und Erholung sucht, indem sie sich launigen Einfällen ergibt«[92]. Von jetzt an wird das Monstrum ein »während der fötalen Periode verletztes Wesen«. Die Monstrosität ist nichts anderes als das Ergebnis von Verletzungen des Embryos, von Unregelmäßigkeiten im Ablauf des Entwicklungsprozesses eines Tieres und von Irrtümern bei der Durchführung des Plans. Es ist die Rede von Anomalien, Unregelmäßigkeiten und körperlichen Fehlern, die entweder auf einen Stillstand oder auf eine Verzögerung in der Entwicklung zurückzuführen sind. An Stelle der Vorstellung von seltsamen Wesen, von Produkten der »gottlosen Schöpfungen«, wie Chateaubriand sagte, tritt die Vorstellung von in ihrer Entwicklung behinderten Wesen, deren Organe bis zur Geburt im embryonalen Zustand verbleiben. Denn selbst Mißbildungen scheinen nicht zufällig aufzutreten. Sie betreffen vor allem bestimmte Körpergegenden, deren Struktur verändert wird, als sei die Entwicklung der Formen einfach von ihrer Richtung abgelenkt worden. Die Anomalie hat ihre strengen Gesetze. »Die Monstrosität ist keine blinde Unordnung mehr«, behauptet Isidor Geoffroy Saint-Hilaire, »sondern eine andere, ebenfalls regelmäßige und ebenfalls Gesetzen unterworfene Ordnung: in ihr sind eine alte und eine neue Ordnung miteinander vermischt, zwei unter normalen Bedingungen aufeinanderfolgende Zustände finden sich gleichzeitig.«[93] Doch auch dem Monströsen ist nicht alles möglich. Die beobachteten Anomalien richten sich nach bestimmten Typen. Das Monströse läßt sich wie das Normale klassifizieren. Die Anomalien gehorchen bestimmten Regeln der Koordination, Wechselbeziehung und Unterordnung. Gewisse Anomalien sind erblich, doch die meisten sind auf Störungen des Embryos während seiner fötalen Existenz zurückzuführen. Die Teratologie, die Lehre von den Mißbildungen, wird zu einem Hauptinstrument der biologischen Analyse.

Die Erkenntnisse der embryonalen Entwicklung und die Aufdeckung der aufeinanderfolgenden Stadien im Ei führen weit über die noch zu Beginn des Jahrhunderts herrschenden alten Theorien hinaus. Doch sind diese Vorstellung von der Entwicklung und diese im Ei aufgefundenen Gestalten so lange nicht zu interpretieren, bis sie mit der Entwicklung der in den Geweben wahrgenommenen Zellen verglichen werden können. Denn wenn die Beobachtungen der Fortpflanzung und der Entwicklung des Embryos zur Begründung der Zellentheorie beitragen, so gibt diese ihrerseits den verschiedensten Aspekten der Zeugung einen Inhalt. Wenn auch in Form und Funktion einzigartig, so ist letzten Endes das »Zoospermium« genau wie das Ei nur eine Zelle. Die Befruchtung ist folglich die Vereinigung von zwei Zellen; die eine stammt vom Vater, die andere von der Mutter. Die Segmentierung und die Bildung von Keimblättern, die im Mikroskop verfolgt werden können, sind das Ergebnis der Zellteilung und der zunehmenden Differenzierung der Zellen, die sich auf die Ausübung verschiedener Funktionen vorbereiten und sich auf eine Weise anordnen, daß Organe entstehen. Remak zufolge »können wir demnach endlich den Satz aufstellen, daß sämmtliche im entwickelten Zustande vorhandenen Zellen oder Äquivalente von Zellen durch eine fortschreitende Gliederung der Eizelle in morphologisch ähnliche Elemente entstehen, und daß die in einer embryonischen Organ-Anlage enthaltenen Zellen, so gering auch ihre Zahl sein mag, dennoch die ausschließliche ungegliederte Anlage für sämmtliche Formbestandtheile der späteren Organe enthalten«[94].

Die Bildung eines Lebewesens ist also sehr wohl eine Re-Produktion, eine durch die Generationen hindurch bei jeder Geburt von neuem errichtete Konstruktion. Geschieht diese Produktion jedoch nicht durch das Wachstum eines kleinen präformierten Wesens, so entspricht sie auch keiner totalen Epigenese, der jähen Organisation einer bisher rohen Materie. Die organisierten Körper sind v. Baer zufolge »weder präformiert noch entstehen sie, wie oft angenommen wird, plötzlich in einem bestimmten Augenblick aus einer unförmigen Masse«[95]. Ein jedes Lebewesen beginnt stets mit einer jener Einheiten, aus denen das Lebende zusammengesetzt ist, mit einem in seiner Hülle eingeschlossenen Tropfen Protoplasma, das heißt mit einer Struktur, die bereits alle Eigenschaften des Lebenden besitzt. Je nach den Organismen gibt es verschiedene Möglichkeiten der Fortpflanzung: sie kann wie bei den Einzellern durch Spaltung geschehen oder wie bei gewissen Blattläusen durch Parthenogenese allein aus dem mütterlichen Ei oder aber wie beim Großteil der Tiere und Pflanzen durch Verschmelzung zweier Keimzellen, von denen die eine dem Vater und die andere der Mutter entstammt. Doch eine jede Art der Fortpflanzung setzt zur Bildung eines Organismus stets einen Teil eines Organismus voraus. Das Leben wird durch ein Element der Eltern weitergegeben, das sich von ihnen loslöst und wächst, um sich selbständig zu vermehren, eine Organisation zu reproduzieren – derjenigen gleichartig, der es angehörte – und seine Autonomie zu erwerben. Zwischen den Generationen findet sich keine totale Unterbrechung, sondern die Fortdauer eines Elements, einer Zelle, die sich nach und nach zu einem Organismus entfaltet. »In der ganzen Reihe alles Lebendigen, dies mögen nun ganze Pflanzen oder tierische Organismen oder integrierende Teile derselben sein, besteht« nach Virchow »ein ewiges Gesetz der kontinuierlichen Entwicklung.«[96] Das Leben geht aus dem Leben hervor und einzig aus ihm. Die Bildung eines Wesens durch ein anderes stellt immer ein Ausschwärmen von Zellen, eine Art Knospentreiben dar. Das Kind ist niemals nur ein Aus-Wachsen aus den Eltern. Die Kontinuität des Lebenden wird durch die Zelle gegeben.

Am Anfang eines jeden Organismus steht so eine der vorangegangenen Generation entnommene Einheit. Diese Einheit teilt sich durch Segmentierung, und die derart gebildeten Zellen unterscheiden sich in der Ausübung verschiedener Funktionen, sie schließen sich zu Geweben und Organen zusammen, sie bilden Strukturen, aus denen nach und nach die Architektur des Tiers oder der Pflanze hervorgeht. Jeder Organismus stellt eine Kolonie dar, eine Assoziation verschiedener Zelltypen, die jedoch alle auf dieselbe ursprüngliche Zelle, das Ei, zurückgehen. Form und Eigenschaften eines Organismus werden von der Anzahl der Zellen, der Unterschiedlichkeit ihrer Typen und von ihrer Verkettung determiniert. Der Mannigfaltigkeit der lebenden Welt liegen die Kombinationsmöglichkeiten der Zellen zugrunde. Löst sich aber eine Zelle von einem Wesen los, um ein anderes zu bilden, so wird das neue Wesen jedoch immer als Ebenbild des vorangegangenen geformt sein. Alle Prozesse der Entwicklung, der Zellteilung und der Differenzierung, aufgrund derer aus der Eizelle immer dieselbe Struktur, dasselbe System hervorgeht, wiederholen sich ohne Fehl von einer Generation zur anderen. Dem von der vergleichenden Anatomie abgeklärten Organisationsplan muß ein Entwicklungsplan zugrunde liegen, der die Vermehrung der Zellen im Ei, ihre Differenzierung und ihre Anordnung steuert. Liegt der gleiche Plan vor, wird er regelmäßig ausgeführt, so bildet sich ein normales Kind nach dem Ebenbild der Eltern. Ist der Plan fehlerhaft oder wird er schlecht ausgeführt, dann treten Mißbildungen auf. Die Biologie stößt damit von neuem auf das bereits von Maupertuis und Buffon vermutete Problem: die Fortpflanzung einer Organisation, die durch die Zusammensetzung von Elementareinheiten geformt ist, erfordert die Weitergabe eines »Gedächtnisses« von einer Generation zur anderen. Während der ersten Hälfte des 19. Jahrhunderts kann nur die »vitale Bewegung« die Rolle des Gedächtnisses übernehmen und eine getreue Reproduktion sicherstellen. Doch wie auch immer Bezeichnung und Natur dieser Kräfte seien, dank derer sich die Organisation der Eltern beim Kind wiederfindet, sie müssen von jetzt an in der Zelle lokalisiert werden.

Mit der Ablösung der sichtbaren Struktur durch die Organisation als Analyseobjekt wird in die Erforschung der Lebewesen ein Referenzsystem für die unmittelbaren Tatsachen der Wahrnehmung eingeführt. Setzt das 19. Jahrhundert die Organisation dem Leben gleich, so deshalb, weil sie ein Verbindungszentrum von drei voneinander eng abhängigen Variablen darstellt: von Struktur, Funktion und dem, was Comte als »die Umgebung« (le milieu) bezeichnet. Nur wenn die Werte dieser drei Parameter im Gleichgewicht verbleiben, kann es Leben geben. Jede Veränderung eines Parameters beeinflußt den Organismus als Ganzes, der hierauf mit der Veränderung der anderen Parameter reagiert. Es geht darum, in einer gegebenen Umgebung, sagt Comte, »wenn das Organ gegeben wird, dann die Funktion zu finden und umgekehrt«[97]. Auf dieser Interaktion wird von jetzt an die Analyse von Funktion und Eigenschaften der lebenden Systeme beruhen. Biologie zu betreiben heißt die Veränderungen zu erforschen, die sich in gewissen Parametern als Antwort auf die natürliche oder provozierte Veränderung eines anderen Parameters ergeben. Von jetzt an sind alle Bestrebungen der Biologen, ihre Scharfsinnigkeit, die Art ihres Vorgehens darauf gerichtet, Mittel und Wege zu finden, um eine der Variablen zu isolieren, eine Technik zu erfinden, um eine Variable in einer berechneten Weise zu stören und die Auswirkungen auf die anderen zu messen. Von jetzt an gibt es für die Biologie nur Probleme, die mindestens drei Körper umfassen.

Die Gliederung in Struktur, Funktion und Milieu führt zu einer vollständigen Veränderung der Art und Weise, wie die Lebewesen im Raum angeordnet sind. Einmal erfolgt eine Veränderung im Raum, in dem die Gesamtheit der belebten Welt verteilt ist, da hinsichtlich der Organisation nicht mehr alle Kombinationen von Elementen möglich sind. Nur noch diejenigen Anordnungen sind lebensfähig, die sich den Existenzbedingungen anpassen. Nur noch die sind fortpflanzungsfähig, die sich dem Milieu angleichen. Anstelle einer ununterbrochenen Kette, die von einer Extremität der belebten Welt zur anderen führte, finden sich jetzt nur noch einige große Organisationstypen, einige voneinander isolierte Anhäufungen. Die Kontinuität des Lebenden verläuft nicht mehr horizontal in der Gesamtheit der Wesen, sondern vertikal infolge der die Generationen vereinenden Fortpflanzung. Ferner erfolgt eine Veränderung in dem Raum, wo sich das lebende Wesen selbst entfaltet, denn im Rahmen der seltenen möglichen Kombinationen verbinden sich die Organe nicht zufällig, sondern nach einem genauen Plan. Die wichtigsten Organe sind im Innersten des Organismus geborgen; Zusätze entfalten sich an der Oberfläche. Das Wichtige, die eigentliche Basis des Lebens und das, was sich nicht ohne dramatische Folgen für die Existenz des Tiers verändern kann, findet sich also jeder Verbindung mit dem umgebenden Milieu beraubt; es ist vor jedem äußeren Einfluß geschützt. Dagegen berührt das Sekundäre das Milieu unmittelbar und unterliegt all dessen Auswirkungen. Da sich das Sekundäre wenn auch nicht in absoluter Freiheit, so zumindest in großem Ausmaß verändern kann, ist es der Sitz aller Interaktionen zwischen Organismus und Milieu. Hier an der Oberfläche, in dieser den Organismus und sein Milieu gleichzeitig trennenden und einenden Hülle können mehr oder weniger direkt und dauerhaft alle äußeren Einflüsse auf die Lebewesen einwirken.

Eine weitere Veränderung erfolgt im Raum, den die Substanz der Lebewesen selbst einnimmt, da sich diese ja immer aus Zellen zusammensetzen. Die Kontinuität der Faser und des Gewebes wird von der diskreten Natur der Zellanordnungen abgelöst. Anstelle von fest gewebten Fäden und dicht übereinanderliegenden Schichten werden die lebenden Körper Zusammensetzungen von Elementen, Konglomerate von Einheiten. Mit der Zellentheorie steht die Biologie auf einem neuen Sockel, da ja die Einheit der belebten Welt nicht mehr in der Essenz der Lebewesen begründet ist, sondern auf der Gemeinsamkeit von Materialien, Zusammensetzung und Fortpflanzung. Die besondere Eigenschaft des Lebenden beruht auf seiner Feinorganisation. Gleichzeitig aber nähert die Zellentheorie die belebte der unbelebten Welt an, da ja beide auf demselben Prinzip erbaut sind: das Gerüst von Verschiedenheit und Komplexität ist auf die Kombinatorik des Einfachen gegründet. Die Zelle wird zum »Wachstumszentrum« vergleichbar dem »Kräftezentrum« des Atoms.

Schließlich erfolgt eine Veränderung in dem Raum, der die folgenden Generationen unter sich verbindet, da die Organisation nicht mehr fertig aus dem Samen hervorgeht, sondern sich schrittweise von einer einfachen Zelle aus entwickelt, die sich vom Körper des Erzeugers gelöst hat. Im Verlaufe der embryonalen Entwicklung bildet das Ei eine Folge verschiedener Organisationen, von denen nur die letzte der Organisation des ausgewachsenen Tiers entspricht. Die Reproduktion beruht also nicht mehr auf der Beständigkeit von ein für alle Male gegebenen Strukturen, sondern auf einander folgenden Operations-

zyklen, die das Ei mit dem Huhn ebensogut wie das Huhn mit dem Ei verbinden.
In den derart veränderten Raum greift die Zeit ein. Denn wenn es um die Organisation gewisser Elemente und nicht mehr um ihre einfache Aneinanderreihung geht, dann stellt sich im 19. Jahrhundert das Problem der Genese nicht mehr in denselben Begriffen. Die Organisationen sind unter sich nicht durch die Nachbarschaft im Raum, infolge der Anhäufung gleicher oder ähnlicher Elemente, verbunden. Die Beziehungen zwischen diesen Elementen sind durch die zeitliche Aufeinanderfolge gegeben. Sind zwei organisierte Systeme durch irgendeine Analogie gekennzeichnet, so haben sie im Verlaufe ihrer Entwicklung ein gemeinsames Stadium durchschritten. Mit der Vorstellung der Organisation ist unauflösbar die ihrer Geschichte verbunden. Doch ist die Geschichte eines organisierten Systems nicht einfach die Folge von Ereignissen, die dieses System dann durchläuft. Sie wird zu der Reihe von Transformationen, die ein System nach und nach konstituiert haben. Da sich dieselben Organisationen voneinander durch eine Folge sukzessiver Veränderungen, das heißt durch dieselbe »Evolution« herleiten lassen, ist es nicht mehr nötig, daß die Beständigkeit der Primärstruktur von einer Generation zur anderen gesichert ist. In der Tat besteht im Verlaufe der embryonalen Entwicklung eine Wechselbeziehung zwischen Raum und Zeit. Die Organe verteilen sich nicht mehr zufällig im Individuum, sie entstehen nicht in irgendeiner beliebigen Ordnung. Die wichtigsten Organe sind am tiefsten im Inneren der Organisation geborgen, können sich also am wenigsten verändern und sind doch gleichzeitig die ersten, die sich bilden. Die untergeordneten Organe befinden sich dagegen an der Oberfläche, sie verändern sich leicht und bilden sich als letzte. Dem Organisationsplan im Raum entspricht also ein Plan der Bildung in der Zeit. Die Reihe von Transformationen im Verlaufe der Ontogenese konzipiert also eine neue Verbindung zwischen den Arten derselben Gruppe, denn bei allen Embryonen der Gruppe erscheinen zuerst dieselben wichtigen und verborgenen Organe, so als wären sie eine gemeinsame Organisationsgrundlage. Erst danach weichen die Embryos der Gruppe voneinander ab, so, als wenn auf demselben Weg befindlich, die verschiedenen Arten an verschiedenen Punkten haltmachten, wobei die Vollkommensten ihren Weg am längsten verfolgen, um die Einzelheiten der Oberfläche zu vollenden. Jenseits der Zeit der Ontogenese hebt sich undeutlich eine andere, weiter entlegene, mächtigere Zeit ab, durch die sich ein ganzes Bündel von Beziehungen zwischen den Lebewesen abzuzeichnen scheint. Jetzt wird eine Theorie der Evolution möglich.

Anmerkungen

[1] v. Haller, Eléments de physiologie, Paris 1769, 1. Teil, Kapitel I, X, S. 3; vgl. auch Herrn Albrecht von Hallers Anfangsgründe der Phisiologie des menschlichen Körpers. Aus dem Lateinischen übersetzt von Johann Samuel Haller, Berlin 1759, Bd. 1, Buch 1, Abschnitt 1, S. 3–15.
[2] v. Haller, Eléments de physiologie, S. 2.
[3] Bonnet, Palingénésie philosophique, IX, 1, in: Œuvres, Bd. XV, S. 350.
[4] Buffon, Histoire naturelle des Animaux, in: Œuvres complètes, Bd. III, S. 27–28.
[5] Maupertuis, Vénus Physique, in: Œuvres, Bd. II, S. 120.
[6] Buffon, Histoire naturelle des Animaux, in: Œuvres complètes, S. 34–35.
[7] Maupertuis, Vénus Physique, in: Œuvres, Bd. II, S. 121.
[8] Bonnet, Corps organisés, in: Œuvres, Bd. VI, S. 390–391.
[9] Maupertuis, Vénus Physique, in: Œuvres, Bd. II, S. 121–122.
[10] Maupertuis, Système de la Nature, XIX, in: Œuvres, Bd. II, S. 149.
[11] Ibid., XXXIII, in: Œuvres, Bd. II, S. 158–159.
[12] Buffon, Histoire naturelle des Animaux, in: Œuvres complètes, Bd. III, S. 48–49.
[13] Ibid., S. 51.
[14] Ibid.
[15] Ibid., S. 61.
[16] Buffon, Le Cerf, in: Œuvres complètes, Bd. II, S. 521.
[17] Maupertuis, Vénus Physique, in: Œuvres, Bd. II, S. 132.
[18] Buffon, Histoire naturelle des Animaux, in: Œuvres complètes, Bd. III, S. 450.
[19] Buffon, Introduction à l'histoire des minéraux, in: Œuvres complètes, Bd. VI, S. 24.
[20] Buffon, Nomenclature des Singes, in: Œuvres complètes, Bd. IV, S. 15.
[21] Lamarck, Philosophie zoologique, Paris 1873, Bd. I, S. 62; vgl. auch Zoologische Philosophie, Jena 1876, S. 18.
[22] Goethe, Erster Entwurf einer allgemeinen Einleitung in die vergleichende Anatomie, in: Goethe, Naturwissenschaftliche Schriften. Zweiter Teil, Zürich 1952, S. 234.
[23] A. J. de Jussieu, Principes de la Méthode Naturelle des Végétaux, Auszug aus dem Dictionnaire des sciences naturelles, Paris 1824, S. 27.
[24] Lamarck, La Flore Française, Paris 1778, Bd. I, Vorrede, S. XCVII–XCVIII.
[25] Lamarck, Philosophie zoologique, Bd. I, S. 102; vgl. auch Zoologische Philosophie, S. 43.
[26] Lamarck, Philosophie zoologique, Bd. I, S. 63; vgl. auch Zoologische Philosophie, S. 19.
[27] Lamarck, Philosophie zoologique, Bd. I, S. 119; vgl. auch Zoologische Philosophie, S. 52.
[28] Lamarck, Histoire Naturelle des Animaux sans Vertèbres, Paris 1815–1822, Bd. I, Einleitung, S. 130–131.
[29] Lamarck, Philosophie zoologique, Bd. I, S. 189; vgl. auch Zoologische Philosophie, S. 94–95.
[30] Lamarck, La Flore Française, Bd. I, S. 1–2.
[31] Lamarck, Philosophie zoologique, Bd. I, S. 106; vgl. auch Zoologische Philosophie, S. 45.
[32] Lamarck, Histoire Naturelle des Animaux sans Vertèbres, Bd. I, S. 49–50.
[33] Vgl. Kant, Kritik der Urteilskraft, hrsg. v. Karl Vorländer, Hamburg 1954, S. 232.
[34] Goethe, Erster Entwurf einer allgemeinen Einleitung in die vergleichende Anatomie, S. 238.
[35] Vgl. Kant, Kritik der Urteilskraft, S. 237.
[36] Bichat, Recherches physiologiques sur la vie et la mort, an VIII, S. 97.
[37] Cuvier, Leçons d'anatomie comparée, Paris 1835[2], Bd. I, S. 2; vgl. auch Cuvier, Vorlesungen über vergleichende Anatomie, Stuttgart 1839, S. 15–16.
[38] Bichat, Recherches physiologiques sur la vie et la mort, S. 1.
[39] Cuvier, Leçons d'anatomie comparée, Bd. I, S. 4.

[40] Goethe, Bildung und Umbildung organischer Naturen, in: Goethe, Naturwissenschaftliche Schriften. Zweiter Teil, Zürich 1952, S. 17.
[41] Liebig, Die organische Chemie in ihrer Anwendung auf Physiologie und Pathologie, Braunschweig 1842, S. 208.
[42] Cuvier, Leçons d'anatomie comparée, Bd. I, S. 4; vgl. auch Vorlesungen über vergleichende Anatomie, S. 17.
[43] Bichat, Anatomie générale, Paris 1818, Bd. I, S. 17.
[44] Cabanis, Rapport du physique et du moral, Paris 1830, Bd. II, S. 256.
[45] Liebig, Die organische Chemie in ihrer Anwendung auf Physiologie und Pathologie, Vorwort, S. VIII–IX.
[46] Ibid., S. 165.
[47] Wöhler an Berzelius, 22. 2. 1828. Briefwechsel zwischen J. Berzelius und F. Wöhler. Leipzig 1901, zitiert von Jacques Loeb, Vorlesungen über die Dynamik der Lebenserscheinungen, Leipzig 1906, S. 14.
[48] Liebig, Die organische Chemie in ihrer Anwendung auf Physiologie und Pathologie, S. 200–201.
[49] Ibid., S. 214.
[50] Ibid., S. 217–218.
[51] Ibid., S. 108.
[52] Liebig, Die organische Chemie in ihrer Anwendung auf Agricultur und Physiologie, Braunschweig 1840, S. 206.
[53] Berzelius, Jahresbericht, 1836, Band XV, S. 237, zitiert von Jacques Loeb, S. 17–18.
[54] Cuvier, Lettre à Mertrud, in: Leçons d'anatomie comparée, Bd. I, S. XVII; vgl. auch Vorlesungen über vergleichende Anatomie, S. 7.
[55] Cuvier, Le Règne animal distribué d'après son organisation, Paris 1817, Bd. I, S. 7; vgl. auch Cuvier, Das Tierreich geordnet nach seiner Organisation, Leipzig 1831, Bd. I, S. 4.
[56] Goethe, Bildung und Umbildung organischer Naturen, S. 17.
[57] Saint-Hilaire, Philosophie anatomique, Paris 1818, S. XXII–XXIII.
[58] Cuvier, Leçons d'anatomie comparée, 1. Lektion, S. 50; vgl. auch Vorlesungen über vergleichende Anatomie, S. 38.
[59] Saint-Hilaire, Philosophie anatomique, S. XXX.
[60] Ibid., S. 19.
[61] Goethe, Erster Entwurf einer allgemeinen Einleitung in die vergleichende Anatomie, S. 237–238.
[62] Saint-Hilaire, Considérations sur les pièces de la tête osseuse, in: Annales du Musée d'Histoire Naturelle, 1807, 10, S. 342.
[63] Cuvier, Le Règne animal, Bd. I, Vorwort, S. V; vgl. auch Das Tierreich geordnet nach seiner Organisation, Vorrede, S. XVII.
[64] Cuvier, Leçons d'anatomie comparée, Bd. I, S. 49; vgl. auch Vorlesungen über vergleichende Anatomie, S. 38.
[65] Cuvier, Leçons, Bd. I, S. 56–57; vgl. auch Vorlesungen, S. 41.
[66] Cuvier, Leçons, Bd. I, S. 58; vgl. auch Vorlesungen, S. 42.
[67] Cuvier, Le Règne animal, Bd. I, S. 10; vgl. auch Das Tierreich, S. 6.
[68] Cuvier, Le Règne animal, S. 55–56; vgl. auch Das Tierreich, S. 29.
[69] Saint-Hilaire, Philosophie anatomique, S. 18–19.
[70] Saint-Hilaire, Mémoire sur l'organisation des Insectes, in: Journal compl. des Sciences médicales, 1819, 5, S. 347.
[71] Cuvier, Le Règne animal, Bd. I, S. 6; vgl. auch Das Tierreich, S. 4.
[72] Cuvier, Leçons d'anatomie comparée, Bd. I, S. 60; vgl. auch Vorlesungen, S. 43.
[73] Cuvier, Le Règne animal, Bd. I, S. 57; vgl. auch Das Tierreich, S. 30.
[74] Cuvier, Mémoires sur les Céphalopodes, Paris 1817, S. 43.
[75] Cuvier, Leçons d'anatomie comparée, Bd. I, S. 59; vgl. auch Vorlesungen, S. 43.
[76] Bichat, Traité des membranes, Paris 1816, S. 29.
[77] Ibid., S. 28.
[78] Ibid., S. 31.

[79] Bichat, Anatomie générale, S. 35.
[80] Zitiert in M. Klein, Histoire des origines de la Théorie cellulaire, Paris 1936, S. 19.
[81] Dujardin, Recherches sur les organismes inférieurs, in: Annales des Sciences naturelles, 1835, 2. Serie, Bd. IV, S. 367.
[82] Schwann, Mikroskopische Untersuchungen über die Übereinstimmung in der Struktur und dem Wachsthum der Thiere und Pflanzen, Berlin 1839, S. 196.
[83] Schwann, Mikroskopische Untersuchungen, S. 228–229.
[84] Schleiden, Beiträge zur Phytogenesis, in: Archiv für Anatomie, Physiologie und Wissenschaftliche Medizin, hrsg. v. Joh. Müller, Berlin 1838, S. 138.
[85] Schwann, Mikroskopische Untersuchungen, S. 229.
[86] Ibid., S. 237.
[87] Ibid., S. 226.
[88] Virchow, Die Cellularpathologie in ihrer Begründung auf physiologische und pathologische Gewebelehre, Berlin 1859, S. 25.
[89] Ibid., S. 12.
[90] Ohne Quellenangabe zitiert in E. Haeckel, Anthropogenie oder Entwickelungsgeschichte des Menschen, Leipzig 1877, S. 221.
[91] Ohne Quellenangabe zitiert in Ch. Darwin, L'Origine des espèces, französische Übersetzung, Paris 1873, S. 462; vgl. auch deutsche Übersetzung Über die Entstehung der Arten im Tier- und Pflanzenreich durch natürliche Züchtung, Stuttgart 1860, S. 442–443.
[92] Saint-Hilaire, Philosophie anatomique, II: Des monstruosités humaines, Paris 1822, S. 539.
[93] Saint-Hilaire, Histoire des anomalies de l'organisation, Paris 1832, Bd. I, S. 18.
[94] Remak, Untersuchungen über die Entwickelung der Wirbelthiere, Berlin 1855, S. 140.
[95] Zitiert in E. B. Wilson, The Cell in Development and Heredity, 1925, S. 1035.
[96] Virchow, Cellularpathologie, S. 25.
[97] Comte, Cours de Philosophie positive, in: Œuvres, Paris 1838, Bd. III, S. 237; vgl. auch ibid., S. 235 über Comtes Definition von »milieu«.

Drittes Kapitel

Die Zeit

Heute stellt die Zeit für den Biologen wesentlich mehr dar als nur einen einfachen physikalischen Parameter. Sie ist untrennbar mit der Entstehung der belebten Welt und ihrer Evolution verbunden. Auf dieser Erde gibt es keinen auch noch so einfachen und rudimentären Organismus, der nicht Endpunkt einer Reihe von Wesen ist, die im Verlaufe der letzten zwei Milliarden Jahre oder vor noch längerer Zeit gelebt haben. Kein Tier, keine Pflanze und keine Mikrobe ist mehr als ein einfaches Glied in einer Kette sich verändernder Formen. In jedem Lebewesen endet notwendig eine Geschichte, die nicht nur die Reihe von Geschehnissen darlegt, in die seine Vorfahren verwickelt waren. Sie ist ebenfalls die Aufeinanderfolge von Transformationen, durch die sich dieser Organismus nach und nach entwickelt hat. Die Vorstellungen von Ursprung, Kontinuität, Unbeständigkeit und Zufälligkeit sind unauflösbar mit der Vorstellung von Zeit verbunden. Des Ursprungs deshalb, weil man das Auftreten von Leben als ein Ereignis betrachtet, das seit Entstehen der Erde vielleicht nur ein einziges Mal, mit Gewißheit jedoch höchst selten stattfand: alle gegenwärtig lebenden Wesen stammen von ein und demselben Ahnen ab oder von einer sehr kleinen Zahl von Urformen. Die Vorstellung der Kontinuität ist deshalb mit der der Zeit verbunden, weil man annimmt, daß, seit der erste Organismus entstand, Lebendes immer nur aus Lebendem hervorgeht: die Erde ist heute einzig aufgrund aufeinanderfolgender Reproduktionen mit verschiedenen Organismen bevölkert. Unbeständigkeit und Zeit stehen deshalb miteinander in Beziehung, weil die Reproduktionstreue, die zwar fast immer zur Bildung des völlig Gleichen führt, selten, doch sicher Verschiedenartiges entstehen lassen kann: so klein dieser Spielraum auch sein mag, er genügt, um die für die Evolution notwendige Variabilität sicherzustellen. Schließlich besteht eine Korrelation zwischen Zufälligkeit und Zeit, weil sich keine Intention irgendeiner Art in der Natur nachweisen läßt, keinerlei auf die Vererbung zielende Wirkung der Umwelt, die fähig wäre, die Veränderungen in eine bestimmte Richtung zu lenken: eine Notwendigkeit *a priori* für die Existenz der belebten Welt, so wie sie heute be-

steht, ist also in keiner Weise erforderlich. Daher ist jeder wie auch immer beschaffene Organismus nicht nur unlösbar an den ihn umgebenden Raum gebunden, sondern darüber hinaus an seine Geschichte, an die Zeit, die ihn hergeleitet hat und ihm gewissermaßen eine vierte Dimension verleiht.
Heute läßt sich der gegenwärtige Zustand der belebten Welt durch die Evolution begründen. Aber die Rolle, die der Vergangenheit zuzuweisen ist, ergibt sich mit Notwendigkeit aus der Art und Weise, wie die Gegenwart betrachtet und interpretiert wird. Sind doch Bedeutung und Wirkung der Zeit für eine Epoche von der Vorstellung abhängig, die sich diese Epoche von den Wesen und Dingen macht, von den Beziehungen, die sie unter ihnen entdeckt, und von dem Raum, in den sie sie einordnet. Die Behauptung ist nicht übertrieben, daß die Lebewesen bis zum 18. Jahrhundert ohne Geschichte sind. Die Zeugung eines Wesens ist immer eine Schöpfung, gleichgültig, ob diese nun einen isolierten Akt darstellt, der die unmittelbare Mitwirkung einer göttlichen Kraft erfordert, oder ob sie alle Wesen in einer Serie entstehen ließ parallel zur Reihenfolge ihres Auftretens in der Zeit. Mag auch die Art immer klarer definiert werden, so ist sie doch nichts anderes als ein festgefügter Rahmen für die aufeinanderfolgenden Individuen. Durch die Generationen hindurch finden sich immer dieselben Figuren auf denselben Plätzen. Das Bild ist erstarrt, ständig sich selber identisch. Welche Geschichte könnte denn auch ein vorgeformtes Wesen haben, das in den Lenden seiner sich folgenden Ahnen die Stunde seiner Geburt abwartet?

Die Kataklysmen

Im Verlaufe des 18. Jahrhunderts beginnt die Zeit in die belebte Welt einzugreifen; in erster Linie deshalb, weil die Vorstellung von der Reproduktion den Wesen eine Vergangenheit zuweist: jene Kette, die von Eltern, Großeltern und der ganzen monotonen Generationenfolge nach rückwärts gebildet wird und durch die die Art fortlebt. Ein weiterer und hauptsächlicher Grund ist darin zu suchen, daß die Schriften von Burnet, Woodwart, Benoît de Maillet und vor allem von Buffon eine Reihe von »Kataklysmen« aufzeigen, die die Welt, in der die Wesen leben, umstürzten. Die Erde gilt nicht mehr als seit der Schöpfung erstarrt: sie hat plötzlich eine Geschichte, sie hat ein Alter, Epochen. Im 18. Jahrhundert stellt sich die Generationenfolge noch als eine langweilige Reihe identischer Erzeugungen dar, eine gerade, nichtabreißende Linie. Die Geschichte der Erde erscheint dagegen als eine Reihe von Katastrophen, als eine Kaskade von über lange Perioden verteilten Transformationen. Sie stimmt nicht mehr mit den Erzählungen der Bibel überein, in denen die seit der Schöpfung herrschende Stille nur durch die Sintflut gestört wurde. Die Chronologie der Generationen bestimmt die den Lebewesen eigene Zeit; sie stellt sozusagen deren innere Zeit dar. Hingegen läuft die der belebten Welt durch die Umwälzungen der Erde auferlegte Zeit außerhalb der Wesen selbst ab. Sie sind von ihr nur indirekt betroffen, da die Umwälzungen auf der Erde ihre Lebensbereiche, ihr Klima und ihre Ernährung stören. Die wichtigste Folge der Katastrophen besteht darin, daß sich die zunächst glühende Erdoberfläche nach und nach abkühlt. Die von einer Art Weltozean bedeckte Erdkruste faltete sich, blähte sich auf, so daß Kontinente zum Vorschein kamen und sich Berge errichteten. Dann stürzten manche Kontinente in sich zusammen und neue Meere entstanden. Auf diese Weise änderten sich die Klimata, die anfangs gleichmäßig warm waren und sich dann in bestimmten Zonen abkühlten und in anderen gemäßigt wurden. Alle diese Ereignisse wirkten auf die lebende Welt zurück, indem sie zwar nicht die Lebewesen selber, wohl aber ihre Verteilung auf der Erdoberfläche änderten. Die Spur, die in den Fossilien verfolgt werden kann, zeugt von der Identität der damaligen und der heutigen Organismen. »Weit im Innern der Kontinente«, führt Buffon aus, »auf den Bergeshöhen und an den entferntesten Stellen des Meeres finden sich Muscheln, Skelette von Meerfischen, Meerpflanzen usw., die den Muscheln, den Fischen, den heute im Meer vorkommenden Pflanzen vollständig gleichen und tatsächlich ganz identisch sind ... Man kann weder ihre vollkommene Ähnlichkeit noch die Identität ihrer Arten in Zweifel ziehen.«[1] Infolge der Abkühlung der Erde verstreut, mußten die Arten, die sich zuerst an der Wärme entfaltet hatten, fliehen und sich in der einzigen heute noch warmen Zone von neuem gruppieren. Die erkalteten Zonen wurden nach und nach mit andernorts unbekannten Organismen besiedelt; nicht wenige Arten sind im Verlaufe dieses Prozesses erloschen. Letzten Endes erhalten sich die heute auf der Erde vorkommenden lebenden Formen nur dank der Unregelmäßigkeiten der Erdkruste, der Klimatypen, der Anordnung der Ozeane und der Kontinente. Ohne diese geographische Vielfältigkeit wäre nichts Grünes zu sehen, bestünde nicht der Reichtum, den wir in Feldern und Wäldern vorfinden. »Ein trauriges Meer würde den ganzen Erdball bedecken«, sagt Buffon, »und die Erde würde von allen ihren Merkmalen nur das eines obskuren Planeten beibehalten, der ver-

lassen und bestenfalls zum Aufenthaltsort von Fischen bestimmt wäre.« [2]
Bisher wurden die Unveränderlichkeit und die Starrheit der belebten Welt nicht in Frage gestellt. Es war undenkbar, daß das durch die Reihe aller heute lebenden Formen gegebene Bild einmal verschieden gewesen wäre. Vom Augenblick an, wo der Erde eine bewegte Geschichte zugeschrieben wird, geht ein Oszillieren, ein Erdbeben durch die belebte Welt. Der Sockel, auf dem sie ruht, gerät in Bewegung. Plötzlich scheint es möglich zu sein, daß im Reich der organisierten Wesen nicht alles unbeweglich ist, daß sich die Arten im Verlauf der Zeit ändern und die Wesen umwandeln können. Oft legt man den Beginn des transformistischen Denkens ins 18. Jahrhundert. Der in der Person Linnés verkörperten Theorie der Beständigkeit der Arten wird gerne eine evolutionistische Strömung gegenübergestellt, in die sowohl Benoît de Maillet, Robinet, Charles Bonnet und Diderot als auch Buffon und Maupertuis eingereiht werden. Man meint, daß sich diese evolutionistische Tendenz während der ganzen zweiten Hälfte des 18. Jahrhunderts entwickelt hätte und daß sie dann im folgenden Jahrhundert nur präzisiert und angewendet worden sei. Jedoch müßte man sicher sein, welche Bedeutung den Begriffen Transformismus und Evolution zu geben ist. Gewiß bringt die Mehrzahl der Schriften aus der Mitte des 18. Jahrhunderts eine ganz neue Haltung zum Ausdruck: Der Übergang einer lebenden Form in die andere wird möglich; manche Art ist heute verschwunden und läßt meistens nur schwer erkennbare und interpretierbare Spuren zurück; niemand kann versichern, daß die heute vorkommenden Tiere und Pflanzen für immer stabilisiert sind und ewig gleich bleiben werden. Zweifellos entsteht Unsicherheit in bezug auf Vergangenheit und Zukunft der Wesen, wie es ein Satz Diderots zusammenfaßt: »Das unsichtbare Würmchen, welches sich im Schlamm bewegt, wird sich vielleicht zu einem großen Tier entwickeln; das riesige Tier, das uns durch seine Größe erschreckt, wird sich vielleicht in die Gestalt eines Würmchens verwandeln, ist möglicherweise nur ein besonderes, zeitgebundenes Produkt dieses Planeten.« [3] Sogar Linné beginnt sich angesichts gewisser Pflanzen an bis dahin unbekannten Blüten zu begeistern und eine »Transmutation« der Arten aufgrund widernatürlicher Kreuzungen für möglich zu halten.
Doch die Idee der Transformation allein genügt nicht, um den Transformismus begrifflich festzulegen. Dieser ist durch einen von den Wesen selber ausgehenden Impuls gekennzeichnet, der sie durch alle Wechselfälle der Erde nach und nach vom Einfachen zum Komplexen führt; er ist das Ergebnis eines immerfort unstabilen Gleichgewichts zwischen den lebenden Formen; er bedeutet ein Spiel von Wechselwirkungen

zwischen den Organismen und ihrer Umgebung; er ist die Dialektik des Gleichartigen und des Verschiedenartigen in einer vereinheitlichten Geschichte der Natur. Kurz, der Transformismus begründet eine kausale Theorie des Entstehens der Arten, ihrer Varietät und ihrer Verwandtschaft. Eine derartige Gesamtkonzeption kommt jedoch im 18. Jahrhundert nie zustande. Die den Wesen eigene Zeit und die Zeit der Erde ignorieren sich gegenseitig. Nur in außerordentlichen Fällen begegnen sie sich und treten in Wechselwirkungen. Verstreut, isoliert und unabhängig voneinander werden vorderhand nur gewisse derjenigen Elemente gefunden, die das 19. Jahrhundert vereinigen wird, um die lebenden Formen kausal zu verketten.

Viele Abhandlungen ziehen die Möglichkeit einer tiefgreifenden Abänderung der Lebewesen in Erwägung, wodurch sich eine Art in eine andere verwandeln würde. So wird zum Beispiel die Transformation von »Fischen in Vögel« ausführlich von Benoît de Maillet erörtert; die Bedeutung, die dem Übergang vom meer- zum erdgebundenen Leben in jeder Evolutionstheorie zukommt, ist bekannt. Die von den sich zurückziehenden Wassern zurückgelassenen Fische waren de Maillet zufolge »gezwungen, sich an das Leben auf der Erde zu gewöhnen«[4]. Die kleinen Flossen unter dem Bauch, die ihnen im Meer zu schwimmen erlauben, hätten sich in Füße entwickelt, um auf der Erde gehen zu können. Schnabel und Hals seien länger geworden. Auf der Haut seien ihnen Haare gewachsen, die nach und nach zu Flaum und dann zu Federn wurden. Nichts spricht gegen die Vorstellung von der Verwandlung eines geflügelten Fisches, der meistens im Wasser und manchmal in der Luft dahinzieht, in einen Vogel, der immer in der Luft fliegt, der aber Gestalt, Farbe und Verhalten des Fisches beibehält. »Die Samen derselben Fische können, in die Sümpfe getragen, ebenfalls zu dieser ersten Transmutation der Art geführt haben, zum Übergang vom Meer zur Erde. Mögen hundert Millionen untergegangen sein, ohne sich adaptieren zu können, so genügt der Erfolg von zweien, um eine Art zu begründen.«[5] Das sind vertraute Klänge für unsere durch mehr als ein Jahrhundert evolutionistischen Denkens geschulten Ohren. Für de Maillet aber ist in erster Linie wichtig, nachdem einmal das Bestehen eines Weltozeans in der Vorzeit angenommen wird, eine Korrelation zwischen der kontinuierlichen Reihe der heute im Wasser lebenden Organismen und denjenigen, die auf festem Boden leben, aufzustellen. Für alle erdgebundenen Tiere findet sich somit ein ihnen entsprechender Typus im Wasser. Keinesfalls entsprechen nur die fliegenden Fische den Vögeln. »Der Löwe, das Pferd, der Ochse, das Schwein, der Wolf, das Kamel, die Katze, der Hund, die Ziege, das Schaf, alle haben ihnen entsprechende Arten im Meer.«[6] Jedes dieser schon im Meer existierenden Tiere kann zu jedem beliebigen Zeitpunkt das trockene Land gewinnen, um sich dort niederzulassen. Das ist die einzige Art der Transformation, die im *Telliamed* in Betracht gezogen wird. Es gibt keine aufeinanderfolgenden Varietäten, keine Verkettung in der Zeit, keinerlei Anwachsen von Komplexität und Vollkommenheit der Organismen mit zunehmendem Alter der Erde.

Im Gegensatz hierzu findet man in anderen Abhandlungen wie denjenigen von Charles Bonnet oder de Robinet eine Tendenz zu einer Zunahme der Komplexität in der lebenden Welt, eine »Progression« vom einfacheren zum höher entwickelten Zustand. Für Robinet zum Beispiel ist »ein einziges Wesen der Prototyp aller Wesen«[7]. Auch dieser Satz kann in unseren Augen leicht transformistisch erscheinen. Tatsächlich aber ist der Prototyp nichts anderes als eine Art lebender Einheit, ein organisches Molekül, das dem Aufbau der Lebewesen dient. Robinet nimmt an, daß ursprünglich ein einziger Plan der Organisation oder der »Animalität« möglich war: derjenige, der im Prototyp verwirklicht ist. Dieser hat die natürliche Tendenz sich zu entwickeln, sich zu kombinieren, um nach und nach die verschiedensten Wesen zu bilden. Die Kombinationen und Variationen des Prototyps führen zu den verschiedenen Lebensformen und wirken das kontinuierliche Gewebe der Wesen. Letztlich werden derart alle möglichen Formen verwirklicht; sie bilden die Glieder der Kette, die sich vom Einfachsten, dem Prototyp, bis zum Kompliziertesten, dem Menschen, erstreckt. Die Kette entsteht folglich nicht durch einen andauernden Impuls, der die eine Form in die andere übergehen läßt, sondern durch eine Art Kombinatorik, die heute den einen und morgen einen anderen, vollständig verschiedenen Organismus entstehen läßt. Charles Bonnet zufolge entwickeln sich dagegen die Lebewesen gleichzeitig und regelmäßig auf einen zukünftigen Zustand hin, in dem »sie ebenso verschieden von dem sein werden, was sie heute sind, wie die Beschaffenheit unseres Erdballs von ihrer heutigen verschieden sein wird«[8]. Aber auch hier gibt es wiederum keine sukzessiven Transformationen, die im Verlaufe der Zeit vom Einfachen zum Komplexen führen; dagegen handelt es sich um eine allgemeine Verrückung der Lebewesen, um eine Verschiebung der gesamten belebten Welt der Achse der Zeit entlang. Ihren Platz in der Kette beibehaltend, wird so jede Art der Stufe ihrer Vervollkommnungsfähigkeit entsprechend eine neue Position einnehmen. »Der Mensch wird, nachdem er einen der Vortrefflichkeit seiner Fähigkeiten besser angepaßten Aufenthaltsort erreicht hat, dem Affen oder dem Elefanten jenen ersten Platz überlassen, den er unter den Tieren unseres Planeten einnimmt ... Die niedrigsten Arten wie die Austern, Polypen usw. werden für die höchst entwickelten Arten dieser neuen Hierarchie das bedeuten, was die Vögel und die Vierfüßler dem Menschen in der vorhandenen Hierarchie sind.«[9] Wenn man außerdem in Erwägung zieht, daß Charles Bonnet ein überzeugter Anhänger der Präformationstheorie war, dann wird klar, daß diese Massenprogression der Wesen seit der Schöpfung durch die bewußte Verbesserung der ineinander verschachtelten Keime vorbereitet war.

Es wäre offensichtliche Willkür, diese Werke auf dieselbe Ebene wie diejenigen Buffons oder Maupertuis' zu stellen. Jedoch schlagen auch sie nie eine vollständige Theorie der fortschreitenden Entwicklung der Arten vor; es finden sich nur Elemente der Variation. Buffon weist am klarsten auf die Wichtigkeit der Lebensbedingungen, des Klimas, der Ernährung hin, wodurch sich die Lebewesen den geologischen Zeiten einfügen. Ihm zufolge können die Organismen nicht unabhängig von ihrer Umgebung sein. Die äußeren Faktoren wirken auf zwei Weisen. Zum einen setzen sie der Fruchtbarkeit der Organismen Grenzen. Es gibt eine Beständigkeit der lebenden Welt, doch geht diese auf zwei einander entgegengerichtete Kräfte zurück. »Der gewöhnliche Lauf der Natur«, sagt Buffon, »ist immer konstant und immer derselbe; seine stets gleichmäßige Bewegung ruht auf zwei unumstürzbaren Pfeilern: die jeder Art gegebene grenzenlose Fruchtbarkeit und die unzähligen Hindernisse, die diese Fruchtbarkeit auf ein bestimmtes Maß reduzieren und jederzeit nur ungefähr die gleiche Anzahl von Individuen innerhalb einer Art überleben lassen.«[10] Dies grenzt bereits an Darwinismus. Hier taucht bereits die Idee von den der Verbreitung der Lebewesen gesetzten Grenzen auf, ein Gedankengang, den Malthus und später Darwin und Wallace wieder aufnehmen werden. Bei Buffon handelt es sich jedoch eher um einen gegenseitigen Ausgleich als um einen Wettstreit. Das Gleichgewicht wird in Funktion einer in der Natur notwendigerweise herrschenden Harmonie gedacht und nicht in Begriffen von Populationen, ihren gegenseitigen Kämpfen und den sich hieraus ergebenden Verschiebungen. Die Fruchtbarkeit ist eine den Lebewesen inhärente Eigenschaft. Doch wirkt sie sich nicht in einer Variation der Populationen aus, sondern darin, daß sie bestimmte Typen erhält. Die Hauptsache ist, daß jede Art auf einem konstanten Niveau erhalten bleibt. Darüber hinaus übten die äußeren Faktoren bei Buffon auch eine andere Funktion in der Struktur der belebten Welt aus, als man heute annimmt. Denn wenn Veränderungen auftraten, so sind diese nicht auf die Wesen zurückzuführen, sondern auf den Einfluß der Lebensbedingungen auf die Wesen, die plötzlichen Umwälzungen auf der Erde, die

Kataklysmen, die manche der lebenden Formen eliminiert haben. Die äußeren Faktoren können die Lebewesen nicht unmittelbar verändern. Sie nehmen auf das Gleichgewicht einer Population keinen Einfluß und sind unfähig, es in eine bestimmte Richtung zu lenken. Schlechthin ermöglichen sie gewissen Formen zu leben, anderen dagegen nicht. Die Struktur der belebten Welt beruht nicht auf Populationen, sondern auf Typen. Manche Arten, die »durch die großen Umwälzungen der Erde und der Gewässer, das Absterben oder die Weiterentwicklung der Natur, die langwährenden Einflüsse eines schädlich oder günstig gewordenen Klimas« modifiziert wurden, »sind nicht mehr dieselben, die sie einst waren«. Umgekehrt findet man, »ohne sie dorthin getragen zu haben«, an allen Orten gleicher Temperatur nicht nur dieselben Arten von Pflanzen, Insekten oder Reptilien, sondern auch dieselben Arten von Fischen, Vierfüßlern und Vögeln, »ohne daß sie dorthin gegangen wären« [11]. Dieselben Ursachen führen zu denselben Wirkungen: unter gleichartigen Bedingungen organisieren sich die organischen Moleküle nach gleichen Prinzipien und produzieren die gleichen Formen. Kombinieren sich die organischen Moleküle, um Pflanzen oder Tiere zu bilden, entstehen nicht etwa rudimentäre Wesen, sondern komplizierte Organismen, die den heute existierenden bereits gleichen. Alle Kombinationen, die möglich sind, realisieren sich nach und nach. Die meisten sind von Bestand und füllen mit der Zeit alle möglichen Räume, die letzten Winkel der Erde, die letzten Tümpel: nach und nach bilden sie das kontinuierliche Geflecht der auf dem Erdball lebenden Wesen. Andere Zusammensetzungen scheiterten hingegen. Sie produzierten »jene fehlerhaften Monstren, jene tausendfach projektierten und von der Natur ausgeführten unvollkommenen Entwürfe, die, kaum existenzfähig, nur eine Zeitlang fortbestehen konnten« [12]. Diese fehlerhaften widernatürlichen Wesen sind verschwunden, ohne eine Nachkommenschaft hinterlassen zu haben, wie Diderots Monstren, die bei »der allgemeinen Säuberung des Universums« weggefegt worden sind [13]. Versucht die Natur, alle Kombinationen von Formen und Organen zu verwirklichen, so müssen notwendigerweise gewisse lebensunfähige Verbindungen entstehen. »Alles, was sein kann, ist«, sagt Buffon, jedoch nicht alles kann sein; die Fossilien zeugen von der Erdvergangenheit, die Monstren von den Grenzen der Natur. Damit tritt die Zeit in den Dienst der Natur, sie wird zum großen Operator. Aber die Zeit selber »gilt nur für die Individuen« [14]. Wohl mag die Art gewissen Variationen unterworfen sein. Es mag gewisse Arten geben wie Pferd, Zebra und Esel, die offensichtlich »derselben Familie« angehören, mit einem »Hauptstamm«, aus dem »seitliche Äste« abzuzweigen scheinen [15]. Es kann sogar einen Anflug von Verwandtschaft zwischen allen atmenden Organismen geben, ein »Organisationsprinzip«, das zum Beispiel dem Menschen und dem Pferd gemeinsam ist. Aber letztlich sind diesen Variationen immer enge Grenzen gesetzt; gewisse Typen sind ebenso unveränderlich wie das Universum, ohne sie wäre keine Wissenschaft möglich. Diese stabile Basis wird durch die Permanenz innerer Vorlagen gewährleistet. »Die Prägung einer jeden Art stellt einen Typus dar, dessen Hauptzüge in unauslöschbaren, immerwährenden Zeichen graviert sind.«[16] Verlegt man den Ursprung der Tiere angesichts der Veränderungen der Erdoberfläche in eine Epoche, in der die zwei Kontinente noch nicht voneinander getrennt waren und nimmt man an, daß in der neuen Welt gewisse Tiere sich in neue Arten verwandelt haben, kurz, eine sorgfältige Berechnung zeigt, daß die zweihundert Arten von Vierfüßlern auf achtunddreißig ursprünglich erschaffene Familien reduziert werden können[17]. So ist der Ursprung der heutigen belebten Welt auf einen Kompromiß von Schöpfung und Variation zurückzuführen.

So bahnbrechend Buffons Haltung auch scheinen mag, sie ist weit von einer wirklichen transformistischen Theorie entfernt. Sie läßt die Bildung des Komplizierten aus dem Einfachen außer Betracht. Es gibt keinen Fortschritt der Formen in der Zeit. Verändert sich eine Art, so gewinnt sie nichts dabei. Die Variation entspricht einer »Degeneration«, einer »Denaturierung«, wodurch sich die Organismen von ihrem Originaltypus entfernen und ihre Reinheit verlieren. Selbst die Wirkung der geographischen Verhältnisse auf die Wesen bleibt noch weit von dem entfernt, was die Interaktion zwischen dem Organismus und seiner Umwelt einst bedeuten wird. Tatsächlich existiert eine Umwelt im Sinne des nächsten Jahrhunderts überhaupt noch nicht. Noch zieht man jenen Raumabschnitt nicht in Betracht, welcher rings um den Organismus herum herausgeschnitten werden kann, ihn gewissermaßen erweitert und auf den Organismus einwirkt wie dieser auf diese seine Umwelt. Noch wird nur in Erwägung gezogen, daß sich bestimmte Gegenden der Erde für das Leben bestimmter Formen eignen oder daß nicht alle Organismen gewissen Existenzbedingungen gewachsen sind. Die »Umstände« formen die Wesen, so wie sie bei Montesquieu die Institutionen gestalten.

Maupertuis interessiert sich dagegen hauptsächlich für die Mechanik der Variation. In seinem Werk findet man in erster Linie die Idee der inneren Veränderungen, die durch Vererbung weitergegeben werden und somit die Variationen der lebenden Welt verursachen. Es handelt sich um Modifikationen im Satz von Elementen, die die Kontinuität der Arten durch die Reproduktion gewährleisten. Die Ursache dieser genetischen Veränderungen findet sich in den Teilchen, die sich bei jeder Zeugung verbinden, um das Kind nach dem Ebenbild der Eltern zu formen. Innerhalb dieses Systems können Modifikationen nach zwei klar unterschiedenen Prinzipien auftreten. So können Überschuß oder Mangel an Teilchen, die ein bestimmtes Element des Embryos bilden, die Veränderung dieses Elements verursachen. Dies ist der Fall bei überzähligen Fingern oder bei den Albinos, jenen weißen Negern, deren Haare an die weißeste Wolle erinnern und deren Augen, zu schwach für das Tageslicht, sich nur in der Dunkelheit der Nacht öffnen und die »bei den Menschen das darstellen, was die Fledermäuse und Eulen für die Vögel sind«. Einmal in Erscheinung getreten, erhalten sich derartige neue Merkmale oft in einer Familie, wobei sie gelegentlich Generationen überspringen. Die einander am wenigsten ähnlichen Arten »fänden ihren Ursprung in einigen rein zufällig entstandenen Formen, bei denen einige Elementarteile nicht jene Anordnung beibehalten hätten, die sie in den väterlichen oder mütterlichen Tieren eingenommen hatten; jeder Fehlergrad hätte zu einer neuen Art geführt; und infolge wiederholter Abweichungen sei die unendliche Vielfalt der heute vorkommenden Tiere entstanden« [18]. Es gibt jedoch ein anderes Prinzip, um Variationen auftreten zu lassen: es besteht in der Paarung von Individuen verschiedener Varietät, denn die Züge der Nachkommen rühren jetzt von beiden Eltern her. Wer danach trachtet, den Geschmack der Neugierigen zu befriedigen, wird sozusagen zum Schöpfer neuer Arten. So tauchen neue Rassen von Hunden, Tauben, Kanarienvögeln auf, die früher in der Natur nicht vorkamen. »Anfänglich waren das nur zufällig entstandene Individuen; die Kunstfertigkeit und die Anzahl sukzessiver Zeugungen ließen aus ihnen neue Arten werden.« [19] Um der Mode zu genügen, werden jedes Jahr neue Pflanzen- und Tierarten erfunden, Formen korrigiert, Farben variiert. Maupertuis und ein Jahrhundert später Darwin dienen die Ergebnisse der Züchterkunst als Modell, an dem sie erkennen können, was spontan in der Natur bei der Entstehung neuer Arten geschehen mag. So entstehen beim Menschen durch zufällige Paarung Erbkranke oder Individuen von vorteilhafter Gestalt, Hünen oder Bucklige, Schönheiten oder Schielende. Nun entscheiden gerade die Anziehungskraft, die von den einen, und der Abscheu, der von den anderen ausgeht, über ihre Nachkommenschaft, das heißt über Erhaltung oder Aussterben dieser besonderen Züge. Das Charaktermerkmal der Schwindsucht wird schnell eliminiert. Die Grazie des Beines kann sich dagegen von Generation zu Generation verfeinern. Mit seiner Vorliebe für Grenadiere von hoher Statur gelang es dem großen Friedrich, die Körpergröße seines Volkes zu erhöhen. Die Züchter imitierend, muß es folglich auch beim Menschen gelingen, neue Typen zu schaffen. »Warum lassen sich diese blasierten Sultane in ihren von Frauen aller erdenklichen Arten bewohnten Serails nicht neue Arten heranzüchten?« [20]

Bei diesen beiden Mechanismen entspricht die Kombination der sichtbaren Formen der Lebewesen derjenigen der Teilchen in den Samen während der Reproduktion. Anomalien in der Versorgung mit Teilchen oder Fehler bei der Bildung der Embryonen lassen alle überhaupt möglichen Lebewesen entstehen. Aber weder Maupertuis noch Buffon und Diderot nehmen an, daß alle Kreationen lebensfähig seien. Unter all den zufällig in der Natur entstehenden Kombinationen können nur diejenigen überleben, die »bestimmte harmonische Verhältnisse« aufweisen [21]. Der Zufall ließ eine Vielzahl von Individuen entstehen. Nur bei einer kleinen Anzahl von ihnen entspricht die Anordnung der Organe den Erfordernissen des Organismus: diese überlebten. Bei den meisten machte jedoch irgendein Konstitutionsfehler jede Weiterentwicklung unmöglich: sie starben aus. »Tiere ohne Mäuler konnten nicht leben; anderen, denen die Zeugungsorgane fehlten, konnten sich nicht fortpflanzen: übrig blieben einzig die, in denen sich Ordnung und Harmonie fanden.« [22] Unter diesem Überschuß an möglichen Wesen, die die bis ins Unendliche gesteigerten Variationen entstehen lassen, richtet letztlich die Natur.

Für Maupertuis ist bezeichnend, daß er das System, in dem die sichtbare Struktur von einer Struktur einer höheren Ordnung bestimmt wird, bis zum äußersten ausschöpft. Er sucht sowohl die Stabilität als auch die Variabilität der Wesen auf die Rekonstruktion der Formen in jeder Generation durch die Anordnung von Teilchen zurückzuführen. Diese Teilchen müssen variiert, in einer unendlichen Zahl von Kombinationen angeordnet werden, um alle Konstruktionen, alle Typen, alle erdenklichen Varietäten entstehen zu lassen. Das Lebensunfähige bildet sich so gut wie das Lebensfähige. Jedoch bleibt nur das letztere nach der natürlichen Selektion erhalten. Selbst dann ist die Zahl der übrigbleibenden Varietäten noch genügend groß, um die Kontinuität der belebten Welt zu sichern: die Zeit aber spielt in diesem Prozeß nur eine untergeordnete Rolle. Es gibt keinen fortschreitenden Übergang vom Einfachen zum Komplexen, keinerlei Vervollkommnung in kleinen Etappen, nichts, das auf eine Reihe sukzessiver Transformationen hinwiese, im Verlaufe derer nach und nach die heute auf der Welt vorkommenden lebenden Organismen entstanden wären. Maupertuis ist interessiert, ein den Lebewesen eigenes System zu errichten, das fähig sei, allein vermöge der ihren konstituierenden Teilen zugeschriebenen

Kräfte alle vorstellbaren Varietäten erscheinen zu lassen und alle möglichen Formen zu durchlaufen.

Aus diesen Ausführungen geht hervor, daß man im Hinblick auf die zweite Hälfte des 18. Jahrhunderts im Grunde genommen nicht von Transformismus sprechen kann. Worum es dieser Zeit geht, ist, die Darstellung der lebenden Welt, die bis dahin als etwas Erstarrtes gedacht wurde, mit der Entdeckung der Umwälzungen auf der Erde in Einklang zu bringen. Trotz der an den Fossilien wahrnehmbaren Lükken, trotz der großen Wanderungen, der Kataklysmen, die die Arten auf der Oberfläche des Erdballs wie Spielkarten neu verteilten, bilden die Lebewesen noch immer eine kontinuierliche Schicht; kontinuierlich infolge des Spiels von Identitäten und Verschiedenheiten im Raum, nicht jedoch durch eine zeitgebundene Generationenfolge. Mit der Vorstellung von der Reproduktion tritt eine neue Beziehung zwischen den Wesen in Erscheinung, die die Individuen durch die Generationen hindurch vertikal miteinander verbindet. Aber diese Beziehung wird vorerst nur auf diejenigen Organismen angewendet, die derselben Art oder so nahe verwandten Arten angehören, daß ihre unverkennbare Ähnlichkeit eine Gruppierung in »Familien« nahelegt. Wenn auch die Starrheit der Formen im Verlaufe der Generationen in Frage gestellt wird, so berührt doch die den lebenden Körpern zugeschriebene Geschmeidigkeit vorerst nur sekundäre Elemente. Sie betrifft Charaktermerkmale, die zwar für die Klassifikation der Wesen wichtig sind, nicht jedoch für ihren Bau: Größe, Länge der Ohren oder der Pfoten, Zahl der Finger, Farbe der Augen oder der Haare. In den großen Linien ihrer Architektur behalten die Arten ihre Permanenz bei. Noch immer ist es undenkbar, daß das Bild der lebenden Welt von dem heute Sichtbaren einmal grundsätzlich verschieden gewesen wäre; daß es sich im Verlaufe der Zeit hätte verändern können außer durch gelegentliche Retuschen, durch einige Zusätze, die die weißen Stellen auf der Leinwand ausfüllen, durch die Verteilung der Figuren im Raum, kurz, durch Einzelheiten. Auch wenn sich die lebende Welt von heute nicht gänzlich mit der zur Zeit der Schöpfung erschaffenen identifizieren läßt, so vermag ihre Entstehungsgeschichte noch nicht auf eine umfassende Schöpfung zu verzichten. Die Mannigfaltigkeit der gegenwärtigen Formen setzt voraus, daß zu Beginn der Welt die grundlegenden Typen, die großen Themen festgelegt wurden, die die Natur in der Folge in gewissen Grenzen variierte. Am Ausgangspunkt, zur Zeit Null gab es bereits genügend Arten, um eine kontinuierliche Stufenleiter zu bilden. Die Zeit konnte lediglich die Zahl der Sprossen vermehren und sie näher aneinanderrücken. Es ist undenkbar, die Transformationen der Lebewesen in eine chronologische

Reihe einzufügen. Der Rhythmus der Generationenfolge und die Spuren der auf dem Erdball erfolgten Katastrophen lassen sich nicht integrieren, um nach und nach die Mannigfaltigkeit und Komplexität der Organismen zum Vorschein zu bringen. Die Wesen beginnen Geschichten zu haben, doch es gibt noch keine Geschichte der belebten Welt.

Die Transformationen

Mit dem Übergang vom 18. zum 19. Jahrhundert und dem Entstehen der Biologie wird es möglich, der Zeit eine Rolle in der Genesis aller heute lebenden Wesen zuzuschreiben. Das ist in erster Linie deshalb der Fall, da aufgrund der radikalen Trennung des Organischen vom Anorganischen zwischen allen Wesen infolge ihrer Zugehörigkeit zum Bereich des Lebenden eine Verwandtschaftsbeziehung entsteht; ferner deshalb, weil die Kontinuität des Lebenden, das nur aus Lebendem entstehen kann, letztlich den starren Rahmen der Art sprengt; und schließlich deshalb, weil sich die Beziehungen zwischen den Lebewesen nicht mehr aufgrund ihrer konstituierenden Teile, zwischen ihren Organen, jedes für sich genommen, aufstellen lassen, sondern im Hinblick auf eine Gesamtheit, auf das der Organisation zugrunde liegende System einer höheren Ordnung. Der Komplexitätsgrad der Wesen, die Stufe ihrer Vollkommenheit lassen sich nach dem messen, was Lamarck als »Hauptgruppen« der lebenden Welt bezeichnet. Jede dieser Gruppen hat ihre eigene Organisation, ihr »Beziehungssystem« zwischen den Strukturen, die alle Stufen von den hoch komplizierten bis zu den einfachsten Wesen durchlaufen. Die Organe variieren, jedoch unabhängig voneinander und ohne unmittelbare Beziehung zur Komplexität des Organismus, so daß Lamarck zufolge »ein Organ bei einer bestimmten Art den höchsten Grad seiner Ausbildung erlangt, hingegen ein anderes Organ bei derselben Art sehr geschwächt und höchst unvollkommen, bei einer anderen Art dagegen wieder sehr ausgebildet ist«[23]. Jeder Vergleich zwischen den Wesen, jede Klassifikation, die sich nicht auf die Organisation abstützt, ist somit notwendigerweise Fehlern und Willkür unterworfen. Zieht man hingegen die Gruppen in Betracht, so erkennt man sofort die kontinuierliche Kette, die Stufenleiter, die die lebende Welt vom Einfachsten bis zum Verwickeltsten durchläuft. Lamarck behauptet, »daß für jedes Reich der Organismen in der Anordnung der Hauptgruppen eine einzige abgestufte Reihe bestehe, gemäß der wachsenden Verwicklung der tierischen Organisation«[24].

Damit wird die Organisation als Ganzes zum Objekt der Transformation. Ein Beziehungssystem zwischen den Bestandteilen der Lebewesen ist nicht unbedingt unveränderlich. Es kann sich durch einen gerichteten Prozeß in ein anderes System verwandeln, dessen Komplexität um eine Stufe erhöht ist. Damit wird es möglich, *alle* Lebewesen voneinander abzuleiten, sie durch ein und dieselbe Bewegung in der Zeit zu verbinden, durch eine Art inneren Zwangs, der bestrebt ist, die lebenden Körper komplizierter zu machen. Indem Lamarck der Organisation die Transformationsfähigkeit zuschreibt, kann er das verwirklichen, wozu das 18. Jahrhundert nicht imstande war: die Wesen durch eine gemeinsame Geschichte zu verbinden, die von ihrer ununterbrochenen Entwicklung berichtet. Buffon bezog die Transformation nur auf sehr begrenzte Bereiche, sie war nur innerhalb der »Familien« der Arten möglich. Am Anfang der belebten Welt gab es ungefähr vierzig verschiedene Typen, aus denen sich die neuen Formen entwickelten, die die lebende Welt von heute konstituieren. Doch bestanden zwischen diesen Familien keine Beziehungen, keinerlei Verbindungen von einer Generation zur anderen, keinerlei Verwandtschaftsgrade. Das von Buffon zur Beschreibung der Variationen der Arten verwendete Wort einer »Entstellung« appelliert an den Verfall, die Zerrüttung der Reinheit der Arten. Im Gegensatz hierzu konzipiert Lamarck die Transformation nur im Sinne einer Adaptation, das heißt, als Gewinn an »Fähigkeiten«. Die verschiedenen Organisationstypen sind somit nicht gleichzeitig aufgetaucht, sondern gemäß einer bestimmten Ordnung in der Zeit, »da sich ja doch die Organisation in der tierischen Stufenleiter von den unvollkommensten Tieren an auf höchst bemerkenswerte Weise kompliziert«[25]. Die Zeit wird eines der wichtigsten Wirkungsprinzipien in der belebten Welt. Nach und nach läßt sie eine Form aus der anderen entstehen. Die Wesen desselben Reiches werden trotz ihrer Verschiedenheit durch eine gemeinsame Geschichte miteinander verbunden. Allerdings läßt sich diese vorerst nur durch eine einfache gerade Linie ohne Unterbruch oder Krümmungen darstellen.
Lamarck zufolge erhält die Zeit ihre Schöpferrolle durch das Zusammenspiel dreier Faktoren: die Aufeinanderfolge, die Dauer und die Vervollkommnung der Organisation. Zunächst weist alles darauf hin, daß die lebenden Formen nicht gleichzeitig entstanden sein konnten. Alle lebenden Körper haben mehr oder weniger ausgeprägte Veränderungen hinsichtlich ihrer Organe und der zwischen diesen bestehenden Beziehungen durchgemacht. Die Art kann folglich keinen starren, ein für allemal festgelegten Rahmen darstellen, in den sich die Individuen der aufeinanderfolgenden Generationen einfügen. »Das, was man Art

nennt ... hat nur eine relative Konstanz und kann nicht so alt wie die Natur sein.« [26] Damit sind nicht mehr nur einige, aus den von Anbeginn an bestehenden Hauptstämmen abzweigende Äste gemeint, sondern die Gesamtheit der Wesen. Die Schöpfung wird überflüssig. »Alle Organismen sind wahre Naturerzeugnisse, welche die Natur ununterbrochen hervorgebracht hat.« [27] Nach und nach sind alle lebenden Formen durch eine einzige, kontinuierliche Bewegung in der Zeit, durch eine einzige Reihe aufeinanderfolgender Transformationen erschienen. Zwischen einer Transformationsetappe und dem Zwischenraum, der zwei benachbarte Organisationsebenen trennt, besteht eine in zweifacher Hinsicht eindeutige Beziehung. Wenn man im Raum eine Beziehung zwischen den Typen der Organisation errichten kann, so ist daraus auf die Beziehung zwischen den Transformationsetappen in der Zeit zu schließen: die erstere ergibt sich aus der letzteren.
Die Entstehung dieser Reihe von Transformationen ist nur denkbar, wenn sie sich im Verlaufe von Perioden beträchtlicher Länge abspielte. Alles, was sich auf der Oberfläche unseres Erdkörpers findet, ändert nach und nach Zustand und Form. Alle Körper dieser Erde sind je nach ihrer Natur und den auf sie einwirkenden Kräften mehr oder weniger häufigen »Umgestaltungen« [28] unterworfen. Die vom Menschen in der Natur wahrgenommene Stabilität ist nur eine scheinbare, die davon herrührt, daß der Mensch alle Ereignisse im Hinblick auf seine eigene Lebensdauer beurteilt. Einige Jahrtausende scheinen ihm eine unendlich lange Periode zu sein. In Wirklichkeit erlauben derartige Zeitabschnitte nur, den stationären Zustand zu betrachten, die Abstände zwischen den Veränderungen in der lebenden Welt. Jedoch wird die Langsamkeit des Transformationsprozesses durch seine Dauer ausgeglichen, auch wenn die Modifikationen der Wesen dem Auge unerkenntlich sind, auch wenn sich die heute in Ägypten vorkommenden Formen in nichts von denen unterscheiden, die vor dreitausend Jahren existierten. Sollen derart langsame Ereignisse die ganze Diversität der lebenden Welt hervorbringen, so setzt das Zeit als notwendige und ausreichende Bedingung voraus. »Im Vergleich zu der Dauer, die wir in unsern gewöhnlichen Berechnungen für groß halten, brauchte es ohne Zweifel eine enorm lange Zeit und eine beträchtliche Veränderung in den aufeinanderfolgenden Verhältnissen, bis die Natur die Organisation der Tiere zu der Stufe der Verwicklung und Entwicklung bringt, die wir bei den vollkommensten beobachten.« [29]
Für Lamarck ist die Transformation ein gerichteter Prozeß. Die Veränderung geht immer in derselben Richtung vor sich, vom Einfachen zum Komplizierten, vom Rudimentären zum hoch Entwickelten, vom

wenig Vollkommenen zum Vollkommeneren. Jede Veränderung, die aus einem Wesen ein anderes entstehen läßt, bedingt notwendigerweise eine Verstärkung der Organisation, eine größere Befähigung, Bedürfnissen zu genügen, eine bessere Fähigkeit, den Lebensnotwendigkeiten zu entsprechen. Transformationen führen nur zu Erfolgen; Mißerfolge, die sich in »verlorenen Arten« verraten würden, sind unbekannt. Viele der aufgefundenen Fossilien gleichen den heutigen Formen. Kommen fossile Formen vor, die sich mit nichts Heutigem vergleichen lassen, so deshalb, weil sie der Mensch zerstört hat oder weil sie sich bis zur Unkenntlichkeit verändert haben. Doch nichts kann in der belebten Welt untergehen. Die ältesten Arten dauern neben den jüngsten fort. Seite an Seite besteht das Einfachste und das daraus abgeleitete Hoch-Komplizierte. Drei in der lebenden Welt zu unterscheidende Parameter haben somit eine gemeinsame Basis: der Augenblick, in dem ein Lebewesen auftaucht, sein Komplexitätsgrad und das Niveau seiner Vervollkommnung. Aus der Kenntnis des einen Parameters läßt sich auf die beiden anderen schließen, denn sie stellen drei Aspekte der Ordnung dar, die die Natur bei der Errichtung sowohl des Tier- als auch des Pflanzenreichs befolgt. »Wenn es wahr ist, daß alle Organismen Naturerzeugnisse sind, so kann man sich der Ansicht nicht verschließen, daß sie dieselben nur nach und nach und nicht auf einmal in einem zeitlosen Augenblicke hervorgebracht hat. Wenn sie dieselben nun nach und nach gebildet hat, so ist Grund vorhanden, zu glauben, daß sie bloß mit den einfachsten begonnen und erst in letzter Linie die verwickeltsten Organisationssysteme hervorgebracht hat.« [30] Weniger vollkommen bedeutet daher auch weniger komplex und früher. Damit liegt die Gleichung vor, die es ermöglicht, die Reihe von räumlichen Organisationen in eine isomorphe Reihe von Transformationen in der Zeit umzuwandeln. Durchläuft man die kontinuierliche Kette der Wesen vom Einfachsten zum Kompliziertesten, so wiederholt man genau den Lauf der Natur durch die Zeit und rekonstruiert man die Abfolge der Transformationen, in deren Verlauf die Lebewesen entstanden sind. Auf der Stufenleiter der Wesen erhalten damit die bescheidensten Formen einen privilegierten Platz, denn mit ihnen hat die Organisation begonnen. Demnach kann man bei den einfachsten Organismen, bei den »wirbellosen Tieren« die Variationen am klarsten erkennen und die Erfordernisse der Organisation am leichtesten analysieren [31].

Zum Zeitpunkt ihres Erscheinens wurde die *Philosophie zoologique* ziemlich schlecht aufgenommen. Lamarcks Einfluß auf seine Zeitgenossen ist nicht so sehr darauf zurückzuführen, daß er eine Schöpfungsgeschichte der lebenden Welt vorschlug, in deren Verlaufe durch sukzessive Transformationen die einen Wesen aus den anderen entstanden. Sein Einfluß rührt vielmehr daher, daß er im Lebenden eine Einheit erkannte, die die Diversität überwindet, daß er zwischen Organischen und Anorganischen eine Grenzlinie zog, die Analyse der lebenden Körper auf ihre Organisation richtete, kurz, daß er ausschlaggebend zum Entstehen der Biologie beitrug. Lamarcks Schriften aus der zweiten Periode seines Wirkens stellen einen Übergang zwischen zwei Arten des Wissens dar. Einige weisen bereits auf die Anschauung des 19. Jahrhunderts hin, andere gehören noch ins 18. Jahrhundert. So bildet die Gesamtheit der Lebewesen noch immer ein kontinuierliches Geflecht: jene alte Kette, die sich von einer Extremität der lebenden Welt zur anderen erstreckt. Wie bei Buffon existieren im Grunde weder Art noch Gattung in der Natur. Es kommen lediglich individuelle Formen vor, »die sich nahe beieinander befinden, sich nuancieren und gegenseitig überschneiden«. Trifft man in der Abstufung auf eine Lücke, so haben äußere Umstände, Anomalien der Lebensbedingungen, Änderungen der Gewohnheiten Unordnung in die Regelmäßigkeit des Fortschritts gebracht; oder aber unser Wissen ist unvollkommen und hat noch nicht alle Glieder der Kette erkannt. Die Lücke, die Vögel und Säugetiere zu trennen scheint, beginnt sich zu schließen, da man dazwischen liegende Tierarten entdeckte wie die Schnabeltiere und die Ameisenigel. Weil Lamarck in der lebenden Welt noch eine lineare Reihe vorfindet, kann er darin das Resultat einer chronologischen Reihe von Ereignissen sehen. Weil die Natur keine Sprünge macht, können die Nachbarschaftsbeziehungen auf solche der Abstammung zurückgeführt werden. »Sie [die Natur] folgt einer leicht zu erkennenden Ordnung, denn es handelt sich genau um die Umkehrung der Reihenfolge, die wir beobachten, wenn wir von dem kompliziertesten zum einfachsten Wesen gehen.«

Eine weitere, das 18. Jahrhundert kennzeichnende Anschauung ist die Vorstellung, daß die lebende Welt in ihrer heutigen Form unvermeidlich sei. Gewiß ist das Bild von den Wesen im Verlaufe der Jahrhunderte nicht dasselbe geblieben. Die Kette war nicht von Anfang der Welt an vollständig. Die Zeit bringt Neues. Sie fügt Glieder an, eines nach dem anderen, von einem Ende zum anderen. Doch das Bild, das man heute sieht, ist zwangsläufig das einzig mögliche: es könnte letzten Endes kaum von dem verschieden sein, was es ist. Auch wenn Lamarck es ablehnt, in der lebenden Welt das Ergebnis einer Absicht zu sehen, die Verwirklichung eines bestimmten Ziels durch eine höchste Macht, so schreibt er dem tierischen Leben doch eine »erste und dominierende Ursache« zu, die es befähigt, komplizierter zu werden und nach und nach die Organisation zu vervollkommnen. Dank dieser Ursache verlaufen die Naturprozesse nach einem »Plan«, der die Entstehung von neuen Wesen auf den Zustand der Welt abstimmt, in der sie leben müssen. Bevor die Natur etwas hervorbringt, weiß sie bereits, was sie hervorbringen soll. So sieht man bei den Wirbeltieren zum Beispiel sehr schön, »daß die Natur mit der Ausführung eines Planes hinsichtlich derselben erst bei den Fischen begonnen, ihn dann bei den Reptilien weiter ausgeführt, bei den Vögeln seiner Vollendung näher gerückt und endlich bei den vollkommensten Säugethieren zum vollständigen Abschluß gebracht hat«[32]. Schritt für Schritt, Etappe für Etappe, ohne Fehler und Mißerfolg erschafft, verbessert und modifiziert die Natur die Formen der lebenden Körper, um ihr Ziel zu erreichen – den höchsten Grad der Vollkommenheit. Die Verbesserung eines Systems verlangt oft eine ganze Reihe von Zwischenstufen. Um das Problem der Atmung auf die beste Weise zu lösen, muß die Natur zuerst Tracheen entwickeln, dann Kiemen, bevor sie das höchst entwickelte System realisiert: die Lunge. Nie tastet sie ab, nie zögert sie und nie verirrt sie sich in Sackgassen. Lediglich dann kommen Verzögerungen und Komplikationen vor, wenn der Fortschritt durch äußere Veränderungen, durch die Umstände »behindert« wird.

Zur Durchführung dieser Transformationen verfügt die Natur über die Kombination zweier Faktoren: der eine ist dem Lebenden inhärent, der andere wirkt von außen. Zunächst gibt es in jedem Wesen eine Art Kraft, die »unaufhörlich die Organisation weiter auszubilden versucht«. Es handelt sich hierbei nicht um den Reproduktionsmechanismus selbst, was Maupertuis wollte; noch geht es um den von Benjamin Franklin und Malthus erwähnten unwiderstehlichen Zwang, der die exponentielle Vermehrung der Wesen zur Folge hat. Es ist eine Kraft leicht mysteriösen Ursprungs, eine »Macht«, die trotz den materialistischen Glaubensbekenntnissen Lamarcks in gewissem Sinne der Lebenskraft gleichkommt: sie ist einzig das Erbteil der organisierten Wesen; sie ist die eigentliche Quelle der Harmonie und der Regelmäßigkeit im Fortschritt der Lebewesen. Diese Kraft verbessert wohl unaufhörlich die Organisation, genügt aber allein nicht, um die Mannigfaltigkeit der Wesen herbeizuführen. So ist es zum Beispiel klar, daß, wenn die Fische »alle und immer in demselben Klima, in derselben Wassersorte, in derselben Tiefe usw. gelebt hätten, man dann ohne Zweifel in der Organisation dieser Tiere eine regelmäßige und sogar nuancierte Stufenfolge vorgefunden hätte«[33]. Aber vielleicht hätten sie dann auch niemals das Wasser verlassen, um die Kontinente zu bevölkern! Damit die lebenden Formen voneinander abweichen, müssen die Lebensbedingungen, die »Umstände« oder das »umgebende Milieu« eingreifen.

Und das nicht im Sinne Maupertuis', Buffons oder Diderots, die in den äußeren Bedingungen nur begünstigende oder behindernde Faktoren für die Fortdauer bereits existierender Wesen sahen; sondern im Sinne einer unmittelbaren Einwirkung der Umstände auf die Eigenschaften der Wesen, auf ihre Struktur, auf ihr Erbgut. Damit die Tiere das Wasser verlassen, müssen »sie nach und nach dazu gebracht werden, ohne Wasser zu leben, zunächst an den Ufern und dann auf den trockenen Flächen des Erdballs«. Dort haben sie andere Bedürfnisse, nehmen daher neue Gewohnheiten an und entwickeln eine der Situation besser angepaßte Organisation. Cabanis hatte bereits angenommen, daß die verspürten Bedürfnisse, ja sogar die Begierden, Tätigkeit und Entwicklung der zu ihrer Befriedigung notwendigen Instrumente, das heißt, der Organe auslösen. Lamarck stellt ein ganzes Netz von Wechselwirkungen auf: »der Einfluß der Umstände als Ursache der Thätigkeiten; die Wirkung der wiederholten Handlungen als Ursache der Gewohnheiten und Neigungen; die Folgen des vermehrten oder verminderten Gebrauchs dieses oder jenes Organs; die Mittel, deren die Natur sich bedient, um alles in der Organisation neu Erworbene zu erhalten und auszubilden«[34]. Wenn die allen Lebewesen inhärente Fähigkeit, die Komplexität der Strukturen zu vergrößern genügt, um die Transformation und die Entwicklung der Lebewesen sicherzustellen, so sind die äußeren Umstände dafür verantwortlich, daß ihre Regelmäßigkeit gestört wird und sie auf neue Bahnen gelenkt werden.

Diese unaufhörliche Wechselwirkung zwischen den eigentlichen Fähigkeiten des Lebenden und den äußeren Umständen leitet sich von dem ab, was Lamarck für eine der unbestreitbarsten Eigenschaften der Wesen hält: ihre Anpassung an ihre Lebensbedingungen, das Gleichgewicht zwischen dem Organismus und seiner Umgebung. Lamarcks Haltung beruht wie die des ganzen 18. Jahrhunderts auf der Notwendigkeit einer Harmonie im Universum. Die lebende Welt ist nicht nur die beste, sondern die einzig mögliche. Zwischen den Wesen und der Natur gibt es keine Krisen, unter den Wesen selbst gibt es keinerlei Kampf ums Dasein, wie ihn bereits Malthus berufen hatte und den Darwin und Wallace später postulieren werden. Wenn ein neues Wesen entsteht, das nicht genau der Regelmäßigkeit der Entwicklung entspricht, so erblickt Lamarck darin eine Anpassung an besondere Umstände. Veränderungen sind stets nützlich. Aber die Eigenschaft des Lebenden, die Organisation vervollkommnen zu können, genügt allein nicht immer, um das Nützliche zu tun. Wohl erschafft die Vererbung, doch kann sie nicht anpassen. Ihre neuen Produkte, ihre Vervollkommnungen sind regelmäßig, ohne Phantasie und ohne Abweichung. Unvorhergesehenen Umständen sind sie nicht gewachsen. Deshalb ist es notwendig, daß das Milieu auf die Vererbung durch die Vermittlung der Begierden, der Notwendigkeiten, der Gewohnheiten und Handlungen einwirkt. Ist auf diese Weise einmal die Organisation gewisser Individuen modifiziert, dann »behalten die Nachkommen dieser Individuen, von denen die Rede ist, diese erworbenen Abänderungen bei«[35]. Die Gestaltungsfähigkeit der Strukturen des Lebenden, die Geschmeidigkeit seiner Mechanismen erlauben dem Organismus, sich nicht etwa an die ihn umgebende Welt anzupassen, sondern nach und nach diese Welt in sein Erbgut einzufügen.

Die Möglichkeit einer unmittelbaren Einwirkung des Milieus auf das Erbgut wird hier nicht zum erstenmal in Betracht gezogen. Seit dem Altertum schien einzig die Weitergabe der erworbenen Erfahrung auf die Nachkommen die Harmonie zwischen den Organismen und der Natur zu rechtfertigen. Jedoch war diese Idee nie zuvor derart systematisch und in allen ihren Details ausgewertet worden und ebensowenig mit einer derartigen Überzeugung; steht es für Lamarck doch außer Frage, daß sich ein Organ deshalb verliert, weil es unnötig ist. Der Wal und die Vögel haben keine Zähne, weil sie dafür keinerlei Verwendung haben. Der Maulwurf hat die Sehfähigkeit eingebüßt, weil er im Reich der Nacht lebt. Die kopflosen Mollusken haben deshalb keinen Kopf, weil sie ihn nicht brauchen. Im umgekehrten Falle entwickelt sich ein Organ genau deshalb, weil es oft gebraucht wird. Der Schwan hat deshalb einen langen Hals, weil er sich von Wassertieren nährt. Die Ente hat deshalb mit Schwimmhäuten versehene Füße, weil sie im Wasser rudert, um zu schwimmen. Die fleischfressenden Tiere haben geschärfte Krallen, weil sie auf Bäume klettern, die Erde aufgraben und ihre Beute zerfleischen müssen. Bei Lamarck bedeutet Finalität nicht, daß keine ursprüngliche Intention bestünde und kein Wille, eine lebende Welt zu schaffen und ihre Entwicklung Schritt für Schritt zu leiten. Lamarcks Finalität entsteht sozusagen durch Finalitäten auf kurze Sicht, von denen jede auf das Wohl des neuen, sich bildenden Organismus ausgerichtet ist, da die Absicht zur Anpassung stets der Verwirklichung *vorausgeht*. Das Ziel des Planes, dem die Natur in ihren Werken folgt, besteht letzten Endes darin, die Welt mit immer komplexeren, immer vollkommeneren und immer besser angepaßten Organismen zu bevölkern. Reicht hierfür die natürliche Entwicklung der Wesen nicht aus, so wird sie von *vornherein* korrigiert. Die Durchführung des Plans beruht somit auf einer Reihe von kleinen, sich summierenden Finalitäten. Ist aber Lamarck voller Ideen in bezug auf das Warum, so geizt er mit Erklärungen zum Wie. Es findet sich keinerlei Analyse oder Beobachtung, mit der er seine Hypothese abstützte und einen Mechanismus suchte, der den Umständen erlauben würde, auf das Erbgut einzuwirken. Es findet sich keinerlei Bezugnahme auf die Abhandlungen Hallers oder Charles Bonnets, die auf die Stabilität der Formen trotz der in jeder Generation erfolgenden Verstümmelungen hinweisen. Schließlich finden sich auch keinerlei Vorschläge zu Experimenten etwa denjenigen Maupertuis' vergleichbar, der bereits die Abklärung der Fragestellung vorschlug, ob die Vererbung aus der Erfahrung lerne. Es ist lediglich von »inneren Flüssigkeiten« die Rede, die auf »die Weichteile des Tieres wirken«, um Kanäle zu graben, die Körpermassen verschieben, sogar Organe aufbauen, kurz, nach und nach die Form des Körpers modellieren. Bei Lamarck findet sich noch ein Grundbestand des alten Mechanismus der Regularität und der Kontinuität einer ewig währenden oder gleichförmig beschleunigten Bewegung.

Letzten Endes beruht der Lamarcksche Transformismus auf zwei Bewegungsarten. »Es wird in der Tat klar sein, daß der Zustand, in dem wir alle Tiere antreffen, einerseits das Ergebnis der wachsenden Ausbildung der Organisation ist, die darauf ausgeht, eine regelmäßige Stufenfolge herzustellen, und andererseits die Folge der Einflüsse einer Menge sehr verschiedenartiger Verhältnisse, welche beständig bemüht sind, die Regelmäßigkeit in der Stufenfolge der wachsenden Ausbildung der Organisation zu vernichten.«[36] So gibt es in erster Linie den unaufhörlichen Strom, der auf der Heerstraße vorschreitet, den Aufstieg, der die großen Gruppen langsam, regelmäßig und sicher auf die Stufenleiter der Natur führt. Dann folgen lokale Bewegungen, Störungen, die, ohne die eine Gruppe zu beeinflussen, in dieser »Abweichungen«, »Seitensprünge«, »Anomalien« und »Abschweifungen« verursachen. Schließlich wird der allgemeine Strom von einem unaufhörlichen Zustrom ganz einfacher Organismen gespeist, die sich fortwährend aus anorganischen Stoffen bilden. Am Fuße der Stufenleiter läßt die Natur »spontane oder direkte Zeugungen stattfinden, die unaufhörlich, wenn die Verhältnisse günstig sind, wiederholt werden«[37]. So produziert sie jederzeit »mikroskopische Tierchen einfachster Organisation«, denen »kaum tierisches Wesen zugeschrieben werden kann«. Vom Zeitpunkt ihrer Entstehung an stoßen diese Organismen zum Hauptstrom und beginnen die Stufenleiter zu erklettern. Folglich sind die einfachsten Wesen auch diejenigen, die zuletzt entstanden sind. Am anderen Ende der Hierarchie findet sich der Mensch, der sich somit von den ältesten Organismen herleitet. Die Transformation geht nicht weiter; aber die Masse des Lebenden häuft sich nicht an der Spitze an. Weit davon entfernt, sich unaufhörlich zu vermehren, ist die menschliche Population

einer Regulierung unterworfen. In dem Maße wie der Strom des Organischen die Stufenleiter hochsteigt, kehrt das, was sich zuoberst befindet, zum anorganischen Zustand zurück. Der fortschreitende Abbau führt dazu, daß das Lebende wieder zum Mineralischen zurückkehrt. Jetzt wartet die Materie die Gelegenheit zur Urzeugung ab, um wieder zur untersten Stufe der tierischen oder pflanzlichen Leiter vorzudringen und ihren Anstieg von neuem zu beginnen. Doch darüber hinaus sind der Urzeugung auch andere, auf höheren Stufen der Leiter gelegene Eingangspforten nicht verwehrt, zum Beispiel auf der Ebene der »Eingeweidewürmer« oder »gewisser Parasiten, welche Krankheiten der Haut verursachen« oder auch »der Schimmel, der verschiedenen Pilze und selbst der Flechten«[38]. Dank dieser Art Zyklus befindet sich die lebende Welt in einem, wie man heute sagen würde, stabilen dynamischen Zustand. An diesem Zustand ändert sich nichts, denn alles, was verschwindet, wird durch das Neuerscheinende genau ausgeglichen. Keine Sprosse kann sich verlieren, keine Gruppe von Tieren aussterben. Wenn ein Kataklysmus eine Lücke schafft, so wird diese durch den ansteigenden Strom sofort wie ein Wasserloch aufgefüllt. In dem Maße wie sich die Organismen entwickeln und einen Platz leer lassen, füllen ihn andere aus. Folglich kann sich die lebende Welt nicht verändern. Sie erhält sich dank des Gleichgewichts, das von den Wesen erzwungen wird. Sie untersteht immer einer vorherbestimmten Harmonie. Durch eine Reihe von Transformationen geschaffen, behält die Welt das Unveränderliche der Schöpfung bei.
Es ist offensichtlich, daß sich Lamarck genau an der Grenze zwischen dem 18. und dem 19. Jahrhundert befindet. Vielleicht trägt er sogar mehr als alle anderen zu jenem Umsturz der Anschauung bei, der zur Abgrenzung des Belebten vom Unbelebten und zum Entstehen einer Biologie führt. Mehr als jeder andere trägt er dazu bei, aus der Organisation das Zentrum des lebenden Körpers zu machen, den Brennpunkt, in dem sich die Elemente eines Wesens berühren, um seine Tätigkeit sicherzustellen. Indem er diese Organisation zum Wirkungsfeld der Zeit macht, gelingt es ihm, mit mehr Klarheit als etwa seine Zeitgenossen Goethe oder Erasmus Darwin die Gesamtheit der lebenden Welt als das Produkt sukzessiver Transformationen, als eine Entwicklung von Strukturen und Funktionen zu betrachten. Aber so neu die Beschreibung eines verallgemeinernden Transformismus auch erscheinen mag, sie beruht nichtsdestoweniger noch immer auf der das 18. Jahrhundert kennzeichnenden Vorstellung von der lebenden Welt. Lamarcks Transformismus impliziert die geradlinige Kette der Wesen, die dem geradlinigen Ablauf der Zeit entsprechend angeordnet sind. Die Reihe

der Transformationen ist nur in der Kontinuität des Raumes denkbar. Damit ist auch jeder zufällige Charakter im Hinblick auf die Bildung der lebenden Welt ausgeschlossen. Da die Zeitgenossen die in der *Philosophie zoologique* zum Ausdruck gebrachte Argumentation nicht streng genug und die Beobachtung nicht kritisch genug fanden, verwarfen selbst diejenigen die ihr zugrunde liegende Theorie, die für alle Wesen eine gemeinsame Basis der Organisation annahmen. Für sie stellt diese Theorie meistens nur die Weiterentwicklung der Ideen Buffons ins Extreme, wenn nicht sogar Absurde dar.

Die Fossilien

Was Lamarcks Transformismus jedoch dem Denken des 19. Jahrhunderts verbindet, ist der Ablauf der Zeit, in dessen Folge immer komplexere Organisationsformen auseinander entstehen; ist das Entwicklungsvermögen, das die Varietät der einzeln genommenen Organe dem System ihrer gegenseitigen Beziehungen verleiht. Tatsächlich stellt sich dem 19. Jahrhundert das Problem der Entstehungsgeschichte auf eine neue Art für Objekte, deren Bestandteile nicht einfach aneinandergereiht, sondern durch ein Netz von Beziehungen miteinander verbunden sind. Es ist unmöglich, daß diese Organisationen, diese Strukturen höherer Ordnung, die die Anordnung der Elemente in Wesen und Dinge bestimmen und die gleichzeitig den Teilen und dem Ganzen ihre Bedeutung zuerteilen, bei der Erschaffung der Welt von einer von allem Anfang an festgelegten Ordnung eingesetzt worden seien. Ihre Existenz geht nicht mehr auf eine Zeit vor der Geschichte zurück, die sie zum Zeitpunkt der Schöpfung ergriffen hätte, um sie darauf einer Zeit zu überlassen, die nur fähig ist, die ursprüngliche Ordnung zu stören oder ihre Klassifikation widersprüchlich zu machen. Die heute bekannten Systeme sind nicht ein für alle Male gegeben worden. Sie wurden auf verschiedenen Ebenen, auf sich folgenden Stufen dank einer Reihe von Ereignissen gebildet, die die Elemente nach und nach aneinanderfügen, sie gemäß bestimmten Figuren anordnen und unaufhörlich die Beziehungen verändern, um diese komplizierter werden zu lassen. Gleichen sich gewisse Organisationstypen, so nicht aufgrund einer prästabilierten Harmonie, die sich jeder Erkenntnis entzieht, sondern weil sie im Verlaufe der Transformationen durch ein gemeinsames Stadium gegangen sind. Um die Körper dieser Welt zu gruppieren, genügt es nicht mehr, ihre Ähnlichkeit im Raum zu erkennen; darüber

hinaus muß ihre Aufeinanderfolge in der Zeit festgelegt werden. Der Inhalt eines empirischen Bereiches kann nicht in einem Zug entwickelt werden, ja nicht einmal in Funktion einer vorgefaßten Absicht gedacht werden. Er entsteht im Verlaufe einer kontinuierlichen Bewegung, gemäß einer Dialektik, die die Gegensätze vermittelt und Qualität aus Quantität entstehen läßt. Die Finalität der die Welt konstituierenden Objekte liegt in ihrer Notwendigkeit, sie kann ihrerseits nicht mehr von der Zufälligkeit der Objekte getrennt werden. Anstelle einer Chronologie von unabhängigen Ereignissen wird die Geschichte zu jener Bewegung der Zeit, die das Universum zu dem gemacht hat, was es ist: ein Entwicklungsprozeß, eine Veränderung des Einfachsten zum Hochkomplexen, eine »Evolution«, die aus der inneren Verkettung der Transformationen entsteht. Manche Beziehung zwischen den Dingen oder den Wesen verkehrt sich jetzt. Die Beziehungen im Raum werden von der Entwicklung in der Zeit festgelegt. Ob es sich um Geist oder Natur handelt, ihr Ursprung wird nicht mehr als eine Geburt aufgefaßt, als Ausgangspunkt für den Ablauf von unter dem Einfluß äußeren Zwangs erlittenen Geschichten. Die Evolution wird zum Fluchtpunkt der Geschichte, zur notwendigen Konvergenz, in der sich alle Organisationsansätze wieder verschmelzen und alle Abweichungen, Unebenheiten und Verschiedenheiten aufheben.
Darwins und Wallaces Evolutionstheorie hebt sich durch den auf die Lebewesen angewendeten Begriff der Zufälligkeit grundsätzlich von allen vorherigen Denkvorstellungen ab. Bis ins 19. Jahrhundert hatte die große Kette der Lebewesen an der Harmonie des Universums teil. In der Welt der Wesen herrschte dieselbe Zwangsläufigkeit wie in der der Sterne. Es war undenkbar, daß lebende Körper anders sein könnten als die zum gegenwärtigen Zeitpunkt sichtbaren. Um diese Zwangsläufigkeit in Frage zu stellen, mußten vergleichende Anatomie, Embryologie und Histologie erst die Forschung im Bereich des Lebenden revolutionieren, und zwar aus mehreren Gründen. In erster Linie muß sich eine Synthese in der Zeit notwendigerweise auf die aus der Analyse im Raum abgeleitete Darstellung abstützen. Solange die lebende Welt als kontinuierliche Kette aufgefaßt wurde, konnte die Reihenfolge der Transformationen nur als eine Reihe von Abstufungen gesehen werden, wie es Lamarck vorgeschlagen hatte, um in einem linearen Anlauf vom Einfachsten zum Hochkomplexen zu gelangen. Nachdem einmal die Kontinuität der horizontalen Beziehung zwischen den lebenden Körpern zerstört war, nachdem die Wesen in »Stämme« neu aufgeteilt waren, konnte die vertikale Beziehung nicht mehr in Form einer einzigen Sequenz gesehen werden. Damit stellen diese

Gruppen voneinander isolierter Wesen keinerlei Zwangsläufigkeit mehr dar.
Ein weiterer Grund für die Revolutionierung der Naturforschung liegt darin, daß als Folge der Zellentheorie ein neues Netzwerk von Beziehungen zwischen den Wesen sowohl in horizontaler als auch in vertikaler Richtung entsteht. Die Zelle ist der universale Bestandteil aller lebenden Körper, und gleichzeitig verbindet sie eine Generation mit der nächsten. Die Entwicklung eines jeden Organismus geschieht stets durch eine Reihe von Transformationen, im Verlaufe derer sich die Zellen vermehren, differenzieren und zu einer Reihe von Gebilden organisieren. Zwischen den Entwicklungsgeschichten der einzelnen Lebewesen gibt es häufig Analogien und zuweilen gemeinsame Wegabschnitte. Aber auch hier findet sich keinerlei Zeichen für eine Zwangsläufigkeit; das gilt für den Weg, den die Entwicklung einschlägt, wie auch für die Art, in der sich die Zellen anordnen und die Strukturen aufbauen.
Die Verteilung der Organe in einem lebenden Körper führt ebenfalls zu einer vollständig neuen Betrachtungsweise der Variationsmöglichkeit selbst. Der Organismus entwickelt sich um einen Kern in übereinanderlagernden Schichten, die sich nach außen hin verlängern und ihn unauflöslich mit der Umgebung verbinden. Mit der Entfernung vom Zentrum nimmt die Wichtigkeit der Organe ab, und die Variationsfreiheit nimmt zu. Die an der Oberfläche liegenden Teile werden so zweitrangig, daß sie fast überhaupt keinem Zwang mehr unterstehen, der ihre Veränderungen einschränkte. Damit eine Modifikation entsteht, ist es Cuvier zufolge »durchaus nicht erforderlich, daß eine bestimmte Form oder irgendein anderes Verhältnis gerade notwendig war, um ausgeführt zu werden; genug, daß es möglich war, daß es nämlich die Harmonie des Ganzen nicht störte«[39]. Hier tritt eine totale Umkehrung der bei Lamarck vorherrschenden Anschauung zutage. Die Veränderung der Wesen ist nicht notwendigerweise an die Vorstellungen von Nützlichkeit, Notwendigkeit und Entwicklung gebunden; sie kann ohne Grund geschehen.
Schließlich ändert sich auch die Auffassung von den Beziehungen, die den Organismus mit seiner Umwelt verbinden. Lamarck ging davon aus, daß das »umgebende Milieu« nur einen der Parameter der »Umstände« darstellt. Es umschreibt die Qualität des Elements, in dem der eine oder andere Organismus lebt: die Luft oder das Wasser, das Süße oder das Salzige. Das Tier fand sich wie alle Körper dieser Erde in das umgebende Milieu plaziert. Doch zwischen dem Organismus und seinem Milieu bestand noch keine enge Beziehung, noch keine eigent-

liche Wechselwirkung. Und wenn das Milieu häufig auf die Struktur eines Wesens Einfluß nahm, so geschah das immer über den Umweg einer Notwendigkeit, einer Begierde, mußte es doch atmen, essen und sich bewegen, ob an der Luft oder im Wasser. Mit August Comte aber werden umgebendes Milieu und Umstände zu *dem* Milieu, welches von nun an seine Bedeutung ändert. Es stellt jetzt die Gesamtheit der äußeren Variablen dar, denen ein Lebewesen unterworfen ist: nicht nur Luft und Wasser, die den Organismus umhüllen, sondern auch die Schwerkraft, der Druck, die Bewegung, die Wärme, das Licht, die Elektrizität, kurz alles, was auf einen lebendigen Körper eine Wirkung ausüben kann. Doch geht diese Wirkung nicht mehr nur in eine Richtung. Der Organismus und sein Milieu wirken gegenseitig aufeinander ein. »Denn nach dem universellen Gesetz des notwendigen Gleichgewichts zwischen Aktion und Reaktion könnte«, so behauptet Comte, »das umgebende System den Organismus nicht modifizieren, ohne daß dieser nicht seinerseits die entsprechende Wirkung ausübte.«[40] Der Organismus kann von seinem Milieu nicht getrennt werden. Beide verändern und transformieren sich als ein Ganzes.
Damit kann es keine den Wesen und ihren aufeinanderfolgenden Generationen eigene Zeit mehr geben und eine andere äußere Zeit, die sich in den Umwälzungen der Erde manifestiert. Das 18. Jahrhundert machte die Zeit der Erde mit ihren Katastrophen, Wärmewechseln, Störungen aller Art dafür verantwortlich, daß es die Ordnung der Wesen, die der Monotonie einer geschichtslosen Fortpflanzung unterworfen waren, in Verwirrung brachte. Ganz im Gegensatz hierzu schuf die den Wesen eigene Zeit Lamarck zufolge die Entwicklung des Lebenden; die Zeit der äußeren Verhältnisse trat nur gelegentlich in Erscheinung, um es den Wesen zu ermöglichen, sich anzupassen, sich nach ihrem Milieu zu formen. Das 19. Jahrhundert kennt für die Gesamtheit des Universums nur noch eine einzige gültige Zeit. Die Geschichte der Wesen ist untrennbar mit der der Erde verbunden. Nun spielen auch die Fossilien eine neue Rolle. Im 18. Jahrhundert glichen sie den heutigen Formen und zeugten somit von der Permanenz der lebenden Körper. Bei Lamarck trugen sie dazu bei, die Unstabilität des Lebenden zu beweisen, und machten auf gewisse Transformationen aufmerksam. Cuvier sieht in ihnen die Richtpunkte der geologischen Zeit; sie sind »Monumente verflossener Revolutionen«, die es zu restaurieren und zu dechiffrieren gilt. Es gibt eine einzige Geschichte, die Geschichte der Natur, die einmal von den Steinen, einmal von den Fossilien erzählt wird; über sie müssen alle Hinweise gesammelt und miteinander in Verbindung gebracht werden. Dank unserer Gewißheit, daß die

Fossilien an der Oberfläche lebten, bevor sie in den Tiefen begraben wurden, ist es unzweifelhaft, daß der Erdball nicht immer dieselbe Hülle trug. Die Felsen enthüllen uns die Existenz von diskontinuierlichen Schichten in der Erdkruste, in die Überreste der lebenden Wesen abgelagert sind. Erst die Anwendung des Korrelationsgesetzes auf die Fossilien und die Rekonstruktion eines vollständigen organisierten Körpers aus irgendeinem aufgefundenen Teil erlauben, die Aufeinanderfolge der geologischen Formationen zu bestimmen und die Kataklysmen zu entdecken, die zu ihrer Entstehung führten. Umgekehrt aber beschreibt die Erforschung der geologischen Schichten die Orte, an denen verschwundene Arten einst vorkamen. Die Geologie weist den Zusammenhang bestimmter Kontinente nach, die Fossilien verraten ihre Trennung.
Diese Schichten unterschiedlichen Gesteins, diese Gruppen von in jeder Schicht verschiedenen Fossilien stellen für Cuvier die Spuren von »Revolutionen« dar, die den Erdball verschiedene Male jählings erschütterten. Diese Kataklysmen ließen die Tiere nicht unverändert. Die in der Kontinuität des von den Lebewesen bevölkerten Raumes beobachteten Unterbrüche spiegeln folglich nichts weiter als die Abbrüche in der Erdzeit wider. Tatsächlich ist zu sehen, führt Cuvier aus, daß »die Muscheln der alten Schichten spezifische Formen haben, die nach und nach verschwinden und in den jüngeren Schichten nicht mehr auftreten und noch weniger in den allerjüngsten Schichten, in denen sich niemals analoge Arten finden und in denen sogar einige ihrer eigenen Gattungen nicht mehr vorkommen. Die Muscheln der jüngsten Schichten gleichen hingegen, was die Gattungen anbetrifft, den in unseren Meeren lebenden.«[41] Somit hat das, was auf dem Grunde der Zeit gelebt hat, nichts mit dem gemein, was heute lebt. Indem die Kataklysmen die Erdkruste umwälzten, vernichteten sie das dort Lebende. Auf diese Weise sind zahllose Lebewesen untergegangen. »Die einen, die die trockene Erde bewohnten, wurden von den Fluten verschlungen; die anderen, die den Meeresgrund bevölkerten, wurden, als sich dieser plötzlich hob, aufs Trockene gesetzt; ganze Rassen sind auf immer ausgestorben und haben der Welt nichts als einige Scherben zurückgelassen, die der Naturforscher nur mit Mühe erkennt.«[42] Vergeblich sucht man die Spuren einer Generationenfolge, die im Prozeß der lebenden Welt einzigartig dastünde, vergeblich eine Reihe von Veränderungen, im Verlaufe derer jede Art aus einer anderen Art durch eine fehlerlose Abstufung hervorgegangen wäre. Das Einfachste kann mit dem Kompliziertesten nicht durch die Vorstellung vereinigt werden, derzufolge eine Abfolge von Variationen das Tierreich nach und

nach zu seinem jetzigen Zustand geführt hätte. Die Natur trug größte Sorge, um die Veränderung der Arten zu verhindern und die großen Linien der Organisation konstant zu halten. Die heutigen Rassen »können keine Modifikationen verlorener Rassen sein«. Die vormals auf der Erde herrschenden Bedingungen können mit den heutigen nicht identisch sein. Und hält sich Cuvier auch noch zurück, so sprechen doch bereits seine Schüler nicht mehr von einer einzigen Schöpfung; es gibt mehrere Schöpfungen, die jeweils den Katastrophen folgten.

Diese Revolutionen der Erde trugen Cuvier manche Kritik ein. Man verurteilte oft und verurteilt noch heute seine Haltung als rückständig, konservativ, ja sogar theologisch, die die Entstehung des evolutionären Denkens verzögert hätte. Es ist jedoch ganz offensichtlich, daß das wesentliche Kriterium des Evolutionismus – die Zufälligkeit des Lebenden – so lange nicht angeführt werden konnte, als sich die Wesen in bester Ordnung in einen auferlegten Rahmen einfügten und sich in Einerkolonne auf die Vervollkommnung hin entwickelten. Die Verstreuung der lebenden Formen, der Bruch in der Zeit, die die Formen entstehen ließ, die Grundlosigkeit der Variation – das sind drei der Voraussetzungen einer jeden Evolutionstheorie. Und alle drei sind das Werk Cuviers.

Den Geologen kommt das Verdienst zu, den Dämon der Kataklysmen ausgetrieben zu haben; denn die Zerstreuung in verschiedene Landschaften, der Rückzug auf isolierte Inseln findet sich nicht nur in der Welt der Lebewesen, sondern auch in der der Steine, in den geologischen Formationen. In diesem Falle ist es jedoch unnötig, außerordentliche Umstände wie Katastrophen zu berufen. Man kann sich gut auf Lyells »Prinzip der gegenwärtigen Gründe« beziehen. Alle Spuren der Erde, die von ihrer Vergangenheit zeugen, beweisen, daß ihre Oberfläche einer Reihe von Umgestaltungen unterworfen war. Die Gründe für die früheren Veränderungen auf der Erdoberfläche sind jedoch im Hinblick auf ihr Wesen und ihre Intensität mit den heute wirkenden analog. »Um die beobachteten Phänomene zu erklären«, stellt Lyell fest, »können wir darauf verzichten, zu plötzlichen, gewaltsamen und universalen Katastrophen Zuflucht zu nehmen. Wir müssen die einstigen und gegenwärtigen Veränderungen ... als einer uniformen und kontinuierlichen Reihe von Ereignissen zugehörig betrachten.«[43] Versteht man es, die in den geologischen Schichten verborgenen Hinweise zu entziffern, so findet man in früheren Zeiten die Spur derselben Klimabedingungen, der Erosion und der vulkanischen Ausbrüche, die noch heute vor sich gehen. So kann man Baumstämme sehen, die aufgerichtet und deren Wurzeln noch im Boden eingegraben sind. Man entdeckt in dem in früheren Zeiten erhärteten Schlamm und Sand wellenförmige Strukturen, die denen unserer Strände gleichen. Vergleicht man wie Lyell die Spuren, die die Regentropfen in den Gesteinen aller Zeiten hinterließen, dann meint man Abdrücke zu betrachten, die erst kurz zuvor erfolgte Regenschauer im Sand zurückließen. Gestalt und Dimension der Tropfen sind fast identisch und zeugen von analogen atmosphärischen Bedingungen. Weder Regen noch Staub, Wüsten, Gletscher und Winde scheinen früher anders gewesen zu sein als heute. Gewiß weisen alle Überreste darauf hin, daß gewaltsame Ereignisse die Erdoberfläche modellierten. Ganze Bergketten stiegen aus dem Schoß der Erde auf oder vergruben sich in ihren Tiefen; plötzlich taten sich Täler auf, um dann ausgefüllt und von neuem ausgehöhlt zu werden; Meere trieben Kontinente zurück, um sich darauf selbst zurückzuziehen. Aber alle diese Veränderungen stellen eine Reihe von Ereignissen ohne wirklichen Unterbruch dar, eine Folge von Epochen, in deren Verlauf die Erdoberfläche nach und nach ihre heutige Gestalt erhielt. Durch die Untersuchung der Disposition der in der Erde vergrabenen Mineralmassen konstruiert man die geologische Ordnung. Die Gesteine bilden eine große chronologische Reihe von Abläufen, die die Folge von Geschehnissen in der Vorgeschichte der Erde und der sie bewohnenden Wesen bezeugt. Trotz aller Veränderungen der Bedingungen, Umstände, Klimata allgemeiner oder lokaler Natur haben dieselben Ursachen zur Anhäufung derselben Materialien geführt und dieselben Schichten in der Erdkruste entstehen lassen. Das alles ging vor sich, ohne daß die Gesetze verletzt worden wären, die noch heute die Bildung der Böden, der Sedimente und der Gesteine bestimmen. So besteht die Geologie mit den Worten Lyells »in der sorgfältigen und fortgesetzten Erforschung der Beziehungen zwischen den geologischen Phänomenen der Frühzeit und den Folgen der heute vor sich gehenden Veränderungen, mögen sich diese vor unseren Augen vollziehen oder in der Beobachtung unzugänglichen Bereichen, deren Realität nur durch Vulkane und unterirdische Bewegungen bezeugt wird«[44]. Selbst wenn die Vergangenheit die Gegenwart gestaltet hat, kann doch nur die Gegenwart die Vergangenheit erklären.

Um die Gesteine einzuordnen, genügt es nicht mehr, ihre Struktur und ihr Gefüge zu prüfen. Darüber hinaus müssen ihr Ursprung und ihr Alter in Betracht gezogen werden, um daraus auf die Ordnung ihrer Entstehung zu schließen. Das Alter eines Minerals kann aus drei Kriterien abgeleitet werden: die Überlagerung, das heißt die Lage in bezug auf die umgebenden Gesteine, wobei die untersten die ältesten sind; der mineralogische Charakter, der über lange horizontale Schichten hinweg sehr oft derselbe ist, sich jedoch in der vertikalen Richtung oft schnell ändert; und schließlich ihr Gehalt an organischen Überresten. Lyell behauptet, daß ihre Natur selbst »den Fossilien den höchsten Wert verleiht als chronologischen Kennzeichen, da sie jedes von ihnen mit der Autorität versieht, die in der Geschichte den Medaillen zukommt, die gleichzeitig mit den Ereignissen geprägt worden sind«[45]. Somit ist das relative Alter der geologischen Formationen, die Fossilien enthalten, am leichtesten zu bestimmen. Man beginnt mit der Erstellung einer Chronologie dieser Formationen; darauf versucht man soweit wie möglich den derart bestimmten Unterteilungen die verschiedenen identifizierbaren Gesteinsgruppen zuzuordnen. Die Gesteine lassen sich entsprechend ihrer Herkunft und den Bildungsweisen in vier große Klassen einordnen: Sedimentgestein, plutonisches, vulkanisches und metamorphes Gestein. Doch bilden diese vier Gesteinsklassen nicht eine einmalige Reihe von Erzeugnissen. Nicht alle entsprechen präzisen Epochen. Es ist daher nicht möglich, die Folge der geologischen Epochen nach einer oberflächlichen Überprüfung der vertikalen Ordnung der in einer bestimmten Region übereinander gelagerten Schichten zu rekonstituieren. Eine Art »Transmutation« der Gesteine findet statt, indem sich die fossilienhaltigen Ablagerungen nach und nach in kristalline Formationen verwandeln. Dieser noch heute anhaltende Prozeß geschah zu allen Zeiten. Noch heute kann man beobachten, wie sich in bestimmten Seen wasserhaltige und fossilienhaltige Schichten bilden, während anderswo vulkanische Formationen entstehen. Genau so entstanden in jeder Epoche der Vergangenheit fossilienhaltige Ablagerungen und Vulkangesteine an der Oberfläche, während gewisse Sedimentschichten unter dem Einfluß der Hitze und des Drucks eine kristalline Struktur annahmen. Aufgrund der von einer Region zur anderen auftretenden Verschiebungen kann die relative Position der Gesteine nur in begrenzten Gebieten verglichen werden. Die vier großen Gesteinsklassen sind Lyell gemäß »wie vier große Klassen von Monumenten« zu betrachten, »die vier Reihen von gleichzeitigen oder fast gleichzeitigen Ereignissen entsprechen«[46].

Die geologische Analyse erlaubt somit, die Erdkruste in zwei Reihen im Raum – eine vertikale und eine horizontale – aufzulösen, die sich auf eine Art chronologisches Schema übertragen lassen. In horizontaler Richtung entspricht jede Linie der Darstellung den Schichten der Mineralien und Fossilien derselben Epoche; Lyell unterscheidet hierbei vier, denen er die Bezeichnungen Eozän, Miozän, altes und neues Pliozän verleiht. In vertikaler Richtung bilden vier große Gesteinsklassen »vier parallele oder fast parallele Säulen«[47]. Jeder Körper der Erdkruste läßt sich folglich durch zwei Koordinaten bestimmen: die eine bezeichnet seine Epoche und seine Zeitgenossen, die andere beschreibt seine Natur und in bestimmten Fällen sogar die Art der Bildung. Die Gegenwart entspricht der untersten Linie der Darstellung: sie bezeichnet die Schicht, die die Oberfläche des Erdballs berührt. Am anderen Ende der Darstellung, in jenem Teil, der den entferntesten Zeiten, das heißt den Tiefen der Erde entspricht, finden sich keine Spuren mehr, um den Anfang der Reihen zu bestimmen, und keine Zeichen mehr, um die Geschichte früherer Zeitalter mit der Gegenwart der organisierten Wesen zu verbinden. Ob die aufgefundenen Überreste dem Belebten oder Unbelebten angehören, immer beschreiben sie dieselben Umwege derselben Geschichte. Die belebte Welt entspricht nur einem Aspekt der Erde und ihrer Vergangenheit.

Die Evolution

Wenn in der Naturgeschichte die Fossilien das Alter der Gesteine bezeugen, so berichten dafür die Gesteinsschichten über die räumliche und zeitliche Verteilung der Arten, die früher gelebt haben. Lyell zufolge »kann der Geologe feststellen, welche auf der Erde, im Süßwasser oder im Meer lebenden Arten in einer bestimmten Epoche der Vergangenheit gleichzeitig existierten. Hat er die im Meer gebildeten Schichten mit anderen, gleichzeitig in den Seen der Kontinente gebildeten Schichten identifiziert, kann er weiter gehen und nachweisen, daß bestimmte Vierfüßler oder Wasserpflanzen, die in den Formationen der Seen als Fossilien gefunden wurden, den Erdball zur selben Zeit bevölkerten, als bestimmte Reptilien, Fische und Zoophyten im Ozean lebten«[48]. Infolge der auf der Erdoberfläche nacheinander erfolgten Umwälzungen konnten sich die gleichen Arten nicht immer weiter vermehren und so die ganze Erdgeschichte überdauern. In einer horizontalen Schicht der Erdoberfläche finden sich dieselben Typen organischer Überreste nur in lokalisierten Zonen und nicht in unbegrenzter Ausbreitung. Betrachtet man die Verteilung der heute vorkommenden Lebewesen auf der Erdoberfläche, so stellt man fest, daß die bewohnbaren Flächen der Erde und des Meeres in eine große Anzahl klar umrissener Regionen, in »Provinzen« aufgeteilt sind und daß eine jede von ihnen von einer besonderen Mischung von Tieren und Pflanzen bewohnt wird. Auf die gleiche Weise verteilt die Geologie die Wesen, die früher gelebt haben, in viele Provinzen, die jeweils von einer besonderen Gemeinschaft von Tieren und Pflanzen bewohnt wurden; diese Provinzen liegen heute in verschiedenen Zonen und Tiefen vergraben. Daraus ist zu schließen, daß sich die Lebewesen nicht in der Art einer einzigen Kette von Transformationen folgten, sondern dadurch, daß »auf der Erde von Zeit zu Zeit neue Gruppen von Pflanzen und Tieren eingeführt wurden«[49]. Diese neuen Organismen mußten den Lebensbedingungen an einem bestimmten Ort und zu einer bestimmten Zeit angepaßt sein, damit sie eine Zeitlang wachsen und sich vermehren konnten.

Das Eindringen in die Tiefe der Erdkruste entspricht einem Zurückgehen in der Zeit. So betrachtet Darwin, »um Lyells bildlichen Ausdruck durchzuführen, den natürlichen Schöpfungsbericht als eine Geschichte der Erde, unvollständig erhalten und in wechselnden Dialekten geschrieben, wovon aber nur der letzte bloß auf einige Theile der Erdoberfläche sich beziehende Band bis auf uns gekommen ist. Doch auch von diesem Bande ist nun hier und da ein kurzes Kapitel erhalten, und von jeder Seite sind nur da und dort einige Zeilen übrig. Jedes Wort der langsam wechselnden Sprache dieser Beschreibung, mehr oder weniger verschieden in der unterbrochenen Reihenfolge der einzelnen Abschnitte, mag den anscheinend plötzlich wechselnden Lebensformen entsprechen, welche in den unmittelbar aufeinanderliegenden Schichten unsrer weit voneinander getrennten Formationen begraben liegen.«[49a] Vergleicht man die letzten Kapitel, versucht man das durch die Aufeinanderschichtung bestimmte relative Alter der Fossilien zu lesen, so erkennt man neue Beziehungen zwischen den untergegangenen und noch lebenden Familien und Arten. »Alte und neue Beobachtungen erweisen« nach Alexander von Humboldt, »daß die Floren und Faunen um so verschiedener von den jetzigen Gestalten der Pflanzen und Tiere sind, als die Sedimentformationen zu den unteren, d. h. älteren gehören.«[50] Im Reich der Wesen wie in dem der Gesteine entspricht die Gegenwart also tatsächlich der zuoberst liegenden Schicht der Erdkruste. Darüber hinaus kann man numerische Beziehungen zwischen dem, was lebte, und dem, was noch lebt, aufstellen. Eine große Zahl der noch lebenden Arten entspricht dann einer kleinen Anzahl verschwundener Arten, als wenn sich die Verwandtschaftslinien zwischen Vergangenheit und Gegenwart durch einen Kegel darstellen ließen, dessen Spitze tief in die Erde gedrückt ist; oder als ob die lebenden Körper, die von demselben Organisationsplan, von einem einzigen Typus ausgehen, bestrebt seien, mit der Zeit voneinander abzurücken.

Dieselbe Art der Beziehungen findet sich auch beim Vergleich von ähnlichen Arten oder auch von Varietäten, die der gleichen Art angehören, jedoch in verschiedenen geologischen Zonen leben. Denn geht die Entwicklung der lebenden Welt auf noch immer wirksame Ursachen zurück, so muß es möglich sein, diese unter bestimmten Bedingungen am Werk zu sehen. Die Abhandlung, die unmittelbar zum Entstehen einer Evolutionstheorie führte, umfaßt zwei Aspekte: eine Untersuchung über die Verteilung der Arten in der Welt und eine Synthese der bei der Bildung der Arten eine Rolle spielenden Faktoren. Mit Darwin und Wallace tritt ein neuer Typus des Naturforschers auf. Beide sind in ihren Forschungen weniger an Museen und zoologische Gärten gebunden; sie sind in erster Linie, den Geologen vergleichbar, Forschungsreisende, die sich an Ort und Stelle begeben, um das Material zu untersuchen. Sie ziehen von Insel zu Insel und von Kontinent zu Kontinent, um die Lebewesen in ihrem Lebensraum zu untersuchen, um ihre Formen, die Orte ihres Vorkommens und ihr Verhalten miteinander zu vergleichen. Sie tragen Beobachtungen, Vergleiche und Messungen zusammen. Sie schrecken nicht vor Experimenten an Ort und Stelle zurück; so tauchen sie beispielsweise Schnecken fünfzehn Tage lang ins Meer, um ihre Überlebensfähigkeit und damit ihre Fähigkeit, sich von einem Kontinent zum anderen transportieren zu lassen, ermessen zu können. Die enorme Masse des auf diese Weise zusammengetragenen Materials erlaubt, den Verwandtschaftsgrad zwischen den Wesen zu analysieren sowie ihre Variationen in Abhängigkeit der geologischen Bedingungen und ihre Tendenz sich zu verbreiten oder im Gegenteil zu erlöschen. Trotz der Differenzen, die einer Art durch die geographischen Bedingungen auferlegt werden, durch ihre Isolierung und die Möglichkeit, auf dem Luft- oder Wasserweg von einem Ort zum anderen getragen zu werden, besteht ein ganzes Netz von Beziehungen. So findet man auf den Inseln des Ozeans keine Frösche und Säugetiere; es kommen dort häufig Arten vor, die nirgendwo anders existieren; es besteht eine bemerkenswerte Affinität zwischen den Arten der Inseln und denjenigen der nächstliegenden Kontinente, ohne daß jedoch diese Arten einander identisch wären. Auf den Galapagos-Inseln trägt nach Darwin »fast jedes Land- wie Wasser-Produkt ein unverkennbares kontinental-amerikanisches Gepräge. Dabei befinden sich sechsundzwanzig Arten Land-Vögel, von welchen einundzwanzig oder vielleicht dreiundzwanzig als eigenthümliche und hier geschaffene Arten angesehen werden; und doch ist die nahe Verwandtschaft der meisten dieser Vögel mit amerikanischen Arten in jedem ihrer Charaktere, in Lebens-Weise, Betragen und Ton oder Stimme offenbar ... Es ist offenbar, daß die Galapagos entweder durch gelegentliche Transport-Mittel oder infolge eines früheren unmittelbaren

Zusammenhangs mit Amerika von diesem Welttheile ... bevölkert worden sind.«[51] Jede Insel hat gewissermaßen ihre eigenen Vögel. Aber alle diese Vögel zeigen unter sich und im Vergleich zu denjenigen des amerikanischen Kontinents eine gewisse Verwandtschaft, als entstünden diese Unterschiede auf dem Hintergrund von Ähnlichkeiten, als stammten diese verschiedenen Vogelarten alle von einem gemeinsamen Ahnen ab und ihre Individualisierung wäre nur die Folge der geographischen Isolierung.

Die geographische Untersuchung wie die Analyse der »paläontologischen Archive« gelangen zu derselben Schlußfolgerung: Eine kleine Anzahl einander ähnlicher Organismen produziert mit der Zeit eine große Anzahl von verschiedenartigen Nachkommen. Je mehr sich diese Nachkommen vom Originaltyp entfernen, um so mehr sind sie bestrebt, voneinander abzurücken, um sich dann unter sich zu vermehren, und dementsprechend größer wird für diese Differenzen die Möglichkeit fortzudauern. Darwin erhebt die sehr verschiedenartig gewordenen Varietäten in den »Rang der Arten«. Das Erscheinen neuer Arten wird letztlich von zwei Variablen bestimmt: die Größe der Populationen und die Häufigkeit, mit der Differenzen zwischen Individuen auftauchen. Die Populationsgröße ist wichtig, weil sich stets die zahlreichsten Gruppen am schnellsten vermehren: jede große Gruppe ist somit bestrebt, immer mehr anzuwachsen und gleichzeitig immer unterschiedlichere Charaktere aufzuweisen. Die Differenzen zwischen Individuen sind wichtig, denn je mehr sich die Mitglieder einer Gruppe ihrem Aufbau, ihren Eigenschaften und Sitten nach unterscheiden, desto besser können sie verschiedene Lebensräume bewohnen und sich an diese anpassen. Die größten Gruppen haben die höchsten Chancen, neue Varietäten entstehen zu lassen. Die Varietäten, die das größte Spektrum an Unterschieden umfassen, haben die größten Chancen, neue Lebensräume zu finden, sich dort niederzulassen und durch ihre zahlenmäßige Vermehrung rein quantitativ die anderen, weniger verschiedenartigen Varietäten zu ersetzen. Die aus einer Art hervorgegangenen Neubildungen erlauben dieser, dank einer Arbeitsteilung in der von ihr bewohnten Zone die Hilfsquellen ihres Milieus am besten auszunutzen. »Dieses Streben der großen Gruppen an Umfang zu wachsen und im Charakter auseinanderzulaufen, in Verbindung mit der meist unvermeidlichen Folge starken Erlöschens andrer, erklärt« Darwin zufolge »die Anordnung aller Lebensformen in mehr und mehr unterabgetheilte Gruppen innerhalb einiger wenigen großen Klassen, die uns jetzt überall umgeben und alle Zeiten überdauert haben.«[52]

All das wird mit den Begriffen *Divergenz, Diversifikation* und *Disper-*

sion erfaßt. Die Aufeinanderfolge der in der Zeit lebenden Formen läßt sich jetzt nicht mehr als Bild einer einzigen oder mehrerer paralleler Säulen wiedergeben, die verschiedenen unabhängigen Serien entsprechen. Die einzige Darstellung, die der Diversifikation einer Gruppe gerecht wird, ist der Stammbaum. »Wie Knospen bei ihrer Entwicklung neue Knospen hervorbringen und, wie auch diese wieder, wenn sie kräftig sind, nach allen Seiten ausragen und viele schwächere Zweige überwachsen, so ist es, wie ich glaube, durch Generation mit dem großen Baume des Lebens ergangen, der mit seinen todten und heruntergebrochenen Ästen die Erd-Rinde erfüllt, und mit seinen herrlichen und sich noch immer weiter theilenden Verzweigungen ihre Oberfläche bekleidet.«[53] Die Verschiedenheit der Charaktere sowie die durch die Vererbung gesicherte Erhaltung gemeinsamer Züge erlaubt, die Affinitäten zu verstehen, die alle Mitglieder einer Familie und selbst die einer umfassenderen Gruppe verbinden. Innerhalb einer Familie, die denselben Vorfahren hatte, aber in verschiedene Gruppen aufgespalten ist, werden bestimmte modifizierte Charaktere fortwährend weitergegeben. Alle Arten dieser Familie sind somit untereinander durch »auf Umwegen verlaufende Affinitätslinien von variabler Länge, die über eine große Anzahl von Vorläufern in die Vergangenheit zurückgehen«, verbunden. Geht man auf diese Weise und allmählich vor, so ordnet man die Gesamtheit der lebenden Organismen längs der Äste eines einzigen genealogischen Stammbaumes ein. Alle früheren oder noch lebenden Wesen werden derart auf eine sehr kleine Anzahl von Stammvätern, möglicherweise auf einen einzigen Ahnen zurückgeführt. Der Ursprung der Wesen, »die Morgenröte des Lebens« verliert sich in der Ferne der Zeit. Man erkennt ihn wie den Fuß eines Baumes, die Spitze der in die Erdtiefe eingedrungenen Stammwurzel. Er geht auf einige organisierte Wesen zurück, die »von allereinfachster Gestalt waren«, ohne jede Verschiedenartigkeit und Besonderheit.

Die Deutlichkeit der in der belebten Welt wahrzunehmenden Trennlinien muß mit dem Aussterben der »Zwischenglieder« erklärt werden. »Erlöschung hat die Gruppen nur getrennt, nicht gemacht«, sagt Darwin[54]. Sind die Vögel von allen anderen Wirbeltieren getrennt, so ist das darauf zurückzuführen, »daß viele alte Lebensformen ganz ausgegangen sind, durch welche die ersten Stammältern der Vögel vordem mit den ersten Stammältern der übrigen Wirbelthier-Klassen verkettet gewesen. Dagegen sind nur wenige solche Lebensformen erloschen, welche einst die Fische mit den Batrachiern verbanden«[54a]; die Trennung ist deshalb weniger brutal. Nur eine kleine Zahl der ältesten Arten konnte Nachkommen hervorbringen. Da alle, die ursprünglich von einer einzigen Art abstammen, einer Klasse zugeschrieben werden, unterteilen sich die beiden großen Ordnungen, das Tier- und Pflanzenreich, jeweils nur in eine kleine Zahl von Klassen. Durch den Stammbaum sind alle Wesen in einem Netz von Verwandtschaften miteinander verknüpft. Die Verbindung zwischen zwei Organismen wird gewissermaßen durch den Grad der Sippschaft gemessen. »Alle ächte Klassifikation ist eine genealogische«, stellt Darwin fest; die »gemeinsame Abstammung ist das unsichtbare Band, wonach alle Naturforscher unbewußter Weise gesucht haben, nicht aber ein unbekannter Schöpfungs-Plan, oder eine bequeme Form für allgemeine Beschreibung, oder eine angemessene Methode, die Natur-Gegenstände nach den Graden ihrer Ähnlichkeit oder Unähnlichkeit zu sortiren.«[55]

Der zweite Aspekt der Evolutionstheorie betrifft die Mechanismen, die die Variation der Geschöpfe, die Entwicklung ihrer Organisation und ihre Adaptation verursachen. Er basiert auf drei Prinzipien. Vorerst – und hierin besteht eine Übereinstimmung mit Lyell – sind die Ursachen, die in der Vergangenheit die Evolution der Lebewesen bestimmten, von den heute wirkenden nicht verschieden. Um die verschiedenen lebenden Formen entstehen zu lassen, müssen keinerlei außergewöhnliche Phänomene angerufen werden. Unnötig, Umwälzungen heraufzubeschwören, die die gleichzeitige Ersetzung *aller* Wesen ausgelöst hätten. Für Darwin »besteht ein strenger Parallelismus in den Gesetzen des Lebens durch Zeit und Raum. Die Gesetze, welche die Aufeinanderfolge der Formen in vergangenen Zeiten geleitet, sind fast die nämlichen, wovon in der laufenden Periode deren Unterschiede in verschiedenen Länder-Gebieten abhängen.«[56] Alle heute vorkommenden Formen stammen von denjenigen ab, die früher lebten. Es ist sicher, daß die gewöhnliche Generationenfolge nie unterbrochen wurde und daß keine universale Katastrophe je die ganze Welt erschütterte. Alle Veränderungen geschahen allmählich und gleichmäßig. Niemals treten Neuerungen auf, sondern immer Varietäten, die sich durch Divergenz und Isolierung unterscheiden. Die Transformation der einen in die andere Art ist lediglich die Summe der kleinen Veränderungen, die eine Reihe von aufeinanderfolgenden Generationen im Verlaufe der Anpassung erlitt. Die Evolution vollzieht sich »in kleinen Schritten«, sie »kann keine jähen Sprünge machen«. Das langsame, beharrliche und unaufhaltsame Wachstum des Stammbaums tritt an die Stelle der Kontinuität der Wesen.

Das zweite Prinzip verwirft endgültig die Idee einer Zwangsläufigkeit in der belebten Welt, einer Harmonie, die ein System von Beziehungen zwischen den Wesen festlegt. Die paläontologischen Dokumente, die

geographische Verteilung der Arten, die Entwicklung der Embryos, die Divergenzphänomene der Charaktere der Nachkommenschaft eines gemeinsamen Ahnen, die Ausbreitung gewisser Gruppen und das Verschwinden anderer – all das trägt dazu bei, die Zufälligkeit der Lebewesen und ihrer Bildung zu beweisen. Ob auf einmal mittels einer Schöpfung verwirklicht oder nach und nach durch sukzessive Transformationen durchgeführt, kein vorgefaßter Plan ist imstande, die einstigen und noch heute lebenden Formen der Erde sowie ihre Verteilung zu erklären. Es kommt niemals vor, behauptet Darwin, »daß plötzlich neue Organe auftauchen, die insbesondere für ein bestimmtes Ziel erschaffen worden wären«. Das Auftauchen einer neuen Form ist nie von zwingender Art. Es resultiert aus dem Zusammenspiel vieler Kräfte zu einem bestimmten Zeitpunkt an einem bestimmten Ort. Unter anderen Bedingungen sähe die belebte Welt heute anders aus, oder sie würde überhaupt nicht existieren. Indem sie den Geist der Zwangsläufigkeit austreibt, befreit die Evolutionstheorie die Welt von jeder Transzendenz, von jedem Faktor, dessen Begründung sich der Erkenntnis entzieht. Es gibt nichts mehr, das sich seinem Wesen nach der Analyse und dem Experiment entzieht.
Schließlich das dritte Prinzip: Darwin verändert die Einstellung gegenüber der belebten Welt radikal dadurch, daß keine Individuen mehr, sondern nur große Populationen in Betracht gezogen werden. Bisher befaßte man sich mit den Variationen, die bei einem bestimmten Wesen auftreten konnten, um dadurch die Typen der Transformationen zu beobachten, denen es möglicherweise unterworfen wäre. Mit Darwin verlieren die Mißgeschicke und ungewöhnlichen Erlebnisse, die diesem oder jenem Individuum zustoßen können, alles Interesse. Natürlich ist nicht zu erwarten, daß die Spur eines jeden Tieres, das einmal auf der Erde vorkam, wiederzufinden sei. Doch selbst wenn das Einzelschicksal eines jeden vergangenen Wesens rekonstruierbar wäre, könnten daraus unmöglich die Gesetze der Variation und der Evolution abgeleitet werden. Nicht der Organismus ist Gegenstand der Transformation, sondern die Gesamtheit ähnlicher Organismen, die im Laufe der Zeit vorkamen. In allen seinen Schriften weist Darwin unaufhörlich auf den Überfluß bei der Produktion organisierter Wesen hin, auf den Umfang der Zerstörungen, auf den schlechten Wirkungsgrad der Mechanismen, die Befruchtung und Reproduktion zugrunde liegen. Denn unter Milliarden von zeugungsfähigen Zellen kommt eine einzelne nur ausnahmsweise dazu, ihre Funktion auszuüben. Somit wird der Akzent überall auf die ungeheure Verschwendung der Natur gesetzt, durch die letzten Endes die am wenigsten häufigen Ereignisse

die wichtigsten Folgen nach sich ziehen. Vor Boltzmann und vor Gibbs übernimmt Darwin bereits jene Haltung, die in der zweiten Hälfte des neunzehnten Jahrhunderts die statistische Mechanik erzwingen wird, um das Verhalten der die Körper konstituierenden Einheiten zu erforschen. Die gesamte Evolutionstheorie fußt auf den Gesetzen der großen Zahlen. Nicht, daß Darwin etwa von komplizierten mathematischen Verfahren Gebrauch gemacht hätte, um die Variationen der Populationen zu analysieren; er begnügt sich mit der Intuition und dem gesunden Menschenverstand. Um die Transformation in Betracht zu ziehen, beachtet er nur diejenigen Fluktuationen, die in großen Populationen immer vorkommen und die man in der Statistik als die Verteilungsenden bezeichnet. Er nimmt bereits die Vorstellungen der statistischen Analyse vorweg, die den kleinen Vorteil, der einigen Wesen durch eine leichte Verbesserung der Überlebens- und Fortpflanzungschancen gegeben wurde, in einen starren Mechanismus mit unausweichlichen Konsequenzen verwandeln wird. Die Zwangsläufigkeit ist somit nicht gänzlich aus der belebten Welt verschwunden. Sie hat nur ihr Wesen verändert.

Der Hauptanstoß zur Verwandlung der lebenden Formen kann deshalb allein in dem Prozeß gesucht werden, der große Populationen entstehen läßt, das heißt in der für die Lebewesen charakteristischen Kraft sich zu vermehren. Damit gibt es keinen einfachen, ausschließlichen und kontinuierlichen Zwang mehr, mit der Zeit neue Formen entstehen zu lassen. Das Auftauchen neuer Wesen ist die Folge eines langen Wettstreites entgegengerichteter Lebensprozesse, es resultiert aus sich bekämpfenden Kräften, es ist das Ergebnis eines Konflikts zwischen dem Organismus und seinem Milieu. In diesem Prozeß aber kommt stets dem Organismus das erste Wort zu. Darwin hält es für »unvernünftig«, zu glauben, daß die Füße der Gans nur deshalb bespannt wurden, weil sie im Wasser ruderten; die Meinung ist »absurd«, daß die Reptilien ihre Füße einzig und allein deshalb verloren, weil sie ihre Fähigkeit zu kriechen zu verbessern versuchten. Die Fähigkeit der Wesen, ihre Formen, Eigenschaften und Verhaltensweisen zu ändern, ist dem Lebenden inhärent. Sie ist eine der Eigenschaften, durch die sich die Wesen von den Dingen unterscheiden. Sie ist unauflöslich an die charakteristischste Fähigkeit der Lebewesen gebunden: die Fortpflanzung. In ihr kommt ganz einfach das alte »wachset und vermehret euch« zum Ausdruck. Jeder Organismus oder jedes Paar von Organismen ist von Natur aus dazu befähigt, Kinder in von Generation zu Generation anwachsender Zahl hervorzubringen. Gäbe es auf der Welt nur eine einzige Art und würde ihre Ausbreitung durch nichts eingeschränkt, gäbe es keine Ursachen für ihre Zerstörung, dann würde sich diese Art unaufhörlich in geometrischer Reihe vermehren. »Selbst das sehr wenig fruchtbare Tier würde sich schnell vermehren, wenn es keine Hindernisse gäbe«, meint Wallace[57]. Linné hatte bereits berechnet, daß wenn eine einzige Pflanze und jeder ihrer Nachkommen nur zwei Körner pro Jahr produzierten – so wenig fruchtbare Arten sind jedoch unbekannt –, es dann nach zwanzig Jahren eine Million von Individuen gäbe. Darwin stellt dieselbe Rechnung für den Elefanten auf, von dem bekannt ist, daß er sich von allen Tieren am langsamsten fortpflanzt: nimmt man an, daß er dreißig Jahre alt wird, bis er fortpflanzungsfähig ist, daß er insgesamt hundert Jahre zu leben hat und daß er in dieser Zeit sechs Junge wirft, so würde die Nachkommenschaft eines einzigen Elefantenpaares nach siebenhundertfünfzig Jahren neun Millionen Elefanten betragen. Was die Menschheit betrifft, deren Zahl sich nach fünfundzwanzig Jahren verdoppelt, so gäbe es nach tausend Jahren ganz einfach keinen Platz mehr auf der Erde, um die Nachkommenschaft eines einzigen Menschenpaares Seite an Seite aufrecht stehen zu lassen. Aber keine Art kommt auf der Erde allein vor. Zu jeder Zeit leben Populationen verschiedener Organismen, die sich gegenseitig Land, Nahrung, Licht, kurz die Existenz streitig machen. Der Einfluß der Umwelt beschränkt sich also darauf, die Vermehrung der einen auf Kosten der anderen zu fördern; die einen sind zum Aussterben, die anderen zur Verbreitung bestimmt. Mögen auch alle die Fähigkeit besitzen, sich auf exponentielle Weise zu vermehren, andere Wesen in steigender Rate zu zeugen, so sind diese Abkommen im allgemeinen doch beinahe, wenn auch nicht ganz, mit dem ursprünglichen Typ identisch. Kaum sind die Varietäten entstanden, so beteiligen sie sich auch schon an der Kompetition. Sie gewinnen oder verlieren den Wettstreit, je nachdem, ob der Unterschied im Vergleich zu ihren Vorfahren ihre eigene Vermehrung begünstigt. Daher werden manche Arten fortwährend durch andere ersetzt, die sich bestimmten Bedingungen besser anpassen und sich damit besser fortpflanzen können. So wird es klar, daß die einzige der Evolution der lebenden Welt eigene Kraft die für die Lebewesen charakteristische Fortpflanzungsfähigkeit ist.

Der Graben, der diese Theorie von allen vorangegangenen Auffassungen trennt, ist tief. Eine einzige Ausnahme ist Malthus' Werk, dem Darwin wie auch Wallace den Ursprung der Idee der Populationsgleichgewichte zuschreiben. Diese steht im Gegensatz zu der Theorie, nach der die Evolution von zwei entgegengerichteten Kräften bestimmt wird, von denen eine den Wesen inhärent ist und die andere außerhalb liegt. Zur Begründung der Evolutionstheorie entlehnt die Biologie bei der Soziologie ein Modell. Aber diese fußt ihrerseits auf der Stabilität der Anzahl von Individuen einer Art, die bereits von Buffon beobachtet wurde. »Als Ursache betrachte ich«, hatte Malthus behauptet, »das alle Lebewesen auszeichnende konstante Bestreben, ihre Art zu vergrößern, und zwar mehr, als es die ihnen zur Verfügung stehende Nahrungsmenge zuläßt ... Die Natur hat in beiden Reichen mit großzügiger Hand die Lebenskeime verstreut. Doch geizte sie mit Platz und Nahrung.«[58] Malthus nahm an, daß die Entwicklung der menschlichen Populationen zwei in entgegengesetzter Richtung wirkenden Faktoren unterworfen sei: einerseits der »geometrischen Vermehrung« und andererseits äußeren Hindernissen wie Zerstörungen, Kriegen, Seuchen, Nahrungsmittelmangel, kurz allen sich der Ausdehnung notwendigerweise widersetzenden Beschränkungen und vor allem der Umstand, daß »die Subsistenzmittel« nicht mit der gleichen Rate wachsen können, sondern bestenfalls in arithmetischer Progression. Daraus resultiert ein Konflikt, der in den menschlichen Gesellschaften als »Kampf ums Dasein« auftritt. Malthus sah hierin gleichzeitig den Grund und die Folgen der sozialen Veränderungen, die mit Anbruch des industriellen Zeitalters auftraten. Hat jedoch die Evolutionstheorie die Idee des Kampfs ums Dasein übernommen, so in einem etwas anderen Sinn. In einer seltsamen Umkehrung der Sachlage hat man die biologische Evolution oft als Beispiel par excellence für den Lebenskampf, für den Sieg der Starken über die Schwachen, der Herren über die Sklaven verwendet, um soziale oder rassische Ungleichheit auf eine Notwendigkeit der Natur zurückzuführen und hiermit die schlimmsten Exzesse zu rechtfertigen. Wallace und in vermehrtem Maße Darwin haben aber aus der Doktrin von Malthus hauptsächlich die Idee einer Wechselwirkung zwischen der Fortpflanzungskraft der Lebewesen und den diese Fortpflanzungskraft einschränkenden, von außen kommenden Kräften übernommen.

Wie schon Maupertuis sucht Darwin in der an Haustieren und Kulturpflanzen durchgeführten Zuchtwahl ein auf die Natur anwendbares Modell zu finden. Denn die Erzeugung neuer Arten durch Tier- und Pflanzenzüchter beruht auf der Wechselwirkung von zweierlei Prozessen. Einerseits gibt es das natürliche Bestreben der Lebewesen sich zu reproduzieren und verschiedenartig zu werden. Andererseits bemüht sich der Züchter, unter den in seinen Herden oder Kulturen auftauchenden Varietäten die ihn besonders interessierenden zu entwickeln. Der Mensch übt keinen direkten Einfluß auf die Variabilität aus. Veränderungen erscheinen nur »gelegentlich«, ohne daß man sie auszulösen wüßte. Sie bilden sich sozusagen grundlos aus und sind ohne Beziehung zu dem geringsten Bedürfnis, der geringsten Erfordernis des Organismus, so daß laut Darwin »die Aussicht auf deren Erscheinen mit der Anzahl der erzeugten Individuen zunehmen muß; und so wird die Zucht in großem Maßstab von höchster Wichtigkeit für den Erfolg«[59]. Bringt auch die Natur – und nicht der Züchter – die Variabilität hervor, so kann der Züchter dagegen unter den von der Natur angebotenen Varietäten *auslesen* und die Tiere seinen Absichten anpassen. Wenn eine Variation einmal bei einem Individuum aufgetaucht ist, dann erhält sie sich durch Vererbung unter den Nachkommen. Einfache individuelle Unterschiede genügen folglich, um Veränderungen in der gewollten Richtung sich akkumulieren zu lassen. Der Mensch kann die Züchtung entweder methodisch betreiben oder auch unbewußt, indem er von jeder Generation jene Individuen bewahrt, die für ihn am nützlichsten sind und die ihm am besten gefallen. Jedes beliebige Merkmal eines Tieres oder einer Pflanze läßt sich modifizieren, indem man die Organismen bestimmten Bedingungen aussetzt, die individuellen – vom ungeübten Auge leicht zu übersehenden – Unterschiede regelmäßig auswählt und die Fortpflanzung allein auf diese Organismen begrenzt.

Für Darwin ist dieses Modell der künstlichen Zuchtwahl in Form der »natürlichen Auswahl« in vollem Umfang auf die Phänomene der Variation und Evolution übertragbar. »Diese Erhaltung vorteilhafter und Zurücksetzung nachtheiliger Abänderungen ist es, was ich ›Natürliche Auswahl oder Züchtung‹ nenne oder ›die Erhaltung des Tüchtigsten‹. Abänderungen, welche weder vortheilhaft noch nachtheilig sind, werden von der Natürlichen Auswahl nicht berührt«[60], können erhalten bleiben oder erlöschen. In der Natur wie bei der Züchtung tritt die Variabilität im Verlaufe der Generationen spontan auf. Wie bei der Züchtung spielt die Größe der Populationen eine bedeutende Rolle für die Möglichkeit des Auftretens der Variationen. Hier nun greift die Zeit ein. Die Dauer als solche übt keinerlei Einfluß auf die natürliche Auswahl aus. »Die Zeit ist insofern wichtig«, sagt Darwin, »und von diesem Standpunkt aus ist sie von großer Bedeutung, als sie das Auftreten vortheilhafter Variationen, die Möglichkeiten ihrer Auswahl, Verstärkung und Fixierung im Verhältnis zu den langsamen Modifikationen, die graduell die äußeren Bedingungen verändern, verstärkt.«[61] Zum erstenmal wird die Zeit in Generationen gemessen. Die Generation stellt in der Tat die angemessenste Einheit dar, um die für das Erscheinen neuer Formen im Verlaufe der geologischen Epochen notwendige Zeitspanne abzuschätzen. In dem von Darwin zur Darstellung der belebten Welt gezeichneten genealogischen Baum erscheint ein neuer Ast, wenn das Ausmaß der akkumulierten Variationen genügt, um eine ausgeprägte Varietät zu bestimmen, zum Beispiel diejenige, die ein Werk der systematischen Zoologie anführt. So können die Zwischenräume zwischen zwei Ästen »je tausend oder sogar zehntausend Generationen entsprechen«[62].

Die Mechanismen der natürlichen Auslese sind zwar von der gleichen Art wie die der künstlichen Zuchtwahl, doch sind ihre Wirkungen weitreichender. Während der Züchter je nach seinem Geschmack und seinen Bedürfnissen nur unter den sichtbaren Charakteren wählen kann, vermag die Natur auch auf die inneren Organe, sogar auf die Konstitution der Wesen, auf die Gesamtheit der Organisation einzuwirken. »Man kann sagen, die Natürliche Züchtung seye täglich und stündlich durch die ganze Welt beschäftigt, eine jede auch die geringste Abänderung ausfindig zu machen, sie zurückzuwerfen, wenn sie schlecht, und sie zu erhalten und zu verbessern, wenn sie gut ist. Stille und unmerkbar ist sie überall und allzeit, wo sich die Gelegenheit darbietet, mit der Vervollkommnung eines jeden organischen Wesens in bezug auf dessen organische und unorganische Lebens-Bedingungen beschäftigt.«[63] Somit ist der Kampf ums Dasein hauptsächlich ein Kampf um die Fortpflanzung. In ihrer Fähigkeit sich unter gegebenen Lebensbedingungen fortzupflanzen, eine Nachkommenschaft zu zeugen, die bestimmte Gebiete zu besiedeln vermag, werden die Einzelwesen beständig und automatisch einer Prüfung unterzogen. Die Auswahl spielt bis in die Phänomene der Sexualität hinein eine Rolle: der Kampf zwischen den Männchen um den Besitz der Weibchen endet damit, daß der stärkste und der schlaueste die zahlreichste Nachkommenschaft hat. »Wenn daher Männchen und Weibchen einer Thier-Art die nämliche allgemeine Lebens-Weise haben, aber in Bau, Farbe oder Verzierungen von einander abweichen, so sind nach meiner Meinung diese Verschiedenheiten hauptsächlich durch die geschlechtliche Wahl bedingt; d. h. männliche Individuen haben in aufeinander-folgenden Generationen einige kleine Vortheile über andre Männchen gehabt in Waffen, Vertheidigungs-Mitteln oder Reitzen und haben diese Vortheile auf ihre männlichen Nachkommen übertragen.«[64] Der geringste Vorteil, den ein Organismus über seine Konkurrenten innerhalb der eigenen Art hat, läßt die Waage zu seinen Gunsten ausschlagen. Jede Abweichung im Wirkungsgrad der Reproduktion, sei diese auch noch so klein, reicht aus, um das Gleichgewicht einer Population zu verschieben. Durch bestimmte Modifikationen können einige Individuen sich ein klein wenig besser, ein klein wenig schneller als die anderen vermehren. Demzufolge werden die ersteren eine Tendenz zur Vermehrung haben, die letzteren verschwinden. Da die Variationen zum größten Teil genetisch vererbt werden, akkumulieren sich die vorteilhaften Veränderungen natürlicherweise von Generation zu Generation, während die anderen eliminiert werden. »Jede Abweichung vom normalen Typ«, stellt Wallace fest, »übt irgendeine Wirkung, so gering sie auch sein mag, auf die Gestalt und die Eigenschaften der Individuen aus ... Erzeugt eine Art eine Varietät, die die lebenserhaltende Kraft leicht erhöht, so wird diese Varietät mit der Zeit notwendigerweise eine zahlenmäßige Überlegenheit erwerben.«[65] Heute wie gestern wirkt die Evolution, um die Adaptation der Tiere und der Pflanzen an ihr Milieu zu erhalten, zu korrigieren und zu verbessern. Die natürliche Auswahl wirkt durch differentielle Fortpflanzung.

Bis zur Mitte des neunzehnten Jahrhunderts stellte die belebte Welt ein von außen reguliertes System dar. Die organisierten Wesen bildeten in allen Fällen eine kontinuierliche Reihe von Formen, unabhängig davon, ob sie seit der Schöpfung unverändert blieben oder ob sie sich im Verlaufe einer Folge von Vorfällen entwickelt hatten. Zwischenräume in dieser Hierarchie waren auf Auslassungen, Unkenntnis und unzulängliche Bestandsaufnahme zurückzuführen. Die Struktur der lebenden Welt in ihrer heutigen Form brachte somit eine transzendente Notwendigkeit zum Ausdruck. Undenkbar, daß die Wesen anders sein könnten als sie sind, daß andere Formen die Erde bewohnten. Mit der Evolutionstheorie verschwindet die Vorstellung von einer im voraus festgelegten Harmonie, die den organisierten Wesen ein Beziehungssystem auferlegen würde. Die heute lebende Welt beruht nicht mehr auf einer Notwendigkeit, sondern auf der Zufälligkeit, die schon im Himmel und über die Dinge regierte. Die lebende Welt könnte nicht nur von ihrem heutigen Zustand grundsätzlich verschieden sein, sie hätte auch nicht unbedingt entstehen müssen. Die Organismen werden Elemente eines umfassenden Systems höherer Ordnung, das die Erde und alle von ihr beherbergten Objekte umfaßt. Deshalb sind die Form der Wesen, ihre Eigenschaften, ihre Charaktermerkmale der inneren Regulation dieses Systems unterworfen, einem Spiel von Wechselwirkungen, die die Aktivität der Elemente aufeinander abstimmen.

Diese Wende ist keine einfache Fortsetzung eines transformistischen Denkens, das bei Buffon und Lamarck zum erstenmal zum Ausdruck kam. Sie entstand als direkte Folge der veränderten Art und Weise, die Dinge zu betrachten, sie ist das Ergebnis einer grundsätzlich neuen Haltung, die Mitte des neunzehnten Jahrhunderts in Erscheinung tritt. Daß diese Wandlung durchaus kein einfacher Zufall war, wird dadurch bewiesen, daß sie sich nahezu zum selben Zeitpunkt, doch unabhängig in den verschiedensten Wissensbereichen manifestierte: bei der Analyse der Materie durch Boltzmann und Gibbs, bei der Erforschung der Lebewesen durch Darwin, Wallace und andererseits bei Mendel. In der Tat bestehen zwei Möglichkeiten, eine Ansammlung von Objekten derselben Klasse wie die Moleküle eines Gases oder die Organismen einer Art zu betrachten. In erster Linie kann man darin die Summe identischer Körper sehen. Alle Mitglieder der Gruppe stellen getreue Kopien desselben Modells dar. In der lebenden Welt beruht die Klassifikation der Formen auf der Fortdauer der Strukturen über die Generationen hinweg, auf der Permanenz des Typus. Wichtig wird jetzt, nicht die Objekte selber zu erkennen, sondern den Typ, dem sie angehören. Nur der Typus hat eine Realität. Die Objekte sind nur deren Spiegelbilder. Es ist unwichtig, daß sich die Kopien zuweilen vom Typus entfernen. Die Abweichungen vom Typus sind nur eine quantité négligeable, eine Art Fehler ohne Folgen. Im Gegensatz zu dieser Anschauung kann dieselbe Sammlung von Objekten als eine Population von Einzelwesen begriffen werden, die sich nie genau gleichen. Damit erhält jedes Mitglied der Gruppe einen einzigartigen Charakter. Es gibt kein Modell mehr, auf das sich alle Individuen beziehen, dafür besteht ein Roboterporträt, das immer nur den Mittelwert der Eigenschaften jedes Einzelwesens angibt. Deshalb muß die Population in ihrer Gesamtheit durch die Streuung in der Verteilung der Einzeleigenschaften erfaßt werden. Der durchschnittliche Typus ist nur noch eine Abstraktion. Eine Realität kommt nur den Individuen mit ihren Eigenheiten, Unterschieden und Variationen zu.

Diese beiden Betrachtungsweisen der Natur und der sie konstituierenden Objekte sind einander in jeder Beziehung diametral entgegengesetzt. Der Übergang von der ersteren zu der letzteren Auffassung kennzeichnet den Beginn des modernen wissenschaftlichen Denkens. In der unbelebten Welt kommt diese neue Haltung durch das Entstehen der statistischen Mechanik zum Ausdruck. In der belebten Welt ist sie eine notwendige Vorbedingung für die Begründung der Evolutionstheorie. Die Variation ist nicht mehr ein Problem, das die Einzelwesen betrifft, sondern die Populationen. Und selbst wenn Darwin die statistische Analyse nicht verwendet, hat er doch von der Population immer eine statistische Vorstellung: in erster Linie deshalb, weil die Variationen nur Schwankungen in der jedem System eigenen Verteilung aufdecken; ferner, weil die Auswahl lediglich die Gleichgewichte der Populationen langsam durch den Zufall der Wechselwirkung zwischen Organismen und Milieu verändert. Damit verschwindet auch die alte Schwierigkeit, die Transformationen der Wesen zu rechtfertigen. Von nun an ist es unnötig, die Veränderung der Formen durch irgendeinen komplizierten Mechanismus, irgendeine Absicht der Natur, irgendeinen Einfluß des Milieus zu erklären. Keines der Individuen einer Art ist mehr mit den anderen identisch. In einer jeden Generation durchläuft ein jedes Charaktermerkmal die kontinuierliche Reihe der möglichen Abweichungen von einem Mittelwert. Erst danach setzt die Tätigkeit der Adaptation ein durch den einfachen Umstand, daß jeder auf der Erde auftauchende Organismus sofort der Prüfung durch das Leben und der Fortpflanzung unterworfen wird.

Die Evolutionstheorie ist somit durch ihre Auffassung vom Entstehen der Lebewesen und von ihrer Fähigkeit zu leben und sich der Umwelt anzupassen gekennzeichnet. Lamarck nahm an, daß ein neues Wesen bei seiner Bildung *bereits* den ihm bestimmten Platz in der ansteigenden Stufenleiter der Wesen vorfände. Von *vornherein* stellt es eine Verbesserung, einen Fortschritt gegenüber allem dar, was zuvor existierte. Die Zielrichtung, wenn nicht sogar die Absicht ging der Realisierung voran. Darwin kehrt die relative Reihenfolge von Entstehen und Anpassung eines Wesens um. Die Natur fördert nur das, was bereits existiert. Die Realisation geht immer jedem Urteil über den qualitativen Wert des Verwirklichten voran. Jede erdenkliche Modifikation kann im Verlaufe der Fortpflanzung entstehen. Eine jede Variation ist möglich, gleich ob sie eine Verbesserung oder eine Verschlechterung gegenüber dem bereits Bestehenden darstellt. Die Art und Weise, wie die Natur Neues erfindet, zeugt von keinerlei Manichäismus, keinerlei Idee von Fortschritt oder Rückschritt, von Gut oder Böse, von Besser oder Schlechter. Die Variation entsteht durch Zufall, das heißt, ohne jede Beziehung zwischen Ursache und Wirkung. Das neue Wesen findet sich mit den Lebensbedingungen erst nach seinem Erscheinen konfrontiert. Die Kandidaten für die Fortpflanzung werden erst nach der Geburt einer Prüfung unterzogen.

Schon im achtzehnten Jahrhundert ist durch Buffon, Maupertuis und Diderot die Möglichkeit einer Auslese der organisierten Wesen nach ihrer Bildung in Erwägung gezogen worden. Es konnten Monstren entstehen, die, lebensunfähig, zum Untergang bestimmt waren. Die Natur traf unter den bereits gebildeten Formen eine Art von Auslese, um Lebensfähiges zu bewahren und Unvollkommenes zu verwerfen, das sich nicht ernähren kann, weil ihm das Maul fehlt oder das sich nicht fortpflanzen kann, weil es keine Zeugungsorgane hat. Derartige Monstren konnten jedoch nur im Hinblick auf das Spiel der organischen

Moleküle erdacht werden. Alle Möglichkeiten im Kombinationsprozeß mußten *a priori* entstehen, doch waren nur gewisse Kombinationen lebensfähig. In der Mitte des neunzehnten Jahrhunderts handelt es sich jedoch um etwas grundsätzlich anderes. Das Gleichgewicht der lebenden Welt realisiert sich infolge einer Art Dialektik von Permanenz und Variation, von Identität und Verschiedenheit. Manchmal wurde der von Darwin in Analogie mit der Tierzüchtung auf die Evolution verwendete Begriff der Selektion kritisiert. Denn zu der Vorstellung der Auswahl gehört jene der Absicht, die den Züchter veranlaßt, diejenigen Formen unter seiner Herde auszulesen, die seinem Vorhaben am besten zu dienen scheinen. Eine Auswahl besteht auch in der Natur, doch geht diese automatisch vor sich. Alles, was mit der Reproduktion interferiert, trägt gewissermaßen zu ihrer Anpassung bei. Schließlich gibt es keinerlei Absicht zu einer Auswahl unter den Kandidaten für diese Reproduktion. Die Auslese vollzieht sich nachträglich, im Versuchsstand, einzig und allein nach den Qualitäten und den Leistungen der Individuen. Die Anpassung erfolgt im Verlaufe eines subtilen Spiels zwischen den Organismen und ihrer Umgebung; denn wenn auch die Fortpflanzungsfähigkeit eine dem Organismus inhärente Eigenschaft ist, hängt doch deren Verwirklichung eng von den Variablen des Milieus ab. »Ausgewählt« wird sowohl das Milieu durch den Organismus wie der Organismus durch das Milieu. Bei der Adaptation spielt die Reproduktion nur die Rolle eines Verstärkers. Sie verstärkt die spontan gebildeten Abweichungen. Da sie in derselben Richtung wirkt, vermag die Reproduktion eine Population in ganz bestimmte Bahnen zu lenken. Die blindlings entstehenden Variationen werden durch die unbarmherzige Prüfung im Verlaufe der natürlichen Auslese in eine bestimmte Richtung gezwungen. Für Darwin ist ein Lebewesen von seiner Geburt an ein Teil jenes unendlichen organisierten Systems, welches die Erde einschließlich allem, was sie beherbergt, darstellt. Die natürliche Auswahl stellt einen Regulationsfaktor dar, der das System im Gleichgewicht erhält. Man nimmt heute an, daß sich ein derartiges System nur in dem Maße erhalten kann, als »Rückkopplungskreise« oder rückwirkende Regelvorgänge automatisch seine Funktion anpassen. Die Evolution wird somit das Ergebnis der vom Milieu auf die Fortpflanzung ausgeübten Rückwirkung.

Die natürliche Selektion wirkt langsam und etappenweise. Die Zeit der Evolution ist im Gegensatz zu der damals in der Physik verwendeten Zeit irreversibel. In der Tat gibt es in der Newtonschen Mechanik keinerlei bevorzugte Richtung bei der Interaktion zwischen zwei Körpern. Erst die statistische Thermodynamik wird in der zweiten Hälfte des Jahrhunderts die Irreversibilität der Zeit in die Physik einführen, indem sie die Molekül-Populationen von einem weniger wahrscheinlichen Zustand der Ordnung in den wahrscheinlicheren Zustand der Unordnung übergehen läßt. Für die Evolutionstheorie geht aber die Zeit der belebten Welt bereits in eine einzige Richtung; sind die Lebewesen durch die Variation und die Selektion einmal in eine bestimmte Bahn gelenkt, so gibt es keine Umkehr mehr. Die natürliche Auslese zwingt sie, entweder ihre Differenzierung in der vorgezeigten Richtung weiterzuverfolgen, oder aber unterzugehen. Unter den auf der Erde herrschenden Lebensbedingungen führt die natürliche Auswahl laut Darwin »zum Endergebnis, daß jedes Geschöpf einer immer größeren Verbesserung den Lebensbedingungen gegenüber entgegenstrebt. Diese Verbesserung dürfte unvermeidlich zu der stufenweisen Vervollkommnung der Organisation der Mehrzahl der über die ganze Erdoberfläche verbreiteten Wesen führen«[66]. Für jede Etappe in der Reihe besteht nur eine sehr kleine Wahrscheinlichkeit, jemals wieder zum früheren Zustand zurückzukehren. Auf diesem Prinzip kann somit eine allgemeine Entwicklungstheorie der organisierten Systeme begründet werden, seien diese belebt oder unbelebt. Die Zunahme an Komplexität mit der Zeit und die Irreversibilität der Folgen der Transformationen werden grundlegende Eigenschaften dieser Systeme. Was als Fortschritt oder Adaptation bezeichnet wird, ist nur das notwendige Ergebnis dieses Spiels von Wechselwirkungen, die unabänderlich zwischen dem System und seiner Umwelt vor sich gehen.

Mitte des neunzehnten Jahrhunderts sind die Vorstellungen über die Vererbung noch sehr unbestimmt. Aber in der Evolutionstheorie erhält das, was ausgewählt wurde, die Permanenz der Vererbung. Obwohl das von Darwin nicht formuliert wurde, liegt diese Ansicht doch seinen Ideen zugrunde. Folglich läßt die Fortpflanzung das Identische und das Verschiedenartige entstehen. Durch ihre Regelmäßigkeit bewirkt sie, daß das geborene Kind den Eltern ähnlich ist. Durch ihre Fluktuationen schafft sie Neues. Modifiziert oder nicht, die Wesen werden geboren und daraufhin geprüft; geprüft je nach dem Lebensraum, in dem sie leben, je nach den Wesen, die sie umgeben; nach denjenigen, die sie selber jagen, und denjenigen, von denen sie gejagt werden; von den Angehörigen des eigenen und des anderen Geschlechts. Und das Urteil ist berufungslos. Es wird nach der Anzahl der Nachkommen gerichtet. Hiermit wird die Wichtigkeit, die von jetzt an der Fortpflanzung der Wesen zukommt, offenbar. Die Fortpflanzung wird zum wesentlichen Wirkungsprinzip der lebenden Welt, gleichzeitig Ursache der Permanenz und der Variation; ein Mechanismus, durch den sich

Strukturen, Eigenschaften und Merkmale der Lebewesen erhalten und verändern. Sie wird zum Treffpunkt zwischen dem Determinismus, der die Bildung des Gleichartigen bestimmt, und dem Zufall, der das Erscheinen des Neuen lenkt. Denn mit der Evolutionstheorie ändert die Notwendigkeit gleichzeitig ihre Natur und ihren Angriffspunkt in der belebten Welt. Auf das Verhalten gewaltiger Populationen angewendet, wird die Notwendigkeit zu dem, was die statistische Analyse als Ausdruck der von den großen Zahlen bestimmten Gesetze bezeichnen wird. Aber sie ist nicht mehr ein Ausdruck der Wirkungen einer sich der Erkenntnis entziehenden Kraft, durch die die Gestalt der heutigen lebenden Welt festgelegt wurde. Solange die lebenden Formen in ihrer Gesamtheit durch ein System von *a priori* notwendigen Beziehungen verbunden waren, blieb ein ganzer Teil der belebten Welt der Analyse und dem Experiment grundsätzlich entzogen. Angesichts dieses der Kenntnis entzogenen Bereichs befand sich der Biologe ungefähr in der Lage eines Kindes, das die Nase gegen die Scheibe einer Konditorei preßt und mit den Augen verschlingt, was es nicht berühren darf. Das Unerreichbare verschwindet jedoch, wenn die Notwendigkeit allein auf die Wirkungen einer Selektion zurückgeführt wird, durch den Zwang, unter bestimmten Bedingungen zu leben, in bestimmten Territorien und unter bestimmten Wesen. Wenn der Erscheinung des Neuen keine Absicht zugrunde gelegt werden kann, hängt ihr Erfolg oder ihr Mißerfolg im »Kampf ums Dasein« einzig von physikalischen Faktoren ab, das heißt von veränderlichen Parametern. In der Biologie gibt es hinfort keinen reservierten Sektor mehr. Und selbst die Fortpflanzung muß Gegenstand der Analyse werden.

Anmerkungen

1 Buffon, Théorie de la terre, in: Œuvres complètes, Bd. I, S. 109–111.
2 Ibid., Bd. II, S. 2.
3 Diderot, Entretien entre d'Alembert et Diderot, in: Œuvres, Paris, La Pléiade, S. 907.
4 Maillet, Telliamed, Den Haag 1755, Bd. II, S. 166.
5 Ibid., S. 169.
6 Ibid., S. 171.
7 Robinet, De la Nature, Bd. IV, S. 17.
8 Bonnet, Palingénésie philosophique, in: Œuvres, Bd. XV, S. 192.
9 Ibid., S. 219–220.
10 Buffon, Du Lièvre, in: Œuvres complètes, Bd. XV, Bd. II, S. 540.
11 Buffon, Supplément à la théorie de la terre, partie hypothétique, premier mémoire, in: Œuvres complètes, Bd. IX, S. 424.
12 Buffon, L'Unau et l'Aï, in: Œuvres complètes, Bd. III, S. 443.
13 Diderot, Lettres sur les aveugles, in: Œuvres, Paris, La Pléiade, S. 871.

[14] Buffon, Vue de la nature, deuxième vue, in: Œuvres complètes, Bd. III, S. 414.
[15] Buffon, Dégénération des animaux, in: Œuvres complètes, Bd. IV, S. 123.
[16] Buffon, Vue de la Nature, deuxième vue, in: Œuvres complètes, Bd. III, S. 418.
[17] Buffon, Dégénération des animaux, in: Œuvres complètes, Bd. IV, S. 144.
[18] Maupertuis, Système de la Nature, in: Œuvres, Bd. III, S. 164.
[19] Maupertuis, Vénus Physique, in: Œuvres, Bd. II, S. 110.
[20] Ibid., S. 110–111.
[21] Maupertuis, Essai de cosmologie, in: Œuvres, Bd. I, S. 11.
[22] Ibid.
[23] Lamarck, Philosophie zoologique, Bd. I, S. 122; vgl. auch Lamarck, Zoologische Philosophie, Jena 1876, S. 54.
[24] Lamarck, Philosophie zoologique, Bd. I, S. 124; vgl. Zoologische Philosophie, S. 55.
[25] Lamarck, Philosophie zoologique, Bd. I, S. 2–3; vgl. Zoologische Philosophie, S. IV.
[26] Lamarck, Philosophie zoologique, Bd. I, S. 83; vgl. Zoologische Philosophie, S. 31.
[27] Lamarck, Philosophie zoologique, Bd. I, S. 81–82; vgl. Zoologische Philosophie, S. 30.
[28] Lamarck, Philosophie zoologique, Bd. I, S. 231; vgl. Zoologische Philosophie, S. 118.
[29] Lamarck, Philosophie zoologique, Bd. I, S. 103; vgl. Zoologische Philosophie, S. 43–44.
[30] Lamarck, Philosophie zoologique, Bd. I, S. 268; vgl. Zoologische Philosophie, S. 141.
[31] Lamarck, Philosophie zoologique, Bd. I, S. 29; vgl. Zoologische Philosophie, S. XX.
[32] Lamarck, Philosophie zoologique, Bd. I, S. 168; vgl. Zoologische Philosophie, S. 82.
[33] Lamarck, Philosophie zoologique, Bd. I, S. 144; vgl. Zoologische Philosophie, S. 68.
[34] Lamarck, Philosophie zoologique, Bd. I, S. 28; vgl. Zoologische Philosophie, S. XIX.
[35] Lamarck, Philosophie zoologique, Bd. I, S. 226; vgl. Zoologische Philosophie, S. 115.
[36] Lamarck, Philosophie zoologique, Bd. I, S. 222–223; vgl. Zoologische Philosophie, S. 113–114.
[37] Lamarck, Philosophie zoologique, Bd. I, S. 214; vgl. Zoologische Philosophie, S. 108. Ebenfalls Philosophie zoologique, Bd. II, S. 81; vgl. Zoologische Philosophie, S. 281.
[38] Lamarck, Philosophie zoologique, Bd. I, S. 214; Bd. II, S. 81–82; vgl. Zoologische Philosophie, S. 282.
[39] Cuvier, Leçons d'anatomie comparée, Bd. I, S. 59; vgl. auch Vorlesungen über vergleichende Anatomie, Stuttgart 1839, S. 42–43.
[40] Comte, Cours de philosophie positive, in: Œuvres, Bd. III, S. 235.
[41] Cuvier, Discours sur les révolutions de la surface du globe, Paris 1830, S. 14.
[42] Ibid., S. 18.
[43] Lyell, Principes de géologie, französische Übersetzung, Paris 1843, Bd. I, Vorwort, S. XV–XVI.
[44] Ibid., Bd. I, S. 516.
[45] Lyell, Manuel de géologie élémentaire, französische Übersetzung, Paris 1856, S. 160.
[46] Ibid., S. 153.
[47] Ibid.
[48] Ibid., S. 185.
[49] Ibid., S. 497.
[49a] Darwin, Über die Entstehung der Arten im Thier- und Pflanzen-Reich durch natürliche Züchtung, Stuttgart 1860, S. 317–318.
[50] A. v. Humboldt, Kosmos. Entwurf einer physischen Weltbeschreibung, Stuttgart und Tübingen 1845, Bd. I, S. 288.
[51] Darwin, L'Origine des espèces, Paris 1873, S. 424; vgl. auch Über die Entstehung der Arten, S. 402–403.
[52] Darwin, L'Origine des espèces, S. 494; vgl. auch Über die Entstehung der Arten, S. 474.
[53] Darwin, L'Origine des espèces, S. 148; vgl. auch Über die Entstehung der Arten, S. 141.

[54] Darwin, L'Origine des espèces, S. 455; vgl. auch Über die Entstehung der Arten, S. 435.
[54a] Darwin, L'Origine des espèces, S. 455; vgl. auch Über die Entstehung der Arten, S. 435.
[55] Darwin, L'Origine des espèces, S. 443; vgl. auch Über die Entstehung der Arten, S. 424.
[56] Darwin, L'Origine des espèces, S. 433; vgl. auch Über die Entstehung der Arten, S. 413–414.
[57] Wallace, On the Tendency of Varieties to depart indefinitely from the original type, in: Journal of the Linnean Society, 1859, Bd. 3, S. 45.
[58] Malthus, Essai sur le principe de population, französische Übersetzung, Genf 1823, S. 2–3.
[59] Darwin, L'Origine des espèces, S. 39; vgl. auch Über die Entstehung der Arten, S. 47.
[60] Darwin, L'Origine des espèces, S. 85; vgl. auch Über die Entstehung der Arten, S. 86.
[61] Darwin, L'Origine des espèces, S. 110.
[62] Darwin, L'Origine des espèces, S. 122; vgl. auch Über die Entstehung der Arten, S. 122.
[63] Darwin, L'Origine des espèces, S. 89; vgl. auch Über die Entstehung der Arten, S. 89.
[64] Darwin, L'Origine des espèces, S. 94; vgl. auch Über die Entstehung der Arten, S. 95.
[65] Wallace, in: Journal of the Linnean Society, Bd. 3, S. 45.
[66] Darwin, L'Origine des espèces, S. 130; vgl. auch Über die Entstehung der Arten, S. 133.

Viertes Kapitel

Das Gen

Mitte des 19. Jahrhunderts tritt eine Wende in der Ausübung der Biologie ein. Innerhalb weniger als zwanzig Jahren entstehen die Zelltheorie in ihrer endgültigen Form und die Evolutionstheorie, wird die chemische Analyse der großen Körperfunktionen begonnen und die Erforschung der Vererbung, der Fermentationen, werden die ersten Totalsynthesen organischer Verbindungen durchgeführt. Virchow, Darwin, Claude Bernard, Mendel, Pasteur, Berthelot legen die Vorstellungen, Methoden und Studienobjekte fest, die am Anfang der modernen Biologie stehen. Denn die damaligen Auffassungen werden sich im Verlaufe des folgenden Jahrhunderts kaum ändern. Die Biologie wird zur experimentellen Wissenschaft, nachdem sie bisher zur reinen Beobachtung verdammt war. Der ersten Hälfte des 19. Jahrhunderts galt die Organisation als fundamentale Gegebenheit, die alles Lebende kennzeichnete. Sie repräsentierte die Struktur zweiter Ordnung, die über alles im Organismus Erfaßbare gebot. Zentrum eines jeden Wesens, diente sie als Anhaltspunkt, als Leitschema, worauf sich eine jede Beobachtung und ein jeder Vergleich hinsichtlich der sichtbaren Struktur der Wesen und ihrer Eigenschaften bezog. In der zweiten Jahrhunderthälfte stellt die Organisation dagegen nicht mehr den Ausgangspunkt für die umfassende Kenntnis der Wesen dar: sie wird das zu erkennende Objekt. Die Feststellung allein genügt nicht mehr, daß sie allen Merkmalen eines Organismus zugrunde liegt. Darüber hinaus muß auf allen Ebenen erforscht werden, worauf sie beruht, wie sie entsteht und welches die Gesetze sind, die ihre Bildung und ihre Tätigkeit bestimmen. Diese Verlagerung der Akzente in bezug auf die Organisation deckt eine ganze Reihe neuer Möglichkeiten der Analyse auf. Hinfort wird das Leben nicht mehr als eine aus den Tiefen der Zeit aufgestiegene Kraft untersucht, die gleichzeitig versteckt, unteilbar und unzugänglich ist, sondern seine Erscheinungsformen, seine Geschichte, sein Ursprung, die Kausalität, der Zufall, das Funktionieren. Zum Organismus in seiner Gesamtheit kommen neue Analyseobjekte, kommen Zellen, Reaktionen, Partikeln.

Damit teilt sich die Biologie in zwei Richtungen, von denen jede ihre eigenen Techniken und ihr eigenes Material besitzt. Einerseits beschäftigt man sich noch immer mit dem Gesamtorganismus, der entweder als unantastbare Einheit oder als Element einer Population oder einer Art verstanden wird. Diese Richtung der Biologie, die zu den anderen Naturwissenschaften keine Beziehungen unterhält, arbeitet mit den Konzepten der Naturgeschichte. So können die Verhaltensweisen der Tiere, ihre Entwicklung, ihre Evolution, die Beziehungen zwischen den Arten ohne Bezugnahme auf Physik oder Chemie beschrieben werden. Ganz im Gegenteil wird andererseits versucht, den Organismus auf seine Bestandteile zu reduzieren. Das wird von der Physiologie gefordert, und das Jahrhundert läßt es zu. Die gesamte Natur wird Geschichte, doch zu einer Geschichte, in der sich die Dinge in den Wesen fortsetzen, in der sich der Mensch mit dem Tier in eine Reihe stellt. Die Einführung der Zufälligkeit in die lebende Welt durch Darwin und Wallace bedeutet für die Biologie das »alles ist erlaubt« des Iwan Karamassow. Bei den Lebewesen gibt es keinen reservierten Bereich mehr, keinen Raum, wo der Kenntnis der Zutritt verwehrt wäre. Kein göttliches Gesetz setzt dem Experiment mehr Grenzen. In einem Universum ohne Schöpfung und Zweck kennt der Ehrgeiz der Biologie keine Schranken mehr. Wenn die lebende Welt auf Abenteuer aus ist, wenn sie jeder Finalität entbehrt, dann ist es am Menschen, die Natur zu beherrschen. Es ist an ihm, die Ordnung und die Einheit einzusetzen, die er bisher in der Essenz des Lebens zu erkennen gesucht hat; um so mehr, als Dialektik und Positivismus die Brücke zwischen Organischem und Anorganischem wiederherzustellen suchen, die am Ende des vergangenen Jahrhunderts unterbrochen worden war. Zwischen Materie und Lebendem besteht keine Differenz der Natur, sondern der Komplexität. Die Zelle bedeutet für das Molekül das, was das Molekül für das Atom bedeutet: eine übergeordnete Integrationsebene. Um diese Biologie zu betreiben, reicht die Beobachtung der Lebewesen nicht mehr aus. Man muß ihre chemischen Reaktionen analysieren, die Zellen untersuchen, Phänomene in ihnen auslösen. Der Organismus muß deshalb noch als Ganzes betrachtet werden, weil die Regulierung der Reaktionen, die Koordination der Zellen, die Integration der Phänomene die Möglichkeit einer Synthese zulassen.

Zu Ende des 19. und zu Anfang des 20. Jahrhunderts beginnt eine ganze Reihe neuer Analyseobjekte individuelle Gestalt anzunehmen. Ein jedes von ihnen wird Ausgangspunkt für einen besonderen Bereich der Biologie, die sich so nach und nach aufteilt. Am Ende dieser Entwicklung findet sich ein ganzes Spektrum verschiedener Wissenschaften, die sich nicht nur aufgrund ihrer Zielsetzungen und Techniken unterscheiden, sondern auch durch ihr Material und durch ihre Sprache. Zwei dieser Bereiche, deren Aufschwung sich zu Beginn des Jahrhunderts vollzieht, formen die Vorstellung, die man sich von den Organismen, ihrer Tätigkeit, ihrer Evolution macht, vollständig um: Biochemie und Genetik, die beide jeweils eine der erwähnten Richtungen der Biologie verkörpern. Die Biochemie, die mit Extrakten arbeitet, analysiert die Stoffe, aus denen die Lebewesen aufgebaut sind, und die Reaktionen, die in ihnen ablaufen. Sie führt die Struktur der Wesen und ihre Eigenschaften auf ein Netzwerk chemischer Reaktionen zurück und auf die Eigenschaften einiger Molekültypen. Die Genetik untersucht hingegen Populationen von Organismen, um ihre Vererbung zu analysieren; sie schreibt die Bildung des Identischen sowie das Auftauchen von Neuem den Eigenschaften einer neuen Struktur zu, die im Kern der Zelle verborgen ist. Diese Struktur dritter Ordnung, die selber strengen Gesetzen unterworfen ist, herrscht auf allen Ebenen und bestimmt die Merkmale des Organismus und seine Aktivitäten. Sie bestimmt die Entwicklung des Embryos, sie entscheidet über die Organisation des Ausgewachsenen, über ihre Formen und ihre Eigenschaften. Sie erhält die Arten über die Generationen hinweg unveränderlich und läßt neue entstehen. In ihr findet sich das »Gedächtnis« der Vererbung.

Das Experiment

Bis zur Mitte des 19. Jahrhunderts wurden die Lebewesen zwar beobachtet, doch versuchte man selten, ihre Ordnung zu stören, um sie zu analysieren. Man betrachtete die Organismen in ihrer Gesamtheit, um ihre Eigenschaften und ihre Strukturen immer genauer darzustellen. Man verglich sie miteinander, um Analogien und Unterschiede aufzuzeigen. Darwin wie Cuvier waren der Meinung, daß die Natur selber die Experimente für den Naturforscher durchführe. Wollten die Anatomen die innere Anordnung der Organe feststellen, so öffneten sie die Leichen. Die Histologen untersuchten die Gewebe in ihren Mikroskopen, um Tiere und Pflanzen auf ihre elementaren Bestandteile zurückzuführen. Die Embryologen erforschten die Entwicklung des Eies und betrachteten die Zellteilung, die Bildung von Keimblättern, den Aufbau von Organen. Nur die Physiologen griffen manchmal in das natürliche Geschehen ein, um absichtlich die Lebensbedingungen zu verändern und die so verursachten Auswirkungen zu beobachten. Doch noch immer wurde nicht über Organe oder von einem Lebewesen stammende Gewebe, sondern über den Gesamtorganismus gearbeitet. Trotz der seit Lavoisier offensichtlich gewordenen Notwendigkeit, Chemie und Physiologie eng miteinander zu verbinden, stimmten diese weder in den Methoden noch in ihrem Material überein. Die Notwendigkeit, für den Nachweis der molekularen Eigenschaften der Organismen auf die Lebenskraft zurückgreifen zu müssen, errichtete zwischen der Chemie des Lebenden und der des Laboratoriums eine unüberwindbare Schranke.

Nach der Jahrhundertmitte genügt es nicht mehr, die Struktur der Organe zu erkennen und ihre Beziehungen aus ihren Funktionen abzuleiten. Die Tätigkeit der lebenden Körper und ihrer Bestandteile muß unmittelbar analysiert werden. Damit tritt die Physiologie in den Vordergrund der Bühne, wenn auch in veränderter Natur. Zur Zeit von Cuvier war sie in erster Linie ein Referenzsystem für die Anatomie; sie erlaubte, Analogien herzustellen, auf denen der Vergleich zwischen den Lebewesen und ihrer Organisation beruhte. Für Claude Bernard handelt es sich jedoch um etwas ganz anderes. Die Tätigkeit eines Organs kann nicht mehr mit Begriffen von Struktur und von Gefüge interpretiert werden. Sie kann analysiert, in die verschiedensten Parameter zerlegt und, soweit möglich, gemessen werden. Die Anatomie wird damit zur Gehilfin der Physiologie. Es handelt sich jedoch nicht mehr um eine Physiologie der reinen Beobachtung nach dem von Claude Bernard »Experimentation passive« genannten Prinzip, wo der Biologe sich damit begnügt, spontane Variationen innerhalb eines Systems festzustellen. Es geht vielmehr um eine »aktive« Wissenschaft, wo der Forscher direkt eingreift, ein Organ entnimmt, es isoliert, es funktionieren läßt, die Bedingungen verändert und die Variablen analysiert. Damit muß die Biologie ihren Arbeitsplatz ändern. Früher operierte sie in der Natur. Beobachtete der Naturforscher die Wesen nicht unmittelbar an Ort und Stelle, dann arbeitete er in einem Museum, in einem zoologischen oder botanischen Garten. Hinfort wird Biologie im Laboratorium betrieben.

Zumindest zwei Gründe rechtfertigen die Versuche, das Funktionieren des Lebewesens nicht mehr in seiner Gesamtheit, sondern anhand von Fragmenten zu analysieren. Einerseits wird seit Mitte des Jahrhunderts die Forderung nach einer Vitalkraft immer schwächer. Seit Bichat war das Lebewesen das Schlachtfeld eines Kampfes zwischen den Kräften des Lebens und des Todes, zwischen der Produktion – unter dem Einfluß eines dem Lebenden spezifischen Agens – und der Zerstörung, die sich aus physikalischen und chemischen Wirkungen ergab. Thermodynamik und die Totalsynthese von organischen Verbindungen bringen die zwischen der Chemie des Lebenden und der Chemie der Materie bestehende Schranke zum Einstürzen. Andererseits sieht die Zelltheorie in einem Lebewesen kein unzertrennbares Ganzes mehr, sondern eine Vereinigung von Elementen. So komplex er auch sein mag, ein Organismus stellt nie mehr als die Summe seiner Elementarteile dar. »Er ist in letzter Analyse ein Gefüge aus anatomischen Elementen«, sagt Claude Bernard. »Jedes seiner Elemente hat seine eigene Existenz, seine Evolution, seinen Anfang und sein Ende; und das Leben des Ganzen ist nichts anderes als die Summe dieser individuellen, vereinigten und harmonisierten Leben.«[1] Um Physiologie zu betreiben, ist es daher notwendig, die Komplexität und die scheinbare Kompliziertheit streng kartesianisch zu analysieren. Nicht der Organismus, sondern seine einzelnen Bestandteile sollen, soweit möglich, befragt werden. Hierin muß die Physiologie die Einstellung der anderen experimentellen Wissenschaften übernehmen. »Genau so wie Physik und Chemie durch die experimentelle Analyse die anorganischen Elemente der zusammengesetzten Stoffe ermitteln können«, behauptet Claude Bernard, »muß man sich in den Organismus vertiefen, die Organe, die Gewebe bis zu den letzten organischen Elementen analysieren, wenn man die Lebensphänomene erkennen will.«[2] Atmet ein Tier, so arbeiten die roten Blutkörperchen und die Zellen der Lunge; bewegt es sich, so treten Muskeln und Nerven in Aktion, und bei der Sekretion die Drüsenzellen. Organe und Systeme existieren nicht für sich selbst, sondern für die Zellen, die die Strukturen bilden und die Funktionen ausüben. Ihre Rolle besteht darin, quantitativ und qualitativ dem Leben der Zellen angemessene Bedingungen zu schaffen. Die Gefäße, die Nerven, die verschiedenen Organe sind so aufgebaut, um jede Zelle mit dem Milieu zu umgeben, welches ihr behagt, ihr die angemessenen Rohstoffe zukommen zu lassen, sie mit Nahrungsmitteln, Wasser, Luft und Wärme zu versorgen. So ist in einem Organismus »das Element deshalb autonom, weil es in sich selber aufgrund seiner Protoplasma-Natur die für das Leben wesentlichen Voraussetzungen besitzt, die es seinen Nachbarn oder dem Ganzen weder entleihen noch entziehen muß; andererseits ist es dem Ganzen durch seine Funktion oder durch das Produkt dieser Funktion verbunden«[3]. Zur Beschreibung des lebendigen Organismus greift Claude Bernard auf Modelle zurück – die Gesellschaft oder Fabriken –, in denen die Elemente infolge der Arbeitsteilung im gemeinsamen Interesse tätig sind. Den Organen »kommt im lebenden Körper die Rolle der Fabriken oder der industriellen Betriebe in einer fortschrittlichen Gesellschaft zu, die alle Angehörigen dieser Gesellschaft mit den Mitteln versehen, sich zu bekleiden, sich zu wärmen, sich zu ernähren und Beleuchtung zu verschaffen«[4]. Physiologie betreiben

heißt ein derartiges System zu analysieren.
Doch hat die Komplexität der lebenden Körper zweierlei Arten von Schwierigkeiten zur Folge. Die erste besteht darin, daß man, um die zutiefst im Organismus verborgenen Elemente zu erreichen, Gefahr läuft, sie schwer zu beschädigen, ihre Tätigkeit zu stören oder sogar zu hemmen. Daher darf man mit dem Experiment nur schrittweise in den Organismus eindringen; zuerst müssen die großen funktionellen Systeme analysiert werden, darauf die Organe, dann die Gewebe und ganz zuletzt die Zellen, die Träger der Lebenseigenschaften sind. Eine weitere Schwierigkeit erwächst daraus, daß die bei den Lebewesen in verschiedenen Organen vor sich gehenden Phänomene voneinander nicht unabhängig sind. Bei den niederen Pflanzen oder Tieren wie bei den Hydren oder Planarien bleiben die von einem Organismus abgetrennten Stücke lebensfähig. Im Gegensatz dazu bewirkt bei den höheren Tieren die Unterordnung der Einzelteile unter das Ganze, daß aus einem Organismus ein vereintes System, ein Einzelwesen wird. Auch wenn jede Zelle die Eigenschaften des Lebendigen enthält, wenn sie ein sozusagen autonomes Leben führt, so arbeitet sie doch nichtsdestoweniger für die Gemeinschaft. Der Physiologe muß deshalb versuchen, in der experimentellen Analyse den Organismus zu zerlegen und seine Bestandteile zu isolieren, diese jedoch nicht als unabhängige Einheiten zu verstehen. Die Physiologie eines Organs kann nur im Hinblick auf den Gesamtorganismus interpretiert werden. »Der Determinismus der Lebensphänomene ist« Claude Bernard zufolge »nicht nur ein sehr komplexer Determinismus, sondern ein sich harmonisch unterordnender Determinismus.«[4a] Die biologischen Phänomene sind nicht aufgrund ihrer Natur, mittels einer dem Lebenden eigenen Qualität komplizierter als die der Physik. Sie sind komplizierter, weil man sie niemals isolieren kann. Sie stellen immer die Resultante einer Reihe von Prozessen dar, die unauflöslich miteinander verbunden sind und die sich gegenseitig bedingen. In der Physiologie entsteht die Komplexität aus der Interaktion der Funktionen und ihres Zusammenhalts.
Weit davon entfernt, die Lebewesen den die Materie regierenden Gesetzen zu entziehen, muß der Physiologe vielmehr versuchen, die Phänomene des Organismus mit den Methoden der Physik und der Chemie zu analysieren. Das heißt nicht etwa, daß die physikalisch-chemischen Wissenschaften alle Probleme der Biologie lösen sollten, doch ist die physikalische Chemie einfacher als die Physiologie, und zudem muß stets das Einfache das Komplexe erhellen. Die Biologie muß »die experimentelle Methode bei den physikalisch-chemischen Wissenschaften entlehnen«, fordert Claude Bernard, »jedoch ihre beson-

deren Phänomene und ihre eigenen Gesetze beibehalten«. Damit wird die Physiologie zu einer aktiven Wissenschaft. Bisher konnte ein jeder Eingriff in den Organismus lediglich seine Natur ändern und seine Tätigkeit beeinträchtigen. Um Experimente durchzuführen, ist es hinfort möglich, in den lebenden Körper einzugreifen, in ihn einzudringen, ohne daß die Eigenschaft des Lebenden notwendigerweise durch die solcherart realisierten künstlichen Bedingungen zerstört würde. Man kann bestimmte Körperbestandteile durch mechanische oder chemische Mittel trennen, ihre Tätigkeit untersuchen und unter gewissen Vorsichtsmaßnahmen aus dieser Analyse Schlüsse in bezug auf die Rolle ziehen, die ihnen im Organismus natürlicherweise zukommt. Wichtig ist, das Gewirr von gleichzeitig in einem Lebewesen ablaufenden Reaktionen zu entwirren. Das bedeutet, das Experiment auf so gut wie möglich definierte Bedingungen zu reduzieren und die einfachen Phänomene zu isolieren. Claude Bernard fordert vom Physiologen, »ein Erfinder von Vorgängen, ein wahrer Werkmeister der Schöpfung« zu sein[5].

Die Erkenntnis eines Phänomens kann Frucht einer zufälligen Beobachtung oder logische Konsequenz einer Hypothese sein. Die Physiologie kennt jedoch zwei nahezu unfehlbare Rezepte, Phänomene entstehen zu lassen: das erste besteht darin, mittels des Experiments zu erzeugen, was die Natur durch Krankheit erreicht. Physiologie und Medizin stellen gewissermaßen zwei Aspekte ein und derselben Wissenschaft dar. Das gilt nicht nur für den Gegenstand ihrer Forschung, sondern ebenso für ihr methodologisches Vorgehen. In der Beziehung zwischen dem Normalen und dem Pathologischen führt schließlich das eine zum anderen. Die Medizin kann sich nicht mehr damit begnügen, empirisch zu sein, sie muß sich auf die Ergebnisse der physiologischen Untersuchung stützen. Umgekehrt trägt die Kenntnis der pathologischen Zustände zur Kenntnis des physiologischen Zustands bei. Die Medizin weist der Physiologie die Richtung. Sie bezeichnet die Punkte, wo eingegriffen werden muß. Sie weist auf die zu erzielenden Wirkungen hin. Man kann eine Maschine nicht reparieren, wenn man ihre Teile und deren Funktion nicht begreift. Umgekehrt kann durch die absichtliche Beschädigung eines Teiles seine Aufgabe abgeklärt werden. Die Beobachtungen der Pathologie führen zu physiologischen Modellen. Der Physiologe versucht, die Krankheit zu reproduzieren, indem er so genau wie möglich lokalisierte Verletzungen verursacht und deren Folgen untersucht. Eine der wirksamsten Methoden der Physiologie besteht darin, ein bestimmtes Element des Körpers auf mechanischem oder chemischem Wege willentlich zu zerstören, die Auswirkungen der Verletzungen zu bestimmen und die Rückwirkungen auf andere Elemente abzuklären. So kann man ein Organ wie die Niere entfernen, es wie die Bauchspeicheldrüse durch Paraffininjektionen an Ort und Stelle zerstören, es wie die Gallenblase nach Ligatur des Gallenkanals durch Einstich verletzen. Die Auswirkungen der Zerstörung werden darauf im Vergleich mit dem gesunden Tier festgestellt. Darüber hinaus kann man versuchen, solche Effekte zu beheben, indem man den verletzten Tieren gewisse Substanzen, ja sogar Extrakte der außer Funktion gesetzten Gewebe gibt. Oder aber man sucht bestimmte Störungen durch zusätzliche Verletzungen an anderen Organen zu kompensieren. Diese auf mechanischen Verletzungen beruhende Methode der Forschung öffnet den Zugang zur Analyse zahlreicher Funktionen. So unterscheidet man beispielsweise zwischen der »Exkretion« eines Gewebes, das nichts aufnimmt, sondern ausschließlich im Innern gebildete Substanzen ausscheidet, und der »Sekretion« durch eine Drüse, die Verbindungen aufnimmt, sie kombiniert und gewissermaßen neue Substanzen schafft. Die Sekretionen können ihrerseits in zwei Klassen eingeordnet werden: in »äußere«, wenn das Produkt nach außen abgegeben wird; und in »innere«, wenn es im Organismus verbreitet wird, um der Verdauung oder irgendeiner anderen Funktion zu dienen. Damit sind für mehr als ein Jahrhundert Forschungsprobleme gegeben. In der Tat wird diese Methode erlauben, bei den höheren Wesen gewisse metabolische Zyklen zu bestimmen, die Verdauung zu analysieren, das Vorhandensein von Hormonen zu entdecken, die Aufgabe bestimmter Nerven festzulegen, die Funktionen im Gehirn zu lokalisieren usw.

Die mechanischen Eingriffe können durch chemische Zerstörungen ersetzt werden. So vermögen zum Beispiel Gifte Krankheiten zu simulieren. Darüber hinaus wirken sie selektiv auf bestimmte Organe. Nach der Injektion eines Giftes finden sich fast immer Läsionen in einem bestimmten Gewebe, wo immer es im Körper auch lokalisiert sein mag. Ein bestimmtes Gift greift immer ein bestimmtes histologisches Element an. So wird das Kohlenmonoxyd von den roten Blutkörperchen gebunden und hindert diese, ihre Funktion bei der Atmung auszuüben; gewisse Metallsalze zerstören die Nierenzellen, indem sie sie daran hindern, die im Blut angehäuften Abfallstoffe in den Urin abzugeben; das Curare wirkt auf die Nervenzellen, indem es die Weiterleitung der sich in ihnen ausbreitenden Aktionsströme unterbindet und auf diese Weise das Tier lähmt. Man kann sogar Gegengifte suchen, die spezifisch die Wirkung eines Gifts neutralisieren und dem beeinträchtigten Organ seine Funktion zurückgeben. Mit dem Giftarsenal verfügt die Physiologie über ein unvergleichliches Werkzeug: Einfachheit in der Anwendung, Spezifizität der Aktion, Möglichkeit, den Effekt durch die Dosis zu regulieren und gelegentlich die Läsionen rückgängig zu machen. Die Verwendung von toxischen Substanzen wird eine der bevorzugten Methoden der Physiologie während eines Jahrhunderts bleiben. Sie spielt noch immer eine große Rolle für die Funktionsanalyse wie für die Erforschung von chemischen Reaktionen, ob diese nun im Organismus, in der Zelle oder im Reagenzglas in Zellextrakten vor sich gehen.

Das zweite Verfahren, physiologische Phänomene hervorzurufen, beruht auf dem immerwährend unstabilen, sich jedoch immer wieder einstellenden Gleichgewicht zwischen dem Organismus und seinem Milieu. Diese Wechselwirkung ist so eng, daß sich der Organismus sozusagen gezwungen sieht, auf jede Veränderung des Milieus zu reagieren. Für Claude Bernard sind lebende und unbelebte Körper darin gleich. In jedem Phänomen sind stets zwei Dinge zu betrachten: das zu beobachtende Objekt und die äußeren Umstände, die dieses Objekt reizen, die es veranlassen, seine Eigenschaften aufzudecken. Wird das Milieu unterdrückt, dann verschwindet das Phänomen, als ob das Objekt weggenommen worden sei. Eine Anziehungskraft besteht nur solange das Verhalten zweier Körper in Betracht gezogen wird; Elektrizität entsteht nur durch einen Kontakt wie den zwischen Kupfer und Zink. Wird einer der beiden Körper entfernt, wird das Kupfer weggenommen, so findet man keine Anziehung und keine Elektrizität mehr: beide werden zu abstrakten Vorstellungen. So ist es auch bei den Lebewesen. »Das Lebensphänomen«, sagt Claude Bernard, »findet sich als Ganzes weder im Organismus noch im Milieu: es ist gewissermaßen ein Effekt, der aus dem Kontakt des lebenden Organismus mit seiner Umwelt entsteht.«[6] Das Milieu zu beseitigen oder zu verderben, bedeutet den Organismus zu beseitigen oder zu zerstören. Letztlich kann man den Organismus sogar als einen Wirkstoff seines Milieus betrachten, wie es bereits Lavoisier tat. Das Milieu umfaßt jedoch nicht nur die Flüssigkeit, Luft oder Wasser, in die der Organismus getaucht ist. Seit Auguste Comte bedeutet es ebenfalls Wärme, Druck, Elektrizität, Licht, Feuchtigkeit, Gehalt an Sauerstoff oder an Kohlensäure, das Vorhandensein chemischer Substanzen, die fördernd oder toxisch wirken. Kurz, es umfaßt all das, was ein Lebewesen berührt und auf dieses gewisse Wirkungen ausübt. Da jeder dieser Faktoren modifiziert werden kann, wird er zum Parameter für das Experiment. Im System Organismus–Milieu gliedern sich somit zwei Reihen von Variablen: die einen sind äußerlich, das Experiment wirkt auf sie mit den Mitteln der Physik und der Chemie;

die anderen sind innerlich, sie drücken sich in den Körperfunktionen aus, die man ebenfalls mittels der Physik und der Chemie entlehnten Methoden zu messen sucht. Läßt man die ersteren variieren, so kann man die letzteren erfassen. Um ein Phänomen zu produzieren, genügt es, ein Lebewesen, ein Organ, ein Stück Gewebe, ja sogar einen Extrakt in so gut wie möglich definierte Milieubedingungen zu bringen und dann systematisch jeden Parameter des Milieus zu variieren. Die Behauptung ist nicht übertrieben, daß von dieser Zeit an in dieser Art des Vorgehens die Haupttätigkeit der biologischen Laboratorien besteht.

Bisher wurden die Lebewesen ihrem Komplexitätsgrad entsprechend klassifiziert. Zu dieser strukturellen Beziehung tritt jetzt eine funktionelle. Man kann bei den Wesen eine Korrelation zwischen dem Organisationsgrad und der Art der Wechselwirkung zwischen Organisation und Milieu aufstellen. Einerseits gibt es einfache Wesen wie die Infusorien, die auf eine einzige anatomische Elementareinheit reduziert sind, oder wie die niederen Tiere und Pflanzen, die aus mehreren Zellen gebildet sind. Bei diesen treten alle konstituierenden Elemente unmittelbar mit dem sie umgebenden Milieu in Berührung, mit der Luft oder dem Wasser, in die sie getaucht sind. Andererseits gibt es die komplexeren Wesen, vor allem die höheren Tiere, die aus einer großen Anzahl von Zellen bestehen. Dort stehen nur die an der Oberfläche befindlichen Elemente in unmittelbarer Berührung mit dem, was Claude Bernard als das »kosmische Milieu« bezeichnet. Die in der Tiefe vergrabenen Teile sind in ein »inneres« oder »organisches Milieu« eingetaucht, das als Mittler zum kosmischen Milieu dient. So sind zum Beispiel beim Menschen die wichtigsten Elemente, die die Hauptfunktionen ausüben, nicht den Veränderungen und den Zufällen des äußeren Milieus ausgesetzt. Sie treten nur mit dem Blut und den Körpersäften in Beziehung, die sie vor jeder plötzlichen Änderung schützen. Denn das wichtigste Kennzeichen des inneren Milieus ist seine Konstanz. Von den Organen für die Organe gebildet, wirkt das innere Milieu gewissermaßen wie ein Puffer, der die wertvollsten Körperelemente vor unerwünschten Veränderungen schützt. So können diese unter mehr oder weniger konstanten Bedingungen arbeiten. »Folglich entspricht es der Wahrheit«, stellt Claude Bernard fest, »daß das Tier der Luft in Wirklichkeit nicht in der atmosphärischen Luft lebt, der Fisch nicht im Wasser, der Wurm nicht im Sand. Die Atmosphäre, das Wasser, die Erde bilden eine zweite Hülle um das Substrat des Lebens herum, das schon durch die Blutflüssigkeit geschützt ist, die überall hinfließt und eine Art ersten Schutzwall um alle lebenden Teile bildet.«[7] Die höheren Tiere leben buchstäblich im Inneren.

Durch die Vorstellung des inneren Milieus wird in funktionellen Begriffen die räumliche Verteilung gerechtfertigt, die Cuvier den Strukturen des Organismus verlieh. Die wertvollsten Teile des Körpers sind in seinen Tiefen vergraben, weil sie auf diese Art und Weise besser vor den Wechselfällen des umgebenden Milieus geschützt sind. So können sie, vor kleinen Schwankungen der Temperatur, der Feuchtigkeit, des Drucks usw. geschützt, funktionieren. Der Komplexität der Organisation entspricht die Freiheit der Tätigkeit. Und die Autonomie gegenüber dem umgebenden Milieu ist schon ein Selektionsfaktor für die Evolution. Derart kann man die Klassifizierung der Lebewesen umkehren und diese nach der Natur ihres Milieus, das heißt nach ihrem Autonomiegrad gegenüber der äußeren Welt einreihen. Man kann somit drei Existenzformen unterscheiden: in einer ersten Gruppe, die die niederen Wesen umfaßt, ist die Abhängigkeit von den äußeren Bedingungen vollständig; sind diese ihnen angepaßt, so geht das Leben seinen Lauf; werden sie ungünstig, dann stirbt der Organismus ab, oder er fällt in einen Zustand »latenten Lebens« zurück, das heißt in einen Zustand »chemischer Inaktivität«: jeder Stoffwechsel, jede Aktivität, jede Offenbarung von Leben ist aufgehoben. In einer zweiten Gruppe, die die niederen Tiere und die Pflanzen umfaßt, hängt das innere Milieu weniger eng von den äußeren Bedingungen ab, doch wirken sich deren Schwankungen noch immer auf das Leben des Organismus aus, indem sie es verlangsamen oder anregen, ohne es jemals zu unterdrücken; im allgemeinen reguliert die Körpertemperatur, die unter dem Einfluß der äußeren Temperatur bleibt, die Bewegungen dieses »oszillierenden Lebens«. Schließlich sind in der letzten, der dritten Gruppe der höheren Tiere sämtliche Aktivitäten von den äußeren Bedingungen unabhängig. Unabhängig von den Wechselfällen des umgebenden Milieus leben diese Organismen auf dieselbe Weise in einem wahrhaften Treibhaus: das ist das »konstante und freie Leben, unabhängig von den Variationen des kosmischen Milieus«. Je komplexer der Organismus ist, desto unabhängiger ist er auch.

Dem inneren Milieu und seiner Stabilität kommt eine große Bedeutung zu, da sie eine der fundamentalen Eigenschaften der Lebewesen betonen, die Regulation der Körperfunktionen. Indem sie einen experimentellen Zugang zur Koordination der Organe und der Funktionen ermöglichen, erlauben sie eine Bestimmung des Integrationsgrades eines Wesens. Diese Analyse führt zu einer Darstellung des Organismus als einem System, in dem alle Aktivitäten bis ins Detail aufeinander abgestimmt sind. Schon das vorangegangene Jahrhundert kannte Wechselwirkungen zwischen bestimmten Funktionen. Lavoisier dachte, daß die Tiermaschine von den drei großen hauptsächlichen »Regulatoren« – Atmung, Verdauung und Transpiration – gesteuert werde. Claude Bernard nahm an, daß sämtliche Aktivitäten des Körpers in ihrer Gesamtheit den Regulationsmechanismen unterworfen seien. »Alle lebensnotwendigen Mechanismen, so verschieden sie sein mögen, haben immer nur eine Aufgabe, nämlich die Einheit der Lebensfunktionen im inneren Milieu zu erhalten.«[8] Demnach gibt es Mechanismen des »Gleichgewichts«, »ausgleichende«, »isolierende«, »schützende« Mechanismen, die die Temperatur regeln, die Wasserretention, den Sauerstoffgehalt, die Nährstoffvorräte, die Zusammensetzung des Bluts, die inneren und äußeren Sekretionen. Je komplexer die Organisation eines Tieres ist, desto besser sind die Regulationssysteme aufeinander abgestimmt. Deshalb ist es für die Physiologie von Vorteil, die Organismen der höheren Tiere zu verwenden, bei denen diese Systeme am vollkommensten sind. Für die Biologie des 19. Jahrhunderts beruht die Organisation der Lebewesen in erster Linie auf der Integration der Funktionen. Wenn das Leben möglich ist, meint Claude Bernard, so deshalb, weil »ein Gleichgewicht besteht, Resultat eines ständigen, hochempfindlichen Ausgleichs, der von der genauesten aller Waagen abgestimmt wird«. Regulationsmechanismen werden einerseits benötigt, um die Zellen vor jeder unzeitigen Veränderung zu schützen, und andererseits um die einzelnen Aktivitäten im Interesse des Ganzen zu koordinieren. Die Tätigkeit der Teile muß sich der Harmonie des Ganzen anpassen. Claude Bernard greift noch einmal auf das Modell der Fabrik zurück, um die Regulationsphänomene bei den Lebewesen zu erläutern. »Der Organismus stellt dar ..., was zum Beispiel in einer Gewehrfabrik geschieht, wo jeder Arbeiter einen Teil unabhängig von einem anderen Arbeiter herstellt, der seinerseits einen anderen Bestandteil herstellt, ohne das Ganze zu kennen, für welches die Teile bestimmt sind. Dann scheint es einen Monteur zu geben, der alle diese Teile aufeinander abstimmt.«[9] In der Mitte des 19. Jahrhunderts wird das Nervensystem zum »großen funktionellen Regulator« beim ausgewachsenen Tier. Es reguliert nicht nur Herzschlag, Atmung, Sauerstoffdruck, Körpertemperatur, sondern auch den Gehalt an Salz und Wasser, die chemische Aktivität der Leber, die Sekretion von Speichel und Schweiß usw. Dem Nervensystem werden zu Beginn des 20. Jahrhunderts andere Regulationsmechanismen chemischer Natur an die Seite gestellt, die Hormone. Mit Cannon wird diese Koordination, diese Konstanz des inneren Milieus zur »Homöostase«. Das Regulationsprinzip stellt eine der Grundlagen dar, auf denen die moderne Biologie in ihren verschiedensten Aspekten beruht. Dank ihm wird die Biologie einmal der Physik ein Modell liefern: die mit Wiener begründete Kybernetik stützt sich teilweise auf bei den Lebewesen beobachtete Systeme.

Gegen Mitte des 19. Jahrhunderts ermöglichen somit die Methoden der Physiologie, Versuche an Tieren mit dem Ziel durchzuführen, das Funktionieren der Lebewesen in den verschiedensten Bereichen zu analysieren. Doch bleiben Vererbung und Reproduktion davon ausgenommen. »Die Vererbung«, sagt Claude Bernard, »stellt ein außerhalb unserer Möglichkeiten liegendes Element dar, das wir nicht wie die Lebenseigenschaften meistern können.«[10] Die Evolutionstheorie machte aus der Reproduktion sowohl den Mechanismus für die Fortdauer der Strukturen als auch für ihre Variation. Die Zelltheorie lokalisierte diesen Mechanismus in der Zelle und in erster Linie im Ei. Aber Vererbung und Reproduktion bieten wenig Ansatzpunkte für physiologische Experimente. Wohl ist es möglich, auf den Embryo einzuwirken, gewisse Zellen oder Gewebe zu verletzen und ihre Entwicklung zu hemmen. Doch erreicht man kaum etwas anderes, als ihn zu töten oder seine Ordnung gröblich durcheinanderzubringen. Niemals kann man die Morphogenese in eine Richtung leiten, die der Natur des Eies nicht entspräche. Wohl kann man das Ei eines Hasen allen erdenklichen Behandlungen unterziehen. Man wird es stets zerstören, es nicht zur Reife kommen lassen. Jedoch »wird man aus ihm keinen Hund oder irgendein anderes Säugetier hervorgehen lassen«[11]. Die Rezepte, die in der Physiologie erfolgreich waren, lassen sich nicht auf die Vererbung anwenden. Die Erforschung der Formen gehört nicht mehr zum Bereich der Chemie, gehorcht nicht mehr ihren Gesetzen und entzieht sich dem Experiment.

Weil der Biologie ein Zugang zur Vererbung fehlt, die sie nur »betrachten«, jedoch nicht analysieren kann, ist sie gezwungen, die Bildung des Gleichartigen durch das Gleichartige mit den Bildern des vorangegangenen Jahrhunderts zu beschreiben. Die Samen sind durch die Eier und Spermatozoen ersetzt worden. An Stelle der organischen Moleküle treten die Zellen. Die Bildung des Embryos, aus dem das reife Tier hervorgeht, beruht auf der Teilung und der Differenzierung der Zellen. Damit aber das Ei den Organismus reproduzieren kann, von dem es abstammt, damit über die Generationen hinweg das Gleichartige immer wieder entstehen kann, ist ein die Zellen steuerndes Gedächtnissystem unbedingt notwendig. »Das Ei verspricht ein Werden, es stellt gewissermaßen eine organische Formel dar, die das Wesen zusammenfaßt, von dem es abstammt und an dessen Evolution es gewissermaßen eine Erinnerung behält.«[12] Evolution bedeutet hier die Reihenfolge der Transformationen, die im Verlaufe der embryonalen Entwicklung stattfinden. Die Erinnerung bedeutet eine »Kraft der Vererbung«, einen dem Ei selbst »vorausgegangenen Zustand«, einen »ursprünglichen Anstoß«, der über einen Zyklus notwendig vom Huhn zum Ei und vom Ei zum Huhn führt. Die Art dieses Gedächtnisses unterscheidet sich jedoch kaum von dem, was bereits im 18. Jahrhundert vorgeschlagen wurde. Darwin und Haeckel lassen wie Maupertuis aus dem Gedächtnis eine Eigenschaft der den Organismus aufbauenden Teilchen werden. Darwin nimmt an, daß jede Zelle im Körper des Erzeugers einen Keim oder ein »Knöspchen« in die Fortpflanzungszellen entsendet, eine Art von Boten, der die Zelle in der folgenden Generation sozusagen repräsentieren und rekonstituieren soll. Für Haeckel existieren in den Zellen Partikeln oder »Plastiden«, die spezifische Bewegungen ausführen; mit einem Gedächtnis versehen behalten sie über Generationen hinweg die charakteristische Bewegung bei, in der sich ihre Aktivität äußert. Ganz im Gegensatz zu Buffon legt Claude Bernard dagegen das Gedächtnis nicht in die den Organismus bildenden Partikeln, sondern in ein besonderes System, das die Vermehrung der Zellen, ihre Differenzierung und die fortschreitende Bildung des Organismus steuert. Das Ei enthält somit einen »Entwurf«, der durch eine »organische Überlieferung« von einem Wesen auf das andere übertragen wird. Die Bildung des Organismus ist »einem Plan« unterworfen, dessen Verwirklichung die Ausführung äußerst strenger »Weisungen« bedingt. Dieser Plan bestimmt nicht nur die Entwicklung des Embryos, ebenso legt er das Funktionieren des zukünftigen Erwachsenen, seine Struktur, seine Eigenschaften bis in alle Details fest, werden doch beim Menschen gewisse Krankheiten vom Vater auf den Sohn übertragen. Vom Ei weg ist alles nicht nur für die Entwicklung des neuen Wesens, sondern auch für seine Erhaltung während seines ganzen Lebens koordiniert und vorhergesehen. »Jede Handlung eines lebenden Organismus«, sagt Claude Bernard, »hat ihr Ziel im Inneren dieses Organismus.«[13]

Die experimentelle Physiologie streckt somit vor der Fortpflanzung die Waffen. Ohne Möglichkeit, die Hypothesen in Experimente überzuleiten, ohne der Sachlage angepaßte Techniken, ohne Material, um ihre eigenen Methoden anzuwenden, bleibt sie auf die Vererbung ohne Einfluß. Wenn auch die Kreuzungsmethoden in der Züchtung und der Landwirtschaft großen Erfolg haben, so kann die Physiologie diese doch für die Analyse der Fortpflanzung nicht in Betracht ziehen. Tatsächlich interessiert sich die Physiologie für das Einzelwesen. Sie laboriert mit einem Organismus, um gleichzeitig die Eigenschaften, die Verhaltensweise und die Reaktionen unter den verschiedensten Bedingungen zu beobachten. Das Experiment erhält in dem Augenblick einen Zugang zur Vererbung, wo die Beobachtung nicht mehr Individuen, sondern ganze, durch Verwandtschaft aneinandergebundene Populationen umfaßt. Schon Darwin hatte eine derartige Anschauung vertreten, um die Variation durch statistische Fluktuationen zu begründen, die notwendigerweise innerhalb von großen Populationen auftreten müssen. Indem Mendel in der Generationenfolge das Verhalten einer begrenzten Anzahl von Merkmalen in großen Populationen beobachtet, wird es ihm möglich, Phänomene in der Vererbung aufzudecken, sie zu messen und aus ihnen Gesetze abzuleiten. Doch ist es in erster Linie die Physik, welche aus dem Zufall das Gesetz des Universums macht, um die die Körper zusammensetzenden enormen Molekülverbände zu handhaben.

Die statistische Analyse

Bei ihrem Entstehen hatte sich die Biologie bewußt von der Physik getrennt. Durch die Thermodynamik werden in der zweiten Hälfte des 19. Jahrhunderts die Beziehungen erneuert. In erster Linie verschwindet nämlich mit der Vorstellung der Äquivalenz und der der Energie eine der Besonderheiten der lebenden Welt; ferner wird die statistische Mechanik, die die Eigenschaften der Körper mit ihrer inneren Struktur in Verbindung zu bringen sucht, in zahlreichen menschlichen Aktivitäten die Betrachtungsweise von Dingen, Wesen und selbst Ereignissen verändern. Während der ersten Jahrhunderthälfte werden die mechanischen Phänomene noch immer in Begriffen von Raum, Zeit, Kräften und Massen analysiert. Die Kraft wurde als Ursache für die Bewegung eingeführt. Sie geht dieser voraus und ist von ihr unabhängig. Carnot kannte zwei Betrachtungsweisen für die Prinzipien der Mechanik. »Die erste besteht darin, die Mechanik als eine Theorie der Kräfte zu betrachten, das heißt der Ursachen, die die Bewegungen hervorrufen. Die zweite bedeutet, die Mechanik als Theorie der Bewegung selbst zu betrachten.« Wenn die Materie unteilbar wäre, würden die Kräfte nach Zahl, Natur und Verschiedenheit unaufhörlich zunehmen. Jedoch werden die Bewegungen der Körper immer mehr im Zusammenhang mit jenen Phänomenen gesehen, in denen Wärme gebildet wird. So entsteht ein neues Gebiet der Physik, in dem Veränderungen der Wärme gemessen werden, um die zwischen den Körpern bestehenden Beziehungen zu analysieren, ohne daß man deren Feinstruktur kennt. Die in derart verschiedenen Bereichen wie Bewegung, Elektrizität, Magnetismus, Wärme, Licht oder chemischen Reaktionen auftretenden Kräfte finden jetzt im Prinzip der Energie ihren gemeinsamen Nenner. Die Energie umfaßt alles, was Arbeit ist, Arbeit erzeugt oder aus Arbeit entsteht. Wie die Materie in absoluten Werten unzerstörbar, kann die Energie Veränderungen unterliegen, die sie unter verschiedenen Aspekten in Erscheinung treten lassen. Das Äquivalenzprinzip macht jede Veränderung in der Natur zu einer Energieumwandlung. Es betrachtet die verschiedenen Energiearten als voneinander unabhängig und gleichwertig. Jeder Art entspricht ein Intensitätsfaktor, die Höhe für die Gravitation, die Temperatur für die Wärme, die Potentialdifferenz für die Elektrizität. Die Veränderungen innerhalb eines Systems leiten sich von den Unterschieden zwischen diesen Faktoren her.

Doch vermag die Äquivalenz der Energie nicht, Widersprüche zwischen bestimmten physikalischen Ereignissen zu erklären. Die mechanischen oder elektrodynamischen Phänomene sind umkehrbar; sie können ebensogut in der einen wie in der anderen Richtung ablaufen, und das Vorzeichen der variablen Zeit spielt in den mechanischen Gleichungen keinerlei Rolle. Dagegen sind die thermischen oder chemischen Phänomene irreversibel. Sie laufen immer in der gleichen Richtung ab, so daß zum Beispiel Wärme nie vom Kalten in das Warme fließen kann. In einem gegen außen abgeschlossenen System bleibt die Energiemenge konstant. Aber diese Größe genügt nicht, um das System zu charakterisieren. Deshalb muß eine Eigenschaft der Energie angenommen werden, die um so stärker ist, je besser sich diese Energie verwenden läßt, je leichter sie sich in Arbeit umwandeln läßt. So gibt es edle Formen der Energie, wie jene in der Mechanik, und niedere, wie jene der Wärme. Wird jedoch ein System sich selbst überlassen, so hat die Energie natürlicherweise das Bestreben zu fallen und nicht sich zu veredeln. Deshalb müssen gewisse Phänomene in einer einzigen Richtung vor sich gehen. Die Wärme fließt vom wärmeren zum kälteren Pol, weil die Energie, ohne ihre Quantität zu verändern, so an Qualität verliert. Wie ein im Treppenhaus sich selbst überlassener Ball ist sie bestrebt, abwärts zu fallen, um erst am tiefsten Punkt zur Ruhe zu kommen. Dieser Gleichgewichtszustand stellt das dar, was die Physiker den Zustand der größten Entropie nennen. Die Entropie stellt kein vages Prinzip dar. Sie ist eine meßbare physikalische Quantität genau wie die Temperatur eines Körpers, die spezifische Wärme einer Substanz, die Länge eines Objektes. Sie erlaubt mit Genauigkeit die Veränderungen des Zustands zu beschreiben, die ein Körper oder ein System durchläuft: empfängt ein Körper Wärme, so nimmt seine Entropie zu; verliert er Wärme, so vermindert sich die Entropie. Das zweite die physikalischen Phänomene des Universums bestimmende Gesetz der Thermodynamik besagt, daß die Energie in einem isolierten System bestrebt ist, sich zu degradieren, das heißt, daß die Entropie bestrebt ist zuzunehmen: die Bewegungen kommen zum Stillstand, die Unterschiede des elektrischen oder chemischen Potentials heben sich auf, die Temperatur wird gleichförmig. Ohne von außen kommende Energie zerfällt jedes physikalische System. Es entwickelt sich in Richtung auf eine totale Bewegungslosigkeit, auf den »Wärmetod« zu.

Die Thermodynamik stürzt jenes *a priori* in der Biologie um, das die Wesen und Dinge grundsätzlich voneinander schied und die Chemie des Lebenden von der des Laboratoriums trennte. Die Vorstellungen von Energie und Äquivalenz führen alle Aktivitäten des Organismus auf seinen Metabolismus zurück, indem sie die verschiedenen Arten von Arbeit miteinander verbinden. Letzten Endes beruht alles, was das Lebewesen in bezug auf Bewegungen, Elektrizität, Licht und Geräusch tun kann, auf der Umwandlung von chemischer Energie, die bei der Verbrennung der Nahrungsmittel frei wird. Hieraus ergeben sich zwei Verallgemeinerungen, die die Biologie der Physik und der Chemie annähern: die Lebewesen und die rohe Materie bestehen aus denselben Elementen; die Erhaltung der Energie betrifft die Ereignisse der belebten so gut wie der unbelebten Welt. Für diejenigen, die wie Helmholtz die universelle Gültigkeit dieser Prinzipien nachwiesen, ist die Schlußfolgerung einfach: es gibt keinerlei Unterschied zwischen den Phänomenen, die bei den Lebewesen oder in der unbelebten Welt stattfinden. Auf den ersten Blick scheinen die Lebewesen durch ihr Wachstum, ihre Entwicklung, durch ihre Fähigkeit, Strukturen im Verlaufe der Generationen beizubehalten, dem zweiten Gesetz der Thermodynamik Trotz zu bieten, das ohne Unterlaß das Universum in Verfall geraten läßt. Jedoch schließt die Thermodynamik, auch wenn sie einem System eine allgemeine Richtung zuweist, lokale Ausnahmen nicht aus. Es ist durchaus möglich, daß bestimmte Elemente gegen den Strom und auf Kosten ihrer Nachbarn aufsteigen. Nur das System als Ganzes und nicht jeder einzelne seiner Teile muß zugrunde gehen. Es gelingt den Lebewesen im Verlaufe der Zeit, ihr niedriges Entropieniveau zu bewahren, da sie vom Milieu Energie in Form von Nahrungsmitteln erhalten. Auch können sie, ohne den Gesetzen der Thermodynamik zu widersprechen, unaufhörlich jene großen spezifischen Moleküle hervorbringen, die für sie charakteristisch sind. Die Vorstellung der Energie und der Äquivalenz spielen somit eine der Rollen, die die Biologie in ihren Anfängen der Lebenskraft zuschreiben mußte.

Zu Beginn des Jahrhunderts verbrauchte der Organismus Lebenskraft, um seiner Aufgabe in Synthese und Morphogenese Genüge zu leisten. Am Ende des Jahrhunderts verbraucht er ganz einfach Energie.

Doch noch wichtiger für die Biologie und die anderen Wissenschaften und vielleicht von noch weittragenderen Konsequenzen für die Art und Weise, die Dinge und die Wesen zu betrachten, scheint die Einführung der großen Populationen als Studienobjekte und die statistische Methode für ihre Analyse zu sein. Im 19. Jahrhundert wird es möglich, im Falle der Gase die Wärme auf die Bewegung der Teilchen zurückzuführen, das heißt die Eigenschaften eines Körpers von seiner internen Struktur herzuleiten. Ein Gas kann als eine Ansammlung von sich frei bewegenden Molekülen betrachtet werden. Für Bernoulli, Joule und Clausius hatten alle Teilchen dieselbe Geschwindigkeit: dies erlaubte ein Netz von Beziehungen zwischen gewissen Eigenschaften der Gase wie Druck, Wärme und Dichte zu errichten. Dagegen schien es Maxwell unmöglich, allen Teilchen dieselben Geschwindigkeiten zuzuschreiben, da ihre Bewegungen von gegenseitigen Zusammenstößen verursacht werden. Ein Gas wird zu einer Ansammlung von »kleinen Kugeln, hart und vollkommen elastisch, die aufeinander ausschließlich während des Zusammenstoßes einwirken«. Von diesem Gas kann man ein rein mechanisches Modell ableiten: die Teilchen legen eine gewisse Strecke zurück, fliegen zurück, stoßen zusammen und schnellen unaufhörlich hin und her. Jedes Teilchen hat seine besondere Geschwindigkeit und Bewegung; jedes »führt seine Energie und seine Bewegung mit sich«, sagt Maxwell. Und die Merkmale eines jeden Teilchens ändern sich unaufhörlich mit dem Zufall der Zusammenstöße. Es ist undenkbar, das sich stets verändernde Verhalten eines jeden der Milliarden von individuellen Teilchen, die ein Gas bilden, untersuchen zu wollen. Hingegen kann man die Gesamtheit der Population betrachten und ihr Verhalten mittels statistischer Methoden analysieren. In diesem Falle muß man annehmen, daß die Geschwindigkeiten der Partikeln gemäß der bekannten glockenartigen Kurve verteilt sind, die auf so verschiedene Phänomene angewendet wird wie die Größe der erwachsenen Menschen in einem Land, die Zahl der Welpen eines Wurfs oder die Streuung einer Geschoßgarbe. Das Verhalten der Einzelwesen läßt sich nicht beschreiben, hingegen das der Population. Man kann annehmen, daß diese aus idealen Molekülen gebildet ist, deren Parameter Durchschnitte der wahren Werte sind. Das rein mechanische Modell von zusammenstoßenden Bällen erlaubt somit die Eigenschaften eines Gases zu beschreiben und sogar die Entropie in Begriffen molekularer Bewegung zu interpretieren. Der Mensch ist nicht sehr begabt: er kann nicht jedes einzelne Molekül wahrnehmen und seine Eigenschaften beobachten. Deshalb ist es ihm unmöglich, den Zerfall der Energie aufzuhalten. Aber man kann ohne weiteres annehmen, daß es ein Wesen mit einem vollkommeneren Gehirn gäbe, mit verfeinerten Sinnen, »ein Wesen«, sagt Maxwell, »dessen Fähigkeiten genügend entwickelt sind, daß es jedes Molekül in seinem Lauf verfolgen kann; dieses Wesen, dessen Fähigkeiten, obwohl begrenzt wie die unseren, ausreichen würden, etwas durchzuführen, was wir noch nicht fertigbringen«[14]. Es genügt also, sich dieses winzige Wesen vorzustellen, diesen Dämon, der fähig ist, »individuelle Moleküle mit dem Blick zu erfassen«, und der den Auftrag hat, in einer Mauer eine reibungslose Schiebetür zu bedienen, die einen mit Gas gefüllten Behälter in zwei Abteile trennt. Kommt ein schnelles Molekül von links nach rechts, so öffnet der Dämon die Tür; ist das Molekül jedoch langsam, so schließt er sie und umgekehrt. In diesem Fall werden sich die schnellen Partikeln in dem rechten Abteil anhäufen und dieses erhitzen; die langsamen Teilchen bleiben im linken, welches sich abkühlen wird. »Ohne Arbeitsaufwand« hätte der Dämon damit die unverwendbare Energie in nützliche umgewandelt. Er hätte das zweite Gesetz der Thermodynamik umgangen.

Während der zweiten Hälfte des Jahrhunderts werden die statistische Analyse und die Wahrscheinlichkeitsrechnung jedoch Rolle und Status ändern. Für Maxwell waren sie nur der Analyse eines bestimmten Problems angepaßte Werkzeuge: da es unmöglich ist, jedes Einzelwesen zu beobachten, müssen wohl oder übel Populationen betrachtet werden. Für Boltzmann und Gibbs ergeben sich dagegen aus statistischer Analyse und Wahrscheinlichkeitsrechnung die eigentlichen Regeln der Logik dieser Welt. Wenn man sich mit großen Zahlen beschäftigt, so nicht mehr so sehr deshalb, weil man die Einheiten nicht analysieren kann, sondern weil das Verhalten von Individuen jedes Interesses entbehrt. Ungeachtet dessen, ob die Details erfaßt werden können, ob man sie einer mathematischen Analyse zu unterziehen weiß, die Einzelfälle würden nicht mehr beweisen als die Population in ihrer Gesamtheit. Welchen Vorteil würde es einbringen, wenn man die von einem bestimmten Molekül durchlaufene Entfernung kennen würde, oder was würde man gewinnen, wüßte man, daß dieses Molekül die Wand des Gasbehälters in jenem Moment, an jenem Ort und unter jenen Umständen berührte? Selbst wenn es gelänge, selbst wenn man das Verhalten einer jeden dieser Einheiten analysieren könnte, was würde man mit dieser Masse von Resultaten anderes anfangen können, als sie zu vereinen, zusammenzustellen, um daraus die statistische Regelmäßigkeit herzuleiten, die die Populationen in ihrer Gesamtheit bestimmt. Wichtig ist nicht, welche Teilchen in einem bestimmten Augenblick zusammenstoßen, sondern wie viele Zusammenstöße sich durchschnittlich ereignen und welche Wahrscheinlichkeit ein Teilchen hat, daran teilzunehmen.

Man sieht, wie sehr sich diese Haltung von allen früheren Theorien mit Ausnahme derjenigen Darwins unterscheidet. Für Darwin wie für Boltzmann und Gibbs wirken sich die Naturgesetze nicht auf Einzelwesen aus, sondern auf große Populationen. Unabhängig von den jeweiligen Unregelmäßigkeiten im Verhalten jeder einzelnen Einheit wird die Größe der ins Spiel kommenden Anzahl letztlich der Gesamtheit eine Regelmäßigkeit aufzwingen. Die Analogie zwischen den beiden Denkweisen geht jedoch noch weiter; in erster Linie deshalb, weil bei der statistischen Mechanik wie bei der Evolutionstheorie die Vorstellung der Zufälligkeit ins Zentrum des Naturgeschehens gestellt wird. Seit Newton beruhte die ganze Physik auf einem starren Determinismus. Es wurde angenommen, daß das Verhalten sämtlicher Moleküle sowie sämtlicher sichtbarer Körper von einem System von Ursachen, die die Wissenschaft in die Naturgesetze einzufügen versuchte, streng festgelegt war. Um der genauen Wiederholung der beobachteten Phänomene Rechnung zu tragen, mußte angenommen werden, daß auch die Prozesse, von denen sich diese Phänomene ableiten, die Elementarprozesse, ebenfalls einem unabänderlichen Determinismus unterworfen sind. Aber in der zweiten Hälfte des 19. Jahrhunderts werden verschiedene der sogenannten Naturgesetze zu statistischen Gesetzen. Diese gelten nur dann genau, wenn die Anzahl an beteiligten Individuen sehr groß ist. Die aus diesen Gesetzen abgeleiteten Voraussagen dürfen deshalb nicht mehr im Sinne einer strengen Kausalität formuliert werden. Sie haben nur noch einen Wahrscheinlichkeitscharakter und treffen nur innerhalb gewisser, genau zu definierender Grenzen zu. Wenn in den beobachtbaren Phänomenen diese Wahrscheinlichkeit zur Sicherheit wird, so nur deshalb, weil die sichtbaren Körper von einer enormen Anzahl von Molekülen gebildet werden. Werden hingegen die Populationen kleiner, so sind Abweichungen nicht selten. Sie bilden das, was Boltzmann »statistische Schwankungen« nennt. Besteht ein besonderer Mechanismus, um sie zu verstärken wie die natürliche Selektion in der Evolution, dann mögen die Ausnahmen letzten Endes sogar in den Vordergrund treten.

Schließlich erstreckt sich die Analogie zwischen Evolutionstheorie und statistischer Mechanik bis auf die Auffassung von der Irreversibilität der Zeit. In der Evolution macht der Selektionsmechanismus den ganzen Prozeß irreversibel. Wenn einmal eine Gruppe von Organismen in eine bestimmte Bahn eingeschwenkt ist und wenn die Selektion gewisser Varianten in aufeinanderfolgenden Etappen geschehen ist, so gibt es für die Gruppe keine Möglichkeit mehr, zu ihrem früheren Zustand zurückzukehren. Die natürliche Selektion kann die Differenzierung noch verstärken; sie kann sogar die Richtung verändern; aber sie kann die Reihe der durchlaufenen Etappen nicht wieder zurückgehen. In der Physik gibt das zweite Gesetz der Thermodynamik die Richtung der Phänomene an. Keinerlei Ereignis kann entgegengesetzt zur beobachteten Richtung verlaufen, denn dies würde eine Verminderung der Entropie bedingen. Niemals könnte ein Teil der Materie im Universum dazu gebracht werden, rückwärts zu gehen. In einem rein mechanischen System hingegen, zum Beispiel bei einer idealen Uhr, ist dies ohne weiteres denkbar. In der organischen wie in der physikalischen Welt können die Sequenzen des Films der Evolution nicht rückwärts projiziert werden.

Aber noch haftete diesem Zerfall der Energie ein Hauch des Geheimnisvollen an, wie wenn die Irreversibilität ein verborgenes Element voraussetzte, das allen in der Natur aufgefundenen Prozessen gemeinsam ist. Mit der statistischen Thermodynamik erübrigten sich die Erfordernisse für einen versteckten Faktor. Die Irreversibilität verrät Veränderungen in der Verteilung der Moleküle sowie ihrer Anordnung im Körper. Die in eine einzige Richtung führende Bewegung ist durch eine der Struktur der Materie selbst inhärente Eigenschaft bedingt. Denn mit Boltzmann wird das zweite Gesetz der Thermodynamik, das den Lauf des Universums bestimmt und in seiner Bilanz eine absolute Erhöhung der Entropie verlangt, zu einem statistischen Gesetz. Es wird sogar *das* Musterbeispiel eines statistischen Gesetzes. Die meisten physikalischen Phänomene beruhen ganz einfach auf dem natürlichen Bestreben der Molekülansammlungen, von der Ordnung ins Chaos überzugehen. Die Ordnung der Moleküle stellt für den Physiker einen statistischen Wert dar, der gemessen werden kann. So stellt zum Beispiel die in der Sonne gespeicherte Wärme einen gewaltigen Vorrat dar, der insofern verwendbar ist, als er nicht gleichmäßig über alle Gebiete des Universums verteilt ist, sondern auf einen begrenzten Raum konzentriert bleibt. Mit der Zeit zeigt diese Wärme die Tendenz, sich spontan zu verteilen; die Temperatur zeigt das Bestreben, sich im Universum auszugleichen. Das entspricht einer Vergrößerung der Unordnung oder der Entropie. Fließt also Wärme stets vom wärmeren zum kälteren Pol, so geschieht das nicht unter dem Einfluß irgendeines geheimen Gesetzes, das ihm die umgekehrte Richtung verbieten würde. Es geschieht nur deshalb, weil der zweite Weg, der einige millionenmal weniger wahrscheinlich ist als der erste, praktisch nie eingeschlagen wird. Die Theorie schließt ihn jedoch nicht vollständig aus. Man kann von Molekülen, die von einem weniger wahrscheinlichen in einen wahrscheinlicheren Zustand übergehen, wie von den Steinen eines Monuments sprechen, das von einem Erdbeben in einen Ruinenhaufen verwandelt wird; oder wie von den Büchern einer gut geordneten Bibliothek, die von den unsorgfältigen Benutzern zerstreut worden sind. Die statistische Thermodynamik besagt nichts anderes, als daß es beim Mischen eines Kartenspiels am wahrscheinlichsten ist, daß die Karten von einem geordneten in einen ungeordneten Zustand übergehen. Sie behauptet jedoch nicht, daß der umgekehrte Vorgang unmöglich sei. Werden genügend Versuche angestellt, so kann, ja muß er stattfinden. Jedoch ist hierfür eine derart lange Zeit erforderlich, daß derartige Ausnahmen den allgemeinen Lauf des Universums niemals beeinflussen könnten. Die Ereignisse verlaufen immer in der Richtung, die statistisch am wahrscheinlichsten ist. Die Irreversibilität der Evolution leitet sich bei Darwin von der Unmöglichkeit ab, daß die in einer bestimmten Spezialisierung begriffenen Organismen der eingeschlagenen Richtung entgegen zurückgehen könnten. Boltzmann sieht die Irreversibilität der Thermodynamik darin, daß die Moleküle des Universums, die spontan von der Ordnung in einen ungeordneten Zustand übergehen, unmöglich zum früheren Zustand zurückkehren können.

Die gesamte Vorstellungswelt des 19. Jahrhunderts wurde durch die neuen Anschauungen der statistischen Mechanik verändert: Einmal leitet diese die Eigenschaften der Körper aus der Struktur der Materie selbst ab. Gibbs wendet die statistische Analyse nicht nur auf das durchschnittliche Verhalten großer Populationen an, sondern auf jedes »konservative System«, das auch nur den geringsten Freiheitsgrad besitzt. Sie ermöglicht, die Verteilung der Positionen und der Kräftemomente zu analysieren, die mit der Energie eines gegebenen Systems vereinbar ist und die das System schließlich, wenn es lange genug funktioniert, durchlaufen muß. Die meisten in der physikalischen Welt vorkommenden Ereignisse lassen sich so erfassen. Alle chemischen Reaktionen, ihre Geschwindigkeiten, ihre Temperaturabhängigkeit, die Schmelz- und Verdampfungsprozesse, die Gesetze von Druck, Dampf usw., alle diese Phänomene beruhen auf der ihnen zugrunde liegenden Hypothese von Veränderungen in der Ordnung der Moleküle. Sie alle werden den statistischen Gesetzen unterstellt.

Die statistische Mechanik verfeinert die mathematischen Hilfsmittel, die die Analyse von Struktur und Evolution eines jeden Systems großer Zahlen ermöglichen. Damit werden der Analyse manche Objekte, Ereignisse, ja selbst Eigenschaften zugänglich, die ihr bis dahin entgingen. Dies ist nur insofern möglich, als sie gezählt und bestimmt werden können, das heißt nur in einem diskontinuierlichen System. In der Tat beruht diese Art von statistischer Analyse voll und ganz auf der Verteilung diskreter Elemente. Ob diese Diskontinuität natürlicherweise vorhanden ist wie in den aus Einheiten zusammengesetzten Populationen oder ob sie durch Meßmethoden eingeführt wird, die stets eine Wahl zwischen zwei Grenzwerten fordern, sie stellt eine für diese Art der Analyse notwendige Voraussetzung dar. Denn sind die Dinge einmal diskontinuierlich geworden, so können sie mit Hilfe des gleichzeitig ältesten und einfachsten mathematischen Prinzips der ganzen Zahlen gezählt werden. Die Kunst, die statistischen Methoden anzuwenden, beruht auf der Möglichkeit, ganze Zahlen zählen zu können. Doch ist der Mechanismus der Statistik durch eine derartige Sicherheit gekennzeichnet, und er funktioniert mit einer derartigen Genauigkeit bis ins Detail, daß man die Bedingungen so bestimmen kann, daß nur noch eine begrenzte Anzahl von Beobachtungen notwendig wird. Maxwell wendete die statistische Methode eigentlich zufällig auf die Analyse von physikalischen Phänomenen an. Nach Boltzmann und Gibbs erfaßt diese Methode nach und nach die verschiedensten Bereiche und selbst diejenigen, wo es auf den ersten Blick schwierig, wenn nicht unmöglich erscheint, die notwendige Diskontinuität einzuführen. So werden praktische Gesetze aus Phänomenen abgeleitet, deren Determinismus vollständig unbekannt ist. Anstatt die Ursachen von Einzelereignissen zu verfolgen, wird es möglich, eine große Anzahl von Ereignissen derselben Klasse zu beobachten, sie auszusortieren, die Resultate zusammenzustellen und nach empirischen Regeln ihre Durchschnittswerte zu berechnen. Das zukünftige Verhalten einer Klasse kann damit nicht mit Sicherheit, wohl aber mit einer Wahrscheinlichkeit vorhergesagt werden, die meistens einer Sicherheit gleichkommt. Diese Vorhersagen treffen nur auf eine Gesamtheit von Ereignissen zu und schließen alle Ausnahmen oder Details aus. In der Tat ist es ein Merkmal der statistischen Methode, die Details absichtlich und systematisch zu übersehen. Es ist unwichtig, alle nur möglichen Auskünfte über ein bestimmtes Ereignis zu erhalten und jeden Umstand eingehend zu beschreiben. Das Ziel ist die Ableitung eines Gesetzes, das über die Einzelfälle hinausgeht.

Schließlich werden die Vorstellungen der Naturforschung von der statistischen Thermodynamik deshalb grundsätzlich verändert, weil sie zwei bis dahin unvereinbare und sich widersprechende Gesetze verbindet und ihnen denselben Status festgelegter und meßbarer Quantitäten verleiht: Ordnung und Zufall. Dieses ganze Arsenal von Kräften und Impulsen, alle diese Ladungen und Potentiale, die trotz allem einen kleinen Nachgeschmack des Geheimnisvollen und Willkürlichen beibehalten hatten, werden auf die Rangstufe von Nebenfaktoren verwiesen. Sie stellen nur noch die verschiedenen Aspekte eines fundamentaleren und allgemeineren Mechanismus dar, der als allgemeines Gesetz des Universums in Erscheinung tritt: das natürliche Bestreben der Dinge, unter dem Einfluß eines berechenbaren Zufalls aus einem geordneten in einen ungeordneten Zustand überzugehen. Dieses Gesetz will keine kausale Erklärung der Ereignisse geben. Es versucht nicht zu erklären, warum sie geschehen, sondern wie sie geschehen. Damit verliert der Begriff der Kausalität einen Teil seiner Bedeutung, wenn nicht seines Interesses. Der größte Teil des Geheimnisvollen geht verloren, das noch während der ersten Hälfte des 19. Jahrhunderts in allen Darstellungen der Natur enthalten war. Wenn viele grundsätzlich verschiedene und unerklärt gebliebene Phänomene oft gemeinsame Eigenschaften aufweisen, so deshalb, weil sie auf die eine oder die andere Weise auf demselben Mechanismus beruhen. Das betrifft nicht nur die von der Physik analysierten Phänomene, sondern am Ende des Jahrhunderts und zu Beginn des folgenden auch die der Astronomie, der Geologie, der Biologie, der Meteorologie, Geographie, Geschichte, Ökonomie, Politik, der Industrie und des Handels; kurz, die verschiedensten Bereiche der menschlichen Aktivität bis zu den Einzelheiten des Alltagslebens.

Ohne Übertreibung kann man deshalb sagen, daß die heutigen Vorstellungen der Naturforschung zu einem guten Teil von der statistischen Thermodynamik geprägt worden sind. Diese hat Objekte und Einstellung der Wissenschaft verwandelt. Auf ihr beruht die Veränderung des Denkens, die zu Beginn dieses Jahrhunderts zum Ausgangspunkt für die heutige Welt der Physik wurde. Eine Welt der Relativität und der Ungewißheit, die den Quantengesetzen und der Informationstheorie unterworfen ist, in der Materie und Kraft nur zwei Aspekte derselben Sache darstellen. Dank der statistischen Thermodynamik entstehen neue Wissenschaften wie die physikalische Chemie, die die chemischen Eigenschaften der Körper auf ihre physikalische Struktur zurückführt. Dank der Thermodynamik werden die verschiedensten Bereiche der Biologie dem Experiment zugänglich. Zum Teil deshalb, weil die in den Lebewesen ablaufenden chemischen Reaktionen von den die Materie regierenden Gesetzen abhängen; andererseits und vor allem aber deshalb, weil die Methode der statistischen Analyse die Biologie zu einer quantitativen Wissenschaft macht. Am Ende des 19. Jahrhunderts ist die Erforschung der Lebewesen nicht mehr ausschließlich eine Wissenschaft der Anordnung, sondern auch eine der Messung.

Die Geburt der Genetik

Mendels Werk stellt einen weiteren Beweis dafür dar, daß die Anschauungen von Darwin, Boltzmann und Gibbs nicht nur Ideen einiger weniger waren, sondern eine Auffassung dokumentieren, die in der zweiten Hälfte des 19. Jahrhunderts allgemein in Erscheinung tritt. Seit Jahrhunderten hatten sich Beobachtungen über die Vererbung angesammelt. Dennoch war die Vererbung bisher kein Forschungsobjekt im eigentlichen Sinne. Selbst wenn man im 19. Jahrhundert nicht mehr damit beschäftigt war, die Existenz des »Onotaurus« nachzuprüfen, selbst wenn verschiedene Arten nicht miteinander gekreuzt wurden, so brachten die durchgeführten Kreuzungen doch viele Varietäten ins Spiel, die sich in einer Vielfalt von Merkmalen unterschieden. Die Vererbung war in erster Linie Angelegenheit der Gärtner und Züchter. Während des ganzen 19. Jahrhunderts wurde aufgrund ökonomischer Erfordernisse versucht, Ernten und Herden zu vergrößern und sie besser den lokalen Verhältnissen der Klimata, Temperaturen und Nährmittel anzupassen. Es ging darum, den Ertrag zu verbessern nicht nur durch Erhöhung der Anzahl gezüchteter Tiere und Pflanzen pro Hektar, sondern auch durch Verbesserung der Qualität all dessen, was der menschlichen Ernährung und Industrie diente. In Obstgärten und auf Weiden, in Bienenstöcken und auf Hühnerhöfen wurden die praktischen Experimente durchgeführt. Nach den Kreuzungen wurden die Individuen der Nachkommenschaft geprüft, um ihre Charaktermerkmale festzustellen und eine möglichst genaue Beschreibung bis ins letzte Detail zu geben. Der Großteil der geprüften Merkmale taugte kaum für eine klare Bestimmung; die Merkmale erstreckten sich im Gegenteil über eine fast unendliche Reihe von Zwischenstufen. Deshalb glaubte man um so mehr ins Vererbungszentrum vorgestoßen zu sein, als die Charaktere der Eltern beim Produkt der Kreuzung verschmolzen waren. So beobachtete man neue Zusammenstellungen der Charaktermerkmale im Verlaufe der Generationen. Man stellte fest, daß gewisse Merkmale für eine bestimmte Dauer verschwanden, um darauf wieder aufzutauchen. Naudin stellt der Gleichförmigkeit der Abkömmlinge der ersten Kreuzungsgeneration die »extreme Verwirrung der Formen« in der zweiten gegenüber: einige zeigen die Merkmale des Vaters, andere die der Mutter, als seien die Hybriden »lebendige Mosaike«[15], deren Bausteine dem Auge entgingen. Gärtner beobachtete eine große Heterogenität unter der Nachkommenschaft der Hybride: während bestimmte Individuen eine reine Nachkommenschaft hatten, brachten andere Mischungen hervor. Der hervorstechendste Charakterzug der Vererbung war jedoch ihre Komplexität.

In Mendels Werk treffen zwei Strömungen zusammen, die die Wissenschaft von der Vererbung begründen: das praktische Wissen des Gärtners und das theoretische der Biologie. Sohn eines Landwirts, interessierte sich Mendel für die Evolution. Während seiner ganzen Jugend sieht er, wie sein Vater pflanzt, kreuzt und aufpfropft; und er fragt sich sein ganzes Leben lang, wie die Arten entstehen. Er bekommt die Erlaubnis, in dem Garten des Klosters, in dem er lebt, einige Pflanzen zu ziehen. In erster Linie fasziniert ihn die Natur der Vererbung, die, wie die bestimmende Kraft im aufgepfropften Reis zeigt, stärker ist als das Milieu, in das es eingepflanzt wurde. Er beginnt ebenfalls Hybride zu züchten, jedoch nicht etwa um die Erträge zu verbessern, sondern um das Verhalten der Charaktermerkmale im Verlaufe der Generationen zu verfolgen. Mendels Einstellung unterscheidet sich grundsätzlich von derjenigen seiner Vorgänger. »Wer die Arbeiten auf diesem Gebiete überblickt«, schreibt er, »wird zu der Überzeugung gelangen, daß unter den zahlreichen Versuchen keiner in dem Umfange und in der Weise durchgeführt ist, daß es möglich wäre, die Anzahl der verschiedenen Formen zu bestimmen, unter welchen die Nachkommen der Hybriden auftreten, daß man diese Formen mit Sicherheit in den einzelnen Generationen ordnen und die gegenseitigen numerischen Verhältnisse feststellen könnte.«[16] Mendels Einstellung umfaßt hauptsächlich drei neue Elemente: die Art, die Versuche zu planen und das geeignete Material auszuwählen; die Einführung einer Diskontinuität und die Verwendung von großen Populationen, wodurch die Ergebnisse in Zahlen erfaßt und diese mathematisch behandelt werden können; die Verwendung eines einfachen Symbolsystems, das einen ununterbrochenen Dialog zwischen Experiment und Theorie ermöglicht.

Vor allem nimmt Mendel die Auswahl des zu verwendenden Materials unter einem neuen Gesichtspunkt vor. Er prüft verschiedene Pflanzen, bevor er sich auf die Erbse festlegt. Er liest Varietäten aus, deren Reinheit durch mehrere Jahre der Züchtung unter strengsten Bedingungen garantiert ist. Die zu kreuzenden Varianten dürfen sich untereinanander nicht durch eine ganze Reihe, sondern nur durch eine begrenzte Anzahl von Zügen unterscheiden. Ausgeschlossen werden müssen alle Merkmale, sagt Mendel, »die eine sichere und scharfe Trennung nicht zulassen, indem der Unterschied auf einem oft schwierig zu bestimmenden ›mehr oder weniger‹ beruht«[17]. Man muß sich auf solche Merkmale beschränken, deren Unterscheidung unzweideutig ist wie die Form oder Farbe von Hülsen oder Schoten, die Verteilung der Blüten um den Stengel usw. Um eine von vornherein unübersehbare Komplexität in der Analyse der Kreuzungen zu vermeiden, müssen die Details vernachlässigt und die Forschung auf eine sehr kleine Anzahl von Merkmalen begrenzt werden: zuerst eines, dann zwei, dann drei; dabei ist Sorge zu tragen, daß in jedem Falle alle möglichen Kombinationen in der Nachkommenschaft unterschieden werden können. Um die Kombinationen zu erschöpfen, sind zwei Voraussetzungen zu beachten: einerseits müssen die Experimente in einem genügend großen Maßstab durchgeführt werden, um die Individuen zu ignorieren und sich ausschließlich mit Populationen befassen zu können; andererseits ist das Verhalten der Merkmale nicht nur bei den unmittelbaren Nachkommen eines Paares zu verfolgen, sondern über eine lange Reihe von sich folgenden Generationen hinweg.

Es liegt im Wesen dieser Versuchsplanung, daß die Ergebnisse auf eine grundsätzlich neue Art ausgedrückt werden müssen. Dank der zur Unterscheidung der Merkmale eingeführten Diskontinuität genügt es, in jeder Generation die Anzahl Individuen zu zählen, die jeder der möglichen Klassen angehören. Jede Klasse wird damit durch eine ganze Zahl charakterisiert, eine Zahl, die mit dem Maßstab des Experiments anwächst. Man kann diese Zahlen statistisch auswerten und ihre Verhältnisse ableiten. Im allgemeinen erscheinen diese Zahlen in einfachen Verhältnissen. In Kreuzungen zwischen Varietäten, die sich nur durch ein einziges Merkmal unterscheiden, gleichen die Hybriden der ersten Generation immer nur einem Elternteil und niemals dem anderen: das Merkmal des letzteren wird »rezessiv« genannt im Verhältnis zum ersteren, das »dominant« ist. In der aus diesen Hybriden hervorgehenden folgenden Generation erscheinen die beiden rezessiven und dominanten Formen in einem Verhältnis von ungefähr eins zu drei. Je nachdem ob die Träger des dominanten Merkmals ausschließlich mit sich selber identische Nachkommen erzeugen oder ob sie, im Gegenteil, weiterhin rezessive Formen hervorbringen, kann man sie in zwei weitere Klassen einteilen, die sich in einem Verhältnis von eins zu zwei vorfinden. Unterscheiden sich die verwendeten Varietäten nicht nur durch ein, sondern durch zwei Merkmale, so sind die Hybriden der ersten Kreuzung wiederum alle gleich. In der folgenden Generation lassen sich die von diesen Hybriden hervorgebrachten Nachkommen in vier Klassen einteilen, deren Verhältnisse sich eins zu drei zu drei zu neun annähern. Drei dieser Klassen können in den nächsten Generationen weiterhin in jeweils zwei Unterklassen eingeteilt werden. Und die Anzahl der Klassen steigt mit derjenigen der sich im Spiele befindenden Merkmale an. »Die Nachkommen der Hybriden, in welchen mehrere wesentlich verschiedene Merkmale vereinigt sind«, führt Mendel aus, »stellen die Glieder einer Combinationsreihe vor, in welchen die Entwicklungsreihen für je zwei differierende Merkmale verbunden sind ... Bezeichnet *n* die Anzahl der characteristischen Unterschiede an den beiden Stammpflanzen, so gibt 3^n die Gliederzahl der Combinationsreihe, 4^n die Anzahl der Individuen, welche in die Reihe geboren und 2^n die Zahl der Verbindungen, welche constant bleiben.«[18] Das heißt mit anderen Worten, daß die verschiedenen Merkmale unabhängig voneinander weitergegeben werden. In genügend großen Populationen kann man ihre Verteilung voraussagen.

Schließlich erlaubt die Einfachheit der Auswahl zwischen den beiden Erscheinungsformen eines Merkmals eine einfache symbolische Darstellung. »Bezeichnet *A* das eine der beiden constanten Merkmale«, führt Mendel aus, »z. B. das dominierende, *a* das recessive, und *Aa* die Hybridform, in welcher beide vereinigt sind, so ergibt der Ausdruck A + 2Aa + a die Entwicklungsreihe für die Nachkommen der Hybriden je zweier differierender Merkmale.«[19] Die symbolische Darstellung der Ergebnisse wird gleichsam zum Berührungspunkt von Theorie und Experiment. Einerseits ermöglicht sie, daß aus den beobachteten Verteilungsverhältnissen leicht Hypothesen abgeleitet werden können. Andererseits führt sie unmittelbar zu Voraussagen, die sich im Experiment prüfen lassen. So können aus den beobachteten Verhältnissen zwischen den Kombinationen der Merkmale bestimmte Schlußfolgerungen in bezug auf die Bildung und den Aufbau des Pollens und der Eier gezogen werden. Eine Stammfolge bleibt nur dann rein und konstant, wenn die Organismen aus Pollen und Eiern mit dem gleichen Merkmal, zum Beispiel *A*, stammen. Es besteht kein Grund anzunehmen, daß ein anderer Mechanismus in die Bildung der Hybriden eingreift, zum Beispiel *Aa*. Da die beiden Formen desselben Merkmals *A* und *a* in derselben gekreuzten Pflanze entstehen, das heißt sogar in derselben Blume, muß man daraus schließen, daß sich in den Ovarien des Hybrids *Aa* ebenso viele Eier eines jeden der beiden Typen *A* und *a* bilden und in den Staubbeuteln ebenso viele Pollen vom Typus *A* und *a*. Ganz allgemein müssen sich, wenn mehrere Merkmale im Spiel sind, in dem

Hybriden ebenso viele Sorten von Pollen und von Eiern bilden, wie Kombinationen in der Nachkommenschaft auftauchen. Diese Verhältnisse werden in der Tat vom Experiment bestätigt. In einem Hybriden *Aa*, sagt Mendel, »bleibt es ganz dem Zufall überlassen, welche von den beiden Pollenarten sich mit jeder einzelnen Keimzelle verbindet. Indessen wird es nach den Regeln der Wahrscheinlichkeit im Durchschnitte vieler Fälle immer geschehen, daß sich jede Pollenform *A* und *a* gleich oft mit jeder Keimzellform *A* und *a* vereinigt; es wird daher eine von den beiden Pollenzellen *A* mit einer Keimzelle *A*, die andere mit einer Keimzelle *a* bei der Befruchtung zusammentreffen, und ebenso eine Pollenzelle *a* mit einer Keimzelle *A*, die andere mit *a* verbunden werden.«[20] Die Ergebnisse der Kreuzungen lassen sich sogar durch eine einfache graphische Darstellung wiedergeben. Für die Darstellung eines Merkmals in einem Individuum reicht jedoch ein einziges Symbol nicht aus. Hierfür sind zwei Symbole notwendig, die Mendel als einen Bruch darstellt. Unter den Nachkommen der Kreuzung *A/a* bilden sich vier Kombinationen *A/A, A/a, a/A, a/a.* Nur die erste und die letzte sind rein, da sie den Merkmalen der Eltern entsprechen. Da die Form *A* über *a* dominant ist, haben die drei ersten das gleiche *sichtbare* Merkmal, obwohl sie, wie die Nachkommenschaft zeigt, eine verschiedene Struktur haben. Hieraus ergibt sich das Verhältnis eins zu drei zwischen der rezessiven und dominanten Form der zweiten Generation. Diese Zahlen stellen nur den Mittelwert vieler Experimente dar, in denen die Hybriden durch Selbstbefruchtung entstehen. Unter einzeln genommenen Blumen oder Pflanzen weichen die Werte der Reihe oft vom Mittel ab. »Die Einzelwerte müssen notwendig Schwankungen unterliegen ...«, sagt Mendel; »die wahren Verhältniszahlen können nur durch das Mittel gegeben werden, welches aus der Summe möglichst vieler Einzelwerte gezogen wird; je größer ihre Anzahl, desto genauer wird das bloß Zufällige eliminiert.«[21]

Bei Mendel erhalten die biologischen Phänomene plötzlich mathematische Genauigkeit. Die Methodologie, die statistische Behandlung und die symbolische Darstellung legen der Vererbung eine eigene innere Logik auf. Abgesehen von der Episode der Präformation hatte sich die Anschauung in bezug auf den Vererbungsmechanismus seit mehr als zwanzig Jahrhunderten kaum geändert. Die Evolutionstheorie erforderte einen Prozeß mit der Fähigkeit, beim Kind die Züge der Eltern zu reproduzieren wie auch in gewissen Grenzen zu variieren. Was zu Mendels Zeiten von Darwin unter dem Begriff der »Pangenese« in Aussicht genommen wurde, glich stark den Vorstellungen, die bereits Hippokrates und Aristoteles und später Maupertuis und Buffon hatten. Der Pangenese zufolge brachte jedes Fragment eines Körpers, jede Zelle einen kleinen Keim oder ein »Keimchen« von sich selbst hervor, das sich in den zeugungsfähigen Zellen niederließ und den Auftrag hatte, dieses Fragment in der nächsten Generation zu reproduzieren. Der Vorteil dieser Theorie bestand darin, daß sie die Möglichkeit von spontan auftauchenden Variationen unabhängig von jeglichen äußeren Faktoren ebensogut zuließ wie die Einfügung erworbener Merkmale in das Erbgut. Darwin unterschied so wenig wie Maupertuis und Buffon zwischen dem, was den Körper der Eltern bildet, ihre Samen und den Körper des Kindes. Von den Eltern stammend, gingen dieselben Elemente in die Samen über, um das Kind zu bilden. Damit konnte sich das Erbgut nur in der Organisation selbst befinden, in der sekundären Struktur, von der alles abhing, was bei einem Lebewesen an strukturellen und funktionellen Merkmalen gefunden werden konnte. Für Mendel stellt sich die Vererbung völlig anders dar; er sieht sie im Rahmen von genau analysierbaren Phänomenen. Weder die Regelmäßigkeit der Segregationen noch die Dominanz der Merkmale noch die Erhaltung des hybriden Zustands lassen sich durch die Pangenese erklären. Um ein bei einem Individuum nachweisbares Merkmal darzustellen, müssen zwei Symbole verwendet werden. Ein Symbol kann damit weder dem wahrnehmbaren Merkmal noch seinem Beauftragten, dem Keimchen, entsprechen. Hieraus leitet sich die Notwendigkeit ab, zwischen dem, was man sieht, dem Merkmal, und etwas anderem, das dem Merkmal zugrunde liegt, zu unterscheiden, zwischen dem, was die Genetik des 20. Jahrhunderts als Phänotyp und Genotyp bezeichnen wird. Wenn auch der erstere vom letzteren bestimmt wird, so drückt er ihn doch nur teilweise aus. Die Merkmale verraten nur die verborgene Gegenwart von Partikeln, von Einheiten, mit den Worten Mendels von »Faktoren«. Diese sind voneinander unabhängig, und jeder von ihnen steuert ein wahrnehmbares Merkmal. Die Pflanze besitzt jeden Faktor in zwei Exemplaren, die beide von einem Elternteil, Pollen oder Ei, stammen. Somit wird das Erbgut weder durch eine totale Darstellung des Individuums weitergegeben noch durch eine Reihe von Vertretern, die aus allen Teilen des elterlichen Körpers kommen, um sich beim Kind wie die Steine eines Mosaiks wieder zu vereinen. Nein, es handelt sich um eine Sammlung diskreter Einheiten, von denen jede ein Merkmal bestimmt. Jede Einheit kann in verschiedenen Zuständen existieren, die die verschiedenen Formen des entsprechenden Merkmals bestimmen. Da jeder Organismus von seinen Eltern einen vollständigen Satz von Einheiten erhält, mischen sich diese nach den Gesetzen des Zufalls im Verlaufe der Generationen. Die von Anatomen, Histologen und Physiologen analysierte Organisation, jene Struktur zweiter Ordnung, auf die sich die Formen und die Eigenschaften eines Lebewesens beziehen, reicht damit für die Erklärung der Vererbung nicht mehr aus. Man muß eine Struktur höherer Ordnung zu Hilfe ziehen, die noch verborgener und noch tiefer im Körper vergraben ist. Das Gedächtnis des Erbguts findet sich in einer Struktur dritter Ordnung.

Dieselbe Einstellung, nach der Boltzmann die Eigenschaften der Körper aus ihrer inneren Struktur entwickelt, um daraus das die Evolution der Materie bestimmende Gesetz abzuleiten, eröffnet so Mendel den Zugang zur Analyse der Vererbung und zur Kenntnis ihrer Gesetze. In beiden Fällen hat man es mit diskontinuierlichen Elementen zu tun. In beiden Fällen ist das Verhalten eines einzigen, den Gesetzen des Zufalls unterworfenen Elements nicht vorauszusehen. Schließlich kann man in beiden Fällen aus dem Zufall eine Ordnung ableiten, indem man große Populationen statistisch analysiert. Ob es sich um Erbfaktoren oder Moleküle eines Gases handelt, das Verhalten der einzelnen Einheit ist ohne Bedeutung. Die Kombination der Merkmale in einer Einzelpflanze ist für Mendel ebensowenig interessant wie die Bahn eines Einzelmoleküls für Boltzmann. Um diesen Preis wird die Vererbung ein Objekt der Analyse. Den Säften, den dunklen Kräften, den mysteriösen Absichten, die seit dem Altertum die Merkmale der Lebewesen zu bestimmen schienen, stellt die experimentelle Methode jetzt Materie, Partikeln und Gesetze gegenüber. Damit wird die gesamte Vorstellung von den Lebewesen umgestürzt. Der Logik folgend müßte sich damit auch die Ausübung der Biologie ändern. In Wirklichkeit geschieht jedoch nichts. Der Fall Mendel ist ein gutes Beispiel für die Unmöglichkeit, eine lineare Geschichte der Ideen aufzuzeichnen, das heißt eine von der Logik bewußt befolgte Reihenfolge von Etappen wiedererkennen zu wollen. Denn wenn sich auch Mendels Werk mit der Physik seiner Zeit in Übereinstimmung befindet, so bleibt es ohne den geringsten Einfluß auf die Art und Weise, in der seine Zeitgenossen Biologie betreiben. Erst das 20. Jahrhundert wird aus Mendel den Schöpfer der Genetik machen und aus seiner ersten Abhandlung die Geburtsstunde dieser Wissenschaft. Bis zur Jahrhundertwende bleibt dieses Werk unbekannt oder wird es vernachlässigt. Der Abt Gregor Mendel war für die Wissenschaftler seiner Zeit durchaus kein Unbekannter. Mag er auch ein Dilettant sein, so ist er doch zahlreichen der berühmtesten Biologen seiner Zeit verbunden. Mit mehreren von ihnen führt er lange Briefwechsel und beschreibt ihnen die Einzelheiten seiner Experimente, ohne jedoch ihre Aufmerksamkeit zu wecken. Als Mendel an einem Februarabend des Jahres 1865 seine erste Mitteilung

vor der lokalen naturwissenschaftlichen Gesellschaft vorträgt, finden sich in der Realschule von Brünn ungefähr vierzig Personen ein. An der Sitzung nehmen Naturwissenschaftler, Astronomen, Physiker, Chemiker, kurz ein gelehrtes Publikum teil. Während einer Stunde spricht Mendel über die Kreuzung der Erbsen. Die Hörer empfinden für die Person des Vortragenden Freundschaft. Obwohl verwundert, daß Arithmetik und Wahrscheinlichkeitsrechnung bei der Vererbung eine Rolle spielen sollen, hört das Publikum doch geduldig zu und applaudiert höflich. Nachdem Mendel seine Mitteilung beendet hat, geht jeder ohne die geringste Wißbegierde zu zeigen nach Hause. In einem Brief schreibt Mendel an Carl Nägeli: »Ich begegnete, wie es nicht anders zu erwarten war, sehr geteilten Ansichten, eine Wiederholung der Versuche aber wurde, soweit es mir bekannt ist, von Niemandem unternommen.«[22] Als Mendel einige Jahre später starb, wurde er wegen seines Wirkens für die Öffentlichkeit geehrt, sein Werk blieb aber unbekannt. Als man am Anfang des nächsten Jahrhunderts dieses Werk »wiederentdeckt«, wird man die Seiten der wissenschaftlichen Zeitschrift mit Mendels Abhandlung häufig unaufgeschnitten vorfinden.
Wie kann man also behaupten, daß der Geist nur auf neue Ideen warte, um sich ihrer sofort zu bemächtigen und sie auszubeuten? Wie kann man annehmen, daß die Entwicklung der Wissenschaften einzig von der Finalität der Logik geleitet sei? Die Logik vermag nur in dem Rahmen zu wirken, den ihr die jeweils gerade gültige Einstellung verleiht, und nur in bezug auf die Objekte, die zu diesem Zeitpunkt der Analyse zugänglich sind. Damit die Genetik entstehen kann, muß das ausgehende 19. Jahrhundert zunächst eine Umwälzung in der Erforschung der Zelle herbeiführen: die Zellstruktur muß verfeinert werden und das Vorhandensein von Chromosomen und ihre wie in einem Ballett geregelten Bewegungen aufgedeckt werden; ebenfalls muß sie die Rolle der Zelle verändern, indem sie den Mechanismus der Pangenese durch jenen der »Keimzellen« ersetzt, jener Zellinie, die ausschließlich der Fortpflanzung dient und die von allen, den lebenden Körper bedrohenden Gefahren abgeschirmt ist.

Das Spiel der Chromosomen

In der zweiten Hälfte des 19. Jahrhunderts richtet sich die Aufmerksamkeit der Biologen hauptsächlich auf die Zelle. Diese ist nicht mehr nur die elementare Einheit jedes Lebewesens, das letzte Ziel der anatomischen Analyse. Sie wird zum Ort, in dem sich die Aktivitäten des Organismus ineinander gliedern, zur »Wohnung des Lebens«, wie Virchow sagt. In den Zellen laufen die Reaktionen des Metabolismus ab und werden die für das Lebende kennzeichnenden Moleküle gebaut. Durch ihre Differenzierung bilden sich die Organe und baut sich der reife Körper des Erwachsenen zusammen. Durch ihre Teilung wird die Organisation erhalten. Es gibt keine Zelle mehr, die nicht von einer anderen Zelle abstammte. Die Fortpflanzung geschieht, wie Haeckel sagt, durch einen »Auswuchs des Individuums«. Wie es bei den einzelligen, sich durch Teilung vermehrenden Wesen am besten beobachtet werden kann, spiegeln die Vererbungsvorgänge in Wirklichkeit jene des Wachstums wider. Jeder dieser kleinen Organismen wächst bis zu dem Punkt, wo er sich in zwei Hälften teilt, die nicht nur in Größe, sondern auch in Form und Struktur gleich sind. So begreift man, warum der Nachkomme seinem Ahnen gleicht: er ist ein Teil von ihm. Bei den vielzelligen Wesen, die sich durch die Vermehrung einer einzigen ersten Zelle, dem Ei, bilden, ist es nicht anders. Der Körper eines derartigen Organismus läßt sich mit einer Kolonie von Zellen vergleichen, in der die Arbeitsteilung die Differenzierung der Einheiten erfordert. So können bestimmte Zellen nur die für die Atmung notwendigen Funktionen erfüllen, andere die der Reproduktion oder die der Bewegung oder der Verdauung. Ob Einzeller oder komplexer Organismus, die Vererbung beruht immer auf der Kontinuität der Zellen. Daher müssen sich sowohl die chemischen Reaktionen, die dem Organismus seine Besonderheit verleihen, als auch das System, das ihn befähigt, das ihm gleiche zu reproduzieren, im Bereich der Zelle finden. Die Keimzellen enthalten die Anlage des entstehenden Organismus nicht mehr als ein Bild, sondern als Potenz. In den Tropfen der eiweißhaltigen Substanz ist bereits die Spezialisierung aller aus ihnen entstehenden Zellen enthalten. Die Analyse muß sich folglich auf die Funktion der Zelle und auf ihre Teilung richten.

Es handelt sich nicht darum, eine Zoologie der Zellen zu entwickeln, noch darum, in einem Organismus die Positionen, Beziehungen und Eigenschaften aller seiner Einheiten zu bestimmen, ihre Abstammung festzustellen und eine detaillierte Karte von ihnen zu erstellen. Die Aussichten sind tatsächlich gering, jemals den Wirrwarr der Zellen und der Fasern in einem komplizierten Organismus auflösen zu können. Aber wenn sich auch die Zellen eines Tieres nach Form, Lage und Funktion unterscheiden, so sind sie dennoch nach ein und demselben Modell gebaut. Ungeachtet ihrer Verschiedenheit stellen sie eine Einheit der Struktur dar. Welches auch immer die Natur und der Ursprung einer

Zelle ist, sie ist stets ein halbflüssiges Körperchen, das aus einer eiweißhaltigen Substanz, dem Protoplasma, besteht. Sie enthält immer einen mehr oder weniger großen, mehr oder weniger runden Kern, der ebenfalls aus eiweißhaltiger Substanz besteht. Oft ist sie von einer Membrane umgeben, manchmal mit Partikeln angefüllt. Die Organisation der Zelle wird von zwei Hauptbestandteilen beherrscht. »Nucleus und Protoplasma, der innere Zellkern und der äußere Zellschleim«, behauptet Haeckel, »sind die beiden einzigen wesentlichen Bestandteile jeder echten Zelle. Alles Übrige ... ist von sekundärer Bedeutung.«[23] Zur Bestimmung dessen, was die Zelle ihren Nachkommen übergibt, damit sich diese nach ihrem Bilde formen, müssen die Rollen verteilt werden, müssen Komposition und Funktion eines jeden der beiden Bestandteile festgestellt werden.

Die Zytologie, die Wissenschaft, die sich mit der Erforschung der Zelle beschäftigt, vereinigt die verschiedensten Interessen: die der Physiologie, der embryonalen Entwicklung, der Vererbung, der Evolution sowie der Morphologie. Ihre Einheit basiert auf Methode, Sprache und Material. Am Ende des 19. Jahrhunderts hat das optische Mikroskop das maximale Auflösungsvermögen erreicht, das die Physik ermöglicht. Doch jetzt vergrößern die Zytologen mit Hilfe von Verbindungen, die selektiv bestimmte Zellstrukturen färben, ihre Diskriminations- und Identifikationsmittel. Hierauf finden sie sogar zu der chemischen Zusammensetzung der Zellbestandteile Zugang: der Kern färbt sich zum Beispiel sehr leicht mit bestimmten basischen Substanzen. Nach und nach nimmt die Landschaft unter dem Mikroskop Gestalt an. Die Beschreibung ihrer Einzelheiten setzt eine neue Sprache voraus. Am Ende des Jahrhunderts wird ein vollständig neues Vokabular ausgearbeitet, in dem griechische und lateinische Wurzeln nebeneinandergestellt oder miteinander verbunden werden. Sehr rasch wird die Sprache des Biologen dem Laien unzugänglich. Die Leichtigkeit, mit der sich der Kern färben läßt, wird zum Beispiel ganz einfach durch den Stamm »Chrom« ausgedrückt. Daher der Name »Chromatin«, den Fleming der Kernsubstanz gibt; Waldeyer tauft die kleinen Fasern, die man in ihm unterscheidet, »Chromosomen«; »Chromomeren« nennen Balbiani und Van Beneden die Bänder, die die Chromosomen querstreifen; weiterhin gibt es »Chromatide«, »Chromide«, »Chromidiogamie«, »Chromiolen«, »Chromozentren«, »Chromonemen«, »Chromoplasten«, »Chromospiren« usw. Die Genauigkeit der Einzelheiten mißt sich an derjenigen der Namen. Ferner unterscheidet sich die Zytologie durch das von ihr verwendete Material. Da sie nicht die Kennzeichen einiger weniger Zelltypen zu analysieren versucht, sondern die allen Zellen gemeinsamen Eigenschaften, ist sie in ihrer Auswahl vollkommen frei. Sie kann sich auf einige wenige Organismen konzentrieren, die aufgrund ihrer Struktur und ihrer Eigenschaften für Beobachtung und Experiment vorteilhaft sind. So erweisen sich einige Organismen als bevorzugt; auf sie richtet sich die Aufmerksamkeit der Fachleute, obwohl diese an ganz verschiedenen Orten, durch ihre Fachrichtung und sogar ihre Interessen ganz unabhängig voneinander arbeiten. Es gibt zwei Arten von besonders vorteilhaftem Untersuchungsmaterial. Einerseits verfügt man über Einzeller, Protozoen, deren Fortpflanzungszyklus dem der Vielzeller gleicht. Anstatt sich zu einem einzigen Körper zu vereinen, bleiben die Zellen der Protozoen getrennt und leben unabhängig voneinander. »Bei den Protisten«, meint R. Hertwig, »gibt es nur eine einzige Art der Fortpflanzung, nämlich die Zellteilung.«[24] In physiologischer Hinsicht ist ein Protozoe ebensosehr ein Individuum wie eine Metazoe: aber in ihrer Morphologie und im Hinblick auf ihre Bildung kann man sie ebensogut mit einer Keimzelle wie mit einer von einer Metazoe isolierten Zelle vergleichen. So bilden die Protozoen ein einfaches und geeignetes Material für die Analyse der Zellteilung, die sie in ihrem klarsten und einfachsten Zustand zeigen. Andererseits gibt es unter der unendlichen Vielfalt der Vielzeller Formen, die sich ganz besonders für die Beobachtung des Zellkerns, der Keimzellen und der embryonalen Entwicklung eignen. Unter diesen bevorzugten Wesen ist das Material in Funktion des zu verfolgenden Ziels auszulesen. Interessiert man sich für die Zellteilung, die Morphologie des Kerns, die Art seiner Ausbildung, so muß Ascaris verwendet werden, ein parasitärer Spulwurm des Pferdes, dessen Vorteile Van Beneden und Boveri herausstreichen. »Ascaris ist ein unschlagbares Material«, behauptet Boveri. »Man kann ihre Eier monatelang in Kälte und Trockenheit aufbewahren. Hat man für die Arbeit Zeit, so bringt man die Ascaris auf Zimmertemperatur, und sie entwickeln sich langsam weiter. Will man die Entwicklung vorübergehend beschleunigen, so bringt man sie in den Inkubator. Will man die Entwicklung aufhalten, so bringt man sie wieder an die Kälte, wo man sie stets im selben Zustand, in dem man sie zurückgelassen hat, wiederfindet.«[25] Wichtig ist vor allem, daß der Zellkern besonders einfach ist; daß die Zahl der Chromosomen klein ist, sie beträgt im allgemeinen vier, wovon zwei sogar einem bestimmten Typus angehören; daß man sie leicht erkennen und ihre Gestalt sowie ihr Verhalten beobachten kann; daß man sieht, wie sie sich teilen und ihre Anordnung entlang einer Art Spindel beobachten kann, die sich während der Zellteilung zwischen zwei entgegengesetzten Polen ausspannt;

kurz, es ist der ideale Organismus, um den Mechanismus zu analysieren, der aus einer Zelle zwei gleiche Zellen entstehen läßt. Interessiert man sich statt für die Zellteilung für die Keimzellen, die Befruchtung, die Entwicklung des Embryos, muß man den Frosch zu Hilfe nehmen und vor allem den Seeigel, dessen Vorteile O. Hertwig und Boveri entdecken: das Ei ist transparent und leicht zu beobachten; die Spermatozoe ist klein, sie hat einen kondensierten Kern, der leicht erkennbar ist. Man kann ein Ei und etwas Sperma in eine mit Meerwasser gefüllte Schale geben, um zu sehen, wie sich die Spermatozoen an das Ei kleben. »Doch erreicht nur eine einzige Spermazelle ihr Ziel«, sagt Boveri, »und zwar die erste, die die nackte Oberfläche des Eis berührt.«[26] Man kann die Bahn des männlichen Kerns verfolgen, der sich mit dem weiblichen Kern vereinigt; man kann die aufeinanderfolgenden Zellteilungen beobachten, die im Ei ablaufen nach einer strengen Ordnung in Zeit und Raum; kurz, man kann in allen Einzelheiten jenes Wunder beobachten, daß sich von zwei Individuen, einem männlichen und einem weiblichen, losgelöste Fragmente durchdringen, um einen neuen und identischen Organismus entstehen zu lassen.

Das Seeigelei erlaubt jetzt auch, von der reinen Beobachtung der Zelle und der embryonalen Entwicklung abzugehen und mit Experimenten zu beginnen. Es wird möglich, auf die Keimzellen oder auf das in Entwicklung begriffene Ei einzuwirken und die chemischen und physikalischen Bedingungen der künstlichen Befruchtung zu verändern. Den Brüdern Oskar und Richard Hertwig gelingt es, unbefruchtete Eier so heftig zu schütteln, daß sie in Stücke zerfallen, die noch immer vom Sperma der gleichen Art befruchtet werden können. Durch Behandlung der Eier mit bestimmten Verbindungen gelingt es Boveri, ein jedes durch mehrere Spermatozoen zu befruchten; als er darauf diese Eier schüttelt, beobachtet er anormale Verteilungen von Chromosomen in den sich dort teilenden Zellen. Loeb leitet die künstliche Parthenogenese ein, indem er die Salzkonzentration des Meerwassers erhöht oder indem er die Eier chemischen oder physikalischen Behandlungen unterwirft. Driesch erzielt eine vollständige Entwicklung eines zwar kleinen, aber vollkommenen Organismus aus einer einzelnen Zelle eines befruchteten Eies, die ihre Segmentation schon begonnen hat. Die technische Virtuosität der Embryologen hält auch im 20. Jahrhundert an, und es wird ihnen gelingen, im Ei nach Wunsch auf bestimmte Zellen einzuwirken, sie absichtlich zu zerstören, ihnen bestimmte Substanzen, ja sogar Extrakte anderer Embryos einzuspritzen, den Zellkern eines Eies zu entfernen und ihn durch denjenigen einer anderen Zelle zu ersetzen. Die Wirkung wird an den während der Embryonalentwicklung auftauchenden Störungen gemessen, an der Entwicklungsstufe, die der Embryo erreicht, an den entstehenden Verkrüppelungen. Selbst die Bildung des Embryos ist der experimentellen Methode zugänglich geworden. Der Zytologie des 19. Jahrhunderts geht es in erster Linie darum, die Funktion von Kern und Zytoplasma in der Zelle als ihren beiden Hauptbestandteilen zu bestimmen. Nach und nach tritt der Kern in den Vordergrund, und in ihm wird den Chromosomen der erste Platz zugewiesen. Die Unveränderlichkeit ihrer Zahl und ihrer Formen, die Sicherheit ihrer Bewegungen, die Genauigkeit ihrer Verteilung in den Tochterzellen, all dies weist auf ihre besondere Stellung hin. Man sieht, wie sich die Chromosomen verlängern, sich in einen Faden verwandeln, unsichtbar werden und später in der gleichen früheren Form wieder auftauchen. Man sieht sie sich der Länge nach in zwei identische Hälften spalten, von denen jede von einem Pol wie durch ein »magnetisches Zentrum« angezogen wird, sagt Van Beneden. Sie zeigen eine Kontinuität über den Zellzyklus hinaus. Ihnen kommt eine Individualität, eine für bestimmte Phasen charakteristische Struktur zu. Sie sind nach Boveri »organisierte Elemente mit einer autonomen Existenz in der Zelle«[27]. Vor allem aber besitzen sie die außerordentliche Fähigkeit, durch Verdoppelung und Neugruppierung an den beiden Polen zwei neue Kerne zu bilden, die mit dem ursprünglichen Kern identisch sind. Man kann die Chromosomen voneinander unterscheiden, ihre Evolution verfolgen und sie zählen. Sie treten in Paaren auf: zwei Gruppen zu je zwei bei Ascaris; eine Ausnahme bilden die Keimzellen, Ei und Spermatozoe, deren Kern jeweils nur zwei Chromosomen enthält. Aber durch die Verschmelzung dieser beiden Kerne bei der Befruchtung wird wieder ein vollständiger Chromosomensatz zusammengestellt, dessen eine Hälfte vom Vater und die andere von der Mutter stammt. Jede Anomalie in der Anzahl der auf diese Weise neu gebildeten Chromosomen, jeder Überschuß, jeder Verlust führt zu Störungen der embryonalen Entwicklung. »Die normale Entwicklung«, meint Boveri, »hängt von einer bestimmten Kombination der Chromosomen ab; und das kann nur bedeuten, daß die Chromosomen einzeln genommen verschiedene Eigenschaften besitzen.«[28] Damit erscheint in der Tiefe des Kerns eine Struktur mit außerordentlichen Eigenschaften. Diese Struktur hat die in der Zelle einzigartige Fähigkeit, sich mit Genauigkeit zu verdoppeln.

Gleichzeitig breitet sich die Dualität der Konstitution, die zuerst in der Zelle beobachtet wurde, auf die Gesamtheit des Organismus aus. Bis dahin wurde nicht zwischen den für seine Struktur und ihre Reproduktion verantwortlichen Elementen unterschieden. Das Kind stellte einen Sproß der Eltern dar, von denen ein jeder Teil eine Art Keim in die Fortpflanzungszellen entsandte, dazu bestimmt, genau diesen Teil in der nächsten Generation wieder entstehen zu lassen. Dieselbe Partikel mußte demnach hintereinander Bestandteil eines elterlichen Organs, daraufhin einer Fortpflanzungszelle und zuletzt desselben Organs beim Kind sein. »Es ist möglich«, meint Huxley, »daß jeder Teil des Erwachsenen Moleküle enthält, die aus dem männlichen oder weiblichen Elternteil stammen; und daß der ganze Organismus, als eine Anhäufung von Molekülen betrachtet, mit einem Gewebe verglichen werden kann, dessen Schuß (Querfäden) aus dem weiblichen Teil und dessen Kette (Längsfäden) aus dem männlichen Teil stammen.«[29] Mit der von Nägeli getroffenen begrifflichen Unterscheidung zwischen »Trophoplasma« und »Idioplasma« tritt jedoch eine Dualität in der Gesamtheit des Organismus auf. Das Trophoplasma, das den größeren Teil des Körpers bildet, ist mit den Ernährungs- und Wachstumsmechanismen beauftragt. Das Idioplasma stellt dagegen einen seinem Volumen nach nur untergeordneten Bestandteil dar, spielt jedoch bei Fortpflanzung und Entwicklung eine wesentliche Rolle: es ist das Substrat der Vererbung. Im Ei enthalten, bestimmt es dessen Evolution und Entwicklung; es verteilt sich über den gesamten Organismus, um in ihm eine Art steuerndes Netz zu bilden. Das Ei des Huhns unterscheidet sich vom Ei des Frosches dadurch, daß es ein andersartiges Idioplasma enthält. Die Art ist ebenso im Ei wie im ausgewachsenen Organismus enthalten. Das Idioplasma stellt eine hoch komplexe Substanz dar und wird durch die Vereinigung einer unendlich hohen Anzahl von Partikeln oder »Fäden« gebildet. Nach Nägelis Berechnung kann ein Volumen von einem Tausendstel eines Kubikmillimeters bis zu vierhundert Millionen derartiger Fäden enthalten. Die Verteilung dieser Fäden, ihre Aufteilung im Idioplasma bestimmt dessen Spezifizität. Damit wird die Fortpflanzung der Formen im Verlaufe der Generationen nicht mehr durch die im Ei vereinigten Vertreter jedes Körperteils verwirklicht, sondern durch eine besondere, die Entwicklung steuernde Substanz. Zweifelsohne wäre Nägeli unter allen Biologen am zuständigsten gewesen, um Mendels Werk zu interpretieren. In einer Reihe von Briefen teilt Mendel vor allem Nägeli seine Ergebnisse mit, ohne jedoch den geringsten Widerhall zu finden.

Von Weismann wird die Unterscheidung zwischen den beiden Arten von Bestandteilen noch unterstrichen; außerdem ändert sich ihre Natur. Sie betrifft nicht mehr im Körper verteilte Substanzen, sondern die Zellen selber. An der Fortpflanzung sind Zellen eines besonderen Typus, die Keimzellen, beteiligt. Sie unterscheiden sich von den den Körper bildenden somatischen Zellen sowohl in ihrer Funktion und Struktur als auch in ihrer Rolle in der Evolution. Die Keimzellen enthalten eine Substanz, »deren chemisch-physikalische Beschaffenheit einschließlich ihrer Molekülarstructur ihr« nach Weismann »die Fähigkeit verleiht, unter bestimmten Verhältnissen zu einem neuen Individuum derselben Art zu werden«[30]. Es ist die Beschaffenheit dieser Substanz, die entscheidet, ob der entstehende Organismus zur Eidechse oder zum Menschen wird, ob er groß oder klein sein wird und seinem Vater oder seiner Mutter gleichen wird. Die Fortpflanzung beruht einzig und allein auf der Natur und den Eigenschaften der Keimzellen. »Sie sind bedeutungslos für das Leben ihres Trägers (d. h. für die Erhaltung des Lebens), aber sie allein erhalten die Art.«[31] Diese Unterscheidung zwischen der Natur der Zellen zieht zwei bedeutsame Folgen nach sich.

Zunächst wird die Behauptung, der zufolge das Kind durch das Treiben von elterlichen Knospen entsteht, sozusagen in ihr Gegenteil verkehrt. Während aus Keimzellen zweierlei Zelltypen entstehen, können nach Weismann die somatischen Zellen immer nur somatische bilden. Die Keimzellen dürfen folglich nicht als Erzeugnis des Organismus aufgefaßt werden. In den aufeinanderfolgenden Tiergenerationen verhalten sie sich wie eine Linie einzelliger Wesen, die sich durch Teilung fortpflanzen. Entlang dieser Stammlinie differenzieren sich die somatischen Zellen. Die Körper der Tiere werden ihr gleichsam seitlich aufgepfropft. So hat man denn Weismann zufolge »also auch bei der Fortpflanzung der vielzelligen Wesen im Grunde den gleichen Proceß, wie bei der einzelligen: eine fortgesetzte Theilung der Keimzelle, und der Unterschied liegt nur darin, daß hier die Keimzelle nicht schon das ganze Individuum ausmacht, sondern daß dieselbe umgeben wird von vielen, von Tausenden, ja von Millionen und Billionen von Körperzellen, deren Gesamtheit erst die höhere Einheit des Individuums bildet«[32]. Da sich die Keimzellen nach Art der Protozoen durch Teilung fortpflanzen, enthalten sie immer dieselbe Erbsubstanz. Die aus ihnen entstehenden Organismen sind deshalb notwendigerweise miteinander identisch. Die Keimlinie bildet das Skelett der Art, in das die Individuen wie Sprossen eingefügt sind. Das Ei wird nicht mehr vom Huhn produziert. Nach dem Ausspruch Butlers hat das Ei im Huhn ein bequemes Mittel gefunden, um ein neues Ei zu bilden.

Die Unterscheidung zwischen Keimbahn und Soma hat jedoch noch eine andere Folge. Nicht nur leiten sich die Keimzellen unmittelbar von denjenigen der vorherigen Generation ab, nicht nur sind sie keine Produkte des Körpers des Erzeugers, sondern sie sind gleichzeitig vor allem geschützt, was diesem widerfahren kann. Welchen Eingriffen auch immer ein Organismus ausgesetzt ist, seine Keimzellen, das heißt seine Nachkommenschaft wird davon nicht berührt. Wie aber können die erworbenen Charaktere eines Lebewesens vererbt werden? »Alle Veränderungen, welche durch äußere Einflüsse ... entstehen«, antwortet Weismann, »sind vergänglicher Natur und verschwinden wieder mit dem Individuum.«[33] Es sind vorübergehende Episoden, die nur die besonderen Organismen, jedoch nicht die Art betreffen. Die Individuen, die eine Art bilden, haben keinerlei Einfluß auf deren Gerüst. Vor Unfällen geschützt, fahren die Keimzellen fort, sich identisch bleibend fortzupflanzen. Der Organismus kann keinerlei Charaktermerkmal annehmen, das nicht im Erbgut vorbestimmt wäre. Im Ei findet sich schon die ganze Zukunft des Einzelwesens festgelegt, seine Formen und seine Eigenschaften. »Zweifellos bleibt nichtsdestoweniger noch ein gewisser Spielraum für den Einfluß der äußern Lebensbedingungen, welche den heranwachsenden Organismus treffen, aber derselbe ist beschränkt und bewegt sich in kleinen Amplituden um einen mittleren festen Punkt, der eben durch die Vererbung gegeben ist.«[34] Innerhalb der Art gleichbleibend ändert sich die Natur der Keimzellen von einer Art zur anderen. Nicht die Individuen selber ändern sich, um neue Formen erscheinen zu lassen; was sich verändert, sind in den Zellen enthaltene »Erbanlagen«. Weismann behauptet: »Die Naturzüchtung operiert nur scheinbar mit den Qualitäten des fertigen Organismus, in Wahrheit aber mit den in der Keimzelle verborgenen Anlagen dieser Eigenschaften.«[34a]

Damit wird die ganze Vorstellung von der Vererbung umgestürzt. Bis dahin ist die Möglichkeit, erworbene Charaktermerkmale zu vererben, niemals ernstlich in Zweifel gezogen worden. Seit dem Altertum, bei Ägyptern, Hebräern oder Griechen waren alle Texte voll von Geschichten, in denen in den Kindern die Auswirkungen von Erlebnissen fortbestanden, die den Eltern widerfahren waren. Diese Art von Beziehung hatte Lamarck systematisiert, um daraus den Mechanismus von örtlichen Transformationen zu machen, den Zugriff der Umstände, dank derer sich der Organismus an sein Milieu eng anpassen kann. Die Vererbung von erworbenen Merkmalen ist mit einer ganzen Reihe von abergläubischen Vorstellungen verwandt, mit der Spontanzeugung, der Fruchtbarkeit von Kreuzungen zwischen den Arten, kurz mit allen Aspekten jenes alten Mythus, demzufolge Mensch, Tier und Erde durch die Schöpfung miteinander verschmolzen waren. Mehr als alles andere widerstand die Überlieferung des Erworbenen dem Experiment. Mehr als alles andere hat sie dazu beigetragen, die Analyse des Lebenden im allgemeinen und die der Fortpflanzung im besonderen zu bremsen.

Selbst für Darwin, der die Evolution auf spontan auftretende Fluktuationen in jeder großen Population zurückführte, ließ die Pangenese Raum für eine unmittelbare Einflußnahme der äußeren Umstände auf die vererbbaren Merkmale. Weismann billigt dem Milieu hingegen keine Mittel mehr zu, um das Erbgut zu belehren. Die Keimlinie ist vor jeder Variation geschützt, die unter den Individuen einer Art auftreten mag. Keine einzige der vorgegebenen Überlieferungen von erworbenen Merkmalen kann vor der experimentellen Analyse bestehen. Keiner der in jeder Generation verstümmelten Organismen erzeugt eine verstümmelte Nachkommenschaft. Man mag systematisch allen Mäusejungen einer Stammlinie sofort nach ihrer Geburt den Schwanz abschneiden: selbst nach fünf Generationen besitzen die Hunderte von entstandenen kleinen Mäuse noch immer normale Schwänze, die die durchschnittliche Länge der Vorfahren haben. Was einem Individuum geschieht, bleibt auf seine Nachkommenschaft ohne Einfluß. Das Erbgut bleibt vor jeder lokalen Laune geschützt, vor jedem Einfluß, jeder Begierde, jedem Unfall. Es beruht auf Materie und auf ihrer Anordnung. »Das Wesen der Vererbung beruht« nach Weismann »auf der Übertragung einer Kernsubstanz von specifischer Molekülarstructur«[35]. Nur die Veränderungen dieser Substanz, ihr »Pendeln« können dauernde Veränderungen bei den Lebewesen bewirken. Der gesamte Mechanismus der Vererbung, der Variation und der Evolution beruht nicht etwa auf der Erhaltung von erworbenen Faktoren im Verlaufe der Generationen, sondern auf den Eigenschaften einer molekularen Struktur.

So zeigen sich am Ende des Jahrhunderts zwei neue Entwicklungen. Einerseits entdeckt die Zytologie im Zellkern das Vorhandensein einer Struktur mit besonderen Eigenschaften. Andererseits führt die kritische Analyse der Beständigkeit der Arten und ihrer Variationen dazu, die Vererbung auf die Übertragung einer besonderen Substanz zurückzuführen. In allgemeiner Übereinstimmung wird diese Substanz in den Chromosomen lokalisiert. Alles prädestiniert sie für diese Aufgabe: die Konstanz ihrer Zahl und ihrer Form, die Genauigkeit ihrer Trennung und ihrer Verteilung bei der Zellteilung; daß sich ihre Zahl in den Keimzellen auf die Hälfte reduziert; ihre Verschmelzung im Ei bei der Befruchtung, wodurch das Kind einen Chromosomensatz erhält, der zu gleichen Teilen von Vater und Mutter stammt. Nur die Kernsubstanz ist in der Lage, die »erblichen Neigungen« zu transportieren. Und diese »Neigungen« enthalten nicht nur die Anlagen der Eltern, sondern auch die weit zurückliegender Ahnen. Die bei der Befruchtung sich vereinenden Keimzellen enthalten Chromosomen des Großvaters, des Urgroßvaters usw. Die Substanz der verschiedenen Generationen muß »nach

Massgabe ihrer zeitlichen Entfernung in immer geringerem Verhältnis darin enthalten sein nach derselben Rechnung«, sagt Weismann, »welche die Züchter bisher bei der Kreuzung von Rassen anwandten, um den Bruchtheil edeln ›Blutes‹ zu bestimmen, der in irgend einem Nachkommen enthalten sei«[36]. Die Chromosomen des Vaters bilden die Hälfte des Kerns im Kind, die des Großvaters sind nur zu einem Viertel vorhanden, die der zehnten vorangegangenen Generation im Verhältnis 1:1024 und so weiter. Die Probleme der Vererbung geraten in den Bereich der einfachen Mathematik. In jeder Generation verteilen sich die Chromosomen des Vaters und der Mutter von neuem. Die statistische Analyse erlaubt, den Beitrag der verschiedenen Ahnen an die Erbsubstanz eines Individuums zu bestimmen. De Vries beruft sich auf Quetelet, der »fordert, daß für biologische Erscheinungen die Abweichungen vom Durchschnitt denselben Gesetzen Genüge leisten wie die Abweichungen vom Durchschnitt in anderen Fällen, wenn dieselben allein vom Zufall abhängen«[37]. Ob lebendig oder tot gehorchen alle Körper den statistischen Gesetzen.

Damit kann sich eine Wissenschaft der Vererbung entwickeln. Oft wird behauptet, daß um die Wende vom 19. zum 20. Jahrhundert die Mendelschen Regeln »wiederentdeckt« worden seien. Doch wurden hauptsächlich Mendels Vorstellungen, die der statistischen Mechanik, wiederentdeckt: dieselbe auf eine kleine Anzahl von Merkmalen gerichtete, Details ausschließende Aufmerksamkeit; dieselbe Auswahl von Merkmalen mit ausreichenden Unterschieden, um eine Diskontinuität entstehen zu lassen; dieselbe Haltung in der Art, Abkömmlinge einer Kreuzung zu zählen, die Typen zu bestimmen und sie in bestimmte Klassen zu verteilen; dasselbe Interesse für die Populationen und das Übergehen der Individuen, deren Abstammung jedoch verfolgt wird; dieselbe Analyse der Ergebnisse durch statistische Behandlung; dieselbe symbolische Darstellung mit Faktoren; derselbe Unterschied zwischen dem, was gesehen wird, und dem, was verborgen bleibt. Diese Haltung führt notwendigerweise zu denselben Phänomenen, denselben Schlüssen und denselben Gesetzen. So allgemein ist die Einstellung zur Analyse der Vererbung geworden, daß das mehr als dreißig Jahre unbekannt gebliebene Werk Mendels gleichzeitig in Deutschland, Österreich und in Holland, daraufhin in England, den Vereinigten Staaten und in Frankreich »wiederentdeckt« wurde. Der Aufschwung, den die Genetik von den ersten Jahren des Jahrhunderts an nimmt, ist auf das Interesse der Biologie, jedoch ebensosehr auf ihre Bedeutung für die Ökonomie zurückzuführen. Für die Vererbung interessieren sich diejenigen, die sich mit der Evolution beschäftigen, darüber hinaus aber auch diejenigen, die sich um eine Steigerung der Erträge in Landwirtschaft und Züchtung bemühen. Ob man nun die Mechanismen der Variation analysiert oder die Varietäten von Pflanzen und Tieren zu verbessern sucht, die Methoden und die Probleme sind kaum verschieden. Die Anstrengungen der Biologen werden jetzt von denen der Züchter und Agronomen unterstützt, die über beachtliche Mittel verfügen. Sie schließen sich von nun an in Gesellschaften zusammen wie der »Gesellschaft der amerikanischen Züchter«, deren Ziele von ihrem Präsidenten wie folgt umschrieben werden: die Gesellschaft »hat vorgeschlagen, daß sich die Biologen für einige Zeit von den interessanten Fragestellungen der historischen Evolution ab- und den Erfordernissen der künstlichen Evolution zuwenden. Sie erwartet von den Züchtern, die aus der Aufzucht von Lebewesen finanzielle Vorteile ziehen, von Zeit zu Zeit innezuhalten, um die Gesetze der Vererbung zu studieren. Sie lädt die Züchter und Biologen ein, sich zu ihrem gegenseitigen Gewinn zusammenzuschließen.«[38] So wird die genetische Analyse in ihren Anfängen oft an Organismen durchgeführt, die für die menschlichen Aktivitäten von Wichtigkeit sind wie Getreide, Mais, Baumwolle oder Vieh.

Die Eigenschaften des Materials sind für die Genetik von entscheidender Bedeutung. »Bei wissenschaftlichen Versuchen, die zum Zwecke der Untersuchung der allgemeinen Gesetze der Bastardierung gemacht werden«, führt de Vries aus, »müssen solche verwickelte Fälle daher vollständig ausgeschlossen bleiben. Die Reinheit der Eltern in erblicher Beziehung muß als eine der ersten Bedingungen des Erfolgs betrachtet werden. Außerdem muß die Nachkommenschaft zahlreich genug sein, da weder die Konstanz noch im Falle der Unbeständigkeit die genauen Verhältniszahlen mit einer kleinen Anzahl von Pflanzen festgestellt werden können. Endlich, und um zu einer bestimmten Wahl des Untersuchungsmaterials zu gelangen, müssen wir im Auge behalten, daß es die Hauptaufgabe ist, das Verhältnis der Nachkommenschaft zu den Eltern festzustellen.«[39] Die Botaniker de Vries, Correns, Tschermak sind die ersten, die Mendels Anschauungen wiederentdecken. In der Tat eignen sich Pflanzen für die Erforschung der Vererbung besonders gut: die Agrikultur erzeugt enorme Populationen; die Prozesse der Befruchtung sind zu meistern und bestimmte Merkmale leicht zu erkennen. Danach wird die Analyse auf die kleinen Laboratoriumstiere ausgedehnt, die Meerschweinchen, Kaninchen und Ratten. Aber diese Experimente verlangen nach einem Material mit außerordentlichen Eigenschaften. Man sucht nach einem wenig anspruchsvollen Organismus, der im Laboratorium ohne Schwierigkeiten gezüchtet werden kann; der genügend klein ist, um große Populationen auf beschränktem Raum unterbringen zu

können; der sich schnell genug reproduziert, daß man die aufeinanderfolgenden Generationen in einem kurzen Zeitraum zur Beobachtung erhält. Seine Merkmale müssen leicht zu beobachten sein, die Paarungen häufig und die Fruchtbarkeit hoch. Seine Zellen sollen der mikroskopischen Analyse zugänglich sein und die Zahl seiner Chromosomen genügend niedrig, um ihre Unterschiede feststellen zu können. Erstaunlicherweise gibt es diesen seltenen Vogel tatsächlich: die Fliege. Nahezu während eines halben Jahrhunderts werden sich die Genetiker mit Eifer an die Untersuchung von Augen, Flügeln und Haaren der Taufliege Drosophila machen, die durch Morgan zur Mode wurde.
Die von der Genetik verwendeten Techniken und Methoden erlauben ihr, einerseits die Mechanismen der Variation bei den Lebewesen und andererseits die Charakteristika der der Vererbung zugrunde liegenden Struktur zu analysieren. Zunächst stellt sie fest, daß die Merkmale in einer Population variieren können, wenn man nicht nur wenige Individuen, sondern Hunderte, ja Tausende von Pflanzen oder Tieren prüft. Während der zweiten Hälfte des 19. Jahrhunderts entstehen die Variationen durch die fortschreitende Anhäufung von geringfügigsten Veränderungen, die für sich genommen dem Auge oft entgehen. Ob nun das Erbgut durch Extrakte einer jeden Zelle überliefert wird, wie Darwin annahm, oder nach Weismann durch eine Substanz im Zellkern, so bilden die Fluktuationen, denen jedes Merkmal unterworfen ist, die Quelle für die Variationen und für die Evolution. Die Ausprägung der Merkmale ist bei den Individuen derselben Art nie von derselben Intensität; sie ist von Fall zu Fall stärker oder schwächer. Fluktuationen fehlen innerhalb einer Population nie, jedoch weicht das »Pendeln« eines Merkmals nie weit von dem Mittelmaß ab. Diese Abweichungen häufen sich jedoch an und führen letztlich zu ausgeprägten Variationen, wenn eine bewußte Auslese vom Züchter getroffen wird oder aber wenn sich spontan durch die Milieubedingungen ein Selektionsdruck in eine einzige Richtung auswirkt. Zu Beginn des 20. Jahrhunderts ändert sich die Vorstellung von dem Mechanismus der Variationen von Merkmalen von Grund auf. Für de Vries tritt die Variation nicht mehr infolge einer Reihe von kaum spürbaren Modifikationen auf, sondern durch jähe und schroffe Veränderungen. »Die Arten verändern sich nicht allmählich, sondern bleiben während aller aufeinanderfolgenden Generationen unbeeinflußt. Aber sie werfen plötzlich neue Formen ab, welche von der Stammform scharf unterschieden ist, und welche von Anfang an ebenso vollendet und ebenso konstant, ebenso genau definiert sind und einen ebenso reinen Typus zeigen, wie man es von einer Art nur erwarten kann.«[40] Somit macht die Natur Sprünge. Das von ihr verwendete Mit-

tel, um Varietäten und neue Arten entstehen zu lassen, ist die Mutation.

Im Gegensatz zu den Fluktuationen, den unmerklichen Veränderungen und Abstufungen sind die Mutationen der Beobachtung und dem Experiment zugänglich. Ist das Material angepaßt, die Linie rein und die Population genügend groß, so kann man die Häufigkeit des Auftretens von Mutationen messen, ihre Charakteristika präzisieren und die ihnen zugrunde liegenden Gesetze aufklären. Diese Gesetze lassen sich in einer Reihe von Begriffen umschreiben: Seltenheit, Plötzlichkeit, Diskontinuität, Wiederholung, Stabilität, Zufall, Allgemeingültigkeit. Die Mutation ist selten: im Verlauf der aufeinanderfolgenden Generationen wird der größte Teil der Individuen nicht verändert; »die Aussicht auf Mutationen in größerer Zahl ist ... sehr vermindert«, behauptet de Vries, »und man kann sie nur in sehr geringer Menge in der Kultur erwarten«[41]. Die mutanten Formen erscheinen »plötzlich« und »ohne daß man sie erwartet«. Sie besitzen von vornherein »alle Merkmale des neuen Typus ohne Zwischenstufen«. Es besteht »keinerlei Übergang zwischen den normalen Individuen und den mutanten Formen«. Die Mutanten haben eine stabile Nachkommenschaft; die neuen Formen erhalten sich über die Generationen hinweg und sind ihrerseits vererbbar; sie sind durchaus nicht »bestrebt, sich nach und nach zur ursprünglichen Form zurückzuentwickeln«. Die mutanten Formen treten nicht nur einmal auf, sondern regelmäßig, und »die Typen wiederholen sich in den aufeinanderfolgenden Generationen«. Eine Mutation betrifft immer nur ein Merkmal auf einmal. Aber ganz unabhängig von dem erforschten Material und dem betroffenen Merkmal »stellen die Mutationen eine Regel dar«. Endlich gibt es für die Mutationen keinerlei bevorzugte Richtung, keinerlei Beziehung zwischen ihrer Produktion und der Wirkung der äußeren Bedingungen, keinerlei Wechselbeziehung zwischen ihrer Entstehung und ihrer Nützlichkeit. Sie erscheinen zufällig und sind ebenso häufig ein »Fortschritt« wie ein »Rückschlag«. Sie »finden nach allen Richtungen statt...«, sagt de Vries; »einige Veränderungen können gültig sein, andere schädlich, viele ohne Bedeutung, weder nützlich noch schädlich«[42]. Auf diese Art und Weise variieren alle Eigenschaften in allen Richtungen. Sie stellen daher »der wie ein Sieb wirkenden natürlichen Auswahl ein umfangreiches Material zur Verfügung«.

Der neue Status der Variation rechtfertigt *a posteriori* die rein empirische Einstellung, die in der Analyse der Vererbung zuerst von Mendel und dann von der Genetik eingenommen wurde. Die zur Erleichterung der Durchführung von Experimenten willkürlich eingeführte Diskontinuität spiegelt in Wirklichkeit den normalen Lauf der Natur wider. Wenn ein bestimmter Charakterzug unter verschiedenen klar abgegrenzten Erscheinungsformen auftreten kann, wenn diese durch eine Reihe von Symbolen darstellbar sind, so deshalb, weil der dieses Merkmal bestimmende Faktor selber unauffällige Zustände einnehmen muß. Die Modifikation dieses Faktors geschieht nicht durch eine Reihe von Zwischenstufen, sondern durch den plötzlichen Übergang von einem Zustand in einen anderen. Genau so wie die Umwandlungen von Materie und Energie erfolgen die Variationen der Vererbung in Quantensprüngen. Man kann diesen Sprüngen sogar Vorschub leisten und die Häufigkeit der Mutationen erhöhen, indem man wie Muller das Sperma der Drosophila Röntgenstrahlen aussetzt, oder indem man die Organismen mit bestimmten chemischen Substanzen behandelt. Doch treten die Mutationen immer zufällig auf, ob sie »spontan« erscheinen oder ob sie »künstlich induziert werden«. Niemals ließ sich eine Beziehung zwischen ihrer Entstehung und den äußeren Bedingungen, keinerlei durch das Milieu bedingte Richtung finden. Die Analyse der Mutationen präzisiert das gegenseitige Verhältnis von Vererbung und Milieu bei der Bildung der Lebewesen, indem sie definitiv jede Weitergabe von erworbenen Merkmalen ausschließt. Das Milieu kann den Organismus nur innerhalb der engen Grenzen der Fluktuationen beeinflussen, die nach Weismann von der »molekularen Struktur der Erbsubstanz« ermöglicht werden und die ihrerseits zum »genetischen Material« wird. Außerhalb dieser Grenzen gibt es keinen Organismus.

Der andere Auftrag der Genetik besteht darin, die Organisation und die Bewegung dessen zu erforschen, was Mendel als »Faktoren« bezeichnet hatte und was von dem Dänen Johannsen »Gene« genannt wird. Als experimenteller Zugang dienen die Phänomene der Hybridisierung. Aber statt Varietäten unbekannter Herkunft miteinander zu kreuzen, verwendet man jetzt Mutanten verschiedenen Typs, die aber derselben Linie entstammen. Damit wird der Determinismus der Variation direkt analysiert. Während der ersten Jahre des 20. Jahrhunderts, wie vorher bei Mendel, tritt unter den vorerst in kleiner Zahl analysierten Merkmalen regelmäßig eine unabhängige Segregation auf. Aber je weiter sich die Analyse ausweitet und je mehr sich die Zahl und Verschiedenheit der beobachteten Mutanten vergrößert, zeigen sich Anomalien. Gewisse Gruppen von Merkmalen erscheinen aneinander»gekoppelt«: sie bleiben über Generationen hinweg vereinigt. Im Gegensatz hierzu scheinen andere »sich abzustoßen«. In der von Morgan entwickelten Zucht von Drosophila tritt eine ganze Reihe von Mutationen auf, die die Farbe des Auges, des Körpers und die Form der Flügel ver-

ändern. Diese Merkmale bleiben während Generationen wie durch ein unsichtbares Band an das Geschlecht der Tiere geknüpft. Für Morgan und seine Mitarbeiter Bridges, Sturtevant und Muller vollzieht sich das so, als seien die Gene an lineare Strukturen oder »Kopplungsgruppen« gebunden. Bei Drosophila unterscheidet die Genetik vier »Kopplungsgruppen« und die Zytologie vier Chromosomen; man kann die Techniken kombinieren und so jede der ersteren mit jedem der letzteren identifizieren. Man kann sogar das Geschlecht des Tieres mit einer dieser Strukturen in Verbindung bringen. Letztlich zeigt sich, daß die vererbbaren Unterschiede zwischen den Individuen einer Art durch die Bewegung und die Verteilung der Chromosomen und durch Austausch von Genen zwischen homologen Chromosomen verteilt werden. Indem man die Häufigkeit bestimmt, mit der sich die Merkmale im Verlauf der Generationen vereinen oder trennen, ordnet man sie in einer linearen Reihenfolge längs der Chromosomen ein, vergleichbar der Perlenschnur des Rosenkranzes. Man kann die relativen Entfernungen zwischen den Genen bestimmen und die genetische Karte der Arten aufstellen.
Dem Genetiker stehen für die Analyse der Vererbung drei Methoden zur Verfügung. Er kann die Funktion mittels der Merkmale, die Mutation durch deren Veränderungen und die Rekombination durch ihre neue Zusammenstellung beobachten. Jede dieser Methoden erlaubt dem Genetiker, das genetische Material auf Einheiten zu reduzieren. Aber wie auch immer die Art der durchgeführten Analyse sei, man erzielt immer dasselbe Ergebnis: das Gen ist gleichzeitig die Einheit der Funktion, der Mutation und der Rekombination. So löst sich das Material der Vererbung in elementare, nicht mehr zerlegbare Einheiten auf. Die Gene werden gleichsam zu den Atomen der Vererbung. Wenn auch ein Gen durch Mutation verschiedene diskrete Zustände einnehmen kann, so gibt es doch nur ein einziges von ihnen in jedem Chromosom. Eine derartige quantische Auffassung kann wegen ihrer Starrheit und ihres Formalismus von den Biologen oft nur mit Mühe gutgeheißen werden, zumal diese Tag für Tag eine Art von Kontinuität in der Variation beobachten. Hingegen stimmt diese Auffassung mit den Vorstellungen der Physik überein, da die Eigenschaften des Lebenden auf unteilbare Einheiten zurückgeführt und ihre Kombinationen den vom Zufall bestimmten Gesetzen der Wahrscheinlichkeit unterworfen werden. So wenig wie die Bewegung eines Atoms oder eines isolierten Elektrons könnte man die besondere Kombination von Genen voraussagen, die bei einem bestimmten Individuum auftreten. Der Tänzerin Isadora Duncan, die Bernard Shaw bat, ihr ein Kind zu machen, das die Schönheit seiner Mutter und die Intelligenz seines Vaters vereine, hielt Ber-

nard Shaw die ebensogroße Wahrscheinlichkeit entgegen, einen Sprößling zur Welt kommen zu sehen, der unglücklicherweise die Schönheit seines Vaters und die Intelligenz seiner Mutter besäße. Gemessen werden können nur die Verteilungen und berechnet werden nur die Wahrscheinlichkeiten in großen Populationen.

Unter den die Lebewesen aufbauenden Teilen spielt das genetische Material eine bevorzugte Rolle. Es nimmt den Gipfel der Pyramide ein und entscheidet über die Eigenschaften des Organismus. Die anderen Bestandteile sind Ausführungsorgane. Freilich ist der Kern ohne das umgebende Zytoplasma machtlos. Die Zelle als Ganzes konstituiert die elementare Einheit des Lebenden, ist Träger der Eigenschaften, assimiliert, wächst und pflanzt sich fort. Das Gen stellt das letzte Ziel der genetischen Analyse dar, hat jedoch keinerlei Autonomie. Seine Expression hängt meistens von anderen, benachbarten Genen ab. Das genetische Material in seiner Gesamtheit, die besondere Kombination der Gene in einem bestimmten Organismus entscheiden über seine Entwicklung, Form und Eigenschaften. Die natürliche Selektion wirkt auf die Populationen, indem sie die Fortpflanzung von bestimmten Individuen begünstigt. Damit aber greift sie nach einem langen Umweg in das genetische Material selbst ein, und zwar operiert sie auf drei Ebenen. In erster Linie wirkt sie auf das Merkmal, das heißt auf das Gen selbst ein: gefördert wird der Zustand, der auf die eine oder andere Art der Fortpflanzung einen Vorteil einbringt. Dann wirkt sie auf das als Gensortiment aufgefaßte Individuum: gewisse Kombinationen haben eine größere Aussicht, eine Nachkommenschaft zu zeugen. Endlich wirkt sie auf die Art, Summe aller Gene in allen Individuen einer Art: das Auftreten von neuen Genen durch Mutation, von neuen Zusammenstellungen durch Rekombination, läßt neue Formen entstehen, aus denen die natürliche Selektion neue Arten auswählt. In einer Art Zyklus wird das Substrat der Vererbung ebenfalls zu dem der Evolution.

In ihrer klassischen Form gehört die Genetik zu jenem Bereich der Biologie, der den ganzen Organismus oder Populationen von Organismen untersucht. Sie hat kein Interesse, das Tier oder die Pflanze auseinanderzunehmen, um deren Bestandteile zu erkennen und ihre Funktion zu erforschen. Die von ihr verwendete analytische Methode wurde die des »schwarzen Kastens« genannt. Hierbei wird der Organismus als geschlossener Behälter aufgefaßt, der eine Vielzahl von ineinanderfassenden Rädern enthält, die einen sehr komplizierten Mechanismus bilden. In ihm laufen Ketten von Reaktionen in allen Richtungen ab, überkreuzen und überlagern sich. Jede dieser Ketten berührt mit einer ihrer Endglieder, mit dem Merkmal, die Oberfläche des Kastens. Die Genetik versucht nicht, den Kasten zu öffnen, um die Räder auseinanderzunehmen. Sie begnügt sich mit der Untersuchung der Oberfläche, um daraus auf den Inhalt schließen zu können. Mit Hilfe des sichtbaren Merkmals versucht sie, das unsichtbare Endglied der Reaktionskette aufzuspüren, die Struktur zu erkennen, die, auf dem Grunde des Kastens verborgen, dessen Form und Eigenschaften bestimmt. Das intermediäre Räderwerk, das vom Gen zu seinem phänotypischen Ausdruck, zum Merkmal führt, wird von der Genetik völlig vernachlässigt. Letztlich führt diese Art von Analyse zu einer äußerst einfachen Darstellung. Einfachheit findet sich in der Mechanik, der das genetische Material unterworfen ist, wie es die Bewegung der Chromosomen mit ihrer Teilung, ihrer Auftrennung und ihrer Neuzusammensetzung symbolisiert. Einfachheit findet sich ebenfalls in der Struktur selbst, denn die Anordnung der Gene wird durch die verständlichste aller Figuren dargestellt: die gerade Linie. Das Gen selbst, das Element der Vererbung, erscheint als dreidimensionale Struktur von beängstigender Komplexität und ohne Angriffspunkt für Experimente. Um aber zu beschreiben, was den Formen, den Eigenschaften und dem Funktionieren eines Lebewesens als Ganzem zugrunde liegt, findet man kaum ein einfacheres Modell als das Segment einer Perlenkette. Alle Variationen der Merkmale, alle Mutationen entsprechen Veränderungen in der Natur oder in der Reihenfolge der Perlen.

In wenigen Jahren hat die Gentheorie die Darstellung der lebenden Welt verändert. Die Eigenschaften der Tiere und der Pflanzen, ihre Veränderungen beruhen letztlich auf der Permanenz einer Struktur der Zelle und auf ihren Leistungen. Jedoch hat selbst die Methode des schwarzen Kastens ihre Grenzen. Zu Beginn des Jahrhunderts hatte sie erlaubt, der Vorstellung von der Vererbung eine Form zuzuweisen, sie in einem System von einfachen Zeichen darzustellen und sie der mathematischen Behandlung zu unterwerfen. Solange sie sich aber für das Räderwerk selbst nicht interessiert, läßt sie eine Leere zwischen dem Gen und seiner phänotypischen Expression, dem Merkmal. Je mehr Symbole und Formeln, um so abstrakter wird das von der Genetik gezeichnete Bild des Organismus. Kind der Vernunft, stellt sich das Gen als eine Einheit ohne Körper, ohne Tiefe und ohne Substanz dar. Diese abstrakte Vorstellung muß durch einen konkreten Inhalt ersetzt werden. Die Mechanik der Vererbung fordert die Gegenwart einer Substanz in den Chromosomen, die zwei seltene Tugenden besitzen muß: die Fähigkeit, sich mit Genauigkeit zu reproduzieren, und die Fähigkeit, durch ihre Aktivität die Eigenschaften des Organismus zu bestimmen. Die Natur dieser Substanz zu finden, den Wirkungsmechanismus der Gene zu erklären, die Leere zwischen Gen und Merkmal auszufüllen – das sind die Ziele der Genetiker um die Mitte des Jahrhunderts. Aber weder die Einstellung der Genetik noch ihr Material und ihre Vorstellungen erlauben eine derartige Analyse. Um zu den Feinheiten der Struktur, die die Vererbung bestimmt, Zugang zu erhalten, genügt es nicht mehr, einige Merkmale zu beobachten, ihre neuen Zusammenstellungen im Verlaufe der Generationen zu verfolgen und die Frequenzen der Koppelung zu messen. Die Zusammenarbeit zwischen Genetik und Chemie wird unerläßlich.

Die Enzyme

Im Gegensatz zur Genetik gehört die Chemie der Lebewesen jener Richtung der Biologie an, die den Organismus in seine Bestandteile aufzuteilen versucht. Die organische Chemie hatte ihr Gebiet während der zweiten Hälfte des 19. Jahrhunderts abgesteckt. Jetzt muß sie ihre Stellung gegenüber der anorganischen Chemie festlegen und die Natur der Verbindungen sowie die den Lebewesen eigenen Reaktionsmechanismen klar darstellen. Bisher hatten sich die organischen Chemiker hauptsächlich darum bemüht, die außerordentliche Vielfalt der von ihnen isolierten Verbindungen zu identifizieren und zu analysieren. Alle diese Substanzen sind durch das Vorhandensein von Kohlenstoff gekennzeichnet. Diese Stoffe ließen sich nach einer ganzen Reihe von Kriterien einordnen: nach ihrer Größe, wobei es entweder ungeheuer große oder sehr kleine Moleküle gab; nach ihrer Natur, wobei zwischen Zuckern, Fetten und eiweißhaltigen Substanzen unterschieden wurde; nach ihrer Rolle, die strukturell oder metabolisch war; nach ihrer chemischen Funktion wie Alkohol, Aldehyd, Äther usw. Der schon langen Liste wurden unaufhörlich neue Substanzen hinzugefügt wie jene phosphorreiche Säure, die von Miescher zur gleichen Zeit isoliert wurde, als Mendel seine Erbsen kreuzte; ihr Vorkommen im Zellkern trug ihr den Namen Nukleinsäure ein; eine Verwendung konnte für sie freilich nicht gefunden werden. Aber meistens begnügte sich die Analyse damit, die Stoffe aus einem Naturprodukt zu isolieren, sie voneinander zu trennen, ihren Aufbau zu verändern, um die die Elemente zusammenhaltenden Bindungen so genau wie möglich aufzuklären. Wohl konnten die Chemiker die organischen Substanzen spalten, hingegen vermochten sie nicht, sie neu zusammenzusetzen. Sie sprachen sich selber jede Möglichkeit einer Synthese ab. Die Umwandlungen, die den Strom der Materie durch ein Wesen hindurch begleiten, trotzen allen Gesetzen der anorganischen Chemie. Um mit einer derartigen Sicherheit Atome und Molekülgruppen zu verschieben, um mit einer derartigen Präzision jedem Element seinen Platz im Molekül anzuweisen, um derart getreu spezifische Verbindungen herzustellen, brauchte es etwas anderes als die im Laboratorium verwendeten Kräfte: eine Lebenskraft war notwendig. Genau auf die Grenze zwischen dem Lebenden und dem Leblosen gestellt, errichtete die organische Chemie dort eine Schranke, von der sie annahm, sie sei für immer unüberschreitbar.

Nach der Jahrhundertmitte ändert sich die Einstellung der Chemie, und die Notwendigkeit wird immer geringer, eine den physikalischen Gesetzen sich entziehende Kraft zu Hilfe rufen zu müssen. Die Schranken zwischen der organischen und anorganischen Chemie fallen eine nach der anderen in sich zusammen. Zuerst übernehmen die Vorstellungen der Energie und der Äquivalenz eine der bisher der Lebenskraft zugefallenen Aufgaben. Die Energie ist in der Struktur selbst einer chemischen Verbindung enthalten, das heißt in den Kräften, die die Atome des Moleküls unter sich verbinden. Werden diese Verbindungen gespalten und die Atome in eine neue Struktur mit schwächeren Bindungen übergeführt, so erscheint der Energieüberschuß in Form von Wärme, Licht, Elektrizität oder mechanischer Kraft. Man kann die in einer Verbindung enthaltene Energie berechnen und die Menge der Wärme, die durch eine Reaktion befreit wird, messen. Wird zum Beispiel Kohle verbrannt, so werden einerseits die Bindungen zwischen den Kohleatomen, andererseits die zwischen Sauerstoffatomen gelöst, und zwar so, daß die beiden Atomtypen sich miteinander verbinden können. Jedoch ist der Energiegehalt der Bindungen in der auf diese Weise gebildeten Kohlensäure geringer als der in den Bindungen, die die Kohlenstoffatome in der Kohle zusammenhalten. Verbraucht ein Organismus Glukose, so verwandelt sich diese nur teilweise in spezifische organische Verbindungen. Der Rest verbrennt, kombiniert sich mit Sauerstoff und setzt nicht nur Kohlensäure und Wasser frei, sondern auch Energie. Diese kann entweder in Wärme verwandelt werden oder von neuem für andere chemische Reaktionen verwendet werden. Somit laufen bei den Lebewesen die chemischen Umwandlungen in gekoppelten Reaktionen ab, die eine Energieübertragung erlauben. Parallel zu dem den Organismus durchfließenden Strom von Stoffen fließt auch ein Energiestrom. Die Bildung des Protoplasmas und das Wachstum hängen nicht mehr von der Lebenskraft ab, sondern von der Energie. »Vielleicht wirken im lebenden Körper andere Mechanismen als in der anorganischen Welt«, meint Helmholtz; »aber insofern diese den Körper in chemischer oder mechanischer Hinsicht beeinflussen, müssen sie genau denselben Charakter haben wie die anorganischen Kräfte ...; eine willkürliche Wahl in bezug auf die Richtung ihrer Wirkungen ist unmöglich.«[43] Von der Thermodynamik ausgehend entsteht eine physikalische Chemie, die die benutzbare Energie der Verbindungen berechnet, die Reaktionsgeschwindigkeiten mißt und die Reaktionsgleichgewichte bestimmt. Nach und nach werden die Regeln der anorganischen Chemie auf die organischen Verbindungen angewendet. Für eine ganze Reihe von biologischen Vorgängen bestätigen sich die Gültigkeit der chemischen Gleichgewichte und das »Massenwirkungsgesetz«. Bei den Lebewesen wie im Laboratorium sind die Gesetze der chemischen Dynamik für alle Körper dieselben.

Der zweite Umstand, der zur Vereinigung von organischer und anorganischer Chemie beiträgt, ist die erfolgreiche Synthese von organischen Verbindungen aus Kohlenstoff. Im Laboratorium kann ein Stoff auf verschiedene Arten dargestellt werden. Man kann ihn aus anderen Substanzen herstellen; entweder läßt man eine komplizierte Verbindung in Stücke zerfallen oder man fügt einem einfacheren Körper Teile an. Auch kann man die ganze Struktur des Moleküls direkt aus den Elementen aufbauen. Der Chemiker erkennt nur diese letztere Methode als wirkliche »Totalsynthese« an. Jedoch bis dahin erschien allein schon die Möglichkeit ausgeschlossen, diese Methode auf die Bestandteile der Lebewesen anzuwenden. In den organischen Verbindungen fand man so wenige Elemente, jedoch in so strengen Proportionen und so verschiedenen Kombinationen, daß diese Substanzen außerhalb der Möglichkeiten jeglicher Synthese im Laboratorium zu liegen schienen. Alle Bemühungen, die Fertigkeit der Natur durch die Kunst des Chemikers nachzuvollziehen, waren gescheitert. Gewiß war es Wöhler gelungen, Harnstoff und Oxalsäure herzustellen, und Kolbe vermochte Salizylsäure und Essigsäure zu synthetisieren. Jedoch handelte es sich dabei zum einen um außergewöhnliche Reaktionen und nicht um eine allgemeine Methode, mit der sich eine Reihe von Verbindungen darstellen ließ. Zum anderen mußte in jedem Fall von einer Verbindung ausgegangen werden, die schon ein Derivat des Kohlenstoffs darstellte. Unfähig, Kohlenstoff und Wasserstoff miteinander zu verbinden, hielt die Chemie die Schranke zwischen Organischem und Anorganischem für unüberwindbar. Nur die Lebenskraft war fähig, entgegen dem Strom der auf die Materie einwirkenden Kräfte zu arbeiten. Nach Meinung Liebigs war der organische Chemiker in keiner Weise verpflichtet, die Ergebnisse der Analyse durch Synthese nachzuprüfen.

Nach der Jahrhundertmitte stellte sich die Frage der Synthese organischer Verbindungen unter anderen Gesichtspunkten. Berthelot behauptet, es sei »nötig, mit Hilfe der Elemente organische Verbindungen herzustellen, und zwar vor allem solche, die besondere Funktionen besitzen und sich von den in der anorganischen Chemie bekannten Verbindungen unterscheiden«[44]. Es geht jetzt nicht mehr darum, einige wenige Verbindungen unter Anwendung ganz spezieller Verfahren zu erhalten. Es wird notwendig, allgemeine Methoden zu entwickeln, um die verschiedensten Arten organischer Verbindungen darzustellen, um ihre ganze Reihe durchlaufen zu können. Dies ist möglich, weil die organische Chemie auf den charakteristischen Eigenschaften des Kohlenstoffs beruht und die spezifischen Eigenschaften seiner Derivate auf deren Auswirkungen. »Die organischen Verbindungen können« Berthelot zufolge »nach acht Funktionen oder Haupttypen klassifiziert werden, die alle heute bekannten Verbindungen umfassen sowie alle diejenigen, die wir logischerweise in Zukunft zu erhalten hoffen.«[45] Diese acht Funktionen können ihrerseits je nach Anzahl der mit dem Kohlenstoff verbundenen Elemente in Gruppen eingeteilt werden. So besteht eine erste Klasse von Verbindungen mit nur zwei Elementen: die Kohlenwasserstoffe; eine Klasse aus drei Elementen – Kohlenstoff, Sauerstoff und Wasserstoff –, die vier Funktionen enthält, die Alkohole, die Aldehyde, die Säuren und Äther; darauf eine Klasse von stickstoffhaltigen Verbindungen mit zwei Funktionen, den basischen Aminen und den Amiden; endlich gibt es eine letzte Funktion, die »metallorganischen Radikale«, die an gewisse Äthergruppen fixierte Metalle enthalten. Der Komplexitätsgrad bestimmt die Reihenfolge der Synthese, denn die Hauptschwierigkeit liegt in der ersten Stufe; das heißt das Kohlenstoffatom zu zwingen, Verbindungen mit anderen Elementen, vor allem mit dem Wasserstoff einzugehen. Sind die Kohlenwasserstoffe einmal gebildet, so können alle anderen Funktionen durch Synthese aus ihnen abgeleitet werden. Die synthetische Bindung des Kohlenstoffs an andere Elemente beruht jedoch nicht mehr auf rein empirischen Verfahren. Ihre theoretische Basis ist die Valenzvorstellung. Nach Kekulé ist das Kohlenstoffatom durch seine »Vierwertigkeit« gekennzeichnet, die ihm eine einzigartige Stellung in der belebten Welt verleiht. Jedes Kohlenstoffatom besitzt die Fähigkeit, vier Bindungen mit anderen Atomen einzugehen, und zwar Bindungen, die entweder durch das andere Element voll »abgesättigt« werden oder aber »ungesättigt« bleiben. Eine Reihe von sechs paarweise verbundenen Kohlenstoffatomen kann eine Kette bilden, die sich in sich selbst zu einem »Ring« oder »aromatischen Kern« schließt. Die Vierwertigkeit des Kohlenstoffs erlaubt, die relative Stellung der Atome in einer Verbindung näher zu bestimmen, die sich zwischen ihnen entwickelnden Bindungen aufzuklären, Isomere durch die räumliche Anordnung der Atome zu erklären, kurz, ein jedes organisches Molekül mit einem System von Symbolen zu erfassen und seine chemischen Eigenschaften vorauszusagen. Derart lassen sich die allgemeinen Gesetze ableiten, die die Reaktion des Wasserstoffs mit dem Kohlenstoff bestimmen, und die Mengenverhältnisse von Elementen, die angewendet werden müssen, um eine bestimmte Verbindung zu erhalten. Im elektrischen Bogen oder unter dem Einfluß von Wärme verbindet sich der Kohlenstoff unmittelbar mit dem Wasserstoff, wodurch die einfachsten Kohlenwasserstoffe wie Acetylen oder Äthylen entstehen. Durch eine Reihe von Substitutionen ist es darauf möglich, nach und nach die ganze Reihe der Kohlenwasserstoffe zu synthetisieren. »Diese allgemeinen Methoden erlauben« nach Berthelot, »alle kohlenstoffhaltigen Verbindungen aus Elementen zu bilden: sie errichten somit eine definitive Verbindung zwischen organischer und anorganischer Chemie, da beide denselben Prinzipien der molekularen Mechanik folgen.«[46] Denn die Kohlenwasserstoffe stellen kohlenstoffhaltige Skelette dar, auf die man durch reine Fixierung von Wasserstoff oder Wasser alle anderen Funktionen aufpfropfen kann; das ist entweder auf direktem Wege möglich, indem man einen Kohlenwasserstoff in Alkohol, Aldehyde, Säure usw. verwandelt, oder auf indirektem Wege, indem man zuerst einen Alkohol bildet und ihn dann in einen Aldehyd oder eine Säure umwandelt usw. So gelingt es unter ausschließlicher Verwendung von Elementen und allein durch die »chemischen Affinitäten« und physikalischen Kräfte wie Elektrizität oder Wärme, das heißt einzig und allein mit den Methoden des Laboratoriums eine Vielzahl von natürlichen organischen Verbindungen darzustellen. »Angesichts dieser Synthesen im Laboratorium«, führt Berthelot aus, »und durch die Nachahmung der Mechanismen, die diese Synthesen in Pflanzen und Tieren vollziehen, kann man – im Gegensatz zu den überkommenen Meinungen – feststellen, daß die chemischen Mechanismen des Lebens auf das Wirken von ungewöhnlichen chemischen Kräften zurückgeführt werden können, genauso wie die physikalischen und mechanischen Effekte des Lebens allein auf dem Wirken rein physikalischer und mechanischer Kräfte beruhen. In beiden Fällen sind die verwendeten molekularen Kräfte dieselben, denn sie führen zu denselben Wirkungen.«[47] Jedoch begnügen sich die Chemiker nicht damit, die Natur nachzuahmen und ihre Verbindungen zu reproduzieren. Sie können auch unbekannte Körper herstellen, Substanzen bilden, die nirgendwo existieren, jedoch den Naturprodukten ähnlich sind und mit ihnen gewisse Eigenschaften teilen. So materialisieren sich gleichsam die abstrakten Gesetze, deren Kenntnis von der Chemie weiter verfolgt wird. Es genügt nicht mehr, sich die Umwandlungen vorzustellen, die einst in der Chemie der Lebewesen vorkamen. »Wir dürfen uns anmaßen ...«, sagt Berthelot, »die allgemeinen Typen von allen Substanzen, die möglich sind, zu erfinden und sie zu realisieren, ... einen jeden seit dem Anfang der Dinge entstandenen Stoff von neuem zu bilden, ihn unter denselben Bedingungen, nach denselben Gesetzen, durch dieselben Kräfte darzustellen, nach denen die Natur seine Bildung möglich machte.«[48] Die organische Chemie kennt keine theoretische Grenze mehr.

Ein erstaunlicher Umweg, der die Chemie dazu bringt, sich in ein Gebiet einzumischen, das bis dahin den Naturalisten vorbehalten war, wird den letzten Unterschied zwischen den Reaktionen des Lebenden und denen des Laboratoriums verschwinden lassen. Der Chemie gebührt nämlich das Verdienst, die Rolle, die die Mikroorganismen in der belebten Welt spielen, abgeklärt zu haben. Dank ihren Methoden gelingt es, die letzten Spuren der Urzeugung auszumerzen. Früher wurden die organischen Substanzen nur durch ihre Zusammensetzungen und ihre chemischen Funktionen charakterisiert. Am Ende des Jahrhunderts wird die molekulare Struktur, die relative Position der Atome immer wichtiger, denn bestimmte Verbindungen, die Isomere genannt werden, besitzen trotz identischer Zusammensetzung verschiedene Eigenschaften. Die chemische Art, meint Pasteur, »ist eine Sammlung von allen Individuen, die in bezug auf die Natur, die Verhältnisse und die relative Anordnung der Elemente identisch sind. Alle Eigenschaften der Körper sind Funktionen dieser drei Begriffe.«[49] Man kann bestimmte optische Eigenschaften der Stoffe mit ihrer »molekularen Asymmetrie« in Verbindung bringen, wodurch die Analyse ein neues Werkzeug erhält. Aber dann erkennt man, daß es unmöglich ist, durch im Laboratorium durchgeführte Reaktionen die Asymmetrie herzustellen, die man bei den Naturprodukten findet. »Alle künstlichen Produkte des Laboratoriums«, erklärt Pasteur, »haben eine Struktur, die mit sich selber zur Deckung zu bringen ist. Im Gegensatz dazu sind die meisten natürlichen organischen Produkte ... die für die pflanzlichen und tierischen Lebensvorgänge wichtig sind, asymmetrisch.«[50] Die in Organismen vorkommenden Verbindungen besitzen also eine Eigenschaft, die sie von den gleichen, im Laboratorium hergestellten Verbindungen unterscheidet. In den Lebewesen wirkt somit eine Kraft von unbekannter Herkunft; sie führt in die chemischen Reaktionen eine Asymmetrie ein, die im Laboratorium nicht imitiert werden kann.

Mittels dieser Asymmetrie und über die Gärung wird die Chemie in die Welt der Mikroorganismen eindringen. Jede Gärung benötigt zwei Faktoren, einen passiven und einen aktiven. Der erste, zum Beispiel Zucker, wird vergärbar genannt; er wird durch die Wirkung des zweiten umgewandelt, des Ferments, eines stickstoffhaltigen Faktors von eiweißartiger Natur. Liebig nahm an, daß die Fähigkeit der Fermentation bestimmten organischen Substanzen eigen sei, die sich selber im Zustand der »Metamorphose« befänden und die dieses Merkmal benachbarten Substanzen weitergeben könnten. Für Berzelius war es eine »katalytische« Eigenschaft, die einer Substanz die Fähigkeit übertrug, eine andere umzuwandeln, ohne dabei selbst an der Umwandlung teilzunehmen. In beiden Fällen wurde den eiweißhaltigen Substanzen infolge des Besitzes einer geheimnisvollen Kraft die Rolle des Ferments zugeschrieben, das heißt die Fähigkeit, durch bloßen Kontakt auf die gärbaren Stoffe einzuwirken. In beiden Fällen wurde das Merkmal der Gärfähigkeit nicht einem Lebewesen als Ganzem zugeschrieben, sondern bestimmten Bestandteilen. Pasteur geht es um etwas ganz anderes. Wenn die Lebewesen in den chemischen Reaktionen eine molekulare Asymmetrie einführen, beweist diese umgekehrt das Vorhandensein eines Lebewesens. Der normale Lauf der Wissenschaft kehrt sich somit um. Meistens geht sie von der theoretischen Erkenntnis zu praktischen Fragen über, die für die menschlichen Aktivitäten von Wichtigkeit sind. Hier schlägt sie den entgegengesetzten Weg ein. Die in der Bier-, Wein- und Alkoholindustrie auftretenden Schwierigkeiten werden zum Anlaß dafür, daß Pasteur Mittel findet, dank derer die Praxis der Biologie mit der der Chemie eng vereinigt werden kann. Die Störungen der Gärung, die »Krankheiten« von Bier und Wein führen zur Bildung von asymmetrischen Verbindungen. Es kann daher auf das Vorhandensein von Lebewesen geschlossen werden. Das Anormale, Pathologische ist für Pasteur kein Modell, das die Physiologie zu reproduzieren versucht. Vielmehr stellt es einen Ansatzpunkt für Experimente dar. Es weist auf ein Phänomen hin, das im Verlaufe der Analyse zur Aufdeckung eines physiologischen Prozesses führt. Die Anomalien der Gärung stellen ganz einfach andere Typen der Gärungen dar. Ob sie alkoholisch, amylisch, »viskös« sei, ob Essigsäure, Milchsäure oder Buttersäure entstehe, eine jede Gärung wird von der Vermehrung mikroskopischer Organismen begleitet. »Die eigentlichen Fermente sind organisierte Wesen«, lehrt Pasteur[51]. Darüber hinaus findet sich bei jeder Art Gärung ein bestimmter Typus eines Organismus, den man isolieren, kultivieren und untersuchen kann. Bei einem gegebenen Substrat entscheidet die Spezifität des Organismus über diejenige der chemischen Reaktionen, also den Typus der Gärung. Das heißt aber nicht etwa, daß ein und dieselbe Substanz nicht durch verschiedene Organismen vergoren werden könnte, noch daß ein und derselbe Organismus nicht verschiedene Substanzen vergären könnte. Tatsächlich entsteht während einer Gärung ein ganzes Spektrum von Verbindungen; dieses Spektrum charakterisiert den Organismus. »Jede Gärung«, erklärt Pasteur, »entspricht einer Gleichung, die man ganz allgemein bestimmen kann, die jedoch im Detail den Tausenden von Variationen unterworfen ist, die den Lebensphänomenen entsprechen.«[52] Die Gärung durch die Mikroorganismen gleicht der Ernährung der Tiere: beide beweisen die chemischen Aktivitäten, das heißt den Metabolismus der Lebewesen.

Der Unterschied zwischen dieser Haltung und den früheren Vorstellungen ist offensichtlich. Sie modifiziert nicht nur die Art der Beziehungen zwischen Biologie und Chemie, sondern auch die Darstellung der lebenden Welt im allgemeinen, die sich zwischen den Wesen knüpfenden Beziehungen, die Verteilung der Rollen in den auf der Erde ablaufenden chemischen Prozessen. Plötzlich erhält die durch das Mikroskop entdeckte unsichtbare Welt, die keine Verwendung gefunden hatte und seit dem 17. Jahrhundert nahezu ignoriert blieb, einen Platz zugewiesen; sie erhält Statut und Funktion. Pasteurs Haltung beruht auf zwei verschiedenen Faktoren, die er parallel zueinander entwickelt. Einerseits bestimmt die Spezifizität des Mikroorganismus die Natur der Gärungsreaktionen nach dem Prinzip von Ursache und Wirkung. Die Vorstellung der Spezifizität dehnt sich damit auf einen unvermuteten Bereich aus, auf den der Pathologie: eine ganze Reihe von Krankheiten des Menschen sowie der Tiere müssen von nun an mit dem Eindringen eines besonderen »Keims« in den Organismus erklärt werden. Das Vertrauen in die Gültigkeit dieses Prinzips ist so stark, daß es sogar dort angewendet wird, wo die verantwortlichen Urheber, die späteren Viren, weder gesehen noch im Reagenzglas gezüchtet werden können. Die Bedeutung ist bekannt, die seither die bakterielle oder virale Infektion in der Human- und Veterinärmedizin und in der Landwirtschaft hat. – Andererseits findet sich eine Korrelation zwischen den chemischen Effekten, die auf äußere Substanzen oder Organismen ausgeübt werden, und der lebendigen Natur des betreffenden Faktors. Damit kann man das Problem der Gärung umkehren und die Frage in neuen Begriffen formulieren. Nach Pasteur besteht »eine von zwei Möglichkeiten: da die eigentlichen Gärungsfermente organisiert sind, müssen sie spontane Zeugungen sein, sofern der Sauerstoff sie, rein durch seine oxydierende Eigenschaft, bei Berührung mit stickstoffhaltigen Stoffen entstehen läßt; sind jedoch diese Fermente keine spontan entstehenden Wesen, so wirkt der Sauerstoff bei ihrer Bildung nicht aufgrund seiner oxydierenden Eigenschaft, sondern als Aktivator eines Keims, der gleichzeitig mit ihm beigegeben wurde oder der in den stickstoffhaltigen und vergärbaren Stoffen vorkommt«[53]. Pasteur greift auf die alten Experimente Spallanzanis zurück, verbessert sie und führt sie mit der Strenge des Chemikers durch; so gelingt es ihm endgültig, jede Möglichkeit einer Spontanzeugung auszuschließen: selbst bei den mikroskopischen Wesen entsteht das Lebende nur aus schon Lebendem. Dort, wo man Bazillen findet, mußte zuvor ein identischer Bazillus existieren, um sie zu erzeugen.

Ist hiermit der Dämon der Urzeugung endgültig ausgetrieben, so schöpft der des Vitalismus hieraus eine neue Kraft. Das Ende des 19. Jahrhunderts findet sich in der Tat vor ein Paradox gestellt: die Analyse der Reaktionen und ihrer Gleichgewichte sowie die synthetischen Arbeiten verneinen einerseits jede Besonderheit der Chemie der Lebewesen; andererseits findet die Kristallographie in den Bestandteilen des Lebenden eine besondere Eigenschaft, und die Mikrobiologie betrachtet die Gärfähigkeit als eine allein den organisierten Wesen vorbehaltene Eigenschaft. Hieraus ergeben sich endlose Polemiken, die mit jener besonderen Leidenschaft geladen sind, die das Jahrhundertende kennzeichnet; um so mehr da bereits seit langem die Existenz der löslichen »Diastasen« bekannt ist, die fähig sind, in Abwesenheit irgendeines Organismus im Reagenzglas gewisse Zucker oder bestimmte eiweißhaltige Verbindungen abzubauen. Somit müssen zwei Klassen von Fermenten unterschieden werden, je nachdem ob sie »organisiert« sind oder nicht. Doch sind die Chemiker an der Wende vom 19. zum 20. Jahrhundert fähig, dieses Problem zu lösen. Sie verfügen über Mittel, die Zellen aufzubrechen, aus ihnen Extrakte herzustellen und darin die Fermente zu suchen. Nachdem er einen Kuchen aus getrockneter Hefe mit Sand zerrieben hat, stellt Buchner fest, daß der »Saft der Hefe«, durch Filtration von jeder lebenden Zelle befreit, noch immer Glukose in Alkohol vergären kann. »Dies zeigt« nach Buchner, »daß der Prozeß der Gärung die komplizierte Maschinerie der Hefezelle gar nicht nötig hat. Es ist wahrscheinlich, daß das aktive Prinzip des Safts in der Fermentation eine lösliche Substanz, zweifellos eine eiweißhaltige Substanz ist.«[54] Alle bekannten Fermente verhalten sich gleich: Alle sind Substanzen und keine Lebewesen. Alle wirken außerhalb des Organismus. Jetzt werden die verschiedensten katalytischen Aktivitäten entdeckt: die Chemiker finden Diastasen, die vor allem Fette abbauen, andere ganz bestimmte Zucker; noch andere sind auf eiweißhaltige Substanzen spezialisiert. Doch hat mit der Entwicklung der physikalischen Chemie die Katalyse viel von ihrem geheimnisvollen Charakter verloren. Man mißt die Parameter einer chemischen Reaktion, ihre Geschwindigkeit, ihr Gleichgewicht, ihre Umkehrbarkeit. Der katalytische Effekt wirkt sich nur auf einen der Parameter aus: er erhöht die Geschwindigkeit genauso wie eine Temperaturerhöhung. »Katalytisch nennt man« nach Ostwald »solche Vorgänge, bei denen die Geschwindigkeit durch die Anwesenheit von Stoffen geändert wird, die nach Ablauf der Reaktion sich in demselben Zustande befinden wie zu Anfang. Sind solche Stoffe zwar vorhanden, aber bei der Reaktion nicht veränderlich, so beeinflussen sie nur den Zahlenwert der Geschwindigkeitskonstanten, ohne sonst etwas an der Formel zu ändern.«[55] Katalytische Effekte sind nicht der Chemie des Lebenden allein vorbehalten. Man kennt anorganische Stoffe, zum Beispiel Schwermetalle wie den Platinschwamm, der dank seiner enormen Oberfläche eine ganze Reihe von Reaktionen im Laboratorium katalysiert. Der Hauptunterschied zwischen diesen anorganischen Katalysatoren und den Diastasen liegt in der Spezifizität der letzteren, von denen eine jede immer nur eine einzige Reaktion beeinflußt. Damit verschwindet das Hindernis, das seit Lavoisier die Analyse der Reaktionen in den Lebewesen begrenzte. Es wird möglich, die Prozesse im Organismus mit den Gesetzen der chemischen Dynamik zu erfassen.

Buchners Experiment und die Vergärung von Glukose in Alkohol in einem zellfreien Extrakt lassen eine neue Chemie entstehen. Was die Bedeutung der Arbeit Buchners ausmacht, ist nicht nur, daß sie neues Licht auf die Chemie des Lebenden wirft, sondern in erster Linie die Tatsache, daß einer neuen Analysemethode der Weg geebnet wird. Bei Geweben oder ganzen Zellen ist es oft schwierig und zuweilen sogar unmöglich, bestimmte Substanzen durch die Zellmembrane dringen zu lassen. Die Extrakte machen es hingegen verhältnismäßig leicht, in eine Reaktion einzugreifen: man kann Verbindungen hinzufügen, von denen man annimmt, daß sie eine Rolle spielen könnten; man kann andere entfernen oder Hemmstoffe suchen. Ohne zu übertreiben kann behauptet werden, daß seit diesem Zeitpunkt die Analyse von zellfreien Extrakten die wesentlichste Methode der sich mit der Erforschung der Lebewesen beschäftigenden Chemiker darstellt. Damit nimmt eine neue Richtung der Chemie am Anfang dieses Jahrhunderts Gestalt an: die biologische Chemie. Die organische Chemie fährt fort, sich für sämtliche Derivate des Kohlenstoffs zu interessieren, ihre Eigenschaften zu erforschen und neue Verbindungen zu synthetisieren. Die biologische Chemie versucht dagegen, die Bestandteile der Lebewesen zu analysieren und ihre Umwandlungen im Hinblick auf die Tätigkeit des Organismus zu verstehen. Im Zentrum der Biologie stehend berührt sie andere Disziplinen, die die verschiedenen Aspekte der Lebewesen analysieren. Sie unterscheidet sich von diesen jedoch durch ihre Methoden, ihre Objekte und sogar darin, wie sie den Organismus auffaßt. Wenn ein Wesen zerstört wird, verschwindet in der biologischen Chemie zwar das Leben, doch erlöschen nicht alle seine Manifestationen. Die Zerlegung des Organismus bringt gewisse Phänomene wie Reproduktion oder Wachstum zum Stillstand; sie erlaubt jedoch anderen, wie der Fermentation, aktiv zu bleiben. Die Rolle der biologischen Chemie besteht Loeb zufolge darin, »zu unterscheiden imstande zu sein, welche Leistungen nur von der chemischen Konstitution abhängen, und welche außerdem noch von den physikalischen Struktureigentümlichkeiten der lebenden Substanz abhängen«[56].

Die Anfänge der biologischen Chemie lassen zwei Strömungen erkennen. Die erste sucht die Natur des Zellinhalts in seiner Gesamtheit aufzuklären, das »Protoplasma« mit physiko-chemischen Methoden zu analysieren. Zu jener Zeit ist die Strukturanalyse durch das Auflösungsvermögen des Lichtmikroskops begrenzt. In der Zelle werden Strukturen wie der Kern, die Membran, die Mitochondrien usw. wahrgenommen. Das »Protoplasma« zeigt keine eigentliche Struktur. Es ist eine Art Emulsion, eine Suspension von Körnern oder »Mizellen« in einer Flüssigkeit, das heißt ein Kolloid. »Die Stoffe in der lebenden Substanz«, sagt Loeb, »welche sowohl in flüssigem wie festem Zustand in unseren Geweben auftreten, sind Kolloide.«[57] Die Kolloide als Gegensatz zu den kristallartigen Körpern sind nicht auf das Lebende beschränkt: man kann sie im Laboratorium herstellen, indem man zum Beispiel im Wasser feinste Partikeln von Gold oder Platin suspendiert. Diese Art Suspension besitzt besondere Eigenschaften der Stabilität, der Oberfläche, der elektrischen Ladungen, die die chemischen Reaktionen beschleunigen und die Katalyse unterstützen. Die eiweißhaltigen Stoffe und die aus verschiedenen Organismen extrahierten Fette bilden leicht kolloidale Lösungen. Die kolloide Natur des Protoplasmas gibt zusätzlich zu den mit bloßem Auge oder mit dem Mikroskop bei den Lebewesen erkennbaren verschiedenartigen Strukturen den Zellen den ihnen eigenen Charakter. »Das Leben ist an das Bestehen der kolloidalen Lösungen geknüpft«, führt Loeb aus; »Agentien, welche die gesamten Kolloide in den Gelzustand verwandeln, bereiten dem Leben ein Ende.«[58] Genau das geschieht, wenn man Proteine durch Wärme oder unter der Wirkung von Metallen zum Gerinnen bringt. Wird trotz Zerstörung der sichtbaren Strukturen die kolloidale Natur des

Protoplasmas bewahrt, sollte es möglich sein, das Protoplasma zu analysieren. Doch sind die Analysemethoden zu Beginn dieses Jahrhunderts noch ungenügend. Erst mit der Entwicklung von physikalischen Methoden, vor allem mit der Benutzung von Ultrazentrifugen wird es möglich, den Zellinhalt nicht mehr als Kolloide, sondern als Lösungen von Molekülen zu interpretieren.
Die zweite Strömung in der Biochemie sucht die Bestandteile und die Reaktionen der Zelle zu analysieren. Diese Forschung verfolgt den von Buchner aufgezeigten Weg. Es handelt sich in erster Linie darum, die verschiedenen Zwischenstufen des Abbaus der Glukose durch die Hefe aufzuklären. Jedoch greift die Forschung sehr schnell auf andere Reaktionen über, und diese Art der biochemischen Analyse nimmt zu Beginn des Jahrhunderts einen beträchtlichen Aufschwung. Ihre Hauptmethode besteht darin, Organismen, Gewebe oder Zellen behutsam auseinanderzunehmen, sie schonend zu »öffnen«, um zu ihrem Inhalt zu gelangen. Ist ein Prozeß einmal identifiziert, dann bemüht sich die Biochemie, seine Reaktionen zu präzisieren, die beteiligten Bestandteile zu isolieren, sie mit Laboratoriumsmethoden zu reinigen, um ihre Natur und Funktion zu untersuchen. Sie versucht, das von ihr zerstörte System wieder aufzubauen, die von ihr getrennten Stoffe wieder zu vereinen, um ein »System« zu bilden, dessen Eigenschaften sie untersuchen, dessen Parameter sie messen, dessen Anforderungen sie präzisieren kann. Damit läßt sich die Reaktion in der Symbolsprache der Chemie darstellen. Mit dem Versuch, die Lebewesen auf ihre Bausteine zurückzuführen, isolierte Verbindungen zu untersuchen, ihre Charakteristika und Interaktionen zu bestimmen, stellt sich die Biochemie den meisten anderen Disziplinen der Biologie entgegen. Die letzteren werfen der Biochemie oft vor, Objekte zu untersuchen, die mit Lebewesen nichts mehr gemein hätten, Artefakte zu schaffen und die Tätigkeit des Ganzen ausschließlich aus derjenigen der Teile erklären zu wollen, kurz, aus ihrer Analyse falsche Schlüsse zu ziehen. Mehr oder weniger gegen derartige Kritiken gepanzert versucht die biologische Chemie jedoch ihnen zuvorzukommen. In jeder Phase ihrer Analyse vergleicht sie die im Reagenzglas untersuchten Phänomene mit denen im Organismus.
Als Material für ihre Extrakte benutzen die Biochemiker entweder Tiergewebe oder Kulturen von Mikroorganismen. Wiederum werden bestimmte biologische Systeme wie die Rattenleber, der Taubenmuskel oder die Hefesuspension bevorzugt, da diese leicht zu erhalten und zu behandeln sind. Man versucht in den Extrakten Moleküle zu identifizieren und Reaktionen nachzuweisen. Die die lebenden Gewebe auf-

bauenden Substanzen lassen sich je nach ihrer Natur in drei Gruppen aufteilen: Zucker oder Saccharide, Fette oder Lipide, Albumine oder Proteine. In jeder Klasse gibt es große und kleine Moleküle. Die Riesenmoleküle, vor allem die unstabilen Proteine, die schwer zu präparieren, zu isolieren und zu charakterisieren sind, stellen noch keine eigentlichen Analyseobjekte dar. Die vorhandenen technischen Mittel und Vorstellungen schließen eine zweckentsprechende Behandlung aus. Dagegen sind die kleinen Moleküle den Methoden der organischen Chemie zugänglich. Man kann sie reinigen, analysieren, ihre Eigenschaften studieren, ihre Umwandlungen im Verlaufe des Metabolismus verfolgen. Sehr oft gelingt es sogar, sie zu synthetisieren. Zahl und Art dieser Moleküle nehmen ebenso unaufhörlich zu wie die der Reaktionen, durch die sie im Organismus umgewandelt werden. Im Laboratorium und bei Körpertemperatur gehen diese Reaktionen mit unendlicher Langsamkeit vor sich. Jedoch findet sich für jede Reaktion eine besondere katalytische Aktivität, eine Diastase, ein »Enzym«, wie man hinfort sagt, das die Geschwindigkeit tausendfach steigert. Man bestimmt die Enzymkinetik. Man beschreibt die Eigenschaften der Enzyme. Nach und nach findet sich für jede der identifizierten Reaktionen die entsprechende Enzymaktivität. Jedes Enzym wird mit dem Namen eines Substrats bezeichnet, dem die Nachsilbe -ase angehängt wird. So gibt es Enzyme für den Abbau jeder Klasse von Verbindungen, von Sucrasen, Lipasen, Proteasen. In einer Klasse wie der der Sucrasen gibt es bestimmte Enzyme für jede Art von Zucker, eine Amylase, eine Laktase, eine Saccharase. Es gibt auch Enzyme wie die Maltase, die nicht nur fähig sind, einen Zucker abzubauen, sondern ihn auch unter bestimmten Bedingungen aus den Abbauprodukten wieder aufbauen können. Es gibt sogar Enzyme, die mit den Prozessen der Atmung beauftragt sind. Seit Lavoisier ist die Atmung eine Verbrennung besonderer Art, da sie langsam, bei Körpertemperatur vor sich geht. Mit dem Beginn des 20. Jahrhunderts wird die Atmung zum Ergebnis von spezialisierten Enzymaktivitäten, die die langsame Oxydation der Nahrungsmittel in kleinen, aufeinanderfolgenden Stufen katalysieren. Die Nahrungsmittel werden zuerst verdaut, und die Produkte der Verdauung werden daraufhin durch Entzug von Wasserstoff oxydiert. Oxydationen und Reduktionen sind aneinandergekuppelt durch die Vermittlung von kleinen Molekülen, die reversibel mit großer Geschwindigkeit oxydiert oder reduziert werden können. Damit wird die Atmung zu einem Spiel von Oxydo-Reduktionsreaktionen, von denen jede durch ein Enzym katalysiert wird: Elektronen werden einer Kette entlang transportiert, die mit den Metaboliten beginnt und mit molekularem Sauerstoff endet. In der Gärung, die in Abwesenheit von Sauerstoff vor sich geht, wird dieser durch bestimmte organische Verbindungen ersetzt. Doch immer findet sich ein bestimmtes Enzym, das eine bestimmte Reaktion aktiviert. Die Spezifizität der katalytischen Effekte in der Chemie des Lebenden ist so groß, daß sie sich durch einen Aphorismus charakterisieren läßt: eine Reaktion – ein Enzym! Umgekehrt verhelfen die Enzyme, nachdem ihre Wirkung einmal geklärt ist, der Chemie zu einem neuen Werkzeug, das in Analyse und Synthese brauchbar ist. Mit Hilfe der Enzyme, die der Biochemiker charakterisiert, ist er in der Lage, die kleinen Moleküle der Zelle nach seinem Willen zu verwandeln, sie zu zersetzen oder sie präzise zu vergrößern, hier ein Atom zu entfernen, dort eine Molekülgruppe anzufügen. Der Biochemiker erwirbt auf diese Weise eine Sicherheit und Kunstfertigkeit, die kaum vorauszusehen waren.

Mit neuem Material und neuen Methoden versehen, erarbeitet die Biochemie eine ganze Reihe von neuen Konzeptionen. Zunächst führt die Aufdeckung von Verbindungen und Reaktionen in unaufhörlich steigender Zahl zur Vorstellung vom »intermediären Metabolismus«. Darunter wird die Gesamtheit der Reaktionen verstanden, durch die Nährstoffe in spezifische Verbindungen umgewandelt werden. Schon seit langem war es klar, daß ein Nährstoff nicht alle Substanzen enthält, die einen Organismus oder eine Zelle aufbauen. Folglich müssen diese Nährmittel abgebaut werden, damit aus den Abbauprodukten spezifische Verbindungen zusammengefügt werden können. Dieser Vorgang wird seit Pasteur durch Beobachtungen über das Wachstum von Mikroorganismen veranschaulicht: so kann sich zum Beispiel die Hefe in einem klar definierten Medium vermehren, das Mineralsalze und eine einzige organische Verbindung wie Glukose als Kohlenstoff- und Energiequelle enthält. In die Zelle eingedrungen, muß die Glukose notwendigerweise abgebaut werden, um alle Verbindungen entstehen zu lassen, die für Wachstum und Leben der Hefe erforderlich sind. Diese Umwandlungen geschehen nicht auf einmal. Sie verteilen sich auf eine Reihe von Etappen, von denen jede einfach und der Analyse zugänglich ist. Sie entsprechen daher Reaktionsketten, in deren Verlauf eine ganze Reihe von Zwischenverbindungen entstehen, die meistens keine besondere physiologische Aufgabe haben, sondern von denen jede einzelne das Produkt einer Reaktion und das Substrat der nächsten darstellt. Durch eine Reihe von Umwandlungen werden die Nährstoffe zuerst von spezifischen Enzymen abgebaut, zerlegt und in kleine Moleküle verwandelt. Diese dienen dann als Substrate für andere Enzyme, die sie verändern, Atome anfügen, Molekülgruppen ersetzen, vergrößern, zusammenschweißen; kurz, die alle die den Organismus kennzeichnenden Verbindungen herstellen. Dieser wird zu einer Art chemischer Fabrik, in der es von einer Vielzahl kleiner Moleküle wimmelt, die aus den Abbauketten der Nährstoffe entstanden sind und die auf Synthesefließbändern in spezifische Verbindungen umgewandelt werden. Die gleiche metabolische Kette findet sich übrigens sehr oft bei verschiedenen Organismen. Ob zum Beispiel die Glukose während der Gärung von der Hefe abgebaut wird oder während einer Muskelkontraktion in Abwesenheit von Sauerstoff, es sind immer die gleichen Reaktionen, die gleichen intermediären Stoffe. So zeichnet sich eine Einheit in der Chemie der lebenden Welt ab.

Mit Hilfe der Biochemie müssen die Nährstoffe dem Organismus nicht nur Aufbaustoffe, sondern auch Energie zur Verfügung stellen. Wenn eine Hefe Zucker für ihr Wachstum verbraucht, ob mit oder ohne Sauerstoff, durch Atmung oder Gärung, so wird immer nur ein Teil des verbrauchten Zuckers in die Hefebestandteile eingebaut. Der Rest dient dazu, die dafür notwendige Energie zu liefern. Um zu wachsen und sich zu vermehren, um die Ordnung der lebenden Welt gegenüber der Auflösung des Universums aufrechtzuerhalten, müssen die Organismen Energie von außen empfangen. Letzten Endes ist es die Sonne, die die meisten Lebewesen mit Energie versieht. Doch verfügen die einzelnen Organismen über verschiedene Mittel, um sich mit Energie zu versorgen. Gewisse Organismen wie die Pflanzen gewinnen ihre Energie durch Photosynthese unmittelbar aus dem Sonnenlicht; andere, wie bestimmte Bakterien, entziehen die Energie der Oxydation von anorganischen Verbindungen; andere wiederum, so der Großteil der Tiere, gewinnen Energie aus der Oxydation von organischen Verbindungen. Jedoch muß die Energie immer in chemischer Form aufbewahrt werden, damit sie zum rechten Zeitpunkt zur Verfügung steht. Der Biochemiker findet sie in bestimmten phosphorhaltigen Verbindungen wieder, die spezielle »energiereich« genannte Bindungen enthalten. Durch die Bildung, Synthese oder die Übertragung dieser Bindungen häuft sich Energie im Organismus an, wird sie frei oder umgewandelt. Letztlich dient eine einzige und einzigartige, der ganzen lebenden Welt gemeinsame Verbindung als Energiereserve in allen Organismen. Ob es sich um Bakterien oder Säugetiere handelt, ob die Energie durch Atmung oder Gärung gewonnen wird, der Abbau eines Zuckers durchläuft immer eine Reihe von ähnlichen Reaktionen: dieselben Etappen, dieselben Reaktionen führen zur Herstellung derselben energiereichen Verbindung. Damit wird das Prinzip einer Einheit der Funktionen in allen Lebewesen bestätigt.

Man kann ebenfalls die Ernährung der Organismen analysieren, ihre Nahrungsbedürfnisse im einzelnen untersuchen und das für ihr Wachstum und ihre Vermehrung unumgänglich Notwendige ermitteln. Gewisse »Vitamine« genannte Verbindungen scheinen für die Gesundheit und das Leben der Säugetiere erforderlich zu sein. Andere Verbindungen, die »Wachstumsfaktoren« genannt werden, sind für die Vermehrung bestimmter Mikroben erforderlich. Bei dem Versuch, die Natur der von so verschiedenartigen Organismen wie Bakterien und Säugetieren benötigten Verbindungen festzustellen, stoßen die Physiologen und Biochemiker auf seltsame Analogien: die für die Bakterien notwendigen Faktoren werden oft in Form der für die Säugetiere unentbehrlichen Vitamine identifiziert. Darüber hinaus finden sich diese Verbindungen nicht nur bei den Organismen, die sie mit ihrer Nahrung aufnehmen, sondern bei allen Lebewesen. Gewisse Organismen sind fähig, selber jede dieser Verbindungen zu synthetisieren; andere sind dazu nicht imstande. Den letzteren müssen diese Substanzen fertig synthetisiert zugeführt werden, da sie sie selbst nicht herstellen können. Daraus ergibt sich die Vorstellung von den für das Leben aller Organismen »essentiellen Metaboliten«. Die Einheit der lebenden Welt beruht nicht mehr ausschließlich auf dem Funktionieren der Organismen, sondern ebenfalls auf ihrer Zusammensetzung.
In der ersten Hälfte des 20. Jahrhunderts hat somit die experimentelle Methode einen Zugang zu der Chemie des Lebenden gefunden. In Reagenzgläsern werden Hunderte von Reaktionen erforscht. Man analysiert eine beträchtliche Anzahl von relativ einfachen Verbindungen. Man verfolgt ihre Transformationen, durch die Energiereserven entstehen und Aufbaustoffe hergestellt werden. Je deutlicher diese Reaktionen aufgeklärt werden, desto weniger unterscheiden sie sich von denjenigen im Laboratorium. Die Originalität der Chemie der Lebewesen beruht hauptsächlich auf den Enzymen. Dank der Spezifizität der enzymatischen Katalyse, dank ihrer Genauigkeit und Leistungsfähigkeit können sich sämtliche chemischen Operationen in dem winzigen Zellraum verflechten. Der hohe Selektivitätsgrad, der jedes Enzym befähigt, ein einziges optisches Isomer einer Verbindung zu wählen, bestimmt die Asymmetrie der Chemie des Lebenden. Man sucht die Enzyme zu charakterisieren, ihre Natur und ihren Wirkungsmechanismus aufzuklären. Nach und nach bringen die Biochemiker die Enzymaktivitäten mit dem Vorhandensein von Proteinen in Verbindung. Jede besondere Enzymaktivität wird zur Eigenschaft eines bestimmten Proteins. Wenn es in der Chemie der Lebewesen ein Geheimnis gibt, so ist es in der Natur und den Eigenschaften der Proteine zu suchen. Sosehr

aber die Methoden der Biochemie zur Analyse verhältnismäßig einfacher Moleküle genügen, so schlecht scheinen sie für die Analyse der riesigen molekularen Strukturen geeignet zu sein. Zerbrechlich und unbeständig verändern die Proteine sehr leicht ihre Natur. Sie sind schwer zu handhaben und entziehen sich den klassischen Methoden der Forschung. Bei ihrem Abbau mittels verschiedener Methoden stellt man fest, daß sie aus einigen wenigen einfachen Molekülen, den »Aminosäuren«, zusammengebaut sind, die zu Hunderten in einem Proteinmolekül miteinander verbunden sind. Nach und nach werden neue Methoden zu ihrer Darstellung, Isolierung und Reinigung entwickelt. Es gelingt sogar, bestimmte Proteinenzyme genau wie Metallsalze zu kristallisieren. Damit verschwindet noch ein weiteres Hindernis zwischen den beiden Richtungen der Chemie. Doch bleiben die Proteine außerordentlich komplexe Strukturen. Die Biochemie findet noch keinen Zugang zur Struktur dieser Moleküle, zur Anordnung der Aminosäuren, die die Fähigkeit besitzen, einen Metaboliten unter Ausschluß jedes anderen zu binden und seine Umwandlung zu katalysieren. Die Analyse der Proteine erfordert neue Techniken und theoretische Vorstellungen. Diese entstehen erst gegen Mitte des 20. Jahrhunderts unter dem vereinten Einfluß der Physik, der Chemie der Hochpolymeren und der Informationstheorie.

Zu Beginn des 20. Jahrhunderts weisen die beiden neuen Wissenschaften, die Genetik und die Biochemie, der Biologie eine neue Richtung. Vor allem führen beide die bis dahin unbekannte Genauigkeit der quantitativen Methoden ein: die Entdeckung eines Phänomens allein genügt nicht mehr; es geht von jetzt an darum, die Parameter zu bewerten, die Geschwindigkeiten der Reaktionen und die Häufigkeiten der Umwandlungen zu messen, eine Gleichgewichtskonstante und die Mutationsfrequenz zu bestimmen. Eine Veränderung tritt auch deshalb ein, weil beide Wissenschaften das Aktivitätszentrum der Lebewesen verschieben. Diese sind nicht mehr ausschließlich durch die Anordnung der Organe und der Funktionen in die Tiefe gestaffelt; sie sind nicht mehr um einen Sitz des Lebenden herum angelegt, von dem die Organisation ausstrahlt. Nach Ansicht der Biochemie ist die Aktivität des Organismus durch die ganze Zelle verteilt, sie befindet sich in den Tausenden kolloidaler Tröpfchen, in denen die chemischen Reaktionen ablaufen und sich die Strukturen bilden. Die Genetik nimmt an, daß sich diese Aktivität auf den Zellkern konzentriert, auf die Bewegungen der Chromosomen, wodurch die Formen bestimmt, die Funktionen ineinandergefügt werden und die Art fortbesteht. Beide Wissenschaften haben ihr eigenes Modell. Einerseits sprechen die Chemiker von molekularen Strukturen und von Enzymkatalyse; sie berichten, wie die Organismen ihre Energie dem Milieu entziehen und sich damit dem natürlichen Lauf der Dinge entgegenstellen: nicht nur ein Strom von Materie durchfließt den Organismus, sondern auch ein Energiestrom. Andererseits beschreiben die Genetiker Anatomie und Physiologie einer Struktur dritter Ordnung, die sich in den Chromosomen befindet; in deren Beständigkeit sehen sie das Gedächtnis der Art und in ihren Veränderungen das Auftauchen neuer Arten. Die Eigenschaften der Lebewesen beruhen letztlich auf zwei neuen Einheiten: die Biochemiker nennen sie Protein und die Genetiker bezeichnen sie als Gen. Die erste ist die Einheit der chemischen Wirkung, die die Reaktionen durchführt und dem lebenden Körper seine Struktur verleiht. Die zweite ist die Einheit der Vererbung, die gleichzeitig die Fortpflanzung einer Funktion und ihrer Variation bestimmt. Die erste befiehlt, die zweite führt aus.

Gegen Mitte des Jahrhunderts befinden sich beide Wissenschaften ungefähr in derselben Phase. Jeder ist es gelungen, die zentrale Wirkungseinheit ihres Bereichs zu entdecken. Jede kennt daher das zukünftige Analyseobjekt. Beide entbehren jedoch der Mittel für die Analyse. In der Tat ist die Biologie vor dem Zweiten Weltkrieg zu einer etwas zersplitterten Wissenschaft geworden. Jeder Spezialist widmet sich der Erforschung seiner Probleme unter Zuhilfenahme seines Materials. In demselben Institut, oft auf demselben Stockwerk leben zwei Kollegen Seite an Seite, von denen sich der eine für Gene, der andere für Moleküle interessiert. Die Genetik fordert, daß in den Chromosomen eine Substanz mit ungewöhnlichen Eigenschaften vorhanden sei: sie soll einerseits die Strukturen und die Funktionen der lebenden Körper bestimmen und andererseits soll sie streng identische Kopien ihrer selbst bilden können, ohne daß jedoch die Möglichkeit seltener Veränderungen ausgeschlossen sei. Die Chemie findet in den Kernen zwei Arten von Substanzen: die Proteine und jene Säure, die Miescher im vorhergehenden Jahrhundert als Nukleinsäure bezeichnet hatte. Die Struktur der letzteren ist freilich noch weitgehend unbekannt. Sie setzt sich aus vier bestimmten Molekülen zusammen, zwei »Purinbasen«, zwei »Pyrimidinbasen«, von denen jede mit einem Zuckermolekül und einer Phosphatgruppe zu einem »Nukleotid« verbunden ist. Die vier Verbindungen zusammen bilden ein »Tetranukleotid«. Die Nukleinsäure scheint eine molekulare Art ohne Variationsmöglichkeiten und Phantasie darzustellen und somit unfähig zu sein, die geringste Rolle in der Vererbung zu spielen. Deshalb wird diese Rolle den Proteinen zugeschrieben, obwohl auch deren Eigenschaften sich nur schlecht für diese Aufgabe eignen. Infolge ihrer Komplexität scheint die Vererbung außerhalb der Möglichkeiten der experimentellen Chemie zu liegen. »Mit jeder Entdeckung über die physiologische Aktivität und die Vererbung«, sagt J. B. S. Haldane, »wird es schwieriger, in physikalischen oder chemischen Begriffen eine Beschreibung oder eine Erklärung zu geben, die fähig wäre, sämtliche Tatsachen in gültige Beziehung zueinander zu bringen.«[59]

Mit dem Ende des 19. und dem Beginn des 20. Jahrhunderts ist die alte Form des Vitalismus verschwunden, auf die sich die Biologie in ihren Anfängen berufen mußte, um eine unabhängige Wissenschaft zu werden. Angesichts der Entwicklung der experimentellen Wissenschaften, der Genetik, der Biochemie, wird es unmöglich – es sei denn aus mystischen Gründen –, ernsthaft irgendein Prinzip unbekannten Ursprungs, ein X, dessen Wesen sich den physikalischen Gesetzen entzöge, heraufzubeschwören, um den Lebewesen und ihren Eigenschaften Rechnung zu tragen. Wenn die Physik unfähig zur Beschreibung aller Lebensphänomene erscheint, so nicht mehr deshalb, weil es eine ausschließlich auf die lebende Welt beschränkte Kraft gibt, die außerhalb jeder Kenntnis liegt. Der Grund liegt vielmehr in der Komplexität der Lebewesen im Vergleich zur Materie, die der Beobachtung und Analyse Grenzen setzt. Genauso wie gewisse charakteristische Eigenschaften der Atome nicht mehr auf die Mechanik zurückgeführt werden können, erscheint es auch möglich, daß bestimmte Besonderheiten der Zelle sich nicht in Begriffen einer auf Atomen basierenden Physik interpretieren lassen. Niels Bohr meint, daß »die bloße Feststellung der Wichtigkeit der Atomeigenschaften für die Funktionen der Lebewesen nicht ausreicht, um die biologischen Phänomene zu erklären. Es ist deshalb wichtig zu wissen, ob uns noch irgendeine fundamentale Tatsache für die Analyse der Naturphänomene fehlt, um das Leben auf der Basis des Erfahrungsschatzes der Physik zu begreifen ... Als Ausgangspunkt für die Biologie müßte in diesem Falle die Existenz des Lebens betrachtet werden, die eine Grundtatsache ohne mögliche Erklärung darstellte in gleicher Weise wie das Wirkungsquantum, das, in der klassischen Mechanik als ein irrationales Element erscheinend, zusammen mit den Elementarteilchen die Basis der Atomphysik bildet.«[60] Damit beruht die Grenze der Erkenntnis im Bereiche der lebenden Welt nicht mehr auf einer grundsätzlichen Verschiedenheit zwischen der Natur des Lebenden und des Unbeseelten, sondern auf der Unvollkommenheit unserer Mittel, das heißt unseren analytischen Möglichkeiten. Hinzu kommt die Komplexität der Bestandteile der Lebewesen, die unvergleichlich stärker ausgeprägt ist als diejenige der von der klassischen Physik und Chemie erforschten Moleküle. Es wird damit möglich, daß die Lebewesen sich nicht etwa den physikalischen Gesetzen entziehen, sondern auf »anderen noch unbekannten physikalischen Gesetzen beruhen, die jedoch« nach Meinung Schrödingers »einmal aufgedeckt, einen integrierenden Teil dieser Wissenschaft ausmachen werden«[61]. Damit steht es außer Frage, auf eine mysteriöse Kraft zurückzugreifen, um den Ursprung, die Eigenschaften und das Verhalten der Lebewesen zu erfassen. Es geht darum, in Erfahrung zu bringen, ob die bereits aus der Analyse der Materie bekannten Gesetze genügen oder ob neue gesucht werden müssen. Um eine selbständige Wissenschaft zu werden, mußte sich die Biologie vollständig von der Physik und der Chemie lösen. Um die Analyse der Struktur der Lebewesen und ihrer Funktionen weiterzuverfolgen, wird sie jedoch Mitte des 20. Jahrhunderts gezwungen, sich eng mit diesen zu verbinden. Aus dieser Verbindung entsteht die Molekularbiologie.

Anmerkungen

1 Bernard, Leçons sur les phénomènes de la vie, Paris 1879, Bd. II, S. 2.
2 Bernard, Leçons de pathologie expérimentale, Paris 1872, S. 493.
3 Bernard, Leçons sur les phénomènes de la vie, Bd. I, S. 356.
4 Bernard, La Science expérimentale, Paris 1878, S. 70.
4a Bernard, La Science expérimentale, Paris 1878, S. 70.
5 Bernard, Introduction à l'étude de la médecine expérimentale, Paris 1865, S. 34; vgl. auch Einführung in das Studium der experimentellen Medizin, Leipzig 1961, S. 37.
6 Bernard, Leçons sur les proprietés des tissus vivants, Paris 1866, S. 6.
7 Bernard, Leçons sur les phénomènes de la vie, Bd. II, S. 5.
8 Ibid., S. 121.
9 Ibid., S. 335.
10 Ibid., S. 342.
11 Ibid., S. 332.
12 Bernard, La science expérimentale, S. 133.
13 Bernard, Leçons sur les phénomènes de la vie, Bd. I, S. 340.
14 Maxwell, La Chaleur, französische Übersetzung, Paris 1891, Kapitel XXII, S. 421.
15 Naudin, Nouvelles recherches sur l'hybridité dans les végétaux, in: Annales Sciences naturelles, Botanique, Serie 4, 19, S. 194.
16 Mendel, Versuche über Pflanzen-Hybriden, in: Verhandlungen des naturforschenden Vereines in Brünn, IV. Band 1865, Brünn 1866, Abhandlungen, S. 4.
17 Ibid., S. 7.
18 Ibid., S. 22–23.
19 Ibid., S. 17.
20 Ibid., S. 29.
21 Ibid., S. 31.
22 Mendel, Brief an Nägeli vom 18. 4. 1867, in: Gregor Mendels Briefe an Carl Nägeli, 1866–1873, hrsg. v. C. Correns, in: Abhandlungen der Mathematisch-Physischen Klasse der Königlich Sächsischen Gesellschaft der Wissenschaften, Bd. XXIX, Nr. III, Leipzig 1905, S. 199.

[23] Haeckel, Anthropogenie oder Entwicklungsgeschichte des Menschen, Leipzig 1877, S. 104.
[24] R. Hertwig, Die Protozoen und die Zelltheorie, in: Archiv für Protistenkunde, Jena 1902, Bd. I, S. 1.
[25] Zitiert in F. Baltzer, Theodor Boveri, Berkeley 1967, S. 121.
[26] Ibid., S. 70.
[27] Ibid., S. 68.
[28] Zitiert in E. B. Wilson, The Cell in Development and Heredity, 1925, S. 916.
[29] Huxley, Evolution, in: Science and Culture, Encyclopedia Britannica 1878, S. 296.
[30] Weismann, Die Continuität des Keimplasma's als Grundlage einer Theorie der Vererbung, Jena 1885, S. 13.
[31] Weismann, Über die Vererbung. Ein Vortrag, Jena 1883, S. 5.
[32] Ibid., S. 8.
[33] Weismann, Die Bedeutung der sexuellen Fortpflanzung für die Selektionstheorie, Jena 1886, S. 26.
[34] Weismann, Über die Vererbung, S. 55.
[34a] Ibid., S. 56.
[35] Weismann, Die Continuität des Keimplasma's, S. 21.
[36] Ibid., S. 20.
[37] de Vries, Arten und Varietäten und ihre Entstehung durch Mutation, aus dem Englischen von H. Klebahn, Berlin 1906, S. 440.
[38] Proceedings, Bd. 1–5, 29. 12. 1903.
[39] de Vries, Arten und Varietäten und ihre Entstehung durch Mutation, S. 175–176.
[40] Ibid., S. 18.
[41] Ibid., S. 291.
[42] Ibid., S. 349.
[43] Helmholtz, The conversation of forces applied to organic nature, in: Proceedings Royal Institution, 12. 4. 1861.
[44] Berthelot, La synthèse chimique, Paris 1897, S. 203.
[45] Ibid., S. 215.
[46] Ibid., S. 240.
[47] Ibid., S. 272.
[48] Ibid., S. 277.
[49] Pasteur, Dissymétrie moléculaire, in: Œuvres, 1922, Bd. I, S. 327.
[50] Ibid., S. 364.
[51] Pasteur, Fermentations et générations dites spontanées, in: Œuvres, Bd. II, S. 224.
[52] Pasteur, Etudes sur la bière, in: Œuvres, Bd. V, S. 216.
[53] Ibid., S. 224.
[54] Buchner, Berichte deutsche chemische Gesellschaft, 1897, Bd. 30, S. 117–124.
[55] Ostwald, Lehrbuch der allgemeinen Chemie, Leipzig 1896–1902, Bd. II, S. 248.
[56] Loeb, Vorlesungen über die Dynamik der Lebenserscheinungen, Leipzig 1906, S. 56.
[57] Ibid., S. 64.
[58] Ibid., S. 68.
[59] J. B. S. Haldane, The Philosophical Basis of Biology, London 1931, S. 12.
[60] Niels Bohr, Light and Life, in: Nature, 1933, Bd. 131, S. 458.
[61] Schrödinger, What is Life?, Toronto 1956, S. 67.

Fünftes Kapitel

Das Molekül

Mitte des 20. Jahrhunderts ändert die Organisation noch einmal ihre Regeln. Jetzt bestimmt die Struktur der aufbauenden Elemente die Struktur des Ganzen und seine Integration. Bei den Lebewesen gewinnt die Organisation an Tiefe und durchdringt die letzten Einzelheiten der Zelle. Trotz des Kerns und der verschiedenen Organellen konnte die Zelle bisher als eine Art »Sack voller Moleküle« aufgefaßt werden. Zahlreiche chemische Reaktionen konnten darin ablaufen, und die Katalyse konnte dank der Natur des Protoplasmas vor sich gehen, jenem schlecht definierten Gel, das mit dem Begriff Kolloid umschrieben wurde. Um die Aktivität der Organe und der Gewebe aufeinander abzustimmen, verfügten die komplexen Organismen über eine besondere Maschinerie. Nerven und Hormone errichteten durch den ganzen Körper hindurch ein Netz von Wechselwirkungen, durch die die entferntesten Elemente des Körpers miteinander verbunden waren. Die Einheit der Organisation beruhte auf dem Vorhandensein von speziellen Mechanismen für die Regulierung der Funktionen. In einfacheren Strukturen gab es keine vergleichbaren Mechanismen.

Mit der Entwicklung der Elektronik und der Kybernetik wird die Organisation als solche Forschungsgegenstand für Physik und Technologie. Die Erfordernisse des Kriegs und der Industrie führen zur Konstruktion von automatischen Maschinen, deren Komplexität mit jedem Integrationsschritt zunimmt. In einem Fernsehapparat, in einer Flugabwehrrakete oder in einer elektronischen Rechenmaschine sind Elemente zusammengeschaltet, die ihrerseits schon zusammengesetzte Systeme, d. h. Integrationen auf niedrigerer Ebene sind. Jede dieser Schaltungen stellt ein System von Systemen dar. In jedem von ihnen ist die Organisation des Ganzen durch die Interaktionen der Bestandteile bedingt. Eine Integration ist nur dann möglich, wenn die Elemente miteinander in Verbindung stehen, wenn sie ihre besonderen Aktivitäten gegenseitig auf das von dem Ganzen verfolgte Ziel ausrichten können. Bisher stellt die Koordination der Bestandteile eine bestimmten Systemen vorbehaltene Eigenschaft dar. Von nun an sind Organisation und Wechselwirkung der Elemente nicht mehr zu trennen. Das eine wird für das andere zur Existenzgrundlage, gleichzeitig Ursache und Wirkung. Interaktionen sind nur dann möglich, wenn die Bestandteile aufeinander reagieren. Die gegenseitige Beeinflussung zwischen Elementen wird erst durch die Integration des Systems ermöglicht. In organisierten Körpern sind Austauschreaktionen zwischen den Elementen deshalb möglich, weil sich ihre Struktur dafür eignet. In der Organisation dieser Elemente ist gleichzeitig die Reihe ihrer in der Zeit gestaffelten Umordnungen angelegt, das heißt die Umwandlung der Organisation selbst. Letztlich bestimmt die Koordination der Aktivitäten ebensosehr die Evolution eines integrierten Systems wie seine Eigenschaften. Die innere Logik eines derartigen Systems beruht auf der Beziehung zwischen Struktur und Funktion.

Die Eigenschaften eines Lebewesens, seine Leistungen, seine Entwicklung sind somit Hinweise auf sich zwischen seinen Bestandteilen entwickelnde Wechselwirkungen. Jedem Merkmal liegen die Eigenschaften eines bestimmten Bauplans zugrunde. Die Funktionsanalyse kann nicht von der Strukturanalyse getrennt werden. Die Zellstruktur wird zur Grundlage der Funktionsanalyse des Körpers, die Molekularstruktur für diejenige der Zelle. Sollen jedoch die in den Lebewesen ablaufenden Prozesse durch die Struktur der Moleküle, die die Zelle charakterisieren, erklärt werden, so müssen die verschiedenen Analysen einander angenähert und die Methoden miteinander kombiniert werden. Während hundert Jahren teilte sich die experimentelle Biologie mehr und mehr in eine Reihe von Spezialitäten auf, die sich immer mehr voneinander absonderten. Jede Disziplin blieb auf eine kleine Anzahl von Techniken beschränkt, durch die die Grenzen ihres Bereiches gegeben waren. In der Mitte dieses Jahrhunderts sehen sich diese verschiedenen Disziplinen hingegen gezwungen, sich eng miteinander zu verbinden. Um die Analyse weiterzutreiben, müssen sich ihre Bemühungen vereinen, ihre Vorstellungen ineinanderfügen, ihre Methoden anpassen: kurz, sie müssen sich als »Molekularbiologie« konstituieren. Der Molekularbiologe kann sich nicht mehr damit zufriedengeben, eine Technik anzuwenden, ein Phänomen zu analysieren und alle seine Parameter zu messen. Es wird notwendig, sämtliche Mittel anzuwenden, um die Baupläne der beteiligten Verbindungen und die Art ihrer Beziehungen abzuklären. So sucht man beispielsweise nicht mehr einerseits die Gene, andererseits chemische Reaktionen und andernorts noch physiologische Effekte zu erforschen. Man bemüht sich, die ganze Kette von Ereignissen, die vom Gen zum phänotypischen Merkmal führen, in Begriffen von Molekültypen, Synthesen und Interaktionen zu beschreiben. Die Erinnerungsfähigkeit der Vererbung beruht auf der Organisation eines

Makromoleküls, der in der Anordnung chemischer Motive entlang einem Polymer niedergelegten »Botschaft«. Sie wird zur Struktur vierter Ordnung, auf der die Gestalt eines Lebewesens, seine Eigenschaften und seine Tätigkeit beruhen.
Biochemie und Physik, Genetik und Physiologie verschmelzen in gemeinsamem Vorgehen. Damit ist auch gesagt, daß die Molekularbiologie nicht Angelegenheit vereinzelter Individuen sein kann, von denen jedes mit seinem Problem und seinem Organismus beschäftigt ist. Sie erfordert die vereinten Bemühungen von Menschen und Techniken. In ein und demselben Institut, in ein und demselben Laboratorium müssen Fachleute zusammenarbeiten, die sich in ihrer Grundausbildung unterscheiden, jedoch durch dasselbe Untersuchungsthema und Material vereint sind. Damit gibt es nicht mehr zwei Richtungen der Biologie, von denen die eine sich für den Gesamtorganismus interessiert und die andere für seine Bestandteile. Es gibt zwei Aspekte ein und desselben Objekts. Noch immer wird der »schwarze Kasten« von außen beobachtet, um seine Eigenschaften kennenzulernen. Doch gleichzeitig öffnet man ihn, um das Räderwerk zu erkennen, es zu demontieren, und man versucht, den Mechanismus aus den Einzelteilen wieder aufzubauen. Organismus oder Bestandteile können nur interpretiert werden, wenn ihr gegenseitiger Bezug verstanden wird. Einst gezwungen, sich zur Festlegung ihrer Objekte und Methoden abzusondern, wird die Biologie jetzt dazu gebracht, sich eng mit Physik und Chemie zu vereinen. Das bedeutet jedoch nicht, daß sie dabei ihren eigenen Charakter verlöre.

Die Makromoleküle

Mitte des 19. Jahrhunderts hatten die Vorstellungen von Energie und Äquivalenz die Darstellung der lebenden Welt insofern verändert, als eine Verbindung zwischen der Chemie der Lebewesen und der der Dinge möglich wurde und ferner dadurch, daß den verschiedensten Aktivitäten eines Organismus eine gemeinsame Grundlage gegeben wurde. Die Energie hatte damit gewisse, wenn auch nicht alle Funktionen der Lebenskraft übernommen. In einem komplexen Organismus werden Milliarden von Zellen gezählt. Eine Zelle enthält Millionen von Molekülen. Nichts erklärte jedoch die Spezifizität des Bauplans, weder die Anordnung der Zellen noch die Lage der Atome in den Isomeren, jenen Substanzen mit identischer Zusammensetzung, doch verschiedenen Eigenschaften. Wohl erlaubte die statistische Mechanik, das durchschnittliche

Verhalten von großen Molekülpopulationen zu interpretieren. Doch zeigte die genetische Analyse, daß die Charaktere der Lebewesen nicht auf statistischen Phänomenen beruhen, daß sie nicht die zufällige Bewegung von Molekülen in großer Zahl zur Grundlage haben, sondern daß sie im Gegenteil durch die Qualität einer spezifischen, in den Chromosomen enthaltenen Substanz bestimmt werden. Im Gegensatz zu den unbelebten Körpern kann die Ordnung der Lebewesen nicht aus der Unordnung entstehen. Sie beruht auf der Reproduktion einer bereits bestehenden Ordnung. Nach Schrödinger »scheint das Leben ein Verhalten der Materie zu sein, das von Gesetzen geordnet ist und nicht auf der Tendenz von der Ordnung zur Unordnung überzugehen beruht, sondern auf der Erhaltung einer zuvor bestehenden Ordnung«[1].
Die Vorstellung von der Information eröffnet Mitte des 20. Jahrhunderts einen Zugang zur Analyse dieser Ordnung und ihrer Übermittlung. Indem sie die jedem Individuum eigenen Parameter unbeachtet läßt und sich ausschließlich auf das durchschnittliche Verhalten einer Population bezieht, verzichtet die statistische Thermodynamik darauf, die interne Struktur des Systems zu kennen. Sie nimmt sozusagen nur die Oberfläche wahr. Jedoch können sich unter ein und derselben Oberfläche höchst verschiedenartige Organisationsformen verbergen. Die Information, die die statistische Analyse in bezug auf ein System geben kann, bleibt somit unvollständig, und zwar um so mehr als die Anzahl der inneren Strukturen, die dasselbe Durchschnittsverhalten zeigen, anwächst. Für Maxwell war diese Information ohne Bedeutung. Nur die Unzulänglichkeit seiner sensorischen Ausrüstung hinderte den Menschen daran, diese Information zu gewinnen. Für den in einem Gasbehälter befindlichen Maxwellschen Dämon war es leicht, die Qualität der Moleküle zu bestimmen und auszusortieren. Für Szilard und für Brillouin muß hingegen die Information bezahlt werden. Der Dämon kann die Moleküle nur dann »sehen«, wenn er mit ihnen durch irgendeinen physikalischen Prozeß wie etwa Strahlungen verbunden ist. Nicht nur das Gas strebt dem Gleichgewicht zu, sondern die Gesamtheit von Gas und Dämon. Früher oder später wird dieser in seinem Gas »blind«. Er kann die Partikeln nur dank der dem System von außen zugeleiteten Energie, zum Beispiel durch Licht, erkennen; dank ihr gewinnt der Dämon die notwendige Information über die Moleküle und senkt die Entropie, indem er sie sortiert. Jedoch steigt in der Bilanz die allgemeine Entropie an. Das heißt, daß selbst der Dämon der Allgewalt des zweiten Prinzips der Thermodynamik nicht entgeht. Das System funktioniert nur dank einer Reihe aufeinanderfolgender Umwandlungen, an denen die Information teilhat. Entropie und Information sind so eng mitein-

ander verbunden wie die beiden Flächen einer Münze. In einem gegebenen System ist die Entropie gleichzeitig ein Maß für die Unordnung und ein Maß für unsere Unkenntnis der inneren Struktur; die Information gibt ein Maß der Ordnung und unserer Erkenntnis. Beide werden auf gleiche Weise gemessen, die eine ist der negative Ausdruck der anderen.

Dieser Isomorphismus von Entropie und Information stellt eine Beziehung zwischen zwei Fähigkeiten her: der zu handeln und der, das handelnde Prinzip zu lenken. In einem belebten oder unbelebten organisierten System werden die Elemente nicht nur durch den Austausch von Materie und Energie, sondern auch von Information vereint. Als abstrakte Einheit wird die Information zur Stätte, wo sich die verschiedenen Ordnungstypen ineinanderfügen. Dabei ist sie gleichzeitig dasjenige, was sich messen läßt, was weitergegeben wird und was sich verwandelt. Jede Interaktion zwischen den Gliedern einer Organisation kann als Kommunikationsproblem aufgefaßt werden. Das trifft für eine menschliche Gesellschaft ebenso zu wie für einen lebenden Organismus oder eine automatische Maschine. In jedem dieser Objekte findet die Kybernetik irgendein Modell, das sie auf die anderen anwenden kann. Es betrifft die Gesellschaft, weil die Sprache das Leitbild eines Kommunikationssystems zwischen den Elementen eines integrierten Ganzen ist. Es gilt für den Organismus, weil die Homöostase als Beispiel für alle Vorgänge dienen kann, die der allgemeinen Tendenz zur Unordnung hin zuwiderlaufen. Es ist für die Maschine gültig, weil die Kombinationen ihrer Schaltkreise die Anforderungen der Integration präzisieren. Letzten Endes kann jedes organisierte System im Hinblick auf zwei Vorstellungen analysiert werden: die der Botschaft und die der Regulation durch Rückkopplung.

Unter Botschaft ist die Reihenfolge von Symbolen zu verstehen, die einem bestimmten Verzeichnis entnommen werden. Diese Symbole können ebensogut Zeichen wie auch Buchstaben, Töne, Lautgebilde usw. sein. Eine Botschaft bedeutet somit eine bestimmte Selektion unter allen möglichen Anordnungen. Sie stellt eine bestimmte Ordnung unter all denen dar, die im Kombinationsspiel der Symbole möglich sind. Die Information ist ein Maß für die Freiheit dieser Wahl, das heißt für die Unwahrscheinlichkeit der Botschaft. Sie ignoriert jedoch ihren Sinngehalt. Jede materielle Struktur kann mit einer Botschaft verglichen werden, insofern als Art und Stellung der aufbauenden Elemente, Atome oder Moleküle Ergebnis einer Wahl unter einer Reihe von Möglichkeiten ist. Von einem Code bestimmt, kann eine derartige Struktur durch isomorphe Transformation mit einem anderen Satz von Symbolen dargestellt werden. Sie kann durch einen Sender von irgendeinem Punkt des Globus aus auf einen Empfänger übertragen werden, der sie durch umgekehrte Transformation rekonstituiert. Auf diese Weise funktionieren Radios, Fernsehen und Geheimdienste. Wiener sieht keinen Grund, warum »der Organismus nicht als Botschaft aufgefaßt« werden sollte[2].

Die Rückkopplung stellt ein Regulationsprinzip dar, das einer Maschine erlaubt, ihre Aktivität nicht nur in bezug darauf zu regulieren, was sie tun soll, sondern was sie wirklich tut. Sie funktioniert dadurch, daß sie in das System die Ergebnisse ihrer früheren Aktivität miteinbezieht. Damit müssen sensorische Organe eingreifen, die damit beauftragt sind, die Aktivität der motorischen Organe zu messen, ihre Leistungen zu überprüfen und sie zu korrigieren. Die Funktion dieser Überwachung besteht darin, den Drang des Mechanismus zur Unordnung hin aufzuhalten, das heißt zeitlich und lokal begrenzt eine Umkehrung der Richtung der Entropie zu bewirken. Je nach ihrer Komplexität gehen diese Mechanismen von der einfachen Regulierung eines Heizkessels in Funktion der umgebenden Temperatur bis zu lernfähigen Systemen. Jede Organisation umfaßt Regulationskreise, durch die jedes Element über die Wirkungen seiner eigenen Tätigkeit informiert wird und diese in der Folge auf das Interesse des Ganzen hin ausrichtet.

Angesichts der Möglichkeit, eine Reihe von in einem Programm vorgesehenen Operationen mechanisch zu realisieren, wird das alte Problem der Beziehungen zwischen Tier und Maschine neu gestellt. »Beiden Systemen ist« nach Wiener »gemeinsam, daß sie sich bemühen, die Entropie mittels der Rückkopplung zu erhalten.«[3] Dieses gelingt beiden, indem sie das äußere Milieu in Unordnung bringen, oder nach einem Ausdruck von Schrödinger und Brillouin, »indem sie negative Entropie verzehren«. Alle beide besitzen in der Tat spezialisierte Mechanismen, um auf tiefem Energieniveau die von der äußeren Welt kommende Information aufzunehmen und sie im Hinblick auf die eigene Funktion zu transformieren. In beiden Fällen erfolgt die Abstimmung auf die äußere Welt mit Hilfe eines Regulationszentrums nicht auf der Ebene des Programms, sondern erst nach dessen Verwirklichung. Ein Organismus bewahrt eine gewisse Stabilität nur dank unaufhörlicher Anleihen von außen. Trotz den Veränderungen im Milieu gelingt es ihm, um sein charakteristisches Gleichgewicht zu oszillieren. Nur deshalb vermag er seine Homöostase zu erhalten, weil er dank unzähliger Regulationsmechanismen die besten Bedingungen für seine Existenz selber bestimmt. Jedes belebte oder unbelebte System, das tätig ist, hat die Tendenz, sich zu verbrauchen, in Unordnung zu geraten, das heißt Entropie zu gewinnen. Eine Regulation gleicht jedoch jeden lokalen Abbau durch an anderer Stelle im Organismus geleistete Arbeit aus. Damit vergrößert sich die Entropie von neuem und muß durch an einer anderen Stelle im Körper geleistete Arbeit ausgeglichen werden. Und dieses Spiel geht kaskadenartig weiter; jede Desorganisation muß durch andernorts gewonnene Ordnung kompensiert werden. Die Koordination des Systems beruht auf einem Netz von Regulationskreisen, die den Organismus integrieren. Wie im Falle des Wassers verläuft jedoch die Summe der Energieänderungen aller Operationen immer in der gleichen vom zweiten Prinzip der Thermodynamik gegebenen Richtung. Die statistische Neigung zur Unordnung zerstört nach und nach jedes nach außen abgeschlossene System. Letztlich muß die Aufrechterhaltung eines lebenden Systems bezahlt werden: die Rückführung ins unstabil bleibende Gleichgewicht läßt ringsum ein Organisationsdefizit entstehen, das heißt, es führt zur Vergrößerung der Unordnung im gesamten, von Organismus und Milieu gebildeten System. Ein Lebewesen kann deshalb kein geschlossenes System formen. Es darf nicht aufhören, Nahrungsmittel aufzunehmen, Abfallstoffe abzugeben, ständig von einem von außen kommenden Strom von Materie und Energie durchlaufen zu werden. Ohne einen ständigen Zustrom von Ordnung würde sich der Organismus auflösen. Isoliert muß er sterben. Jedes Lebewesen bleibt gewissermaßen fortdauernd dem allgemeinen Strom verhaftet, der das Universum in Richtung auf die Unordnung hin fließen läßt. Es stellt eine Art sowohl lokaler als auch vorübergehender Abweichung dar, die die Organisation erhält und ihr erlaubt, sich zu reproduzieren.

Tier und Maschine sind somit Modelle füreinander. Die Maschine kann in anatomischen und physiologischen Begriffen beschrieben werden. Sie enthält ausführende Organe, die von einer Energiequelle bewegt werden. Sie verfügt über eine ganze Reihe von sensorischen Organen, die auf Licht, akustische, mechanische und thermische Signale reagieren, um die eigene Gesundheit zu überwachen, das Milieu zu untersuchen und die Rohstoffe zu überprüfen. Sie enthält automatische Kontrollzentren, um ihre Leistungen zu messen; ein Gedächtnis, in dem die durchzuführenden Operationen verzeichnet und die Ergebnisse der vergangenen Erfahrung aufgezeichnet sind. All das ist miteinander durch ein Nervensystem verbunden, das einerseits dem Gehirn die von den Sinnesorganen kommenden Eindrücke vermittelt und andererseits den Gliedern die Befehle überbringt. Jederzeit kann die Maschine je nach den empfangenen Signalen während der Durchführung ihres Programms ihr Tun orientieren, korrigieren, ja selbst unterbrechen.

Umgekehrt kann das Tier als Maschine beschrieben werden. Die Organe, Zellen und Moleküle sind dann durch ein Netz von Kommunikationen miteinander verbunden. Sie tauschen unaufhörlich Signale und Botschaften durch spezifische Interaktionen der Bestandteile aus. Die Anpassungsfähigkeit des Verhaltens beruht auf rückwirkenden Regulationskreisen; die Starrheit der Strukturen hängt von der Durchführung eines streng vorgeschriebenen Programms ab. Die Vererbung wird zur Weitergabe einer von einer Generation zur anderen wiederholten Botschaft. Der Kern der Eizelle enthält das Programm der zu produzierenden Strukturen. »Der Chromosomenfaden«, sagt Schrödinger, »enthält, in der Art eines Miniaturcodes chiffriert, die ganze Zukunft des Organismus, seine Entwicklung und seine Funktion... Die Chromosomenstrukturen enthalten auch die Mittel, um dieses Programm durchzuführen. Sie sind gleichzeitig Gesetz und ausführende Instanz, Bauplan und Bautechnik.«[4] Die Ordnung in einem Lebewesen beruht demnach auf der Struktur eines Riesenmoleküls. Aus Gründen der Stabilität wird die Organisation eines Chromosoms derjenigen eines Kristalls vergleichbar. Jedoch nicht in bezug auf die monotone und etwas langweilige Struktur, in der sich ein chemisches Motiv unaufhörlich mit der gleichen Periodizität in allen drei Dimensionen wiederholt. Hingegen enthalten die »aperiodischen Kristalle« der Physiker Anordnungen von mehreren Motiven und damit eine der Mannigfaltigkeit der Lebewesen entsprechende Varietät. Eine kleine Zahl von Motiven genügt, fügt Schrödinger hinzu. Die Kombination von zwei Symbolen im Morsealphabet erlaubt, jeden beliebigen Text zu chiffrieren. Der Plan des Organismus ist in einer Kombination von chemischen Symbolen aufgezeichnet. Die Vererbung arbeitet wie das Gedächtnis einer Rechenmaschine.

Bis zur Mitte dieses Jahrhunderts war die Struktur der Makromoleküle der Forschung mehr oder weniger unzugänglich geblieben. Sie wird jetzt zum Analyseobjekt, und zwar auch in diesem Falle wieder dank dem Zusammenschluß von zwei Forschungsrichtungen. Die eine stammt aus der Technologie, die in den Polymeren eine Quelle neuer Materialien für die Industrie findet; die andere wurde von Physik und Chemie entwickelt, die versuchen, Makromoleküle zu reinigen, ihre Zusammensetzung zu bestimmen und ihre Organisation aufzuklären. Das Vorhandensein von Hochpolymeren in den Lebewesen war schon seit der ersten Hälfte des 19. Jahrhunderts bekannt. Verschiedentlich hatten die Chemiker festgestellt, daß gewisse Substanzen trotz ihrer Größe durch Hydrolyse nur einige wenige einfache Verbindungen oder nur eine einzige freisetzten. So wurde in der Zellulose oder in der Stärke nur Glukose gefunden, im Kautschuk oder Guttapercha nur Isopren. Seit Berzelius dient der Begriff des Polymers dazu, diese riesigen Strukturen zu bezeichnen, und der Begriff Monomer zur Bezeichnung der Grundeinheit. Meistens schienen diese Einheiten Ende an Ende gereiht eine Kette zu bilden. Jedoch schloß die Ähnlichkeit der Zusammensetzung die Mannigfaltigkeit der Struktur nicht aus. Auch wenn Stärke und Zellulose aus der gleichen Glukose aufgebaut sind, besitzen sie dennoch höchst verschiedene Eigenschaften: in der einen oder anderen Art ist die erstere Bestandteil jeglicher menschlichen Nahrung; die letztere Verbindung hingegen kann vom Menschen nicht verdaut werden. Nur die Anordnung der Einheiten konnte einen derartigen Unterschied erklären. Tatsächlich sind in gewissen Polymeren alle Einheiten parallel ausgerichtet in einer monotonen Kette angeordnet; bei anderen dagegen sind sie einmal links, einmal rechts von der Symmetrieachse in abwechselnden Motiven angeordnet. Gewisse Ketten sind lang, andere kurz. Einige sind linear, andere verzweigt. In bestimmten Polymeren findet sich nur eine einzige Art Monomer; in anderen finden sich verschiedene. Kurz, die Variation von einigen wenigen Parametern genügt, um die Diversität entstehen zu lassen.

Zu Beginn dieses Jahrhunderts versuchen die Chemiker im Laboratorium die Mechanismen zu analysieren, mit denen die Natur diese riesigen Strukturen baut. Die Chemie der Polymeren unterscheidet sich von der der kleinen Verbindungen; sie beruht auf anderen Prinzipien. Um ein kleines organisches Molekül zu präparieren, muß der Chemiker – oft unter großem Aufwand – bei jedem Syntheseschritt selbst eingreifen und jedes Atom in die gewollte Lage bringen. Für die Produktion von Polymeren hingegen müssen nur die Monomeren in bestimmten Proportionen gemischt werden und den entsprechenden Bedingungen von Säure, von Temperatur, von Druck usw. ausgesetzt werden. Läuft einmal die Reaktion an, so geht sie spontan ohne jeden Eingriff des Chemikers weiter. Trotzdem kann der Chemiker die Natur des Endproduktes auf verschiedene Arten beeinflussen: indem er die Bedingungen der Reaktion verändert oder die Monomeren austauscht; auch kann er deren Proportionen im Produkt verändern, indem er dem Gemisch gewisse Substanzen zugibt, die als Katalysatoren wirken und die gewissermaßen die Orientierung der Einheiten entlang der Kette bestimmen. Dank der Verwendung dieser Katalysatoren wird es möglich, die Reaktion zu lenken und auf die räumliche Organisation des Produkts einen Einfluß auszuüben. In der Folge entsteht eine enge Zusammenarbeit zwischen Laboratorium und Industrie. Eine ganze Reihe von neuen Substanzen wird durch die Polymerisation von einfachen Molekülen, besonders von Kohlenwasserstoffen entwickelt. Gleichzeitig entsteht aber auch ein ganzes System von Vorstellungen und Techniken, die nach und nach die Vorstellungen der Biologie angesichts der Makromoleküle der Lebewesen beeinflussen.

Die Technologie der Polymere übernimmt Analysemethoden, die allmählich von der Physik und der Chemie entwickelt werden. Ihr Aufbau verleiht den Makromolekülen besondere Eigenschaften in bezug auf Gewicht, elektrische Ladung, Lichtbrechung und, in Lösung gebracht, der Viskosität. Diese Eigenschaften ergeben Handhaben, um mit diesen Verbindungen umzugehen und ihr Verhalten zu erforschen. Man kann sie sozusagen wägen, indem man sie Zentrifugalkräften unterwirft, die hunderttausendfach die Gravitationskraft übersteigen. Man kann ihre Bewegung in einem elektrischen Feld messen, ihre Größe, ihr Volumen, ihre allgemeine Form bestimmen. Kurz, es gelingt, eine Gesamtdarstellung dieser molekularen Strukturen zu entwerfen. Jedoch ist es vor allem der Anwendung von drei Techniken zu verdanken, daß die Zusammensetzung dieser Moleküle, ihre interne Organisation und die Prozesse ihrer Synthese bis in alle Einzelheiten aufgeklärt werden können.

Die erste Technik entstammt der Chemie. Zu Beginn dieses Jahrhunderts hatten die Botaniker Wege gefunden, um verschiedene Pflanzenpigmente zu reinigen und zu isolieren. Sie ließen Pflanzenextrakte über lange Säulen aus einem bestimmten kalkhaltigen Pulver fließen, von denen sie mit verschiedenen Lösungsmitteln eluiert wurden. Als einzige auf der Säule in bestimmten Zonen zurückgehaltene Stoffe trennten sich die Pigmente im Verlauf der Elution voneinander. Diese Methode, die unter dem Namen Chromatographie bekannt ist, wurde von den Chemikern Mitte dieses Jahrhunderts übernommen und weiterentwickelt. Sie eröffnet in der Tat unendlich viele Möglichkeiten. Man kann die Zusammensetzung der Säule, des Elutionsmittels, die Aktivität, die Konzentration der Ionen usw. variieren. Das Auflösungsvermögen dieser Technik ist erstaunlich. Sie kann eng verwandte Verbindungen auftrennen, die sich nur in wenigen Einzelheiten wie der elektrischen Ladung, der Größe oder der Form unterscheiden. Man kann als Säule selbst Papierblätter bestimmter Qualität verwenden, auf die langsam, zuerst in der einen, dann in der anderen Richtung Lösungen der zu analysierenden Produkte fließen. Jede Verbindung bewegt sich mit der ihr eigenen Geschwindigkeit. Damit wird es für den Chemiker zum reinen Spiel, qualitativ und quantitativ fast identische Verbindungen zu unterscheiden. Ohne zu übertreiben kann man sagen, daß die Einfachheit und Wirksamkeit dieser Technik die Analyse der biologischen Makromoleküle, vor allem im Bereich der Proteine und der Nukleinsäuren, vollständig verwandelt hat. Bis dahin wußte man, daß diese Verbindungen aus wenigen chemischen Molekülen bestehen, zwanzig bei den Proteinen und vier bei den Nukleinsäuren, daß sie jedoch in großer Zahl in jedem Molekül vorkommen. Nach beträchtlichem Aufwand gelang es sogar, das Molekül zu hydrolysieren, die Natur seiner Bausteine und die Anzahl der Exemplare eines jeden zu bestimmen. Es gab jedoch keinerlei Mittel, die Anordnung dieser Einheiten und die räumliche Organisation eines Proteins zu analysieren; erst die Chromatographie machte diese Forschung möglich. Mit Hilfe gewisser Enzyme gelingt es dem Chemiker, das Proteinmolekül an bestimmten Stellen zu spalten und somit nicht die getrennten Bausteine, sondern Fragmente zu isolieren, die noch aus mehreren Grundeinheiten bestehen. Darauf kann der Chemiker jedes Fragment weiter auftrennen und die Zusammensetzung jedes einzelnen bestimmen. Wie in einem Puzzlespiel handelt es sich nun darum, die jeweilige Stellung dieser Fragmente und Stücke zu bestimmen und sie zur Übereinstimmung zu bringen, um die ursprüngliche Struktur zu rekonstituieren. Da mehrere spezifische Enzyme existieren, die ein Molekül an verschiedenen Stellen spalten, kann dieselbe Kette von Einheiten in eine Reihe von verschiedenen Puzzles aufgeteilt werden. Auf diese Weise nach und nach vorgehend erhält man letztlich genügend Gleichungen, um alle Unbekannten aufzulösen. Zum allgemeinen Erstaunen reduziert sich ein Proteinmolekül, dessen dreidimensionale Struktur von größter Komplexität ist, auf eine sehr einfache, eindimensionale Struktur. Es handelt sich ganz einfach um ein lineares Polymer, das aus einigen hundert Ende an Ende geknüpften Einheiten besteht, die dem Satz von zwanzig entnommen werden. Die räumliche Komplexität entsteht aus der Faltung der Kette in sich selber, die eine dreidimensionale Form bildet, aus den Einbuchtungen, die ein bewegtes Relief in deren Oberfläche gräbt: die besondere Form des Moleküls ist durch die Länge der Kette gegeben, die hundert bis tausend Einheiten umfassen kann, und durch die Sequenz, in der die Einheiten angeordnet sind. Wiederum entstehen Diversität und Komplexität aus der Einfachheit eines Spiels von Kombinationen.

Die zweite Technik, die die Möglichkeiten der biochemischen Analyse revolutionierte, beruht auf der Verwendung von Radioisotopen, die von den Physikern entdeckt wurden. Ein radioaktives Element gibt Strahlungen ab, die verfolgt werden können. Dieses Element ist somit überall im Organismus »sichtbar«. Durch Synthese kann der Chemiker ein radioaktives Atom in eine bestimmte Stellung eines anorganischen

oder organischen Moleküls bringen. Ist ein derartiges Molekül auf die eine oder andere Art in den Organismus gelangt, kann man seine Spur verfolgen. Man beobachtet die sukzessiven Umwandlungen, die Verteilung unter den Komponenten der Zelle, die Fixierung oder Ausscheidung. Die Verwendung von Isotopen erlaubt auch die Fäden im Netz des intermediären Metabolismus auseinanderzunehmen. Ebenfalls können Stufe für Stufe die Entstehung der niedrigmolekularen Verbindungen und ihre Polymerisation zu Riesenmolekülen verfolgt werden. Ferner ist es möglich, die Stabilität der Zellbestandteile und die Geschwindigkeit ihrer Erneuerung zu messen. Kombiniert mit der histologischen Auswertung findet sich in der Autoradiographie der Isotope ein Mittel, um die Beschaffenheit der im Mikroskop sichtbaren Zellstrukturen zu bestimmen und ihre Veränderungen während der Zellteilung zu überwachen. Damit ist nicht mehr nur die Zusammensetzung der Lebewesen Analyseobjekt, sondern die ganze Dynamik ihrer chemischen Umwandlungen.
Die dritte Technik schließlich, die einen Zugang zur Struktur der Makromoleküle in der Zelle erlaubt, beruht auf der Vervollkommnung der Beobachtungsmethoden der Physiker. An erster Stelle steht das Elektronenmikroskop, in dem ein Elektronenbündel das sichtbare Licht ersetzt und das das Auflösungsvermögen des Auges fast tausendfach vergrößert: es wird möglich, im einzelnen die Organellen der Zelle zu beobachten und selbst die Form bestimmter Riesenmoleküle in ihrer Gesamtheit zu unterscheiden. Ferner führt die Analyse der Kristalle durch Beugung von Röntgenstrahlen zu neuen Ergebnissen: nicht nur in einfachen Verbindungen, sondern auch in den kompliziertesten Strukturen. Allerdings entspricht die Genauigkeit der Ergebnisse den Schwierigkeiten der Technik. Da diese den Physikern vorbehalten bleibt, sehen sich manche veranlaßt, sich unmittelbar mit der Biologie zu beschäftigen. Die Beugung der Röntgenstrahlen war zu Beginn dieses Jahrhunderts in England verwendet worden, um die Organisation einfacher Kristalle wie die des Natriumchlorids zu bestimmen. So entstand eine Schule von Kristallographen, die sich für die innere Struktur der verschiedensten Verbindungen interessierten; hierzu gehörten auch die biologischen Makromoleküle. Diese Physiker waren überzeugt, daß die Funktionen der lebenden Zelle nur auf der Struktur dieser Moleküle beruhen könnten. Es war einer von ihnen, der den Ausdruck »Molekularbiologie« vorschlug, um diese Art der Analyse zu bezeichnen. Hinfort fanden sich alle Spezialisten, die sich auf die eine oder andere Art mit der Erforschung der Zelle beschäftigten, in der Situation von Monsieur Jourdain, das heißt, sie hatten Molekular-

biologie betrieben, ohne es zu wissen. Mehr oder weniger isoliert tappen die Kristallographen angesichts der Komplexität der biologischen Systeme zuerst im dunkeln. Sie müssen stufenweise vom Einfachen zum Komplizierten vorstoßen, nur nach und nach können sie das Auflösungsvermögen ihrer Analyse vergrößern. Sie lernen bestimmte bevorzugte Teile der Moleküle erkennen und sie mit Schwermetall-Atomen zu markieren, die mit Röntgenstrahlen leicht zu lokalisieren sind. Nach und nach gelang es ihnen nicht nur, die Umrisse der Makromoleküle zu unterscheiden, sondern ihre Feinstruktur zu bestimmen. An die Stelle der rein kristallographischen Analyse tritt ein subtiles Spiel, in dem sich die Interpretation der physikalischen Daten mit dem Bau von Modellen im Laboratorium verbindet, der von einer sich auf die Kenntnis der Atomeigenschaften und ihrer Verbindungen stützenden Intuition gelenkt wird. Dieser sich allmählich entwickelnde Dialog zwischen Kristallographie und theoretischer Chemie, so mühselig er auch sein mag, erweist sich als das einzige Mittel, um der Organisation der großen biologischen Molekularstrukturen beizukommen. Denn wenn auch die chemische Analyse die Reihenfolge der Bausteine entlang der Kette bestimmen kann, so bleibt sie doch stumm in bezug auf deren Faltungen, auf die feine Anatomie des Moleküls, auf seine Konfiguration im Raum. Die physikalische Analyse erlaubt jedes Detail in einer Struktur zu bestimmen, die mehrere tausend Atome enthält.

Zu den Kristallographen gesellt sich eine andere Gruppe von Physikern, die sich ebenfalls für die Biologie interessieren, jedoch aus ganz anderen Gründen. Nach dem Krieg revoltierten viele junge Physiker gegen die militärische Anwendung der Atomenergie. Zudem sind manche der Wendung überdrüssig, die das experimentelle Vorgehen in der Nuklearphysik nimmt, und ebenso deren Langsamkeit und Komplexität, die auf die Verwendung der großen Maschinen zurückgeht. Sie sehen darin das Ende jeder Wissenschaft und suchen ein anderes Tätigkeitsfeld. Einige blicken mit einer Mischung von Unsicherheit und Hoffnung in Richtung Biologie. Sie sind unsicher, weil sie von den Lebewesen im allgemeinen nur die vagen Vorstellungen der Zoologie und der Botanik besitzen, die die alten Schulerinnerungen zurückgelassen haben. Sie sind voller Hoffnung, weil ihre berühmtesten Senioren die Biologie als verheißungsvoll betrachten. Niels Bohr sieht in ihr eine Quelle neuer physikalischer Gesetze, desgleichen Schrödinger, der der Biologie Stunden der Erneuerung und der Begeisterung vor allem im Bereich der Vererbung verspricht. Einen der Väter der Quantenmechanik fragen zu hören: »Was ist das Leben?« und die Vererbung in Begriffen molekularer Strukturen, interatomischer Bindungen und thermodynamischer

Stabilität zu beschreiben – das genügt, um den Enthusiasmus gewisser junger Physiker auf die Biologie zu lenken und ihn mit einer Legalität zu umgeben. Ihr Streben und ihr Interesse richtet sich auf ein einziges Problem: die physikalische Natur der genetischen Information.

Die Mikroorganismen

Zu den neuen Vorstellungen und Techniken kommt noch ein Wechsel im Material, das für das Studium der Zelle und der Vererbung verwendet wird. Der klassischen Genetik war es nicht gelungen, den Abgrund zwischen Gen und Phän, d. h. dem Charaktermerkmal, auszufüllen. Sie schloß auf das Vorhandensein einer Substanz in den Chromosomen, die gleichzeitig fähig ist, sich selber zu reproduzieren und die genetische Spezifizität in sich zu tragen. Jedoch erlaubt das von der Genetik in der ersten Hälfte dieses Jahrhunderts verwendete Material weder diese Substanz zu untersuchen noch ihren Wirkungsmechanismus zu erforschen. Gewisse Versuche in der Drosophilaforschung, Physiologie und Genetik miteinander zu verbinden, hatten den Einfluß der Gene auf bestimmte chemische Reaktionen im Organismus gezeigt. Aber bei einem komplexen Wesen, das sich auf sexuellem Wege fortpflanzt, wird die Wirkung des Gens erst nach einer langen Zeitperiode sichtbar, nach einer Reihe von Transformationen, die durch Entwicklung und Morphogenese bedingt sind. Die von den Genetikern verwendeten Organismen eigneten sich nicht für die Chemiker und umgekehrt. Um ihre Bemühungen zu vereinen, mußten sie ein gemeinsames Material finden. Entgegen jeder Erwartung sind es die Mikroorganismen, die dieses Material liefern werden, vor allem Bakterien und Viren.

Die Bakteriologie, die mit der Erfindung des Mikroskops fast drei Jahrhunderte zuvor entstanden war, hatte sich lange Zeit auf die reine Beobachtung beschränkt, bis die Arbeiten Pasteurs aus ihr eine experimentelle Wissenschaft machten. In wenigen Jahren entdeckte der Mensch mit Erstaunen, daß seine Welt ohne Mikroorganismen nicht das wäre, was sie ist. Jedoch hatte die Bedeutung der Mikroben als pathogene Keime, ihre Funktion in den Zyklen der Umwandlung der Elemente an der Erdoberfläche, ihre Wichtigkeit für zahlreiche Industriezweige den Wert der Mikroben für die Erforschung von biologischen Mechanismen lange Zeit auf den zweiten Platz verwiesen. Die Zelltheorie trug dazu bei, die lebende Welt zu einigen, jedoch waren

die Bakterien von dieser Verallgemeinerung ausgeschlossen. Ihre Winzigkeit ließ einfach nicht zu, in ihnen charakteristische Strukturen zu erkennen. Man konnte nichts anderes tun, als sie zu kultivieren, zu beschreiben und zu klassifizieren versuchen. Allmählich sind die Mikroben zu Beginn dieses Jahrhunderts Forschungsobjekte für die Physiologie und die Biochemie geworden. Die Evolution der Medizin und der Industrie führte zu immer größerer Sicherheit bei der Identifizierung der Keime und zu immer genaueren Kenntnissen ihrer Eigenschaften. Je mehr Mikroben isoliert wurden, desto wichtiger wurde es, ihre Merkmale zu definieren, um sie zu unterscheiden. Auch wenn sich die Mikrobiologen damit begnügten, das Wachstum unter den verschiedensten Bedingungen zu studieren, gelang es ihnen dennoch, die Nährstoffbedürfnisse der Mikroorganismen abzuklären sowie ihre Fähigkeit, bestimmte Verbindungen als Kohlenstoffquelle zu verwenden und ihre Empfindlichkeit gegenüber bestimmten antibakteriellen Drogen. Gleichzeitig fanden die Chemiker in den Mikroorganismen ein für ihre Forschung ganz besonders geeignetes Material. Einfacher zu handhaben als der Taubenmuskel, in ihrem Verhalten besser reproduzierbar als die Rattenleber, eignen sich die Kulturen von Hefe oder Bakterien ebensosehr für die Extraktion der Bestandteile zur Analyse des Metabolismus und zur Bestimmung der Enzymaktivitäten. Zwischen Tauben, Ratten und Bakterien fanden sich bedeutende Ähnlichkeiten: überall die gleichen chemischen Reaktionen, die gleichen intermediären Verbindungen mit hohem Energieinhalt, die gleichen auf Proteinen beruhenden Enzymaktivitäten. Hinter der Verschiedenartigkeit der Formen und der Varietät der Eigenschaften zeichnete sich somit eine Einheit in der Zusammensetzung und der Funktion der lebenden Welt ab. Immer wurden dieselben Materialien verwendet, um dieselben Bestandteile zu bilden, als ob die Natur in der Regel nur eine einzige Art des Vorgehens kennen würde.
Jedoch schien bis zur Mitte dieses Jahrhunderts jede Ähnlichkeit zwischen Mikroorganismen und höheren Wesen in einem Bereich wenigstens ausgeschlossen zu sein: dem der Vererbung. Das Gen war in erster Linie Einheit der Rekombination und der Segregation und wurde erst spät zur Einheit von Mutation und Funktion. Die Genetik beruhte auf der Erforschung von Hybriden, die sich sexuell fortpflanzen. Infolge der Verbindung von genetischer Analyse und zytologischer Beobachtung konnten die Rolle der Chromosomen und der Mechanismus der Vererbung bestimmt werden. Doch weder die Hybridbildung noch die zytologische Analyse ließ sich an Mikroben durchführen. Diese reproduzieren sich auf vegetativem Weg, und kein mit der Sexualität

vergleichbares Phänomen war bei ihnen bekannt. Ihre Winzigkeit verhinderte jede zytologische Beobachtung. Der Mangel an struktureller Organisation erlaubte nicht, zwischen somatischen Zellen und Keimzellen zu unterscheiden, zwischen Charakter und Faktoren, zwischen Phänotyp und Genotyp. Auch waren sich Bakteriologen und Genetiker darin einig, daß die Bakterien über keinen genetischen Apparat verfügten, daß ihre Vererbung mit der der Tiere und Pflanzen nichts gemein hätte. Die Welt der Mikroben schien weder den Konzeptionen noch den Methoden der Genetik zugänglich zu sein.

Erst Mitte dieses Jahrhunderts wurden die Mikroorganismen der genetischen Analyse zugänglich. Zunächst Schimmelpilze und Hefen, in denen man Phänomene der Sexualität und der Konjugation beobachtet. In diesen Organismen kann die Erforschung des Metabolismus mit der der Vererbung kombiniert werden. Die dort verfolgten Merkmale betreffen nicht nur mehr oder weniger sekundäre Eigenschaften wie die Länge eines Flügels oder die Farbe einer Blüte. Die eigentliche Chemie des Organismus, seine Wachstumsfähigkeit, seine Syntheseleistungen werden in Betracht gezogen. Zum erstenmal arbeiten Chemiker und Genetiker zusammen, um einen Schimmelpilz zu erforschen, der sich in einer einfachen Nährflüssigkeit vermehrt und aus ihr seine Bestandteile bildet. Der Genetiker isoliert die Mutanten, die unfähig sind, sich in diesem Milieu zu vermehren und der Biochemiker versucht, diese Unfähigkeit zu erklären. Bald zeigt sich, daß jede dieser Mutationen den Metabolismus in einem bestimmten Punkt blockiert. Jede verhindert die Synthese eines wichtigen Metaboliten. Jede verändert die Eigenschaften eines Enzyms, das für diese Synthese notwendig ist. Daraus folgt, daß die ganze Chemie des Organismus von der Vererbung beherrscht wird. Ein bestimmtes Gen steuert eine bestimmte chemische Reaktion, weil es die Eigenschaften des entsprechenden proteinartigen Enzyms bestimmt, das diese Reaktion katalysiert. In die vordem zwischen Gen und phänotypischem Merkmal klaffende Leere fügt sich das Protein ein.

Sind die Reaktionen des Metabolismus einmal auf diese Weise zu Analyseobjekten der Genetik geworden, so wird es möglich, die Vererbung ganz einfacher Organismen wie die der Bakterien zu analysieren. Jene Eigenschaften, die bisher die Bakterien von der genetischen Analyse ausschlossen, machen sie sogar zum bevorzugten Material für die Erforschung der Variationen. Dank ihrer Winzigkeit und der Schnelligkeit ihres Wachstums produzieren die Bakterien in wenigen Stunden enorme Populationen in kleinen Volumen. Werden auf diese Kulturen statistische Methoden angewendet, so stellt man fest, daß die

Variation auf seltene quantische Veränderungen zurückzuführen ist, die mit den Mutationen der höheren Wesen identisch sind. Wie eine Fliege besitzt ein Bakterium bestimmende Erbfaktoren, das heißt Gene. Diese bestimmen ebenso seine Morphologie wie den Metabolismus und sämtliche erkennbaren Eigenschaften. Bei gewissen Mikroben bestehen sogar Konjugationsphänomene, die an die Sexualität zwischen Männchen und Weibchen bei den höheren Organismen erinnern. Somit lassen sich Hybride realisieren und die zwischen den Genen bestehenden Beziehungen bestimmen. Es zeigt sich, daß die Gene linearen Strukturen entlang aufgereiht sind, den Chromosomen der höheren Wesen vergleichbar. Dasselbe gilt für die Viren. In der ganzen lebenden Welt gibt es damit nur eine einzige Art, die Fortdauer der Formen und der Eigenschaften über die Generationen hinweg sicherzustellen. Ebenfalls gibt es eine einzige Art, sie zu verändern. Die Regeln des genetischen Spiels sind für alle dieselben.

Bisher schien die sexuelle Reproduktion das einzige Mittel zu sein, um die Gene einer Art in einer Vielzahl von Kombinationen anzuordnen, die eine fast unendliche Varietät von Individuen erlaubte. Doch kann bei den Bakterien das genetische Material noch auf einem anderen als dem sexuellen Wege von einer Zelle zur anderen übertragen werden. So können Viren als Träger für bakterielle Gene dienen und eine Art ansteckender Vererbung bewerkstelligen. Auch sind bestimmte Arten von Bakterien fähig, die durch Zerquetschung anderer Bakterien freigesetzten Gene aufzunehmen und in ihr eigenes Chromosom einzufügen. Damit wurde die Vorstellung von einer Korrelation zwischen Vererbung und sexueller Reproduktion Lügen gestraft. Die Vorstellung der Vererbung muß erweitert werden. Sie wird zur Fähigkeit der identischen Reproduktion, die jede Zelle besitzt und über die Generationen hinweg weitergibt. Diese Eigenschaft, Strukturen und Reaktionen auf dem Wege der Vermehrung zu reproduzieren, wird zum Hauptprinzip der Vererbung. Ohne sie gibt es keinen lebenden Organismus. Das übrige, die Sexualität, die Mannigfaltigkeit der Formen, die Differenzierung der Zellen sind nur im Verlaufe der Evolution entwickelte Komplikationen, sind nur Variationen über dasselbe Grundthema. Es ist durchaus möglich, sich ein – freilich etwas langweiliges – Universum ohne Sexualität, ohne Hormone und ohne Nervensystem vorzustellen, ein Universum, das nur von identischen Zellen bevölkert wäre, die sich immerfort reproduzierten. In der Tat gibt es ein derartiges Universum; es ist dasjenige einer Bakterienkultur.

Die Verwendung von Bakterienkulturen als Analyseobjekte zieht zwei wichtige Folgen nach sich. Die erste besteht in der Öffnung eines Zugangs zur Feinstruktur des genetischen Materials. Die Bakterien bringen in der Tat eine extreme Vereinfachung der genetischen Analyse mit sich, die einen Grad der Auflösung erreicht, der bei der Untersuchung höherer Organismen unmöglich war. Der einfache Handgriff Mikrobenkulturen auf selektiven Medien auszubreiten, erlaubt in wenigen Stunden Informationen über Milliarden von Ereignissen, Mutationen oder Rekombinationen zu erhalten. Nur schwer kann man sich die Arbeitsleistung vorstellen, die notwendig wäre, um ein gleichwertiges Ergebnis durch Untersuchungen bei Tieren oder Pflanzen zu erzielen. Diese Vergrößerung des Auflösungsvermögens führt dazu, das dem Gen von der klassischen Genetik verliehene Bild einer integralen Struktur in der Art der Kugeln eines Rosenkranzes zu überprüfen. Das als Funktionseinheit definierte Gen enthält nämlich mehrere Hunderte von Elementen, die durch Mutation verändert oder durch Rekombination getrennt werden können. Doch sind in dieser neuen Organisation noch immer die alten Prinzipien gültig, die Quantennatur der Veränderungen, die Rolle des Zufalls in den den Gesetzen der Wahrscheinlichkeit unterworfenen Zusammensetzungen, die Anordnung der Elemente entlang einer eindimensionalen Struktur. Darüber hinaus machen die Bakterien der Chemie das genetische Material zugänglich. Sind nämlich die durch Zerreibung von Bakterien frei gewordenen Gene in der Lage, in andere Bakterien einzudringen, um dort Fuß zu fassen und ihnen neuen Charakter zu verleihen, so kann der Chemiker eingreifen. Er verfügt über Mittel, diese Gene wie irgendeine andere Verbindung zu extrahieren, sie zu dosieren, sie zu reinigen. Auf diese Art und Weise gelingt es Avery nachzuweisen, daß die genetische Aktivität an das Vorhandensein von Desoxyribonukleinsäure gebunden ist. Diese in den Zellkernen enthaltene Substanz war schon seit über einem Jahrhundert bekannt. Man kannte ihre globale Zusammensetzung. Aber man wußte bis dahin nicht, welche Aufgabe ihr zugeschrieben werden muß und welche molekulare Struktur ihr zu geben sei. Ihre Rolle besteht darin, die Spezifizität der Mendelschen Einheiten zu übertragen. Ihre Struktur kann durch eine Kombination von chemischer und kristallographischer Analyse bestimmt werden. Es handelt sich um ein langes Polymer, das durch die Aneinanderreihung von vier Einheiten gebildet wird, die sich millionenfach wiederholen und längs der Kette wie die Buchstaben eines Alphabets in einem Text permutiert werden. Die Anordnung dieser vier Einheiten bestimmt die Anordnung der zwanzig Einheiten in den Proteinen. Alles führt dazu, die im genetischen Material enthaltene Sequenz als eine Reihe von Weisungen aufzufassen, die die molekularen Baupläne, das heißt die

Eigenschaften der Zelle, bestimmen und den Organisationsplan als eine von Generation zu Generation weitergegebene Botschaft zu betrachten. In der Kombination der vier chemischen Moleküle muß ein auf der Basis vier aufgebautes Zahlensystem gesehen werden. Kurz, alles führt dazu, die Logik der Vererbung derjenigen einer Rechenmaschine gleichzustellen. Nur selten hat ein von einer Epoche geprägtes Modell ein getreueres Anwendungsbeispiel gefunden.

Die Verwendung von Bakterienkulturen durch verschiedene naturwissenschaftliche Disziplinen hat noch eine andere Folge: bei einem derart rudimentären Organismus vereinfachen sich die verschiedenen Techniken so weit, daß sie gleichzeitig angewendet werden können. Die Analyse der Vererbung verlangt mehr, als nur Merkmale der Bakterienzellen in allen Variationen zu beobachten und ihre neue Zusammenstellung in den Hybriden zu bestimmen. Parallel dazu müssen das genetische Material extrahiert, seine Eigenschaften bestimmt und Form und Größe mittels der Ultrazentrifuge aufgeklärt werden. Gleichzeitig müssen die entsprechenden Proteine analysiert werden, ihre Struktur bestimmt und ihre Enzymaktivität gemessen werden. So können die Effekte einer Mutation nicht nur an den Veränderungen der Funktion, die sie bewirkt, sondern durch diejenigen der beteiligten Strukturen erkannt werden. Umgekehrt wird es möglich, die Eigenschaften einer Zelle, ihre Organisation und Funktion durch die Art der von Mutationen verursachten Störungen zu bestimmen. Die genetische Analyse zielt damit nicht mehr nur auf die Aufhellung der Vererbungsmechanismen hin. Sie wird zu einem Präzisionsinstrument, das dazu dient, Bestandteile der Zelle, ihre Rolle und ihre Interaktionen mit anderen Elementen zu bestimmen. Dank den Mutationen gelingt es, die Zelle zu zergliedern, ohne sie zu zerstören. Seit mehr als einem Jahrhundert stellte die Erforschung des pathologischen Zustands eine der sichersten Methoden dar, um den normalen Zustand zu verstehen. Die experimentelle Physiologie verursachte mit mechanischen oder toxischen Mitteln von außen Zerstörungen im Organismus. Die Molekularbiologie ruft sie durch Mutationen von innen hervor. Sie wirkt nicht auf bereits gebildete Strukturen, sondern auf das Programm, das deren Aufbau bestimmt. Der im Laboratorium auf eine Bakterienpopulation ausgeübte selektive Druck kann derart wirkungsvoll sein, daß man fast nach Belieben Monstren produzieren kann, in denen eine ausgewählte Funktion durch eine Mutation in Mitleidenschaft gezogen wurde. Anhand derartiger Monstren untersuchen Physiologen und Morphologen Anomalien im ganzen Organismus, die Biochemiker und Physiker in den Extrakten. Nun gibt es nicht mehr zwei sich gegenseitig ignorierende wissenschaftliche Bereiche, sondern nur noch zwei Aspekte ein und derselben Analyse.

Man halte sich die Veränderungen in der Einstellung der Biologie vor Augen. Die ganze Geschichte der Biologie wird von einem Konflikt zwischen zwei einander entgegengesetzten Stellungnahmen beherrscht, zwischen der Zuversicht, die Fähigkeiten der Organismen auf die Eigenschaften der Materie zurückführen zu können und der Ablehnung dieser Vorstellung, die der Integration der Lebewesen jede besondere Eigenschaft abspricht. Je mehr sich die chemische Analyse vervollkommnet, desto klarer offenbart sie die Identität der Gesetze in der belebten und unbelebten Welt. Je mehr sich jedoch die Erforschung der lebenden Organismen, ihres Verhaltens, ihrer Evolution vertieft, um so deutlicher zeigen sich Unterbrechungen zwischen den einzelnen Integrationsebenen. Vom Virus zum Menschen, von der Zelle zur Art interessiert sich die Biologie für Systeme von stets zunehmender Komplexität, die durch aufeinanderfolgende Integration untergeordneter Systeme entstehen. Jede Organisationsebene stellt eine Schwelle dar, wo sich plötzlich die Objekte, die Methoden und die Bedingungen der Beobachtung verändern. Phänomene, die auf einer Ebene identifiziert werden können, verschwinden auf der darunterliegenden; auf der übergelagerten Ebene hingegen trifft ihre Deutung nicht mehr zu.

Für die Biologie handelt es sich jetzt darum, diese Ebenen paarweise aneinanderzufügen, eine jede Schwelle zu überschreiten, deren Besonderheiten in bezug auf Integration und Logik aufzudecken. Die Bakterien stellen sozusagen ein Lebensminimum dar. Die Molekularbiologie beginnt mit ihnen und stellt sich damit auf die erste Integrationsstufe, die einen Organismus kennzeichnet und ignoriert alle anderen. Bewußt richtet sie sich an einer der Grenzen der lebenden Welt, der Grenze zum Unbelebten ein. Die untergeordnete Ebene läßt sich in chemischen oder physikalischen Begriffen beschreiben. Das übergelagerte Niveau wird in Ausdrücken wie »Organisation«, »logisches System« und sogar »automatische Maschine« erfaßt, womit ganz einfach Gleiches mit Gleichem beantwortet wird. Aber die Natur des Systems und die Beobachtungsmethoden erlauben immer beide Ebenen gleichzeitig zu betrachten, unaufhörlich den Gesamtorganismus sowie das Detail der Bestandteile oder die im Verlaufe der Analyse entdeckten Phänomene miteinander zu vergleichen. Unser Wissen über die Bakterienzelle ist durch eine Anhäufung der verschiedensten Techniken erarbeitet worden, die entweder auf den Gesamtorganismus oder auf Extrakte angewendet wurden. So spielte vor allem die Kombination der genetischen Analyse mit der physikalischen und chemischen Untersuchung auf jeder Stufe eine Rolle. Die Zelle als Ganzes muß zerstört werden, um ihre Bestandteile zu bestimmen und ihre Tätigkeit zu erforschen. Doch muß auf die intakte Zelle zurückgegriffen werden, um nach Isolierung und Reinigung der isolierten Bestandteile sicherzustellen, daß sie im Reagenzglas genauso wirken wie im Organismus. Aus dem Vergleich beider Ebenen ergibt sich die Beschreibung der Bakterienzelle.

Die Botschaft

Bei den Bakterien stellt das Einzelwesen nur selten ein Analyseobjekt dar. Meistens befaßt sich das Experiment mit einer Kultur, das heißt ein Milieu, das ohne weiteres eine Population von mehreren Milliarden Mikroben in wenigen Kubikzentimetern umfassen kann. Es ist somit ausgeschlossen, die Eigenschaften jedes Einzelwesens unmittelbar zu beobachten. Selbst wenn das Vorhandensein weniger Einzelwesen besonderer Art bestimmt werden soll, zum Beispiel Mutanten, ist man gezwungen, die Population Bedingungen zu unterwerfen, unter denen sich nur diese Individuen vermehren können. Man beobachtet jedoch nicht diese Individuen selbst, sondern ihre Nachkommenschaft, das heißt von neuem eine ungeheuer große Population. Die Vorstellung, die der Biologe von einer Bakterienzelle hat, gibt somit nur ein statistisches Bild, eine Art Roboterporträt, das aus der Menge der angesammelten Beobachtungen einer Vielzahl von Einzelwesen hervorgeht.
Dieses Roboterporträt stellt das einfachste Objekt dar, das die Qualitäten der Organisation, der Autonomie und Unveränderlichkeit vereinigt, die nach allgemeiner Ansicht Kennzeichen der Lebewesen sind. Gewiß gibt es noch einfachere Organisationsformen wie etwa die Viren. Aber wenn auch die Viren gewisse Eigenschaften eines Organismus aufweisen, so besitzen sie doch längst nicht alle. Infolge des sich hieraus ergebenden Mangels an Autonomie können sie nicht als Lebewesen bezeichnet werden. Die Zellen der höheren Tiere oder der einzelligen Organismen wie der Protozoen oder Hefen weisen hingegen eine Komplexität der Organisation auf, die diejenige eines Bakteriums bei weitem übertrifft.
Die verhältnismäßige Einfachheit der Bakterienzelle erlaubt jedoch nicht darauf zu schließen, daß sie eine, im Sinne der Evolution, primi-

tive Form darstellt. Man ist leicht versucht, Einfachheit mit archaischem Alter zu verwechseln und die Bakterienzelle als lebendes Fossil, das heißt als unseren gemeinsamen Vorfahren zu betrachten. Doch ist ein jedes Lebewesen, das der Biologe untersuchen kann, Bakterium oder Säugetier, das Ergebnis einer Evolution von Milliarden Jahren. Sind die Wege dieser Evolution nicht mit nachweisbaren Spuren markiert, so können ihre Mäander leicht für immer unbekannt bleiben. Der Verwandtschaftsgrad zwischen den primitiven Organismen und den heutigen Bakterien kann nicht gemessen werden. Wir können uns das ursprüngliche Material der Evolution nur vorstellen. Hätte es irgendeine Ähnlichkeit mit der heutigen Bakterienzelle, so ist doch unvorstellbar, daß es schon derart komplex gewesen wäre. In jedem Bakterium, das wir beobachten, hinter jedem seiner Bestandteile liegt eine lange Geschichte, die für das Verstehen des Systems ebenso notwendig ist wie die Kenntnis seiner Struktur.

Aus technischen Gründen konzentrierte sich die Erforschung der Bakterienzelle auf einen harmlosen Kolibazillus, einen sich im menschlichen Darm befindenden Organismus. Dieser Kolibazillus vermehrt sich gut in einer Nährlösung aus einigen einfachen Mineralsalzen und einer organischen Verbindung, die beispielsweise aus einem gleichzeitig als Kohlenstoffquelle und als Energieträger dienenden Zucker bestehen kann; in diesem Milieu gibt es nichts, das der Chemiker nicht aus einfachen Elementen synthetisieren könnte. Das Kolibakterium kann ebenfalls in einem komplizierten Milieu, einer Fleischbrühe kultiviert werden, die eine Vielfalt von organischen Produkten enthält. Dank der schon vorhandenen, für das Wachstum notwendigen Substanzen bleibt der Zelle manche Synthese erspart; um so schneller kann sie sich vermehren. Bei optimaler Temperatur und bester Belüftung ist unser Kolibakterium fähig, sich alle zwanzig Minuten zu teilen. Während zwanzig Minuten wächst das Bakterium und verlängert sich. Darauf teilt es sich in zwei und produziert auf diese Weise zwei Bakterien, die sowohl unter sich als auch mit dem Bakterium, das sie hervorgebracht hat, identisch sind.

Ein Bakterium ist zu klein, um mit dem bloßen Auge wahrgenommen zu werden. Im optischen Mikroskop hat die Kolibazille eine längliche Form, die ungefähr ein Mikron in der Länge, ein halbes Mikron im Durchmesser mißt. Doch ist keinerlei Struktur feststellbar. Im Elektronenmikroskop erinnern die Photographien von Schnitten fixierter und gefärbter Bakterien an Mondlandschaften. Nur dank Beharrlichkeit und ständigem Vergleichen unter Hinzuziehung der verschiedensten Techniken und ihrer Kombination konnten die wenigen sichtbaren

Strukturen identifiziert werden. Auf elektronenmikroskopischen Photographien erscheint die Bakterienzelle als kleiner Sack, dessen Form durch eine starre Zellwand bestimmt ist. Unter der Wand ist der Sack mit einer zweischichtigen Membran ausgekleidet, die eine physikalische Trennung zwischen Zelle und Milieu bewirkt. Die für den Durchgang gewisser Substanzen undurchlässige Membran verhindert, daß aus der Zelle Moleküle entweichen, die sie selber produziert. Hingegen läßt sie gewisse anorganische Salze ohne Hindernisse zirkulieren. Außerdem kann die Bakterienzelle mit Hilfe einer Art von in die Membran eingebauten Pumpen bestimmte Verbindungen absorbieren und konzentrieren wie gewisse Zucker, die sie im Milieu findet und die für ihren Metabolismus notwendig sind. Die Membranstruktur sowie der Mechanismus dieser Pumpen sind noch wenig bekannt. Selbst unter dem Elektronenmikroskop unterscheidet man im Innern des Sackes nur eine kleine Anzahl von definierten Strukturen. In einer zentralen Region erscheint eine relativ dichte Masse, die anscheinend durch auf sich selber zurückgefaltete Fasern gebildet wird, die zu einer Art Knäuel zusammengebunden sind: diese lange Faser enthält das genetische Programm. Ansonsten scheint der Sack nur einige Tausende kleiner Partikeln von homogener Größe und kugelartiger Gestalt zu enthalten: dort werden die Proteine synthetisiert.

Beim Öffnen des Sacks findet der Chemiker einige Tausende verschiedener Molekülarten, die jedoch in ihrer Größe keine kontinuierliche Reihe darstellen. Sie können in zwei eindeutig zu unterscheidende Kategorien aufgeteilt werden. Ungefähr die Hälfte sind ziemlich kleine Moleküle, die fünfhundert oder sechshundert Molekulargewichtseinheiten nicht übersteigen. Dagegen umfaßt die andere Hälfte nur sehr große Moleküle von ungefähr zehntausend oder zwanzigtausend Einheiten. Zwischen beiden Kategorien gibt es keine Zwischenstufen. Diese auf den ersten Blick erstaunliche Verteilung erklärt sich jedoch durch die Art und Weise, in der die Zelle ihre Bestandteile herstellt. Selbst für die Zelle stellt es eine ebenso komplizierte wie kostspielige Aufgabe dar, die riesigen molekularen Strukturen Stück für Stück, Atom für Atom herzustellen. Sie geht deshalb in zwei Etappen vor. Die dem Milieu entnommenen Elemente werden in einer ersten Etappe durch eine Reihe von chemischen Umwandlungen kombiniert. Einzeln oder in Gruppen werden sie unaufhörlich ausgetauscht, umgestellt, vergrößert oder verkleinert. Dieser erste Teil der Aufgabe besteht hauptsächlich darin, die Kohlenstoffatome miteinander zu verbinden. So entstehen Skelette verschiedenster Strukturen, die ausgestreckt oder in sich selber geschlossen sind und denen weitere Atome angefügt werden. Diese ganze Aktivität umfaßt Hunderte von Reaktionen. Als Endergebnis bildet sich jedoch nur eine begrenzte Zahl, im Höchstfalle einige Dutzend niedrigmolekularer Verbindungen. In einer zweiten Etappe der von der Zelle durchgeführten chemischen Synthese werden diese kleinen Moleküle zu großen Molekülen aneinandergefügt. Durch die Polymerisation der Ende an Ende gefügten Einheiten bilden sich die für Makromoleküle kennzeichnenden Ketten. Eine jede der chemischen Operationen ist also mit den anderen identisch: es handelt sich immer darum, eine Einheit an eine in Bildung begriffene Kette anzufügen. Indem sie die Länge der Kette variiert oder die Einheiten einer anderen Ordnung gemäß einreiht, baut die Zelle eine beträchtliche Vielfalt von großen Strukturen aus einer begrenzten Anzahl von einfachen Molekülgruppen. Die beiden Etappen der Zellchemie unterscheiden sich somit in ihrer Funktion, ihren Produkten und in ihrer Natur. Während der ersten werden die chemischen Motive vervollkommnet, während der zweiten werden sie zusammengesetzt. Zuerst werden nur kurzlebige Verbindungen gebildet, die Zwischenstufen auf den Wegen der Biosynthese darstellen. Darauf erst werden die stabilen Produkte gebildet. Die erste Etappe umfaßt eine Reihe von unterschiedlichen Reaktionen, in der zweiten Etappe wird eine einzige unaufhörlich wiederholt.

Ebenso erlaubt eine Reihe von Umwandlungen kleiner Verbindungen der Bakterienzelle die Energie zu verwerten, die sie dem Milieu entzieht. Bakterien können auf mancherlei Art sich mit Energie versorgen wie durch Auffangen des Sonnenlichtes, Oxydation mineralischer Produkte oder organischer Verbindungen. Um diese Vorräte jedoch aufzuspeichern und weiterzugeben, bedient sich die Bakterienzelle wiederum derselben Mechanismen wie alle anderen Lebewesen. Immer wird die gleiche phosphorreiche Verbindung verwendet. Ihre Synthese erlaubt, die aufgenommene Energie zu speichern; durch Hydrolyse wird die Energie je nach Bedarf wieder mobilisiert. Unser Kolibakterium kann seine Energie nur aus dem Abbau bestimmter organischer Verbindungen, wie von Zucker, gewinnen. In einem Molekül Zucker, zum Beispiel der Glukose, sind die Atome in einer eindeutig festgelegten Struktur gemäß einer vorgeschriebenen Ordnung im Raum angeordnet. Indem die Zelle das Molekül abbaut und seine Struktur in Unordnung bringt, wandelt die Bakterienzelle die ursprünglich in der Glukose vorhandene Ordnung in chemische Energie um. Diese wird daraufhin für die Synthese der Bestandteile des Bakteriums verwendet, das heißt für die Bildung einer neuen molekularen Ordnung, die der Zelle. Die Energiegewinnung entspricht letzten Endes einer Umwandlung der Organisation, einer Verwandlung der Ordnung des Milieus in Ordnung der Bakterie. Um ein Zuckermolekül abzubauen, geht die Zelle Schritt für Schritt in einer Reihe sich folgender Reaktionen vor. In jeder Etappe wird ein Energiequantum frei und in Form eines Moleküls jener phosphorreichen Verbindung festgehalten. Dank diesem behutsamen Abbau gehen die Energieumwandlungen in der Zelle mit einem hohen Wirkungsgrad vor sich.

Sucht man nach einer Analogie, so drängt sich sofort das reduzierte Modell einer chemischen Fabrik auf, die die Bakterienzelle am besten beschreibt. Fabrik und Bakterium funktionieren nur dank der von außen gelieferten Energie. Alle beide wandeln in einer Reihe von Operationen vom Milieu gelieferte Rohstoffe in Fabrikate um. Alle beide scheiden Abfälle aus. Jedoch bedingt allein schon die Idee von der Fabrik eine Ausrichtung aller Anstrengungen, eine Leitung der Arbeit, einen Willen zur Produktion, kurz, ein Ziel, das erreicht werden muß und auf das der ganze Bauplan ausgerichtet wird und sich die Aktivitäten abstimmen. Was könnte das Ziel des Bakteriums sein? Was sucht es zu produzieren, das ihm eine Existenzberechtigung gäbe, seine Organisation bestimmte und seiner Arbeit zugrunde läge? Auf diese Frage gibt es ganz offensichtlich nur eine einzige Antwort: das Ziel des Bakteriums, das heißt das, was es unaufhörlich zu produzieren sucht, sind *zwei* Bakterien. Darin liegt offensichtlich seine einzige Absicht, sein ganzes Streben. Mit höchster Geschwindigkeit führt die kleine Bakterienzelle die etwa zweitausend Reaktionen durch, die ihren Metabolismus bilden. Sie wächst. Sie verlängert sich mehr und mehr. Wenn es an der Zeit ist, dann teilt sie sich. Wo ein Individuum war, gibt es plötzlich deren zwei. Damit wird jedes Schauplatz sämtlicher chemischen Reaktionen. Jedes der beiden baut sämtliche molekularen Strukturen auf. Jedes wächst von neuem. Und wenige Minuten später teilt sich jedes, um seinerseits von neuem zwei Individuen zu bilden. Und so geht es weiter, solange es die Kulturbedingungen erlauben. Seit zwei Milliarden Jahren oder noch länger reproduzieren sich Bakterien oder etwas, das ihnen gleicht. Die ganze Struktur der Bakterienzelle, ihre ganze Tätigkeit, ihre ganze Chemie dienen nur einem einzigen Ziel: zwei ihr identische Organismen zu produzieren, und zwar so gut wie möglich, so schnell wie möglich und unter den verschiedensten Bedingungen. Will man die Bakterienzelle als Fabrik auffassen, so muß jedoch an einen ganz besonderen Fabriktypus gedacht werden. Die Erzeugnisse der menschlichen Technologie unterscheiden sich vollkommen von den sie produzierenden Maschinen, das heißt von der Fabrik selbst. Die Bakterienzelle wird hingegen durch ihre eigenen Bestandteile gebildet, und ihr Erzeugnis gleicht schließlich ihr selber. Eine Fabrik produziert und die Zelle reproduziert.

Die beiden von der lebenden Zelle durch unaufhörliche Umlagerungen oder durch Polymerisation durchgeführten Arten der Synthese unterscheiden sich grundsätzlich nicht von denen, die der organische Chemiker im Laboratorium durchführt. Mit den Umwandlungen, die sich in der Zelle vollziehen, ist kein besonderes Mysterium verbunden, sie verwenden keinerlei unbekanntes Material, keinerlei Reaktion, keinerlei chemische Bindung, die im Laboratorium nicht möglich wären. Nicht nur ist der Chemiker fähig, viele der in der Zelle gefundenen Verbindungen darzustellen; einige von ihnen bilden sich sogar spontan unter Bedingungen, die aller Wahrscheinlichkeit nach auf der Erdoberfläche vor dem Auftreten der Lebewesen vorherrschten. Das ist zum Beispiel der Fall, wenn Lösungen von Mineralsalzen in passender Zusammensetzung durch Energieentladungen, vor allem durch ultraviolettes Licht, »angeregt werden«. Weder in den Rohstoffen noch in der Art der Reaktionen noch in dem Typus der gebildeten Verbindungen erscheint eine Diskontinuität zwischen der Chemie des Lebenden und derjenigen der toten Materie.

Um welchen Preis aber produzieren auch Laboratorium und Industrie gewisse für die Zelle charakteristische Verbindungen! Eine kostspielige Apparatur von sperrigem Umfang, ein lächerlicher Wirkungsgrad, Bedingungen der Temperatur, des Drucks, der Azidität, die fast immer mit dem Leben unvereinbar sind. Während der gleichen Zeit führt unsere Bakterienzelle ungefähr zweitausend verschiedene Reaktionen mit einer unvergleichlichen Virtuosität auf kleinstem Raum durch. Zweitausend Reaktionen, die sich unterscheiden, sich überkreuzen, bei höchster Geschwindigkeit ohne sich je zu verwirren zusammenlaufen; sie produzieren genau die Qualität und Quantität molekularer Arten, die für Wachstum und Reproduktion notwendig sind; und das alles mit einem fast hundertprozentigen Wirkungsgrad. Die Chemie des Lebenden unterscheidet sich von der des Laboratoriums nicht durch die Natur der durchgeführten Aufgaben, sondern durch die Bedingungen ihrer Verwirklichung.

Jedoch war dem Chemiker schon seit langer Zeit das Geheimnis der Zelle bekannt: es beruht auf der Verwendung von Katalysatoren, das heißt von Substanzen, die, ohne an der Reaktion selbst teilzunehmen und ohne dabei chemisch umgewandelt zu werden, deren Durchführung aktivieren. Die meisten chemischen Reaktionen vollziehen sich unter den Bedingungen des Laboratoriums oder der Zelle spontan, jedoch mit außerordentlicher Langsamkeit. Der Katalysator macht nichts anderes als die Geschwindigkeit zu beschleunigen. Sind jedoch die Katalysatoren des Laboratoriums meistens ohne Spezifizität, können sie die verschiedensten Reaktionen aktivieren, so sind hingegen die der Lebewesen streng spezifisch. Für jede chemische Reaktion in der Zelle gibt es einen bestimmten Katalysator, ein Enzym, und zwar nur ein einziges. Jeder Katalysator aktiviert eine der Reaktionen der Zelle, und zwar nur diese. Um ihre zweitausend chemischen Operationen durchzuführen, stellt die Zelle folglich zweitausend Arten von Enzymen her. Diese gehören derselben Molekülfamilie an, den Proteinen. Nicht alle Proteine sind jedoch Enzyme, viele haben in der Zelle eine andere Aufgabe. Aber alle Enzyme sind Proteine. Jedes enthält einige Tausend Atome, die in einer strengen Anordnung festgelegt sind. Die Geometrie dieser Struktur verleiht ihr ihre Eigenschaften. Wird eine einzige chemische Gruppierung vertauscht, werden nur wenige Atome versetzt, so wird das Molekül bereits verformt und verliert seine Funktion.

Die ganze Chemie der Zelle, ihre Genauigkeit, ihre Leistungsfähigkeit beruht somit auf den Eigenschaften der ungefähr zweitausend Proteinenzyme, die die Reaktionen des Metabolismus katalysieren. Das, was in jeder Generation mit Genauigkeit reproduziert wird, ist also nicht nur die Bakterienzelle in ihrer Gesamtheit, sondern auch jedes ihre Chemie bestimmende Enzym und jede der Molekülarten, aus denen sie aufgebaut ist. Die Reinigung und Erforschung eines Proteins erfordert eine Kultur von mindestens tausend Milliarden Bakterien. Ein einziges von ihnen enthält mehrere Tausend molekulare Strukturen. Erstaunlicherweise gelingt es dem Chemiker, ein Protein aus einem Gemisch zu isolieren und zu reinigen. Versucht derselbe Chemiker, die Zusammensetzung dieses Proteins zu analysieren und die Sequenz der Einheiten in der Kette zu bestimmen, so gelingt ihm auch das. Daneben ist der Kristallograph fähig, die Organisation dieses Moleküls und die Position eines jeden Atoms mühelos zu bestimmen. All das bedeutet, daß die Tausende von Exemplaren dieses bestimmten Proteins, die von jedem der tausend Milliarden von Bakterien synthetisiert werden, genau dieselben Eigenschaften besitzen; daß alle aus genau denselben Einheiten aufgebaut sind, die in derselben Sequenz angeordnet sind; daß sie genau dieselbe Struktur haben, das heißt, daß die Atome auf die gleiche Art und Weise verteilt sind. Mit anderen Worten: alle Bakterien der Kultur produzieren ganz genau dieselben Moleküle. Kommen Fehler vor, so sind sie zu selten, um entdeckt zu werden.

Die Beständigkeit der Lebewesen über die Generationen hinweg läßt sich demnach nicht nur an ihren äußeren Formen feststellen; sie geht bis ins Detail der Substanzen, aus denen sie zusammengesetzt sind. Jedes chemische Molekül wird von einer Generation zur anderen genau reproduziert. Jedoch bildet nicht jedes Kopien seiner selbst. Ein Protein entsteht nicht aus einem identischen Protein. Die Proteine reproduzieren sich nicht. Sie werden organisiert. Das geschieht durch eine andere Substanz, die Desoxyribonukleinsäure, die Substanz der Chromosomen. Unter allen Strukturen der Zelle besitzt nur diese Verbindung die Eigenschaft, sich in Kopien ihrer selbst zu reproduzieren. Und das dank der Einzigartigkeit ihrer Struktur, der eines langen Polymers. Dieser besteht nicht aus einer, sondern aus zwei Ketten, die in Form einer Spirale umeinandergewunden sind. Jede der Ketten enthält als Rückgrat in abwechselnder Folge Zuckermoleküle und Phosphatgruppen. An jedes Zuckermolekül ist eine andere chemische Gruppierung gebunden, das einem Satz von nur vier Typen entnommen wird. Diese vier Grundbausteine wiederholen sich millionenfach entlang der Kette in einer unendlichen Vielzahl von Kombinationen und Permutationen. Als Analogie zu dieser linearen Sequenz wird oft diejenige der Buchstaben eines Alphabetes entlang dem Text angeführt. Ob es sich um ein Buch oder ein Chromosom handelt, die Spezifizität entsteht aus der Anordnung der Einheiten, das heißt den Buchstaben oder Nukleinsäurebausteinen. Was jedoch diesem Polymer eine einzigartige Rolle bei der Reproduktion zukommen läßt, ist die Art der Beziehungen zwischen den beiden Ketten. Jedes Element der einen Kette verbindet sich mit einem Element der anderen, jedoch nicht mit jedem beliebigen. Das Beziehungssystem ist so angelegt, daß einer Einheit in der einen Kette nur eine der drei übrigen Einheiten in der anderen Kette entsprechen kann. Bezeichnet man die vier Nukleinsäure-Bausteine mit A, B, C und D, dann bestimmt das Vorhandensein eines A in der einen Kette notwendigerweise dasjenige eines B in der anderen; einem C steht immer ein D gegenüber. Die Zeichen kommen immer in Paaren vor. Auf diese Art und Weise sind die beiden Ketten komplementär. Die Sequenz in der einen legt die Sequenz in der anderen fest.

Dank der Besonderheiten dieser Struktur wird der Nukleinsäurestrang genau reproduziert. Da beide Ketten komplementär sind, enthält jede die Besonderheiten der Sequenz. Die Reproduktion des Moleküls ergibt sich demnach aus der Trennung der beiden Ketten, die daraufhin so reproduziert werden, daß jede Kette die ihr komplementäre bildet. Da einem B sich immer nur ein A gegenüberstellen kann usw., entsteht keinerlei Zweideutigkeit in der Art, wie jede Kette die Synthese der komplementären Sequenz bestimmt. Dieser aufgrund seiner Einfachheit verblüffende Mechanismus läßt zwei Moleküle entstehen, die mit der ursprünglichen Struktur identisch sind. Den Chromosomenstrang zu reproduzieren bedeutet, ihn gewissermaßen Zeichen für Zeichen zu kopieren. Die Kräfte, die der Auswahl jeder Einheit und ihrem Einbau zugrunde liegen, sind mit denen identisch, die bei der Entstehung von Kristallen aktiv sind. Um jeden Baustein mit dem vorhergehenden zu verbinden, für die Chemie der Polymerisation, sind nur wenige Enzyme notwendig. Diese Enzyme sind noch immer schlecht bekannt. Eines von ihnen wurde jedoch isoliert, es kopiert eine Desoxyribonukleinsäure im Reagenzglas, wenn man ihm die für die Reaktion notwendigen Ingredienzien liefert, das heißt die vier Grundbausteine. In der Bakterienzelle wurde ebenfalls das Vorhandensein eigentlicher Reparatursysteme festgestellt, die die gebildeten Kopien sozusagen »abtasten«, um ihre Originaltreue nachzuprüfen und bestimmte Fehler zu verbessern.

Als einziger auf diese Weise reproduzierbarer Bestandteil des Bakteriums erhält der Nukleinsäurestrang auch die Struktur anderer chemischer Verbindungen über die Generationen hinweg. Ihre Aufgabe besteht darin, die Synthese der Proteine zu lenken und ihre Organisation zu überwachen. Ein bestimmtes Gen entspricht einem bestimmten Segment der Nukleinsäurekette. In ihr sind in einem Zahlensystem auf quaternärer Basis die für die Bildung eines bestimmten Proteins notwendigen Weisungen festgelegt. Nukleinsäure und Protein sind beides lineare Polymere. Beide werden durch die Sequenz der Grundbausteine, die es enthält, charakterisiert, durch die Ordnung, in der diese Einheiten der Kette entlang angeordnet sind. Die Nukleinsäure bestimmt die Sequenz des Proteins. Die Reihenfolge der Bausteine in der Nukleinsäure bestimmt diejenige im Protein. Es handelt sich um einen gerichteten Prozeß, denn die Informationsübertragung verläuft immer in der gleichen Richtung von der Nukleinsäure zum Protein und nie umgekehrt. Enthält jedoch die Kombination in der Nukleinsäure nur vier chemische Motive, so verwenden die Proteine deren zwanzig. Die Genaktivität, die Durchführung der Weisungen für die Proteinsynthese verlangt demnach die getreue Umwandlung eines Symbolsystems in ein anderes.

Die alte, von der klassischen Genetik überlieferte Darstellung des Gens als integraler Struktur in Form einer Kugel im Rosenkranz wurde durch die einer linearen Sequenz chemischer Motive ersetzt, eines aperiodischen Kristalls, wie ihn die Physiker vorausgesagt hatten. Unser Wissen von der Vererbung wird am besten mit der Vorstellung einer chemischen Botschaft wiedergegeben. Diese Botschaft ist nicht in Ideogrammen wie die chinesische Schrift verfaßt, sondern in einer Art Morsealphabet. Wie ein Satz ein Segment eines Textes darstellt, so entspricht ein Gen einem Segment Nukleinsäure. In beiden Fällen bedeutet das

Einzelzeichen nichts; erst die Kombination der Zeichen ergibt einen »Sinn«. In beiden Fällen beginnt und endet eine bestimmte Sequenz, Satz oder Gen, mit speziellen Zeichen der »Punktierung«. Die Umwandlung der Nukleinsäuresequenz in eine Proteinsequenz gleicht der Übersetzung einer Botschaft, die im Morsealphabet geschrieben empfangen wird und erst dann sinnvoll wird, wenn sie zum Beispiel ins Französische übersetzt wird. Diese Übersetzung geschieht mit Hilfe eines »Code«, der die Übereinstimmung der Zeichen in beiden »Alphabeten« festlegt.

Die Aktivität der Gene, die Einordnung der Bausteine in den Proteinketten stellt demnach eine wesentlich schwierigere Aufgabe dar als die Reproduktion der Gene, die Anordnung der Nukleinsäureeinheiten. Für die Übersetzung der genetischen Botschaft und die Knüpfung der chemischen Bindungen im Protein verwendet die Bakterienzelle eine sehr komplizierte Maschinerie. Die Proteinsynthese geht in zwei aufeinanderfolgenden Etappen vor sich, da die Proteineinheiten nicht direkt am Gen zusammengesetzt und polymerisiert werden, sondern im Zytoplasma auf den kleinen Partikeln wahrhaftige Montagebänder darstellen. Der in der Nukleinsäure festgehaltene Text des Gens wird zuerst mit demselben Alphabet aus vier Zeichen in eine andere Nukleinsäureart umgeschrieben. Diese Kopie wird als »Messenger« bezeichnet, sie lagert sich an die Partikeln im Zytoplasma an und überträgt ihnen derart die Botschaft, die sie befähigt, die Bausteine des Proteins gemäß der von den Nukleinsäureeinheiten diktierten Ordnung zusammenzusetzen. Die Übersetzung des im »Messenger« verschlüsselten genetischen Textes geschieht dank der Hilfe anderer Moleküle, die »Akzeptoren« genannt werden. Diese ordnen die entsprechenden Bausteine für die im Aufbau begriffenen Proteine gegenüber den Nukleinsäureeinheiten an und setzen damit eine eindeutige Übereinstimmung zwischen den beiden Alphabeten fest. Mit ihren Akzeptoren beladen laufen die Partikeln von einem Ende des Messengers zum anderen, wie der Lesekopf eines Tonbands dem Magnetband entlang läuft. Auf diese Weise werden die Proteinbausteine in der vom Gen vorgeschriebenen Ordnung eingereiht. Nach und nach wird jeder von ihnen durch dieselbe chemische Reaktion an den vorhergehenden gebunden. So wird die Kette Schritt für Schritt, von einem Ende zum anderen synthetisiert.

Der genetische Code ist heute fast vollständig bekannt. Jeder Proteinbaustein entspricht einer bestimmten Kombination von drei Nukleinsäureeinheiten, einem Triplet. Da vierundsechzig Kombinationen von drei Nukleinsäureeinheiten, die aus dem Satz von vier gewählt werden, möglich sind, besitzt die Zelle ein »Wörterbuch« von vierundsechzig genetischen Begriffen. Zwei oder drei der Triplets dienen der Punktierung, das heißt sie bestimmen im Text der Nukleinsäure Anfang und Ende der Sequenzen, die den Proteinketten entsprechen. Jedes der anderen Triplets »bedeutet« eine Einheit im Protein. Da die Zahl dieser Proteinbausteine auf zwanzig beschränkt ist, entspricht jeder von ihnen mehreren Triplets, mehreren Synonyma im Wörterbuch der Nukleinsäure; so entsteht eine gewisse Geschmeidigkeit in der Niederschrift der Vererbung. Alle Organismen, vom Menschen bis zum Bakterium, scheinen fähig zu sein, jede beliebige genetische Botschaft fehlerlos zu interpretieren. Der genetische Code scheint universal zu sein, und sein Schlüssel ist der ganzen lebenden Welt bekannt.

Sind einmal die Bausteine im Protein eingeordnet und ihre Bindungen gebildet, so faltet sich die Kette in sich selbst zurück in einer Linienführung, die von einzigartiger und seltener Komplikation ist. So erhält das Protein seine endgültige Struktur, die ihm seine besonderen Eigenschaften, die Fähigkeit zur Katalyse oder eine andere Eigenschaft, verleiht. Diese Umwandlung einer eindimensionalen Struktur in eine dreidimensionale ist im einzelnen noch schlecht bekannt. Sie scheint keinerlei besondere Faktoren zu erfordern, die nicht schon bei ihrer Synthese vorhanden wären. Sie scheint sich spontan zu realisieren, allein durch das Spiel von Wechselwirkungen, die unter den der Kette entlang verteilten chemischen Gruppierungen auftreten. Gewisse Atomgruppen ziehen sich an, andere stoßen sich ab. Es genügt, daß die Sequenz entsteht, um sich spontan in eine bestimmte Anordnung im Raum zu verwandeln, in eine streng bestimmte Konfiguration. Man kann Proteine unter der Wirkung bestimmter Reagenzien denaturieren. Darauf verliert das Molekül seine Struktur; es entfaltet sich und wird wieder zu einer ausgespannten Kette. In physiologische Bedingungen zurückversetzt nehmen gewisse Ketten wieder ihre spezifische Struktur an, andere nicht. Höchstwahrscheinlich können diese ihre Form ausschließlich während der Synthese annehmen, durch die Bildung einer Art »Kern«, um den sich der Rest des Moleküls anordnet. Jedoch in allen Fällen genügt der Effekt der physikalischen Interaktionen allein, um die letzte Hauptetappe der Reproduktion der Moleküle vor sich gehen zu lassen: die Umwandlung des Plans in ein Gebäude, des Potentiellen zum Funktionellen.

Die Bakterienzelle enthält ein einziges Molekül Desoxyribonukleinsäure, einen langen Strang, in dem einige zehn Millionen Zeichen angeordnet sind. Seine Länge von etwas mehr als einem Millimeter ist fast tausendfach größer als der Durchmesser der Zelle, in der sie aufgerollt oder auf einem Knäuel gewickelt vorliegt. Während des bakteriellen

Wachstums wird der Strang ein einziges Mal je Generation reproduziert, und jede der beiden durch Zellteilung neugebildeten Bakterien erhält ein Exemplar. Durch dieses Molekül Nukleinsäure wird das »Chromosom« des Bakteriums gebildet; es enthält alle Gene, die für die Organisation und die Tätigkeit der Bakterienzelle nötig sind. Das System ist demnach auf ein einziges Ziel ausgerichtet: das Bakterium zu befähigen, zwei Bakterien zu produzieren, von denen jedes, ein Exemplar des Chromosoms enthaltend, seinerseits fähig wird, zwei Bakterien zu produzieren.

Längs der Nukleinsäurekette findet sich chiffriert die Sammlung von detaillierten Bauplänen für die Architektur der Bakterienzelle, die Zeichen für Zeichen abgeschrieben werden, um gewissenhaft von einer Generation zur anderen weitergegeben zu werden. Die Gesamtheit dieser Vorschriften erlaubt, die ganze Reihe der Proteinstrukturen peinlich genau aufzubauen. Das Programm wird nicht in einem Zug übertragen und übersetzt, sondern in Segmenten. Das Ablesen der Botschaft kann weniger mit dem Lesen einer Schriftrolle von einem Ende zum anderen verglichen werden als vielmehr mit dem Nachschlagen in einem Rezeptbuch, dessen Seiten nach Bedarf zu Rate gezogen werden. Gewisse Abschnitte des Programms enthalten Vorschriften, die, je nach den Umständen, auf andere Gebiete hinweisen. Sie geben Verhaltensmaßregeln für bestimmte Situationen. So findet sich etwa auf Seite 35 die Weisung: Apparat aufstellen, um im Kulturmilieu das Vorhandensein vom Zukker Galaktose festzustellen; ist dieser da, die auf Seite 241 genannten Weisungen durchführen, andernfalls diese Seite nicht beachten. Oder Seite 428 gibt die Pläne an für den Bau eines Apparats, der im Zytoplasma die Konzentration eines wichtigen Metaboliten, des Arginins, zu messen hat: falls diese Konzentration ein bestimmtes Niveau übersteigt, nichts tun; wird dieses Niveau nicht erreicht, sind die Instruktionen auf den Seiten 19, 64, 155, 601 und 883 auszuführen. Die meisten Situationen, die ein Kolibazillus vorfindet, sind in der Botschaft vorgesehen. Das Programm enthält somit die Pläne für alle notwendigen Bestandteile, um ein Bakterium zu bilden, es stattet ferner das Bakterium mit den Mitteln aus, um den Schwierigkeiten des täglichen Lebens entgegentreten zu können. Doch ist es nichts anderes als ein Programm. In allen Prozessen, die zur Kopierung der Nukleinsäuresequenz führen, in der Reproduktion des Genoms oder für die Proteinsynthese, spielt die Desoxyribonukleinsäure die passive Rolle einer Matrize. Außerhalb der Zelle, ohne Mittel zur Ausführung der Pläne, ohne die Apparatur für Kopie und Übersetzung bleibt sie ebenso inert, wie ein Magnetband außerhalb des Abspielgeräts stumm bleibt. So wenig wie das Gedächtnis einer elektronischen Rechenmaschine handelt dasjenige der Vererbung von sich selber aus. Die genetische Botschaft tut nichts allein. Sie funktioniert erst im Rahmen der Zelle. Sie kann lediglich bestimmen, was getan werden soll; um nach Plänen Maschinen zu bauen, werden Maschinen benötigt. Keine der Substanzen, die man aus der Zelle extrahieren kann, besitzt die Eigenschaft, sich zu reproduzieren. Nur das Bakterium, die intakte Zelle ist fähig zu wachsen und sich fortzupflanzen, denn sie allein enthält gleichzeitig das Programm und die Gebrauchsanweisung, die Pläne und die Mittel, sie auszuführen.

Die Regulation

Diese Ausführungsorgane sind die Proteine. Auf ihren Eigenschaften beruhen alle Aktivitäten der Zelle, ihre Architektur, ihre Integration. Die Proteine wirken nicht durch chemische Bindungen, sondern dadurch, daß sie sich anderen Verbindungen anlagern. Ihre Struktur verleiht ihnen eine einzigartige Eigenschaft: sie können mit Genauigkeit eine oder mehrere chemische Verbindungen in einem höchst heterogenen Gemisch »wiedererkennen«. Die Genauigkeit dieser Auswahl, ihre Spezifizität bestimmen die Beziehungen, die sich zwischen den Zellbestandteilen einspielen. Sie beherrschen die gesamte Zellchemie.

Ein Enzym kann die Umwandlung eines Metaboliten, und zwar nur eines ganz bestimmten Metaboliten, katalysieren, weil sich in den Faltungen seiner Oberfläche eine Art Höhle befindet, wo sich mit Präzision ausschließlich nur dieses Molekül einfügen kann. Hat das Substrat seinen spezifischen Platz gefunden, so werden gewisse seiner Atome der chemischen Wirkung der mit ihm in Berührung kommenden Proteingruppierungen ausgesetzt. Dadurch werden die Kräfte, die bestimmte Atome des Substrates zusammenhalten, geschwächt, und eine Veränderung einer bestimmten Bindung, zum Beispiel ihre Spaltung, kann erfolgen. Das neu geformte Produkt fügt sich nicht mehr genau in die Höhle des Proteins ein und verläßt dessen Oberfläche. Dabei bleibt das Protein intakt, und der Platz wird für ein neues Molekül frei. Das Ganze spielt sich in einem Bruchteil einer Sekunde ab. Das Geheimnis dieser Chemie liegt in der Bestimmtheit der chemischen Motive, in der Anpassung eines jeden Enzyms an sein Substrat; darauf beruhen Leistungsfähigkeit und Geschwindigkeit der Reaktionen. Von einem – und zwar von einem einzigen – Enzym erkannt, wird ein Metabolit notwendigerweise in eine bestimmte chemische Reaktionsfolge gedrängt, die ihm von der katalytischen Aktivität des Enzyms vorgeschrieben wird. Dieses wiederum ist genauestens über die Natur einer chemischen Art »informiert« und ignoriert alle anderen. Seine Struktur bestimmt gleichzeitig Selektivität und Wirkungsmechanismus. Ein Enzym hat somit genau die Eigenschaften, die Maxwell seinem Dämon zuschrieb: In dem Gemisch von Zellbestandteilen »sieht« es ein bestimmtes Molekül, und zwar nur ein einziges, dem es die Pforten der Reaktion öffnet[5]. Die Genauigkeit und die Ordnung, die den Austausch von Materie und Energie in der Zelle kennzeichnen, gründen auf der Sicherheit dieser Auswahl.

Die Spezifizität der Bindungen, die bestimmte Proteine entweder untereinander oder mit anderen Verbindungen eingehen, bestimmt auch die Architektur der Zelle. Trotz ihrer verhältnismäßigen Einfachheit enthält die Bakterienzelle schon eine derartige Vielfalt chemischer Arten, ist sie bereits derart komplex, daß die Anordnung der Bestandteile in ihrer Gesamtheit kaum überblickt werden kann. Doch allmählich erkennt man, was die Form von einfacheren Objekten wie den Viren bestimmt. Ein Virus stellt eine Partikel dar, in der ein Stück Nukleinsäure von einer Proteinhülle umgeben wird. Ohne Enzyme und ohne die für die Synthese und die Energiegewinnung notwendige chemische Apparatur können sich Viren nicht selbständig reproduzieren, sondern nur innerhalb von Zellen, die sie infiziert und deren Maschinerie sie auf eigene Kosten benutzen. Die in der Nukleinsäure des Virus enthaltenen Weisungen lassen sich erst in der Zelle durchführen: die Virusproteine werden synthetisiert, ihre Nukleinsäure kopiert; die auf diese Weise getrennt hergestellten Bestandteile werden darauf zu neuen Viruspartikeln zusammengefügt. Frei geworden können diese von neuem andere Zellen infizieren. Ein Virus vermehrt sich somit nicht durch Wachstum und Teilung wie eine Zelle, sondern durch die unabhängige Produktion seiner Bestandteile, die schließlich zusammengefügt werden und die Viruspartikeln rekonstituieren. Es ist offensichtlich, daß ein Virus zwar gewisse, jedoch nicht alle Eigenschaften eines lebenden Systems besitzt. Er kann sich verbreiten, vermehren und Mutationen unterliegen. Er kann die Produktion von Virusproteinen leiten, die das von ihm bewohnte Milieu zu seinen Gunsten beeinflussen. Er kann folglich zum Gegenstand der Evolution durch natürliche Selektion werden. Sein genetisches Programm durchführen und sich reproduzieren kann er jedoch nur in einem Medium, das schon fähig ist, die Operationen des Metabolismus durchzuführen, Energie zu produzieren und Makromoleküle zu synthetisieren, das heißt in einer Zelle. Deshalb kann ein Virus nicht als Organismus betrachtet werden. Außerhalb der Zelle ist die

Viruspartikel nur ein inertes Objekt. Erst das System Virus–Zelle enthält alle Eigenschaften des Lebenden. Die virale Infektion führt zu einer Zerstörung der Zellordnung durch den Einbruch einer fremden chemischen Botschaft.

Es gibt eine große Mannigfaltigkeit von Viren sowohl in bezug auf die Größe als auf die verschiedenen Formen. Bei den kleinsten enthält die Nukleinsäure nur einige tausend Nukleinsäureeinheiten, gerade genug, um die Sequenz von drei oder vier Proteinketten zu bestimmen. Die Proteinhülle dieser kleinen Viren, in Form von Stäbchen oder Kugeln, wird durch Anlagerung von vielen Exemplaren ein und desselben Moleküls zusammengebaut. Die Anordnung dieser identischen Moleküle bestimmt die Struktur des Virus. Die Proteine der Virushülle können isoliert und gereinigt werden. In Lösung und unter bestimmten Bedingungen aggregieren die Moleküle dieses Proteins in einem der Kristallisation ähnlichen Prozeß und lassen Partikeln von einer dem Virus identischen Form entstehen. Enthält die Proteinlösung darüber hinaus Nukleinsäuremoleküle, so wird der Virus rekonstituiert und die gebildeten Partikeln sind infektiös. Wiederum ist es die besondere Struktur des Proteins, die bestimmte Anordnung seiner Atome, die ihm die Kraft verleiht, sich selektiv anderen identischen Proteinen anzulagern, um ein Gebäude zu bilden, dessen Symmetrie und Form streng festgelegt sind. Bestimmte Oberflächenstrukturen erkennen sich gegenseitig und orientieren die Proteinmoleküle gemäß einer spezifischen Geometrie. Für das Entstehen der speziellen Struktur ist keine Gußform notwendig, keine Energiequelle, keine andere besondere Kraft außer den Wechselwirkungen zwischen Atomgruppen, dank derer sich in der unbelebten Welt die Kristalle organisieren und wachsen. Dieselben Kräfte spielen ebenfalls eine Rolle, um die Form der komplexeren Viren zu gestalten, wie zum Beispiel die Form eines polyedrischen Kopfs, an den ein länglicher Schwanz angefügt ist. In diesem Falle müssen sich nicht nur ein einziges, sondern mehrere Proteine zusammenfügen. Sie müssen sich miteinander in symmetrisch wiederholten Motiven verbinden, damit die komplexe Architektur entstehen kann, in die sich die Nukleinsäure einfügt. Der gleiche Prozeß gilt für die Organellen der Zelle wie für die zytoplasmatischen Partikeln, an denen die Übersetzung der Nukleinsäuresprache in die Proteinsprache erfolgt und wo der Zusammenbau der Proteine vor sich geht. Auf gleiche Art werden auch die Geißeln gebildet, die die Umhüllung der kleinen Bakterienzelle verzieren.

Viele der Formen, die wir in den Zellen bewundern, haben die Eigenschaften der Kristalle. Kristallisation bedeutet die Vereinigung des Gleichartigen, eine streng angeordnete Geometrie, die auf die Kräfte zurückgeht, die die identischen Moleküle unter sich vereinen. Ob es sich um Partikeln, Blättchen, Fasern oder Kapillaren handelt, die meisten der im Mikroskop sichtbaren Strukturen weisen diese Eigenschaften auf. Die molekulare Organisation der kompliziertesten Organellen der Zelle und vor allem der Zellmembrane sind noch unbekannt. Hingegen ist es schon sicher, daß der Aufbau dieser Organellen keinerlei mysteriöses Prinzip ins Spiel bringt, daß er keinerlei der Physik unbekannte Kraft voraussetzt, daß kein einziger Faktor verlangt wird, der nicht schon in der Struktur der Bestandteile vorhanden wäre. Die Mannigfaltigkeit und die Schönheit der Formen, diese ganze Geometrie, die uns die Lebewesen mit Staunen betrachten läßt, scheint in der Tat auf einem schon lange bekannten Phänomen zu beruhen: der Bildung der Kristalle. Wiederum findet sich zwischen der lebenden und der unbelebten Welt ein Unterschied vor, der nicht die Natur, sondern die Komplexität betrifft. Die Integration der Bakterienzelle beruht ebenfalls auf den Eigenschaften bestimmter Proteine, auf ihrer Fähigkeit, andere Molekülarten selektiv zu erkennen. In einem derart komplizierten System kann nur die Koordination der Elemente zu einer Einheit des Systems führen. Aus mehreren Tausenden von molekularen Formen gebildet, Sitz Tausender von chemischen Reaktionen, die gleichzeitig mit voller Geschwindigkeit ablaufen, kann die Bakterienzelle eine funktionelle Ganzheit nur dank dem engen Zusammenhang ihrer Bestandteile bilden. Jeder Austausch von Materie und Energie muß im Detail reguliert werden, damit sich der Zweck der Bakterie erfüllt: zwei Bakterien zu bilden. Die kleine Bakterienzelle kann nicht einfach eine in einen Sack gesteckte Sammlung von Molekülen sein, die den statistischen, die Beziehungen zwischen einfach gemischten und voneinander unabhängigen Elementen regelnden Gesetzen unterworfen sind. Ein Kommunikationsnetz ist erforderlich, um die Bestandteile, die im atomaren Maßstab weit voneinander entfernt sind, zu informieren und um bestimmte Aktivitäten im Hinblick auf das allgemeine Interesse und das allgemeine Ziel zu steuern. In allen Etappen der Zellchemie greifen Regulationskreise ein, die die Reaktionen koordinieren und sie den Erfordernissen der Produktion anpassen. Mit geringem Energieverbrauch gleicht die Zelle auf diese Weise ihre Arbeit ihren Bedürfnissen an. Sie produziert nur das, was sie braucht und nur dann, wann sie es braucht. Die chemische Fabrik ist völlig automatisch.

Die chemischen Aktivitäten der Zelle zu koordinieren heißt in erster Linie die Reaktionsketten je nach den gegenwärtigen Bedingungen einzuschalten oder sie im Gegenteil abzustoppen. Das bedeutet, daß die Ausführungsorgane ständig Informationen über ihre eigenen Aktivitäten bekommen müssen, damit sie diese der Lage anpassen können. So müssen Beziehungen geschaffen werden zwischen Bestandteilen, die, obwohl verschiedener Struktur, durch die Ausübung der gleichen Funktion vereint sind. Eine Integration ist nur dann möglich, wenn die strengen Vorschriften des genetischen Programms durch die Anpassungsfähigkeit der über die örtliche Lage, über den Zustand des Systems, die Natur des Milieus gesammelten Informationen korrigiert werden. Dieses Spiel zwischen dem, was getan werden muß, und dem, was getan worden ist, bestimmt zu jedem Zeitpunkt die Aktivität eines jeden Bestandteils. Das Vorhandensein dieser Interaktionen befreit das System von seinen thermodynamischen Einschränkungen und verleiht ihm die Kraft, gegen die mechanische Neigung zur Unordnung zu kämpfen. Das bedeutet, daß die Ausführungsorgane, um gelenkt zu werden, an Erkennungsorgane gekuppelt sein müssen, die fähig sind, die äußere Welt zu »sondieren«, das Vorhandensein bestimmter als Signale wirkender Verbindungen festzustellen und ihre Konzentration zu messen. Diese Rolle kommt bestimmten Proteinen zu, Regulatorproteine genannt, die durch ihre Struktur mit besonderen Eigenschaften ausgestattet sind. Diese Proteine sind fähig, sich selektiv und reversibel nicht nur mit einem einzigen, sondern mit zwei, drei oder mehreren Molekülen zu verbinden, die, in Natur und Struktur verschieden, untereinander keinerlei chemische Reaktivität zeigen. Eine spezifische Wechselwirkung zwischen diesen Molekülen ergibt sich erst durch Vermittlung des Regulatorproteins: sich selber überlassen, müßten sie sich chemisch ignorieren. Diese Regulatorproteine stellen sozusagen Strukturen mit zwei Köpfen dar: der erste erlaubt dem Protein eine besondere chemische Verbindung zu erkennen und so eine bestimmte Funktion, katalytischer oder anderer Natur, durchzuführen; der zweite Kopf des Regulatorproteins kann eine vollkommen verschiedene Verbindung fixieren, die die Proteinstruktur beeinflußt und dadurch die Eigenschaften des anderen Kopfes verändert. Je nachdem ob diese Verbindung vorhanden ist oder nicht, je nachdem ob sie eine bestimmte Konzentration in der Zelle erreicht hat, pendelt das Protein zwischen zwei Zuständen: Aktivität und Inaktivität. Diese Verbindung moduliert demnach die Tätigkeit des Proteins und gleichzeitig die Tätigkeit der Reaktionskette, in die es eingefügt ist. Sie handelt gewissermaßen wie ein chemisches Signal, das das Protein in die Stellung »ein« oder »aus« schaltet. Diese Regulatorproteine spielen demnach eine Kupplungsrolle zwischen den verschiedenen Funktionen der Zelle, zwischen den Tausenden von Reaktionen, die zusammenarbeiten, um Energie aufzuspeichern oder als chemisches Potential zu mobilisieren. Diese Interaktionen sind von besonderer Bedeutung, da sie den wichtigsten Beschränkungen der chemischen Reaktionen nicht unterliegen: sie sind reversibel und gehen keine eigentlichen chemischen Bindungen ein, deshalb benötigen sie nur eine schwache oder überhaupt keine Aktivierungsenergie; sie sind den Regeln der chemischen Affinität und Reaktivität nicht unterworfen und können dadurch beliebige Moleküle miteinander kuppeln. Die Natur dieser Wechselwirkungen, die Möglichkeit ihrer Existenz selbst beruht einzig und allein auf der Organisation des Proteinmoleküls, das heißt letzten Endes auf einer Nukleinsäuresequenz. Ohne diese Kupplungsagenten, ohne diese Proteine mit mehreren Köpfen würde die Koordination der Zelle unüberwindlichen Schwierigkeiten chemischer oder thermodynamischer Art gegenüberstehen. Allein durch das Vorhandensein dieser Strukturen etabliert sich ein Kommunikationsnetz zwischen Zelle und Milieu, zwischen Genen und Zytoplasma, zwischen Paaren von Bestandteilen ohne chemische Affinitäten.

Auf diesen Proteinen bauen die Regulationskreise auf. Wie in der Elektronik können dieselben Elemente in einer Vielfalt von Kreisen angeordnet werden und die durch den jeweiligen Umstand bedingte Funktion erfüllen. Bestimmte Regulatorproteine können die Gegenwart eines bestimmten Metaboliten im Kulturmilieu feststellen. Aber der sich hieraus ergebende Effekt ist je nach der Natur dieser Verbindung und ihrer Rolle in der Zellökonomie verschieden. Handelt es sich zum Beispiel um einen als Energieträger funktionierenden Zucker, so löst seine Gegenwart sofort die Synthese der ihn abbauenden Enzyme aus. Handelt es sich im Gegenteil um einen essentiellen Metaboliten, den die Zelle selber herstellen kann, so bringt seine Anwesenheit im Kulturmilieu die Bildung der Enzyme, die für seine Synthese zusammenarbeiten, unverzüglich zum Stillstand. In einer Reaktionskette werden die Ausführungsorgane durch die Konzentration des Endproduktes ständig über das Ergebnis ihrer Aktivität auf dem laufenden gehalten und sie passen sich dementsprechend an. Durch Rückkopplung reguliert jeder von der Zelle synthetisierte Metabolit seine eigene Produktion.

Wie beim Relais der elektronischen Apparaturen sprechen die Regulatorproteine auf die Gegenwart eines chemischen Signals erst ab einer gewissen Stärke an. Ihre Antwort beruht auf der dem Protein eigenen Fähigkeit, zwischen zwei möglichen Zuständen pendeln zu können. Sie stellt eine Wahl dar zwischen zwei Alternativen: Aktivität oder Ruhe, Lauf oder Stillstand, Ja oder Nein. Das Protein kann nur die Anwesenheit oder Abwesenheit einer bestimmten Verbindung, eines bestimmten chemischen Motivs erkennen. Derartige binäre Systeme greifen auf allen

Ebenen des Metabolismus ein, um dessen Mannigfaltigkeit zu koordinieren. Sie greifen jederzeit ein, um die Funktionen den Erfordernissen der Zelle und dem Zustand des Milieus anzupassen; um die katalytischen Aktivitäten in den Reaktionsketten abzustimmen; um einzelne Gene zu bestimmen, die in Proteine übersetzt werden müssen; um einmal pro Generation und nur ein einziges Mal die Reproduktion des Chromosoms zu veranlassen; um die Zellteilung zu koordinieren. Die Integration der Zelle, der Zusammenhang ihrer Aktivitäten beruht somit einzig und allein auf dem Vorhandensein jener Proteinstrukturen, die selber reine Produkte der natürlichen Selektion sind. Alle erdenklichen Interaktionen zwischen den unterschiedlichsten Molekülen können stattfinden; einzige Voraussetzung dafür ist, daß die entsprechende Proteinstruktur besteht. Tatsächlich sind chemisch höchst unerwartete, in logischer Hinsicht jedoch äußerst wirksame Beziehungen zu beobachten. Immer wenn ein neuer metabolischer Weg entdeckt und seine Regulation aufgeklärt wird, kann man feststellen, daß sie mit Unfehlbarkeit der Regulation der Zelle eine erhöhte Wirksamkeit und eine Ersparnis der Mittel erlaubt. Genau diese Art Vorteil fördert die Reproduktion. Die Logik des Regulationssystems beruht auf dem Bestreben des Bakteriums, zwei Bakterien zu geringeren Kosten herzustellen.

Ob man die Funktionen unserer Bakterienzelle, ihre Morphologie oder ihre Integration analysiert, stets nimmt die Familie der Proteine den ersten Platz ein. Unter diesen finden sich sowohl die Ausführungswerkzeuge wie die Einzelteile des Gerüsts oder die Sinnesorgane. Ungeachtet ihrer spezifischen Aufgabe haben alle die Eigenschaft, sich selektiv mit anderen Verbindungen zu vereinen; dabei kommen Kräfte ins Spiel, die die Chemiker als »nicht kovalente« Bindungen bezeichnen, d. h. die keine eigentliche chemische Verbindung eingehen. Ihre hervorragende Stellung innerhalb der Zelle beruht auf ihrer Fähigkeit, spezifisch bestimmte chemische Strukturmotive in einem auch noch so komplexen Gemisch zu erkennen. Dadurch sind die Proteine fähig, chemische Verbindungen gewissermaßen »abzutasten«, die Zusammensetzung des Milieus zu untersuchen und alle möglichen spezifischen Signale zu »erkennen«. Sie wählen ihre Partner, weil sie niemanden anders »kennen«. So betätigen sich die Proteine in allen Bereichen wie ebenso viele Maxwellsche Dämone, um gegen die mechanische Tendenz zur Unordnung anzukämpfen. Sie besitzen das »Wissen«, wodurch die Organisation der Zelle aufrechterhalten bleibt.

Die Struktur des Proteins allein bedingt die entsprechenden Interaktionen. Das bedeutet, daß Anatomie und Physiologie der Bakterienzelle fast ausschließlich auf den spezifischen Eigenschaften einiger Proteinsequenzen beruhen. Es will ferner heißen, daß die Reproduktion dieser Strukturen und damit des ganzen Systems nur insofern möglich ist, als die dreidimensionale molekulare Ordnung ausschließlich durch eine andere, eindimensionale Ordnung bestimmt wird. Auf die Schwierigkeit, eine Architektur im Raum zu kopieren, hatte schon Buffon hingewiesen. Sie findet sich auf allen Ebenen wieder, ob es sich um sichtbare Formen oder um Moleküle handelt. Das alte Modell von der inneren Gußform hat die Molekularbiologie durch eine lineare Botschaft ersetzt; denn von allen Anordnungen materieller Elemente läßt sich die Sequenz zweifellos am getreusten und mit dem geringsten Aufwand reproduzieren. Ob man die Anordnung dieser Merkmale in einem Organismus oder diejenige der Atome in einem Molekül betrachtet, es gibt nur eine einzige Möglichkeit, die Reproduktion eines Objektes darzustellen: die Einfügung eines jeden Elementes in der Kopie muß von dem ihm im Original entsprechenden bestimmt werden. Eine Sache kann nur dann reproduziert werden, wenn jede ihrer Besonderheiten erfaßt und jede bedeutsame Einzelheit erkannt werden kann. Das ist in einer dreidimensionalen Struktur unmöglich: zugänglich ist nur die Oberfläche, die Tiefe bleibt verborgen. In diesem Falle beschränkt sich das Wachstum auf die Überlagerung neuer Elemente in zugänglichen Bereichen der Struktur. Darauf beruht der Mechanismus, der die Kristallbildung durch einförmige Wiederholung desselben Motivs bestimmt. Hingegen kann man sich sehr gut die Reproduktion einer Fläche vorstellen, von der kein Detail verborgen ist. Theoretisch steht zum Beispiel nichts der genauen Reproduktion einer zweidimensionalen Matrize entgegen, besser noch der Reproduktion von zwei Matrizen, von denen jede jeweils das Spiegelbild der anderen darstellt. Praktisch wäre jedoch die Kopie einer derartigen Struktur eine weit komplexere Operation als die Kopie einer einfachen Sequenz. Der hohe Wirkungsgrad in der Reproduktion der Moleküle – die vermutlich erst dadurch möglich geworden ist – beruht darauf, daß zwischen zwei Ordnungssystemen eine eindeutige Beziehung besteht; das eine System, die doppelte Nukleinsäuresequenz bleibt immer linear und kann ohne Schwierigkeit kopiert werden; das andere liegt in Form der Proteinsequenz vor, die sich spontan und eindeutig in eine spezifische dreidimensionale Struktur verwandelt. Die Komplexität im Raum kann deshalb reproduziert werden, weil sie auf der Einfachheit einer Sequenz beruht. Denn in der lebenden Welt ist die Ordnung der Ordnung linear.

Im Prinzip ist die Anzahl der möglichen Nukleinsäuresequenzen und damit diejenige der Proteinstrukturen nahezu unbegrenzt. Wohl sind die Einschränkungen, die der Struktur durch rein physikalische Faktoren auferlegt werden, noch wenig bekannt. Doch übersteigt das Mögliche bei weitem alles, was verwirklicht worden ist. Die kleine Bakterienzelle enthält nur einige Tausend Proteintypen; doch ist jeder von ihnen ihrer Funktion vollkommen angepaßt; ein jeder leistet mit bewundernswerter Genauigkeit und Leistungsfähigkeit seinen Beitrag für das Vorhaben des Organismus: aus sich zwei Bakterien zu machen. Die Analyse der Bakterienzelle entdeckt heute das Ergebnis von Reproduktionen, die sich über zwei Milliarden Jahre erstreckt haben; es ist der Querschnitt, den unsere Zeit durch den Ablauf der Evolution legt. Gewiß wirkt die Evolution weder auf die Bestandteile des Bakteriums noch auf das Bakterium als Ganzes; sie operiert mit großen Populationen. Ihr Mechanismus selbst veranlaßt die Evolution jedoch, sich mit jeder Einzelheit zu befassen, eine jede der molekularen Strukturen einer Prüfung zu unterziehen und sie immer mehr ihren Funktionen anzupassen. Bei so einfachen Wesen wie den Bakterien besteht das einzige Kriterium der natürlichen Selektion in der Geschwindigkeit der Fortpflanzung. Und im Wettlauf um die Nachkommenschaft rächt sich alles, die kleinste Störung, der kleinste Rückstand, die kleinste Abweichung, vorausgesetzt, daß sie vererblich sind. Es ist ein Gesetz, das weder Aufschub noch Mitleid kennt. Jeder auch noch so geringfügige Unterschied in der Struktur und damit in der Funktion wird unausweichlich eine evolutionäre Nachwirkung zur Folge haben, wenn sie sich in jeder Generation wiederholt. Wenn eine Struktur entsteht mit der Fähigkeit, mehrere Metaboliten zu fixieren, wenn sich derart einige Regulationskreise bilden, dann ist bereits die Reproduktion des Chromosoms, das die Synthese dieser Strukturen bestimmt, begünstigt. Die natürliche Selektion wählt unter den existierenden Organismen. Doch *a posteriori* sieht es so aus, als ob sie die chemischen Verbindungen, aus denen das Bakterium besteht, eine nach der anderen auswählte; so als ob sie jedes Molekül ziselierte und jede Einzelheit ausführte.

Im genetischen Programm ist das Ergebnis aller früheren Reproduktionen fixiert, und zwar die Summe der Erfolge, da die Spur der Mißerfolge verschwunden ist. Die genetische Botschaft, das Programm des heutigen Organismus liegt vor wie ein Text ohne Verfasser, den ein Korrektor während einer Milliarde von Jahren überprüft, verbessert, verfeinert, unaufhörlich ergänzt und aus dem er mit der Zeit jede

Unvollkommenheit ausgemerzt hätte. Dieser von der Zeit unaufhörlich verbesserte Text wird heute kopiert und weitergegeben, um die Stabilität der Art sicherzustellen. Zeit bedeutet hier die Anzahl sich folgender Kopien der Botschaft, die Anzahl der Generationen, die von einem weit entfernten Vorfahren zu unserer Bakterienzelle geführt hat. Wahrscheinlich werden wir niemals die von der Evolution verfolgten Wege in ihren Einzelheiten kennen. Es ist hoffnungslos, daß wir jemals jede einzelne Etappe aufspüren könnten, in deren Verlauf, während Milliarden von Generationen vielleicht, die Atome nach und nach so angeordnet worden sind, um das großartige Gebäude zu errichten, das die Bakterienzelle darstellt. Wir können sicher sein, daß wenigstens einige der von der genetischen und molekularbiologischen Analyse aufgedeckten Mechanismen in der Variation der Lebewesen und ihrer Evolution eine Rolle spielen. Doch kann die Rolle dieser Mechanismen nur schwer präzisiert und ihre Bedeutung nur schwer gewertet werden.

Was in den Operationen der Bakterienzelle vielleicht am meisten überrascht, ist ihre Genauigkeit. Tausende von Reaktionen laufen mit einer Präzision und Sicherheit ab, die alles übertrifft, was Technologie und Industrie vermögen. Es gibt in der Zelle sogar Mechanismen, die spezialisiert sind, Fehler festzustellen und sie zu korrigieren. Auf dieser Genauigkeit beruht die Erhaltung des Systems, seine Konstanz durch Generationen hindurch. Sie bewahrt den Organismus vor dem Zerfall, der unaufhörlich jedes mechanische System bedroht. Alles in allem wird nicht einmal eine Bakterie von tausend im Verlauf des Wachstums von Fehlleistungen genügenden Ausmaßes betroffen, daß sie den Tod der Zelle oder besser, ihre Unfähigkeit sich fortzupflanzen nach sich zögen. Sicherheit bedeutet jedoch nicht Unfehlbarkeit. Hier und da schleichen sich einige wenige Fehler ein. Unter ihnen lassen sich zwei Gruppen unterscheiden, je nachdem ob sie auf die Nachkommenschaft weitergegeben werden oder nicht, ob sie die genetischen Instruktionen selbst entstellen oder ob sie nur ihre Durchführung stören. Im letzten Falle können die Fehler in die Operationen der Transkription und vor allem der Übersetzung eingreifen, für die eine komplizierte Apparatur gebraucht wird. So kann ein Mißgeschick geschehen, indem eine Proteineinheit entsprechend einem Nukleinsäuretriplet eingefügt wird, das im Wörterbuch einen anderen Sinn hat. Falsch infolge des Austauschs eines einzigen Symbols kann aus dieser Sequenz ein verändertes Protein entstehen, das unfähig ist, die Funktion zu übernehmen, die ihm bestimmt ist. Fehler dieser Art sind jedoch sehr selten, denn es ist möglich, ein Protein zu reinigen und die genaue Sequenz seiner Einheit zu bestimmen, ohne darin Zweideutigkeiten zu finden. Derartige Fehler stellen meistens für die Zelle keine Gefahr dar, denn für diese ist es unwichtig, wenn unter Tausenden von Enzymmolekülen, die die gleiche Arbeit verrichten, eines oder zwei fehlerhaft sind. Es handelt sich hier um Fabrikationsfehler, um Unfälle, die für die Art ohne Folgen sind.

Nur Fehler, die eine Veränderung der genetischen Botschaft selbst nach sich ziehen, das heißt die Mutationen, können für die Art folgenschwer werden. Denn wenn sie einmal entstanden sind, werden sie von jeder Generation getreu kopiert. Die Bakterien erlauben Mutationen und ihren Ursprung, ihre Expression mit einer Leichtigkeit und einem Wirkungsgrad zu analysieren, die bei anderen Organismen unbekannt sind. So ist es möglich, einen erbarmungslosen Selektionsdruck in einer erwünschten Richtung auf große Populationen auszuüben. Der Genetiker kann auf diese Weise die seltensten Mutationen aufspüren. Hierfür genügt es, einige Milliarden Organismen, die in einem Tropfen einer Kultur enthalten sind, Bedingungen auszusetzen, unter denen nur die erhoffte Mutation fähig ist, sich zu vermehren. Es ist also leicht, die Frequenz der Mutationen zu messen, ihren Mechanismus zu bestimmen, eine mögliche Kausalbeziehung zwischen Funktion und Struktur zu suchen. Die Art der Mutationen wird durch die Organisation des chemischen Textes selbst bestimmt. Eine Mutation taucht auf, wenn der Sinn des Textes verändert wird, wenn die Nukleinsäuresequenz modifiziert wird, durch die eine Proteinsequenz vorgeschrieben wird, das heißt eine Struktur, der eine Funktion zukommt. Die Mutationen beruhen auf Irrtümern, ähnlich denen, die in einem Text durch einen Abschreiber oder Drucker verursacht werden. Ebenso wie ein Text kann die Nukleinsäurebotschaft modifiziert werden: durch die Umwandlung eines Zeichens in ein anderes, durch Streichung oder Hinzufügung eines oder mehrerer Zeichen, durch die Umstellung von Zeichen von einem Satz in einen anderen, durch die Umkehrung einer Zeichengruppe, kurz, durch alles, was die vorherbestimmte Ordnung durcheinanderbringt.

Diese Ereignisse sind dadurch gekennzeichnet, daß sie nicht in einer vom Milieu oder irgendeinem Zellbestandteil bestimmten Richtung verlaufen. Die Veränderungen des chemischen Textes geschehen blindlings und nicht durch die Modifikation einer zuvor ausgewählten Sequenz. Durch Verwendung bestimmter Reagenzien oder Strahlungen, von denen man weiß, daß sie eine bestimmte chemische Gruppierung verändern können, ist es möglich, selektiv auf eine der vier Nukleinsäureeinheiten einzuwirken und damit einen Buchstaben des Textes in einen anderen zu verwandeln, zum Beispiel ein B in ein A. Jedoch ist das

Zeichen B millionenfach die ganze Kette entlang wiederholt; es kommt in zahlreichen Exemplaren vor, in jedem Abschnitt der Botschaft, in jedem Gen. Das chemische Reagens vermag nicht, ein bestimmtes B auszuwählen; es wirkt nach den Gesetzen des Zufalls, so daß irgendeines der Millionen von B in ein A verwandelt wird. Das einzige Molekül, das eine Nukleinsäuresequenz erkennen muß, um ihre Ordnung im Verlaufe des Kopierens festzulegen, ist die Nukleinsäure selber. Bei den Prozessen der Proteinsynthese wird die Information immer nur in einer bestimmten Richtung übertragen, das heißt von der Nukleinsäure zum Protein, und nie umgekehrt. In der Natur kommt keine Molekülart vor, die fähig wäre, eine Nukleinsäuresequenz absichtlich zu verändern; das betrifft sowohl die Enzyme, die die Nukleinsäureeinheiten einreihen, um die Matrize zu kopieren, als auch die Regulatorproteine, die die Nukleinsäuresegmente auf »ein« oder auf »aus« schalten. Diese Moleküle können sich mit der Nukleinsäure verbinden, sie können aber nicht die Sequenzen der Botschaft in Funktion einer Bedeutung verändern, die ihnen selber unbekannt ist. Es liegt in der Natur des genetischen Materials und der Beziehungen, die es zu den anderen Bestandteilen der Zelle unterhält, daß es keinem Molekül möglich ist, den Plan zu verändern, der über seine eigene Struktur entscheidet. Das heißt, daß ein Gen nie im Hinblick auf die Funktion, die es bestimmt, verändert werden kann. Ob sie spontan auftreten oder künstlich hervorgerufen werden, die Mutationen modifizieren immer nur zufällig die Ordnung einer Sequenz, die ebenso zufällig aus der Gesamtheit des genetischen Programms herausgegriffen wurde. Das ganze System ist darauf eingerichtet, daß Fehler blindlings geschehen. Es gibt in der Zelle keinen Bestandteil, der das Programm in seiner Gesamtheit interpretieren könnte, der auch nur eine Sequenz »verstehen« und sie folgerichtig verändern könnte. Die Elemente, die den genetischen Text übersetzen, verstehen immer nur die Bedeutung der einzeln für sich genommenen Triplets. Die Strukturen, die bei der Reproduktion das Programm verändern könnten, verstehen es nicht. Selbst wenn ein Wille zur Modifizierung des Textes bestünde, so verfügte dieser doch über keinerlei Mittel, unmittelbar einzugreifen. Er müßte den langen Umweg über die natürliche Selektion gehen.
Jede Mutation, jeder Kopierfehler betrifft eines oder mehrere Zeichen des genetischen Textes. Jede modifiziert eines oder mehrere Gene; das führt zur Veränderung eines oder mehrerer Proteine. Entsprechend der »Nützlichkeit« dieser neuen Strukturen, je nachdem ob sie die Absicht der Bakterie sich zu reproduzieren begünstigen oder behindern, wird die Mutante im Verhältnis zu ihren Generationsgenossen bevor-

zugt oder vernachlässigt. Es ist augenscheinlich, daß die Gesamtheit der Strukturen und Funktionen eines heutigen Organismus, der sich unter dem natürlichen Milieu ähnlicher Bedingungen befindet, über Millionen von Generationen durch die Selektion verfeinert worden ist. So haben Genauigkeit und Leistungsfähigkeit der meisten Programme ein Niveau erreicht, daß jede Veränderung nur zu einer Verminderung, ja sogar zu einem Verlust der Funktion führen kann. Erst wenn sich das Milieu radikal verändert, kann eine Mutation dem Organismus einen Vorteil einbringen. Mögen auch einige Milliarden Individuen untergehen, die zur Fortpflanzung unfähig geworden sind, es genügt, daß sich einige Mutanten fortpflanzen, dank derer sich die Art den neuen Bedingungen anpassen kann. Bestimmte Mutationen, die unter normalen Bedingungen schädlich sind, werden in außergewöhnlichen Situationen vorteilhaft.

Die meisten Mutationen stellen nicht Veränderungen der Quantität, sondern der Qualität dar. Sie stürzen die Ordnung des genetischen Textes um, fügen jedoch nichts hinzu. Die Evolution geht jedoch durch die Vergrößerung der Komplexität des Organismus vor sich, das heißt durch Erweiterung seines Programms. Es gibt zwei Möglichkeiten, den Gehalt der Bakterienzelle an genetischer Information zu vergrößern. In erster Linie geschieht es manchmal, daß dasselbe Segment während der Reproduktion des Chromosoms zweimal kopiert wird. Dieser Fehler läßt sich mit jenen Irrtümern vergleichen, die bei der Zusammenstellung eines Textes vorkommen, wo infolge einer Unaufmerksamkeit dieselbe Linie zweimal gesetzt wird. Einmal geschehen, setzen sich die beiden Exemplare des genetischen Fragments von Generation zu Generation fort. Dasselbe Protein wird von den beiden Kopien desselben Gens hergestellt. Der Selektionszwang zur Erhaltung der Funktionen wirkt sich jedoch nur auf ein Gen aus. Das andere kann nach Lust und Laune variieren und Mutationen können hier nach Belieben auftreten. Zur Erhaltung dieser Variationen ist es nicht mehr notwendig, daß sie der Zelle irgendeinen Vorteil einbringen. Es genügt, daß sie unschädlich sind. Aller Wahrscheinlichkeit nach sind die chemischen Reaktionsketten durch derartige Wiederholungen, nach und nach, Glied für Glied gebildet worden.

Gewisse Bakterien verfügen noch über ein anderes Mittel, um eine Ergänzung zum genetischen Programm zu erwerben. Meistens sind die Mikroorganismen voneinander getrennt. Zwischen ihnen besteht keinerlei Verbindung. Sie tauschen nichts aus. Durch ihre Wandung sind sie vor jeder Art von Austausch geschützt. Zuweilen jedoch kommt es zu einer Übertragung von genetischem Material von einer Zelle zur anderen. Dies geschieht entweder mit Hilfe eines Virus oder durch Prozesse, die an die Sexualität bei höheren Wesen erinnern. Jedoch kann ein derartiger Zuschuß an genetischem Material für die Nachkommenschaft der Zelle nur dann eine dauerhafte Folge haben, wenn die auf diese Weise eingeführten Fragmente Wurzeln schlagen können, reproduziert und von einer Generation zur anderen weitergegeben werden. Diese Verwurzelung geschieht meistens durch genetische Rekombination. So kann ein Segment des Chromosoms durch ein homologes Segment aus einem anderen Individuum ersetzt werden. Vermehren sich Bakterienpopulationen unter verschiedenen Bedingungen, so tendieren sie zur Bildung von je nach den Ansprüchen des Milieus genetisch verschiedenen Gruppen. Dank der Rekombination können sich die Elemente des genetischen Textes, die aus verschiedenen Individuen stammenden Gene, in neuen Verbindungen zusammensetzen, die zuweilen für die Reproduktion vorteilhaft sind. Auch wenn die Sexualität bei den Bakterien kein normaler Mechanismus der Fortpflanzung ist, da sie sich gewöhnlich durch Spaltung vermehren, so erlaubt diese doch eine Vermischung von verschiedenen genetischen Programmen innerhalb der Art und damit das Erscheinen von genetisch neuen Typen.

Jedoch kann die Rekombination die genetischen Programme nicht vergrößern, sondern nur sie innerhalb der Population vermischen. Es gibt jedoch gewisse genetische Elemente, die von Zelle zu Zelle weitergegeben werden und die sich dem schon vorhandenen genetischen Material einfach anfügen. Diese Elemente bestehen gewissermaßen aus überzähligen Chromosomen. Die in ihnen enthaltenen Instruktionen sind weder für das Wachstum noch für die Reproduktion unbedingt erforderlich. Dieser zusätzliche genetische Text erlaubt der Zelle jedoch, neue Strukturen aufzubauen und neue Funktionen durchzuführen. Durch ein Element dieser Art wird zum Beispiel die sexuelle Differenzierung in gewissen Bakterienarten bestimmt. Außerdem ist die Nukleinsäuresequenz in derartigen überzähligen Elementen nicht dem Stabilitätszwang unterworfen, der von der Selektion auf das bakterielle Chromosom ausgeübt wird, da sie nicht unbedingt notwendig sind. Diese Elemente stellen für die Zelle einen zwecklosen Zusatz dar, eine Art Reserve an Nukleinsäuretext, der im Verlaufe der Generationen völlig uneingeschränkt variieren kann.

Stabilität und Variabilität, jene beiden scheinbar gegensätzlichen Eigenschaften der Lebewesen, beruhen auf der Natur des genetischen Textes selbst. Betrachtet man das Einzelwesen, die Bakterienzelle, so sieht man, daß das Programm, in dem nicht nur die detaillierten Pläne jeder molekularen Struktur, sondern auch die Mittel zur Ausführung der Pläne und Koordinierung der Aktivitäten der Strukturen festgelegt sind, mit äußerster Genauigkeit, buchstabengetreu kopiert wird. Betrachtet man hingegen Bakterienpopulationen oder sogar die Gesamtheit einer Art, so scheint der Nukleinsäuretext infolge Kopierfehler, Vertauschungen durch Rekombination, Zusätze und Auslassungen ständig desorganisiert zu werden. Letzten Endes wird der Text immer wieder in Ordnung gebracht. Das geschieht jedoch nicht durch einen mysteriösen Willen, der seine Absichten durchzusetzen versucht, oder durch eine vom Milieu bestimmte Neuordnung der Sequenzen; die Nukleinsäurebotschaft zieht aus der Erfahrung keine Lehren. Die Botschaft wird automatisch von der Selektion wieder in Ordnung gebracht, die nicht unmittelbar auf den genetischen Text wirkt, sondern auf ganze Organismen oder vielmehr auf Populationen, innerhalb derer sie jede Unregelmäßigkeit ausscheidet. Die Selektionsidee liegt in der Natur der Lebewesen durch den einfachen Umstand begründet, daß sie nur dann existieren können, wenn sie sich fortpflanzen. Jedes neue Individuum, das durch das Spiel der Mutation, der Rekombination und der Zusätze ein neues Programm erhält, wird sofort der Prüfung durch die Reproduktion unterworfen. Kann ein Organismus sich nicht fortpflanzen, so verschwindet er. Vermag er sich besser oder schneller als seine Generationsgenossen fortzupflanzen, so wirkt sich dieser Vorteil, sei er auch noch so geringfügig, unverzüglich auf die Vermehrung aus und damit auf die Ausbreitung dieses bestimmten Programms. Nur über diesen langen Umweg des notwendigen Erfolges in der Reproduktion kann die Erfahrung letztlich im genetischen Nukleinsäuretext fixiert werden und scheint dieser durch das Milieu geprägt zu sein. Fortpflanzen kann sich jedoch nur das, was existiert; das heißt, die Selektion wird nicht unter dem getroffen, was möglich ist, sondern unter dem, was existiert.

Im Gegensatz zur Struktur des genetischen Textes ist die Durchführung der in ihm festgehaltenen Instruktionen besonderen Milieueinflüssen unterworfen. Doch auch in diesem Falle wirkt das Milieu nicht didaktisch. In gewissen Prozessen wie bei der induzierten Synthese von Enzymen antwortet die Bakterienzelle auf die Zugabe von spezifischen Verbindungen zum Milieu mit der Produktion von spezifischen Proteinen. Noch vor wenigen Jahren schien es außerdem unzweifelhaft, daß diese Verbindungen auf irgendeine Art und Weise den Sinn der genetischen Botschaft modulieren, einen Teil der Instruktionen, ihren Beitrag zur finalen Struktur des Proteins, hinzufügen müßten. Man weiß heute, daß dem nicht so ist: selbst in diesen Phänomenen übt das Milieu keinerlei didaktischen Einfluß aus. Die spezifische Verbindung spielt einfach die Rolle eines Stimulus; dieser schaltet eine Synthese ein, in der alle Mechanismen und die Struktur des Endproduktes mit Genauigkeit durch den Nukleinsäuretext festgelegt sind. Das System läßt nur eine Wahl zwischen zwei Möglichkeiten einer Alternative zu. Die einzige Instruktion, die vom Milieu empfangen werden kann, geschieht durch die Regulatorproteine und ist ein Signal: Lauf oder Stillstand. So gleicht die Ablesung der genetischen Botschaft der Musikbox im Café: drückt man auf einen der Knöpfe, so wählt man unter allen Platten der Maschine diejenige aus, die man hören möchte. Es ist jedoch unmöglich, den Text oder das Abspielen der aufgenommenen Musik zu verändern. Gleichermaßen kann ein Segment des genetischen Textes im Chromosom der Bakterienzelle je nach den vom Milieu empfangenen chemischen Signalen aktiviert werden oder nicht. Diese Signale können jedoch die Sequenz nicht modifizieren und damit auch nicht die Funktion. Das alte Wort der Anpassung meint damit zwei verschiedene Dinge. Einerseits handelt es sich um ein auf das Individuum bezogenes Phänomen. Es stellt gewissermaßen die Antwort des Organismus auf irgendeinen äußeren Faktor dar; das geschieht jedoch immer nur innerhalb der Grenzen, die ihm von den im Programm enthaltenen Weisungen erlaubt sind. Auf der anderen Seite handelt es sich dagegen um Modifikationen innerhalb einer Population. In diesem Falle wird das Programm selbst verändert, wobei ein Zwang wirkt, der bestimmte Programme fördert, sobald sie nur auftauchen. Die Adaptation beruht immer auf einem selektiven und nicht auf einem didaktischen Effekt des Milieus, ungeachtet ob es darum geht, die Möglichkeiten eines Programms auszuschöpfen oder das Programm zu wechseln.

So also stellt sich die Molekularbiologie die Integrationsschwelle vor, die die belebte und die unbelebte Welt trennt. Gewiß sind wir noch nicht soweit, auch nur ein derart einfaches Wesen wie das Bakterium in allen seinen Einzelheiten zu kennen. Von den ungefähr zweitausend Reaktionen, die in der kleinen chemischen Fabrik ablaufen, sind bisher erst sechshundert oder siebenhundert entdeckt und erforscht worden. Wir kennen die Zusammensetzung und die Struktur vieler chemischer Verbindungen nicht, die sich gegenseitig erkennen und zu Organellen zusammenfügen. Die Zusammensetzung und die Struktur der Membran sind kaum bekannt. Wenn uns jedoch jede neue Erkenntnis die Komplexität der Einzelheiten vor Augen führt, so beweist sie doch die Einfachheit der Grundregeln. Die von der Natur verwendeten Methoden sind den vom Menschen für seine Technologie entwickelten sehr ähnlich, ob es sich nun um die Verlängerung von Polymeren, um Informationsübermittlung oder Regulationskreise handelt. Je mehr man sich mit der Erforschung der Bakterienfabrik beschäftigt, ihre Mechanismen auseinandernimmt, die Strukturen analysiert, desto offensichtlicher wird es, daß es nichts gibt, das nicht wenigstens theoretisch in Reichweite unserer experimentellen Chemie wäre. Es findet sich keine Lücke in der Kontinuität zwischen dem Verhalten von kleinen anorganischen Molekülen und demjenigen der riesigen organischen molekularen Strukturen, zwischen den Reaktionen des Unbelebten und jenen des Lebenden, zwischen der Chemie des Laboratoriums und der des Organismus. Die Enzymaktivität kann in einer Lösung im Reagenzglas beobachtet werden und wirkt auf Moleküle, die in den meisten Fällen im Laboratorium hergestellt werden können; sie beruht ausschließlich auf Interaktionen, mit denen die Physiker vertraut sind. Vor kurzem gelang sogar die künstliche Synthese eines Enzyms, das die gleiche katalytische Aktivität aufweist wie jenes in der Natur, das ihm entspricht. Theoretisch stellen sich einer derartigen Operation keine Schwierigkeiten entgegen: schon seit langem kann man im Laboratorium die chemische Bindung realisieren, die zwei Einheiten einer Proteinkette zusammenhält. In der Praxis stellt die Synthese eines Proteins jedoch einen höchst komplexen Vorgang dar: handelt es sich doch darum, mehrere hundert Einheiten Ende an Ende zusammenzufügen. Das kann geschehen, indem jeweils eine Einheit auf einmal angefügt wird. Jede dieser Operationen setzt jedoch eine Reihe von chemischen Reaktionen voraus. Die Synthese des Proteins macht somit Tausende von Reaktionen notwendig, die eine nach der anderen in strengster Ordnung durchgeführt werden. Trotz der Konstruktion von Maschinen, die einen Teil dieser Arbeit automatisch gemäß einer in einem Programm festgelegten Ordnung durchführen können, bleibt eine derartige Synthese doch schwierig; ihre zeitliche Dauer ist von beträchtlicher Länge und die Ausbeute ist gering. Doch ist leicht vorauszusehen, daß in Kürze eine Reihe von Proteinen hergestellt sein wird, und zwar nicht nur Moleküle, die eine bestimmte katalytische oder andersartige Aktivität besitzen, sondern auch Moleküle von unbekannter Struktur und ohne Funktion, denjenigen gleichend, die auf der Erde vor dem Erscheinen der Lebewesen gebildet worden sein müssen. Diese Strukturen ohne Aufgabe und ohne Zweck werden es erlauben, eine dem Experiment nur schwer zugängliche Vergangenheit zu erforschen.

Noch schwieriger ist es – nicht aus prinzipiellen, sondern aus technischen Gründen –, im Laboratorium eine lange Nukleinsäurekette von genau vorgeschriebener Sequenz zu synthetisieren. Der Chemiker kennt zwar Wege, um die Nukleinsäureeinheiten eine nach der anderen aneinanderzuketten; doch der Wirkungsgrad der verfügbaren Methoden ist äußerst gering. Selbst wenn die Ausbeute einer jeden Reaktion neunzig Prozent überstiege, wovon man noch weit entfernt ist, so wäre doch nach Tausenden von notwendigen Operationen die Quantität des gebildeten Produkts lächerlich im Vergleich zur Menge an verwendeten Rohstoffen. Es gelingt jedoch, kurze Sequenzen von einigen Einheiten zu synthetisieren und diese zu langen Ketten aneinanderzufügen. Ein Gen wurde bereits durch eine Kombination von Methoden der organischen Chemie und der Verwendung von bakteriellen Enzymen synthetisiert. Höchstwahrscheinlich wird es gelingen, Nukleinsäuresequenzen herzustellen, die in die Zelle eingepflanzt werden können und ihr irgendeine neue Funktion geben werden. Hingegen wird es wahrscheinlich noch für lange Zeit außerhalb unserer Möglichkeiten bleiben, Stück für Stück eine lange Nukleinsäurekette aufzubauen, durch Synthese ein genetisches Programm aufzustellen, sei es auch noch so einfach wie das eines Virus. Es gibt jedoch keinen Grund *a priori*, daß der Chemiker nicht eines Tages dieses Ziel erreichen könnte.

Viele Physiker fühlten sich zu der Biologie und besonders zu der Analyse der Vererbung deshalb hingezogen, weil sie hofften, hier vielleicht ein neues Naturgesetz zu entdecken, das der Forschung noch unbekannt wäre. Diese Erwartung ist enttäuscht worden. Die Komplexität zahlreicher Strukturen liegt allein aus technischen Gründen noch außerhalb der Reichweite der experimentellen Chemie. Hingegen ist nicht ausgeschlossen, daß man in der Zukunft die Tausende von chemischen Verbindungen, aus denen die Bakterienzelle zusammengesetzt ist, eine nach der anderen synthetisieren wird. Doch besteht keine Aussicht, daß *sämtliche* dieser Verbindungen fehlerfrei zusammengesetzt werden könnten und man ein komplettes Bakterium aus einem Reagenzglas hervorgehen sehen wird. Viele Enzyme, die Grundeinheiten polymerisieren, funktionieren nur in Gegenwart einer Matrize. Andere können nur einen schon bestehenden Abschnitt Polymer, der als eine Art Initialzünder dient, verlängern. Es ist sogar möglich, daß zuweilen beim Aufbau bestimmter komplexer Organellen die richtige Orientierung der Einheiten durch das Vorhandensein der gleichen, schon gebildeten Organellen determiniert wird. Die für die Struktur der einzelnen Bestandteile erforderliche Information ist in den Nukleinsäuresequenzen enthalten. Doch wenn sich auch die meisten Makromoleküle spontan in richtiger Ordnung zusammensetzen, kann man noch nicht versichern, daß das immer genügt. Es ist nicht ausgeschlossen, daß das Zusammenfügen dieser Komplexe durch bereits vorhandene Strukturen wie bei der Bildung eines Kristalls gelenkt wird. So rudimentär die Bakterienzelle auch in der Welt der Lebewesen erscheint, so waren für die Organisation dieses Systems doch beträchtliche Zeitperioden notwendig. Das Bakterium funktioniert deshalb mit einer derartigen Virtuosität, weil sich seine Vorfahren während zwei Milliarden Jahren in dieser Chemie geübt und mit peinlicher Genauigkeit das Rezept eines jeden Erfolges aufgezeichnet hatten. Hierin tritt der Unterschied zwischen der lebenden Welt und der unbelebten Welt, zwischen Biologie und Physik zutage. Die unbelebten Körper hängen nicht von der Zeit ab. Die lebenden Körper sind ihr untrennbar verbunden. Keine ihrer Strukturen läßt sich von ihrer Geschichte trennen.

Die Geschichte unseres Kolibakteriums ist letzten Endes eine kontinuierliche Kette von Reproduktionen mit ihren Abenteuern, ihren Sackgassen, ihren Erfolgen. Es gibt auf dieser Erde nur deshalb Bakterien, weil im Laufe der Zeit andere Bakterien, oder noch rudimentärere Wesen, ohne Unterbrechung und verzweifelt versucht haben, sich zu reproduzieren. Da der Kopiermechanismus nicht fehlerlos ist, gibt es viele Gelegenheiten, das System zu ändern, es zu verschlechtern oder zu vervollkommnen. Die Evolution beruht auf Unfällen, auf seltenen Ereignissen, auf Fehlern. In einem lebendigen System wird selbst das zur Quelle von Neuheit und Komplexität, was ein inertes System zerstören würde. Der Unfall kann hier zur Erfindung werden und der Fehler zum Erfolg. Denn das Spiel der natürlichen Selektion hat seine eigenen Regeln. Nur diejenigen Abweichungen zählen, die auf die Zahl der Nachkommenschaft einen Einfluß haben. Wird die Nachkommenschaft reduziert, so handelt es sich um Fehler; wird sie vergrößert, so sind es Erfolge. In diesem Spiel gibt es keinen Betrug, keine Strategie, sondern nur gut geführte Konten, deren Bilanz Verschwinden oder Verbreitung bedeutet. Die Reproduktion weist dem Zufall die Richtung.

Die kleine Bakterienzelle ist so eingerichtet, daß sich das ganze System alle zwanzig Minuten reproduzieren kann. Bei den Bakterien wird die Geburt nicht vom Tod aufgehoben wie bei den Organismen, deren Fortpflanzung zwangsläufig sexueller Art ist. Die Bakterien sterben während des Wachstums der Kulturen nie. Sie verschwinden nur als Einheit: dort, wo ein Bakterium war, sind plötzlich zwei. Die Moleküle der »Mutter« werden gleichmäßig unter den beiden »Töchtern« verteilt. Die Mutter enthielt zum Beispiel einen langen Desoxyribonukleinsäurestrang, der sich vor der Zellteilung verdoppelt. Jede Tochter enthält einen dieser identischen Stränge, von denen ein jeder aus einer »alten« und einer neuen Kette gebildet wird. Eines der Kriterien für den Tod einer Bakterie bezieht sich auf ihre Unfähigkeit sich zu reproduzieren. Faßt man dieses Nicht-Leben als Tod auf, so handelt es sich um einen zufälligen Tod. Er hängt zumeist vom Medium und von den Kulturbedingungen ab. Wird einem kleinen Teil einer Kultur kontinuierlich neues Medium zugegeben, so hört dessen Wachstum nie auf: die Bakterien reproduzieren sich ewig.

Vergänglich wird das Individuum in einer Bakterienkultur nicht durch einen gewöhnlichen Tod, sondern durch eine von Wachstum und Vermehrung verursachte Verdünnung. Allein die Organisation bleibt erhalten, die sich automatisch reproduziert, solange die Zelle dem Milieu Energie und Stoff entnehmen kann. Kein Geist weist den Vorgängen die Richtung, keinerlei Wille schreibt Fortgang oder Stillstand vor. Es gibt nur die unaufhörliche Durchführung eines von seiner Verwirklichung nicht zu trennenden Programms. Denn die einzigen Elemente, die die genetische Botschaft interpretieren können, sind die Produkte dieser Botschaft. Der genetische Text hat nur für die Strukturen, über deren Natur er selbst bestimmt hat, einen Sinn. Damit gibt es keine Ursache mehr für die Fortpflanzung; es gibt nur noch einen Kreis von Ereignissen, in dem jeder Bestandteil nur in Abhängigkeit von den anderen Bestandteilen seine Aufgabe erfüllen kann. Die Organisation konnte sich deshalb reproduzieren und die Lebewesen konnten deshalb entstehen, weil die Komplexität der Strukturen im Raum durch die Einfachheit einer linearen Kombination festgehalten wird; aber auch deshalb, weil sich eine eindeutige Beziehung zwischen zwei Symbolsystemen herausbilden konnte: das eine dient dazu, die Information im Verlaufe der Generationen zu bewahren; das andere entfaltet in jeder Generation die Strukturen. Das erste System verwirklicht die vertikale Verbindung von den Eltern zum Kind; das zweite System bestimmt eine horizontale Verbindung zwischen den Bestandteilen des Organismus. Das Verhältnis zwischen den beiden Systemen verleiht der Reproduktion der Zelle eine innere Logik, die auf keine »höhere« Intelligenz zurückgeht. Dieselbe Logik schließt die genetische Botschaft von jeder durch das Milieu oder durch die Zelle selber gelenkten Veränderung aus. Allein die Aktivität des genetischen Materials, jedoch nicht seine Struktur ist der Regulation unterworfen, die die Bestandteile des Organismus koordinieren. Das bedeutet keineswegs, daß die Nukleinsäurebotschaft nicht einer Überwachung unterworfen wäre. Der inneren Kontrolle der Zelle entzogen bleibt das genetische Programm einer äußeren Regulation unterworfen, und das nicht etwa, weil eine mysteriöse Hand das Geschick der Bakterie lenkte, sondern weil ein individuelles Bakterium Teil einer Population ist, die ein Reagenzglas, eine Wasserlache oder den Darm eines Säugetieres bevölkert. Das Individuum stellt damit ein einfaches Element in einem System höherer Ebene dar, das nach einer anderen Logik funktioniert. Innerhalb dieses Systems wirkt eine regulierende Kraft auf das genetische Programm. Die Interaktionen, die Population und Milieu vereinen, wirken sich schließlich auf die Reproduktion der im genetischen Text spontan auftauchenden Neuschöpfungen aus. So verwirklicht sich tatsächlich zwischen dem genetischen Programm und dem Milieu jene notwendige, von der Anpassung verlangte Beziehung. Sie spielt sich jedoch erst auf dem Umweg über einen langen Rückkopplungskreis ein, in dem die Qualität der Botschaft durch die Quantität der Nachkommenschaft angepaßt wird. Wenn der genetische Text ständig verändert, unaufhörlich korrigiert und der Fortpflanzung unter den verschiedensten Bedingungen angepaßt wird, so geschieht das durch die von der natürlichen Selektion fortlaufend gemachten Korrekturen. Ohne Verstand, um es zu diktieren, ohne Einbildungskraft, um es zu erneuern, verändert sich das genetische Programm durch seine Verwirklichung.

Anmerkungen

1 Schrödinger, What is Life? Toronto 1956, S. 68.
2 Wiener, The Human Use of Human Beings, London 1954, S. 95.
3 Ibid., S. 26.
4 Schrödinger, What is Life? S. 18–19.
5 Wiener, Cybernetics, New York, London 1961[2], S. 58.

Das Integron

Wenn die Vererbung heute im Begriffssystem von Molekülen interpretiert werden kann, so ist darin weder ein Endpunkt zu sehen noch der Beweis dafür, daß sich von jetzt an die ganze Biologie auf die Beobachtung von Molekülen reduzieren ließe. Es bedeutet in erster Linie, daß die beiden großen Strömungen der Biologie, die Naturgeschichte und die Physiologie, die so lange getrennt vorgingen und die sich fast ignorierten, schließlich miteinander verschmolzen sind. Der alte Streit zwischen Integristen und Atomisten wurde durch den unlängst in die Physik eingeführten Unterschied zwischen Mikroskopischem und Makroskopischem gelöst. Einerseits gründet die Varietät der lebenden Welt, die außerordentliche Mannigfaltigkeit von Formen, Strukturen und Eigenschaften, die auf makroskopischer Ebene beobachtet werden können, auf der Kombination von einigen wenigen molekularen Verbindungen, das heißt auf einer extremen Einfachheit der Mittel auf mikroskopischer Ebene. Andererseits unterscheiden sich die Prozesse, die bei den Lebewesen auf der mikroskopischen Ebene der Moleküle ablaufen, in nichts von denen, die die Physik und die Chemie in unbelebten Systemen analysieren; erst auf der makroskopischen Ebene der Organismen erscheinen besondere Eigenschaften, die aus dem Zwang zur Reproduktion und zur Anpassung an bestimmte Bedingungen entstehen. Deshalb müssen die den Wesen und den Dingen gemeinsamen Prozesse im Hinblick auf das besondere Statut analysiert werden, das Ursprung und Ziel den Wesen verleiht.

Im Augenblick, wo die Einheit der physikalisch-chemischen Prozesse auf molekularer Ebene anerkannt wird, verliert der Vitalismus jede Bedeutung. In der Tat ist seit dem Entstehen der Thermodynamik der operationelle Wert der Konzeption vom Leben immer inhaltsloser geworden und ihre Abstraktionskraft hat abgenommen. In den Laboratorien von heute wird nicht mehr das Leben befragt. Man versucht nicht mehr, seine Umrisse zu erfassen. Man bemüht sich lediglich Struktur, Funktion und Geschichte der lebenden Systeme zu analysieren. Kommt aber den lebenden Systemen eine Finalität zu, so ist keine Biologie mehr möglich, ohne sich unaufhörlich auf das »Projekt« der Organismen zu beziehen, auf den »Sinn«, den allein schon die Tatsache ihrer Existenz ihren Strukturen und Funktionen gibt. Der Unterschied zwischen dieser Einstellung und dem lange Zeit vorherrschenden Reduktionismus ist offensichtlich. Um wissenschaftlich zu sein, mußte sich bisher die Analyse vorerst jeder Überlegung enthalten, die über das zu erforschende System und seine funktionelle Rolle hinausging. Die von jeder Beschreibung geforderte Genauigkeit verlangte die Beseitigung jenes Elements von Finalität, das der Biologe in seiner Analyse nicht zulassen wollte. Heute ist dagegen die Struktur nicht mehr von ihrer Bedeutung zu trennen; das gilt nicht nur für den Organismus, sondern auch für jene Folge von Ereignissen, in deren Verlauf sich der Organismus entwickelt hat. Jedes lebende System entsteht aus einem bestimmten Gleichgewicht zwischen den Elementen einer Organisation. Der Zusammenhang zwischen diesen Elementen bedingt, daß jede Modifikation an einer Stelle alle Beziehungen in Frage stellt und früher oder später zu einer neuen Organisation führt. Indem man Systeme verschiedener Natur und Komplexität isoliert, gelingt es, ihre Einzelteile zu erkennen und ihre Beziehungen nachzuweisen. Welches auch immer die analysierte Ebene sein mag, ob es sich um Moleküle, Zellen, Organismen oder Populationen handelt, die Geschichte gibt stets die notwendige Perspektive, die Aufeinanderfolge stets ein Erklärungsprinzip. Jedes lebende System muß damit auf zwei Analyseebenen gesehen werden, in zwei Querschnitten, einem horizontalen und einem vertikalen, die allenfalls im Interesse einer klaren Darstellung getrennt werden dürfen. Einerseits handelt es sich darum, die Prinzipien der Integration der Organismen, ihre Konstruktion, ihre Tätigkeit zu erkennen und andererseits darum, die Ursachen ihrer Veränderungen und ihre Aufeinanderfolge zu bestimmen. Die Beschreibung eines lebenden Systems muß ebensosehr die Logik seiner Organisation wie die seiner Evolution in Betracht ziehen. Heute interessiert sich die Biologie für die Algorithmen der lebenden Welt.

Die Organisation der lebenden Systeme gehorcht einer Reihe von Prinzipien sowohl physikalischer als auch biologischer Natur: natürliche Selektion, minimale Energie, Selbstregulation, stufenweiser Bau durch aufeinanderfolgende Integration von Untereinheiten. Die natürliche Selektion legt nicht nur dem Gesamtorganismus eine Finalität auf, sondern jedem seiner Bestandteile. Bei einem Lebewesen wurde jede Struktur ausgewählt, weil sie eine bestimmte Funktion in einem dynamischen Ganzen erfüllte, das fähig ist, sich zu reproduzieren. Die Moleküle, aus denen ein lebendes System besteht, sind demnach durch ihre Geschichte, durch ihre Kontinuität ausgezeichnet. Manche sind seit Millionen von Jahren gleichgeblieben: in einem gewissen Sinn bleiben sie Kopien von denen, die sich einst herausgebildet hatten. Andere hingegen haben sich unter irgendeinem Selektionsdruck verwandelt. Viele sind auf der Strecke geblieben. Vielleicht ist eine noch größere Zahl in neuen Arten, zum Beispiel mit dem Menschen erschienen. Aber über die Anforderungen der Selektion hinaus bleiben sowohl lebende wie unbelebte Systeme dem Prinzip der minimalen Energie unterworfen. Ob eigentliche chemische Bindungen im Spiele sind oder nicht, ob es sich um Synthesen oder einfache Anlagerung von Molekülen handelt, die Reaktionen des Lebenden verlaufen immer in der gleichen Richtung auf eine Verminderung der freien Energie zu. Die Geschwindigkeiten dieser Reaktionen sind immer durch die Aktivationsenergie bestimmt, die die ins Spiel kommenden Transitionen verlangen.

Die Regulationskreise geben den lebenden Systemen gleichzeitig ihre Einheit und die Möglichkeit, der Thermodynamik Genüge zu leisten. Diese bestimmt, daß sich eine chemische Reaktion nur über ihr Gleichgewicht oder ihre Geschwindigkeit regulieren läßt. In einer einfachen Reaktion ist die Gleichgewichtskonstante eine Funktion der beteiligten Moleküle. Die Katalyse beschleunigt nur die Geschwindigkeit, indem sie die erforderliche Aktivierungsenergie vermindert. In einer Reaktion, an der eine so komplizierte Struktur wie ein Protein teilnimmt, zum Beispiel in einer Enzymreaktion, bestimmt die Konformation des Proteins gleichzeitig seine Affinität für das Substrat und die Geschwindigkeit der Reaktion. Affinität und Geschwindigkeit können nur durch Modifikationen der Konformation verändert werden. Die gesamte Koordination der Zelle beruht damit auf der geometrischen Verformung einiger Proteine in der Folge von Interaktionen mit bestimmten Metaboliten, die als spezifische Signale wirken. Bei den vielzelligen Wesen kommen noch andere Regulationskreise hinzu, die die Aktivitäten der Zellen aufeinander abstimmen und sie integrieren. So spielen direkte Kontakte zwischen Zellen eine Rolle, ferner die Hormone und das Nervensystem. Noch kennt man diese Regulationskreise nur schlecht, es ist jedoch wahrscheinlich, daß die Hormone und die chemischen Vermittler des Nervensystems ebenfalls dadurch wirken, daß sie bestimmte Proteine in der Membran von sensiblen Zellen verformen. Diese Vermittlersubstanzen haben als solche keinerlei Bedeutung. Sie werden für bestimmte Zellen nur deshalb zu Signalen, weil in diesen Proteine vorhanden sind, die als Empfänger dienen, das heißt letzten Endes dank des genetischen Programms dieser Zellen. In jedem Fall

aber funktioniert die Regulation der biologischen Systeme aufgrund von Gleichgewichten und Reaktionsgeschwindigkeiten. Sie beruht immer auf den Interaktionen der Bestandteile, das heißt auf den Eigenschaften, die ihrer Anordnung inhärent sind, nämlich ihrer Struktur.
Die Konstruktion eines jeden lebenden Systems, welches auch immer sein Organisationsgrad sein möge, wird von einer Architektur nach dem Baukastenprinzip bestimmt. Ein Organismus, selbst der einfachste, ist von einer derartigen Komplexität, daß er sich wahrscheinlich nie hätte bilden können, noch sich fortpflanzen und entwickeln, wenn er als Ganzes, Stück für Stück, Molekül für Molekül, wie ein Mosaik aufgebaut worden wäre. Anstelle dessen bauen sich die Organismen in einer Reihe von Integrationen auf. Ähnliche Elemente werden zu Zwischenschaltungen vereinigt. Mehrere dieser Schaltungen werden zusammengebaut, um ein System höherer Ordnung zu bilden und so fort. Die Komplexität der lebenden Systeme entsteht demnach durch die Kombination von zunehmend komplizierten Elementen, durch die Eingliederung von einander untergeordneten Strukturen. Diese Systeme können sich aus ihren Elementen in jeder Generation neu bilden, reproduzieren, weil auf jeder Ebene die Zwischenstruktur thermodynamisch stabil ist. Die Lebewesen bauen sich so in einer Reihe von separaten Verpackungen auf. Sie sind in einer Hierarchie von diskontinuierlichen Einheiten angeordnet. Auf jeder Ebene vereinigen sich Einheiten von relativ gut definierter Größe und fast gleicher Struktur, um eine Einheit der nächsten Stufe zu bilden. Dieses durch die Integration untergeordneter Einheiten entstehende System kann mit dem allgemeinen Begriff des *Integrons* bezeichnet werden. Ein bestimmtes Integron wird durch den Zusammenbau von Integrons niedrigerer Stufe gebildet und nimmt seinerseits an der Konstruktion eines Integrons höherer Stufe teil.
Diese Hierarchie von Integrons, dieses Baukastenprinzip findet sich schon auf mikroskopischer Ebene bei der Bildung der Proteinstrukturen innerhalb der Zelle vor. In der Tat können drei Etappen beim Aufbau dieser Strukturen unterschieden werden. In der ersten werden anorganische Elemente durch eine Reihe von enzymatischen Reaktionen in kleine spezifische Moleküle, die Proteinuntereinheiten, verwandelt. Die Spezifizität dieser Reaktionen beruht auf der Assoziation zwischen Enzym und Substrat und auf ihrem Gleichgewicht. Infolge der Interaktion der Enzyme mit bestimmten Metaboliten wird die Geschwindigkeit dieser Reaktionen koordiniert. In einer zweiten Etappe werden die Polymere entlang einer Matrize zusammengebaut, auf der die Untereinheiten in genauer Ordnung eingereiht werden. Diese Anordnung beruht auf spezifischen Assoziationen, die jedoch noch keine che-

mische Bindung miteinbeziehen. Erst wenn die Untereinheiten eingereiht sind, werden sie eine nach der anderen durch die Aktion eines Enzyms miteinander verbunden. Schließlich falten sich die Proteinketten in einer dritten Etappe und lagern sich zu Superstrukturen zusammen. Bei den einfachsten beruht die Anlagerung einzig und allein auf Bindungseigenschaften. Diese geben den Bestandteilen ihre Struktur: die Affinität der Elemente genügt, um das System, das spontan entsteht, zu gliedern. Bei den komplizierteren tritt möglicherweise eine Art von »Zentren« ins Spiel, die für die Organisation der anderen Elemente ausschlaggebend ist. Diese Zentren können wie Strukturelemente funktionieren, die die Konformation der anderen Bestandteile modifizieren, wie eine Art von Enzym, das ihre Anlagerung beschleunigt oder sogar wie Matrizen, die eine bestimmte unter den thermodynamisch möglichen Anordnungen fördert. In jedem Falle hängen die möglichen Anordnungen einer organisierten Struktur von den Bindungsenergien zwischen den Elementen ab; immer stellen sie eine Eigenschaft des Gleichgewichts des Systems dar. Selbst wenn derartige Zentren existierten, wäre ihre Bildung durch die Interaktionen der Bestandteile bestimmt. Das würde bedeuten, daß die kompliziertesten Strukturen in einer Reihe von Etappen aufgebaut werden, in denen die Zwischenelemente nicht nur als Material dienen, sondern die Rolle von Organisatoren für die nächstfolgende Struktur übernehmen können. Vorderhand sind nur die in der Struktur enthaltenen Elemente zu ihrer Konstruktion erforderlich. Die Lebewesen bilden sich durch den spontanen Zusammenbau der Bestandteile.

In mancher Hinsicht erinnern die Eigenschaften dieser Strukturen an die der Kristalle. Das ist eine alte Analogie, die schon vor mehr als zwei Jahrhunderten herangezogen wurde, um die Form, das Wachstum und die Reproduktion der organisierten Wesen zu erklären. Jedoch mußte dieser Vergleich aufgegeben werden, als die physikalische Struktur eines vollkommenen Kristalls aufgeklärt wurde. In einem derartigen Kristall wiederholt sich ein und dasselbe Motiv in allen drei Dimensionen. Er besteht vom Zentrum bis zur Oberfläche aus der regelmäßigen Anordnung von Atomen. Das unzugängliche Innere der Struktur ist von jeder Funktion ausgeschlossen. Der Kristall kann allein durch Hinzufügen von Elementen an der Oberfläche wachsen. Er kann sich nicht reproduzieren. Seither wurde jedoch die Konzeption eines Kristalls verallgemeinert: sie wird auf jede Organisationsform der Materie angewendet, die sich in zwei Dimensionen oder selbst in einer einzigen Dimension wiederholt. Aus Partikeln, die sozusagen dimensionslos sind, können sich spontan Fasern bilden, membranartige Flächen oder dreidimensionale Körper. Damit erhält die Analogie zwischen Kristallen und lebendigen Strukturen einen neuen operationellen Wert. Was den Elementen eines Ganzen die Eigenschaft verleiht, sich aneinander anzulagern, ist ihre Identität. Sie erlaubt ihnen nicht nur, geometrische Strukturen bilden zu können, sondern verleiht ihnen darüber hinaus die Fähigkeit, sie spontan zu bilden. Jedoch ist es kaum möglich abzuschätzen, wie genau diese Identität sein muß, das heißt welche Abweichungen der Struktur toleriert werden können. Im Falle der Bildung von dreidimensionalen Kristallen scheint ein strenger Zwang zu herrschen. In anderen Fällen ist er weniger absolut. So stellen die Nukleinsäure- oder Proteinuntereinheiten Elemente von genügender Identität dar, um geometrische Anordnungen bilden zu können. Eine ganze Reihe von biologischen Strukturen, die Polymere, die Membranen, die in der Zelle verteilten Organellen haben in diesem Sinne ihre innere Logik. Diese Logik ist mit der der dreidimensionalen Kristalle nicht identisch, doch unterscheidet sie sich von ihnen kaum. Alle diese Strukturen können jedoch nur eine chemische Funktion an ihrer Oberfläche ausüben.

Wenn auch die Prinzipien, die der Organisation der lebenden Systeme, ihrer Konstruktion, ihrer Logik zugrunde liegen, klar ersichtlich sind, wenn ihr Ursprung auch durch Extrapolation erkennbar ist, so ist doch jene Reihe von Ereignissen schlecht zu verstehen, die das Organische zum Lebenden werden ließen. Für den Biologen beginnt das Leben erst von dem Augenblick an, wo ein genetisches Programm entstehen konnte. Für ihn darf ein Objekt erst dann Organismus genannt werden, wenn es der natürlichen Selektion unterworfen werden kann. Er sieht das Kennzeichen des Lebenden in seiner Fähigkeit sich zu reproduzieren selbst im Falle eines primitiven Wesens, das mehrere Jahre braucht, um seinesgleichen zu bilden. Für den Chemiker hingegen ist es Willkür, dort eine Trennlinie ziehen zu wollen, wo doch nur Kontinuität herrschen konnte. Jeder Organismus enthält eine Vielzahl von Strukturen, Funktionen, Enzymen, Membranen, metabolischen Zyklen, energiereichen Verbindungen usw. Wo auch immer man den Anfang dessen erblicken mag, was als lebendes System aufgefaßt werden kann, seine Organisation ist nur innerhalb eines Milieus möglich, das schon lange vorbereitet war. Notwendigerweise setzt die biologische Evolution unterbruchslos eine lange chemische Evolution fort. Es ist möglich, im Laboratorium Bedingungen nachzuahmen, die auf der Erde vor dem Erscheinen der Lebewesen herrschen mußten. Unter diesen Bedingungen bildet sich spontan eine ganze Reihe von organischen Verbindungen. Durch zufällige Verbindung von Untereinheiten entstehen sogar Poly-

mere. Alle Reaktionen, die für die Entstehung der charakteristischen Makromoleküle des Lebenden notwendig sind, können, wenn auch mit schlechtem Wirkungsgrad, selbst in Abwesenheit von biologischen Katalysatoren ablaufen. Jedoch kann man sich nur schlecht vorstellen, wie ein integriertes System, so primitiv es auch sein mag, entstehen soll, das heißt den Ursprung einer Organisation, die sich, wenn auch nur schlecht und nur langsam, fortpflanzen kann. Denn der niedrigste Organismus, das bescheidenste Bakterium stellt bereits eine Ansammlung von äußerst zahlreichen Molekülen dar. Es ist undenkbar, daß sich alle Teile unabhängig voneinander in einem primitiven Ozean hätten bilden können, um sich eines schönen Tages zufällig zu begegnen und sich spontan zu einem derartigen System zusammenzufügen. Der Vorfahre könnte vorerst nur eine Art Kern sein, eine Assoziation von wenigen Molekülen, die sich gegenseitig schlecht und recht bei der Neubildung helfen. Aber wie soll denn das alles begonnen haben? Die genetische Botschaft kann nur durch die Produkte ihrer eigenen Übersetzung übersetzt werden. Ohne Nukleinsäuren haben die Proteine keine Zukunft. Ohne Proteine bleiben die Nukleinsäuren inert. Wo ist das Huhn und wo das Ei? Und wo soll die Spur eines derartigen Vorläufers gefunden werden oder die eines Vorläufers des Vorläufers? Vielleicht in einem noch unerforschten Winkel der Erde, auf einem Meteorit, auf einem anderen Planeten des Sonnensystems? Ohne jeden Zweifel wäre es von höchstem Interesse, wenn irgendwo eine neue Form des Lebenden oder wenigstens einige kompliziertere organische Überreste entdeckt werden könnten. Hiermit würden unsere Vorstellungen in bezug auf den Ursprung der genetischen Programme verwandelt. Jedoch wird diese Hoffnung mit der Zeit immer geringer.
Mangels Spuren, die befragt werden könnten, ist die Biologie auf Mutmaßungen beschränkt. Sie versucht, die Probleme zu klassifizieren, die Objekte zu individualisieren und Fragen zu stellen, die experimentell beantwortet werden können. Welche Art der Polymere, die Nukleinsäuren oder Proteine, ist älter? Welches ist der Ursprung des genetischen Codes? Die erste Frage führt zur Überlegung, ob irgend etwas, das dem Lebenden entfernt gleicht, ohne die eine oder die andere dieser beiden Arten von Makromolekülen existieren könne. Die zweite Frage stellt Probleme der Evolution und der Logik: der Evolution, weil die eindeutige Bestimmung jeder Proteinuntereinheit durch eine Gruppe von drei Nukleinsäureuntereinheiten nicht unvermittelt entstehen konnte; der Logik, weil schwer zu verstehen ist, warum eine bestimmte Beziehung einer anderen vorgezogen wurde, warum gerade dieses Nukleinsäuretriplet eine Proteinuntereinheit »bedeutet« und nicht ein

anderes. Vielleicht hat in den primitiven Organismen ein Strukturzwang geherrscht, der uns heute entgeht: in diesem Falle hätte die Anpassung der molekularen Konformationen wenn nicht das System als Ganzes, so doch gewisse Äquivalenzen bestimmt. Genauso möglich ist jedoch, daß nie ein Zwang bestand: in diesem Falle wären die Äquivalenzen rein zufällig entstanden, um dann anzudauern. Denn ist einmal ein System von Beziehungen entstanden, so können sich diese nicht verändern, ohne dem, was schon Bedeutung hatte, diese zu nehmen und ohne das durcheinanderzubringen, was bereits den Wert einer Botschaft besaß. Mit dem genetischen Code steht es wie mit einer Sprache: auch wenn die Beziehungen zwischen »Bezeichnendem« und »Bezeichnetem« auf einen Zufall zurückzuführen sind, so können sie sich, einmal festgesetzt, nicht mehr verändern. Auf diese Fragen versucht die Molekularbiologie eine Antwort zu geben. Es ist jedoch höchst ungewiß, ob es jemals gelingen wird, den Übergang zwischen Organischem und Lebendem zu analysieren. Vielleicht wird es nicht einmal möglich sein, die Wahrscheinlichkeit abzuschätzen, die das Erscheinen eines lebenden Systems auf dieser Erde hatte. Da der genetische Code von universaler Gültigkeit ist, muß angenommen werden, daß alles, was bis heute lebte, auf einen einzigen Vorfahren zurückgeht. Es ist jedoch unmöglich, eine Wahrscheinlichkeit für ein einmaliges Ereignis zu berechnen. Es ist zu befürchten, daß sich dieses Problem in einem Gewirr von Hypothesen verfilzen wird ohne jede Möglichkeit zur Überprüfung. Es ist leicht möglich, daß das Problem des Lebens von neuem Anlaß zu abstrakten Streitereien böte mit Schulen und Theorien, die mit wissenschaftlicher Vorhersage nur wenig, um so mehr jedoch mit Metaphysik zu tun hätten.

Dennoch hat die Biologie gezeigt, daß sich hinter dem Begriff Leben kein metaphysischer Komplex verbirgt. Die Fähigkeit, sich zusammenzufügen, Strukturen wachsender Komplexität zu bilden und sich selbst zu reproduzieren ist den Elementen eigen, aus denen die Materie aufgebaut ist. Von den Partikeln bis zum Menschen findet sich eine ganze Reihe von Integrationen, von Ebenen, von Diskontinuitäten. Doch gibt es weder in der Zusammensetzung der Objekte noch in den Reaktionen zwischen den Objekten einen Unterbruch. Die »Essenz« ändert sich nicht, so daß sich heute Physiker mit der Analyse der Moleküle und der Organellen beschäftigen. Die Einzelheiten der Struktur werden durch die Kristallographie, die Ultrazentrifugation, die magnetische Kernresonanz, die Fluoreszenz usw. bestimmt. Das bedeutet nicht etwa, daß die Biologie zu einem Anhängsel der Physik geworden wäre, innerhalb derer sie sozusagen eine komplizierte Unterabteilung darstellte. Auf jeder Organisationsebene tauchen neue Erscheinungen auf, die sowohl die Eigenschaften wie auch die Logik betreffen. Kein Molekül hat als solches die Fähigkeit sich fortzupflanzen. Diese Fähigkeit erscheint erst mit dem einfachsten Integron, dem die Qualität des Lebenden zukommt, das heißt mit der Zelle. Von da an ändern sich jedoch die Spielregeln. Das Integron der nächst höheren Ebene, die Zellpopulation, ist der natürlichen Selektion unterworfen, die der letzteren Beschränkungen auferlegt und sie mit neuen Möglichkeiten versieht. Genau dadurch und ohne aufzuhören, den für die unbelebten Systeme gültigen Prinzipien zu gehorchen, werden die lebenden Systeme zum Schauplatz von Phänomenen, die auf einer untergeordneten Ebene keine Sinn hätten. Die Biologie kann sich der Physik nicht begeben, läßt sich aber auch nicht auf sie beschränken.

Jedes Objekt, das die Biologie erforscht, stellt ein System von Systemen dar. Selbst ist es jedoch ein Element eines Systems höherer Ordnung und gehorcht zuweilen Gesetzmäßigkeiten, die sich nicht aus seiner eigenen Analyse ableiten lassen. Das bedeutet, daß jede Organisationsebene relativ zu den ihr benachbarten Ebenen analysiert werden muß. Die Funktion eines Fernsehgeräts bleibt unbegreiflich, solange nicht einerseits die Transistoren und andererseits die Beziehungen zwischen Sender und Empfänger verständlich sind. Auf jeder Integrationsstufe zeigen sich jedoch einige neue Eigenheiten. Die Physik zeigte schon zu Beginn dieses Jahrhunderts, daß die Diskontinuität nicht nur verschiedenartige Beobachtungsmittel notwendig macht; sie modifiziert ebenfalls die Natur der Phänomene, ja sogar die ihnen zugrunde liegenden Gesetze. Sehr oft lassen sich Konzeptionen und Techniken, die auf einem Niveau erfolgreich sind, weder auf der darüberliegenden noch der darunterliegenden Ebene anwenden. Die verschiedenen Ebenen der biologischen Organisation werden durch die der Reproduktion eigene Logik miteinander verbunden. Sie unterscheiden sich jedoch durch die Kommunikationsmittel, die Regulationskreise und die jedem System eigene innere Logik.

Jedermann ist einverstanden, eine Richtung in der Evolution zu sehen. Trotz Fehlern, Sackgassen und unbestimmtem Vortasten ist in den letzten zwei Milliarden Jahren etwas erreicht worden. Doch ist es schwer, die Orientierung zu umschreiben, die die natürliche Selektion dem Zufall auferlegt hat. Die Begriffe von Fortschritt, Fortentwicklung und Vervollkommnung kennzeichnen sie nur ungenau. Sie lassen Genauigkeit, Absicht, ja Anthropomorphismus zu stark anklingen. Die Kriterien dieser Ausrichtung sind nicht definiert. Würde letztere in der Anpassung um des Überlebens willen bestehen, so wäre der Kolibazillus seinem Milieu ebensogut angepaßt wie der Mensch dem seinen. Die Begriffe der Komplikation oder Komplexität führen ebenfalls nicht weiter. Es gibt Komplikationen ohne Einfluß; andere wieder unterbinden jede weitere Evolution durch ihre Spezialisierung. Am besten wäre die Evolution vielleicht durch die Tendenz zu einer differenzierteren Durchführung des genetischen Programms zu charakterisieren; oder vielleicht seine »Öffnung« in dem Sinne, daß der Organismus immer mehr Beziehungen zu seinem Milieu aufnehmen kann und damit seinen Wirkungsradius ausweitet. Bei einem so einfachen Wesen wie einer Bakterie ist die Durchführung des Programms von großer Starrheit. Das Programm stellt insofern ein »geschlossenes« System dar, als der Organismus einerseits vom Milieu nur sehr wenige Informationen empfangen und andererseits nur auf streng vorgeschriebene Art und Weise reagieren kann. Die Bakterie ist lediglich fähig, Gegenwart oder Abwesenheit bestimmter Verbindungen im Kulturmilieu zu erkennen. Ihre ganze Antwort besteht in der Aufnahme oder der Unterbrechung der Produktion von entsprechenden Proteinen. Wahrnehmungsfähigkeit und Reaktionen beschränken sich auf eine einzige Alternative, auf ja oder nein. Die »Erfolge« der Evolution führen zu einer gleichzeitigen Erhöhung der Erkenntnis- und der Reaktionsfähigkeit. Damit sich der Organismus differenziert, damit er an Autonomie gewinnt und damit sich seine Kontakte mit der Außenwelt erweitern, müssen sich nicht nur jene Strukturen entwickeln, die den Organismus mit dem Milieu verbinden, sondern auch die Interaktionen zwischen den Bestandteilen des Organismus selbst. Auf makroskopischer Ebene beruht die Evolution somit auf der Entwicklung neuer Kommunikationssysteme sowohl innerhalb des Organismus als auch zwischen ihm und seiner Umgebung. Auf mikroskopischer Ebene führt dies zu einer qualitativen und quantitativen Modifikation der genetischen Programme.

Die Zeit und die Berechnungen sprechen dagegen, daß die Evolution nur auf einer Abfolge von Mikroereignissen, von zufälligen Mutationen beruhen könnte. Sollte im Verlauf eines Roulettespiels, Schlag auf Schlag, Untereinheit für Untereinheit, jede der Hunderttausende von Proteinketten gewonnen werden, aus denen der Körper eines Säugetiers besteht, so wäre eine Zeit notwendig, die weit über die dem Sonnensystem zugeschriebene Dauer hinausgehen würde. Nur bei den einfachsten Organismen können die Veränderungen ausschließlich in kleinen unabhängigen Etappen vor sich gehen. Nur die Bakterien haben genügend große Wachstumsgeschwindigkeiten und Populationsgrößen, die es ihnen ermöglichen, das Auftauchen einer Mutation abzuwarten, der sie sich anpassen können. Die Evolution ist nur dadurch möglich geworden, daß sich auch die genetischen Systeme selbst fortentwickelt haben. Die Reproduktion kompliziert sich in gleichem Maße wie sich die Organismen komplizieren. Eine ganze Reihe von Mechanismen tauchen auf, die, obwohl auch sie auf dem Zufall beruhen, zusammenarbeiten, um das Programm neu zusammenzusetzen und Änderungen zu erzwingen: die Verteilung des genetischen Programms auf mehrere Chromosomen; die Gegenwart eines jeden Chromosoms nicht mehr in einem, sondern in zwei Exemplaren pro Zelle; der Wechsel zwischen Phasen mit einem oder zwei Chromosomensätzen im Verlaufe des Lebenszyklus; die unabhängige Segregation der Chromosomen; die Rekombination infolge Bruch und Wiedervereinigung homologer Chromosomen usw. Die beiden wichtigsten Erfindungen sind jedoch das Geschlecht und der Tod.

Die Sexualität scheint früh in der Evolution aufgetaucht zu sein. Sie stellt zunächst eine Art überflüssiges Hilfsmittel für die Reproduktion dar: das Bakterium braucht keine Sexualität, um sich zu multiplizieren. Die Notwendigkeit der sexuellen Fortpflanzung verändert das genetische System von Grund auf. Sobald die Sexualität obligatorisch wird, bildet sich ein jedes genetisches Programm nicht mehr als genaue Kopie eines einzelnen Programms, sondern aus der Zusammenstellung von zwei verschiedenen Programmen. Ein genetisches Programm ist damit nicht mehr die ausschließliche Eigenschaft einer bestimmten Linie. Es kommt der Kollektivität zu, der Gemeinschaft von Lebewesen, die mittels des Geschlechts kommunizieren. Damit wird eine Art genetischer Fundus konstituiert, in den jede Generation greift, um neue Programme entstehen zu lassen. Dieser gemeinsame Fundus, diese durch die Sexualität vereinte Population wird damit zur Einheit der Evolution. Der durch die getreue Reproduktion des Programms bedingten Identität stellt die Sexualität eine Diversität entgegen, die durch die Neuzusammenstellung des Programms in jeder Generation entsteht. Die Diversität wird so groß, daß mit Ausnahme der echten Zwillinge kein Individuum seinem Bruder genau identisch ist. Die Sexualität verpflichtet die Programme, alle Möglichkeiten der genetischen Kombination zu durchlaufen. Sie erzwingt den Wechsel. Es genügt, die Subtilitäten, die Riten, die Komplikationen zu beachten, die bei den höheren Wesen die Praktiken der Sexualität begleiten, um sich davon zu überzeugen, daß das Geschlecht eine hervorragende Rolle in der Evolution spielt und selbst ein Objekt der Evolution ist, das sich ständig verfeinert.

Die andere Voraussetzung für eine Evolution ist der Tod; nicht etwa der von außen, infolge eines Unfalls eintretende Tod, sondern der im genetischen Programm festgelegte Tod, eine *ex ovo* vorgeschriebene Notwendigkeit. Denn die Evolution ist das Resultat eines Kampfes zwischen dem, was war, und dem, was sein wird, zwischen dem Konservativen und dem Revolutionären, zwischen Identität in der Fortpflanzung und Neuheit der Variation. Bei den Organismen, die sich durch Teilung reproduzieren, genügt die Verdünnung des Individuums infolge des schnellen Wachstums, um seine Vergangenheit auszulöschen. Bei den mehrzelligen Organismen wird mit der Differenzierung in somatische Zellen und Keimzellen, mit der sexuellen Fortpflanzung das Untergehen eines Individuums zur Notwendigkeit. Zwei entgegengerichtete Kräfte führen zu dieser Resultante: einerseits ein Gleichgewicht zwischen der sexuellen Leistungsfähigkeit mit ihrem Gefolge von Trächtigkeit, Pflege und Aufzucht und andererseits das Verschwinden der Generation, die ihre Rolle in der Fortpflanzung ausgespielt hat. Die Abstimmung dieser beiden Parameter unter dem Einfluß der natürlichen Selektion bestimmt die maximale Lebensdauer einer jeden Art. Das ganze Evolutionssystem beruht zumindest bei den Tieren auf diesem Gleichgewicht. Die Lebensgrenzen können deshalb nicht dem Zufall überlassen werden. Sie werden vom Programm vorgeschrieben, das von der Befruchtung des Eies an das genetische Geschick des Individuums bestimmt. Noch kennt man den Mechanismus des Alterns nicht. Die heute gängigste Theorie sieht im Altern das Ergebnis einer Anhäufung von Fehlern im genetischen Programm der somatischen Zellen oder bei der Durchführung dieses Programms, das heißt durch die von den Zellen produzierten Proteine. Nach diesem Schema könnte die Zelle eine gewisse Anzahl von Fehlern zulassen. Überschreitet sie diese Grenze, so wäre sie zum Tode bestimmt. Mit der Zeit hätte die Anhäufung von Fehlern in einer zunehmenden Zahl von Zellen das unvermeidliche Ende zur Folge. Die Durchführung des Programms selbst würde damit die Lebensdauer bestimmen. Wie dem auch sei, der Tod ist integrierender Bestandteil des Systems, das in der Welt der Tiere ausgewählt wurde und von seiner Evolution. Mag man noch so viel von jenem Bereich erwarten, den man heute als »biologische Technologie« bezeichnen kann: die Erlösung von vielen Plagen wie Krebs, Herz- und Geisteskrankheiten; der Ersatz der verschiedensten Organe durch Verpflanzungen oder synthetische Apparate; Heilmittel für bestimmte altersbedingte Funktionsstörungen; die Korrektur gewisser genetischer Defekte, ja sogar die vorläufige Unterbrechung eines aktiven Lebens, das später nach Willen wieder aufgenommen werden könnte. Es besteht jedoch kaum eine Aussicht darauf, daß es jemals möglich sein wird, das

Leben über eine bestimmte Grenze hinaus zu verlängern. Die Gebote der Evolution sind mit dem alten Traum der Unsterblichkeit kaum vereinbar.

Das Arsenal der Genetik wird hauptsächlich durch qualitative und nicht durch quantitative Änderungen des Programms vergrößert. Evolution bedeutet demnach in erster Linie eine Vergrößerung der Komplexität. Die Bildung einer Bakterie macht die Übersetzung einer Nukleinsäuresequenz von ungefähr einem Millimeter Länge notwendig, die aus einigen zwanzig Millionen von Zeichen besteht. Der Mensch ist das Produkt einer anderen Nukleinsäuresequenz, die ungefähr zwei Meter lang ist und mehrere Milliarden Zeichen enthält. Die Komplizierung der Organisation entspricht demnach einer Verlängerung des Programms. Eine Evolution war wiederum dank der Beziehung zwischen der Struktur des Organismus im Raum und der linearen Sequenz der genetischen Botschaft möglich. Denn die Komplexität einer Integration wird zu einer einfachen Addition. Gleichwohl fördern die bekannten genetischen Mechanismen die Variationen des Programms, fügen ihm jedoch kaum Zusätze hinzu. Gewiß gibt es Kopierfehler, die bestimmte Segmente der Botschaft verdoppeln, gibt es genetische Fragmente, die von Viren übertragen werden können, gibt es sogar überzählige Chromosomen. Diese Prozesse sind jedoch kaum von großer Tragweite. Es ist undenkbar, daß sie ausreichen würden, um bestimmte große Etappen der Evolution zu verursachen: Änderung der zellulären Organisation beim Übergang von der einfachen Form des Bakteriums, einem »Prokaryoten«, zur komplizierten Form des »Eukaryoten« wie der Hefen und der höheren Organismen; der Übergang vom Einzeller zum Vielzeller; oder das Auftauchen der Wirbeltiere. Jede dieser Etappen beruht tatsächlich auf einer beträchtlichen Vergrößerung der Nukleinsäure. Um diese plötzlichen Vergrößerungen zu erklären, muß der Zufall eines seltenen Ereignisses herangezogen werden wie zum Beispiel ein Reproduktionsfehler, der zu einem Überschuß an Chromosomen führen würde; möglicherweise müßten außerordentliche Prozesse in Betracht gezogen werden wie die Symbiose von Organismen oder die Fusion von Programmen, die verschiedenen Arten angehören. Daß Symbiosen während der Evolution auftreten können, weiß man dank der »Mitochondrien«, jenen Organellen, die in den komplexeren Zellen Energie produzieren. Gemäß allen biochemischen Kriterien gleichen diese Organellen den Bakterien. Sie enthalten sogar ihre eigene Nukleinsäuresequenz, die von den Chromosomen der Zelle unabhängig ist. Aller Wahrscheinlichkeit nach handelt es sich um Überreste von Bakterien, die sich einst mit einem anderen Organismus verbunden hatten, um den Stammvater unserer heutigen Zellen zu bilden. Was die Fusion von Programmen anbetrifft, so sind diese bei den Pflanzen, jedoch nicht bei den Tieren bekannt. Diese werden durch einen Sicherheitsmechanismus vor den Folgen der »schändlichen Liebschaften« beschützt, die dem Altertum und dem Mittelalter so sehr am Herzen lagen. Jedoch konnte unlängst in Kulturen die Fusion von Zellen verschiedener Arten, zum Beispiel zwischen Mensch und Maus, beobachtet werden. Diese Hybridzellen besitzen Programme in zwei Exemplaren und multiplizieren sich leicht. Was den absonderlichen Liebschaften unter den Arten verwehrt blieb, gelingt auf dem Umweg über andere Vorgänge. Es genügt, daß derartige Begegnungen in ganz seltenen Fällen Folgen nach sich ziehen, um tiefgreifende Änderungen zu ermöglichen. Praktisch gibt es keinerlei Beweise für das Vorkommen derartiger Vorfälle in der Natur; theoretisch sind sie jedoch möglich. Es gibt keinerlei Gesetzmäßigkeit in der Vergrößerung der Programme. Man findet plötzliche Sprünge, unvermittelte Zunahmen, unerklärliche Rückfälle ohne Beziehung zur Komplexität des Organismus. Es sind außerordentliche Ereignisse nötig, um die Vergrößerung des Programms mit dem Rhythmus der Evolution in Übereinstimmung zu bringen. Damit ist klar, wie illusorisch jeder Versuch sein muß, die Dauer oder die Wahrscheinlichkeiten der Evolution abschätzen zu wollen. Vielleicht werden die Elektronenrechner eines Tages herausfinden, welche Wahrscheinlichkeit das Erscheinen des Menschen hatte.

Die Vergrößerung des Programms ist auf die für die Evolution charakteristische Tendenz zurückzuführen, die Wechselwirkungen zwischen Organismus und Milieu zu verstärken. Ein Organismus kann den Austausch mit seiner Umgebung auf vielfältige Weise intensivieren. Das gelingt bereits den Protozoen. Mit ihrer ganzen Ausrüstung von spezialisierten Organellen stellen sie einen für eine einzelne Zelle bereits überraschenden Komplexitätsgrad dar. Jedoch ist der Anzahl und der Größe der mit der Fortpflanzung kompatiblen Strukturen eine Grenze gesetzt. Jenseits einer bestimmten Schwelle wird die Vermehrung der Zellen, ihre Differenzierung und Spezialisierung zu einem Gewinn für den Haushalt der Zelle. Übernehmen bestimmte Zellen die Nahrungsbeschaffung, so können sich andere mit der Wahrnehmung, der Bewegung oder der Integration befassen. Die Differenzierung und Spezialisierung der Zellen befreit jede von ihnen vom Zwang, *sämtliche* Reaktionen des Organismus durchführen zu müssen. Damit wird ihr erlaubt, weniger, aber besser zu arbeiten; Voraussetzung hierfür ist jedoch, daß diese spezialisierten Aktivitäten koordiniert werden. Die Kommunikation zwischen den Zellen wird zur Vorbedingung für ihre

Spezialisierung.
Die Zellen haben verschiedene Möglichkeiten, miteinander in Verbindung zu treten: durch direkten Kontakt oder mittels des Nervensystems oder der Hormone. Jedoch ist die Natur der molekularen Interaktionen in den Regulationskreisen noch kaum bekannt. Wohl beginnt man die Zelle zu »verstehen«, kennt jedoch weder Gewebe noch Organ. Die Logik des Systems, das komplexe Programme durchführt wie zum Beispiel die Entwicklung eines Säugetiers, ist noch unbekannt. Die Bildung eines Menschen aus einem Ei stellt ein Wunder an Genauigkeit und Präzision dar. Es übersteigt alle Vorstellungskraft, wie aus einer einzigen Zelle Billionen von Zellen in spezialisierten Linien, in einer vollkommenen Ordnung in Zeit und Raum entstehen können. Während der embryonalen Entwicklung werden nach und nach die Instruktionen übersetzt und ausgeführt, die, in den Chromosomen des Eies enthalten, bestimmen, wann und wo sich die Tausende von Molekülen bilden, die den Körper des Erwachsenen aufbauen. Der ganze Wachstumsplan, die ganze Reihe der durchzuführenden Operationen, die Ordnung und der Ort der Synthesen, ihre Koordination, all dies ist in der Nukleinsäurebotschaft vorgeschrieben. Die Durchführung des Plans kennt kaum Mißerfolge: die Genauigkeit des Systems läßt sich an der Seltenheit der Fehlgeburten und Mißbildungen ermessen.
Im Verlaufe der Entwicklung erhält jede Zelle einen vollständigen Chromosomensatz. Je nach ihrer Spezialisierung stellen die verschiedenen Zellen jedoch verschiedene Typen Boten(Messenger-)RNS und Proteine her. Was das Gesamtprogramm auch enthalten mag, jede Zelle übersetzt nur Teile daraus, sie führt nur bestimmte Vorschriften aus. Somit muß eine genaue Sequenz von chemischen Ereignissen ablaufen, in deren Folge sich die Expression der Gene selbst modifiziert, je mehr sich die Zellen differenzieren. Mittels der Regelkreise werden in jeder Zellinie Abschnitte der Botschaft aktiviert oder unterdrückt. Diese Regelkreise sind bei den vielzelligen Organismen nicht nur komplexer als bei den Bakterien, sie müssen auch anderen Ansprüchen genügen: in erster Linie deshalb, weil bei diesen Organismen Systeme notwendig sind, die selektiv Genbatterien auf permanente und nicht reversible Weise aktivieren müssen; ferner deshalb, weil ein raffinierterer Mechanismus notwendig wird, zum Beispiel die stufenweise Auswahl von einander untergeordneten Systemen, um ein Gen in einer Million zu finden statt unter tausend. Andere Bedürfnisse treten auch deshalb auf, weil eine Tierzelle und ein Bakterium unter äußerst verschiedenen Bedingungen arbeiten. Die Bakterie muß ihr Funktionsgleichgewicht aufrechterhalten, auch wenn sie sich den verschiedensten Milieus anpaßt.

Die Zelle muß ebenfalls einen bestimmten Gleichgewichtszustand erhalten; zusätzlich muß sie jedoch ihre Aktivitäten auch auf die der Nachbarn abstimmen. Nur so wird es dem Organ möglich, seine Funktionen zu erfüllen, Funktionen, die ihrerseits den Gesetzmäßigkeiten des gesamten Organismus unterworfen sind.
Denn letzten Endes bestimmen immer Logik, Individualität und Finalität des Organismus über seine Bestandteile und ihre Kommunikationssysteme. Jedoch gibt es immer Möglichkeiten für Fehler und falsche Manöver im Regulationsnetz, das die Gesamtheit der chemischen Aktivitäten in einem so komplizierten System wie einem Säugetier überwachen muß. Gewisse Fehler bleiben ohne Folgen, andere hingegen nicht. So ist zum Beispiel die Vermehrung der Zellen der Kontrolle des Organismus unterworfen. Diese ist während der embryonalen Entwicklung sehr schnell, sie kommt zum Stillstand, sobald der Organismus erwachsen wird, und beginnt bei einer Verletzung von neuem. Das genetische Programm schreibt nicht nur den Plan der Zellteilungen vor, es setzt ihnen auch eine Grenze. Dieses Koordinationsnetz scheint zwei Arten von Regelkreisen miteinzubeziehen: der eine ist durch den direkten Kontakt der Zellen selber gegeben; der andere ist indirekt und wird von Hormonen gesteuert. In beiden Fällen empfängt jedoch die Zelle durch spezifische, an der Oberfläche lokalisierte Rezeptoren Signale. Verschwindet einer der Rezeptoren, so wird das Signal nicht weitergegeben, und schon ist der Regelkreis unterbrochen, der die Gesellschaft von Molekülen und Zellen überwacht. So kann eine Zelle der Anarchie anheimfallen. Ist sie einmal für die Signale, die ihr Wachstum beschränken, taub geworden, so gehört sie der Gemeinschaft nicht mehr an. Sie kann die benachbarten Gewebe durchdringen und ein Krebsgeschwür erzeugen. Die Vorstellung vom genetischen Programm hat den alten Streitereien über den Ursprung des Krebses viel von ihrer Bedeutung genommen. Ob die Läsion ihren Ursprung im Kern oder Zytoplasma nimmt, ob sie auf eine somatische Mutation oder auf die Gegenwart eines Virus oder die Störung eines Regelkreises zurückzuführen ist, alles, was den Empfang eines Signals verhindert, vermag die Zelle dem Gesetz der Gemeinschaft zu entziehen. Den Krebs zu verstehen heißt einen Zugang zur Logik des Systems zu finden, das den Zellen die Beschränkungen des Gesamtorganismus vermittelt.
Alle diese von der Zellvermehrung und Differenzierung verursachten Komplikationen sind durch die Verstärkung der Kommunikation zwischen Organismus und Milieu bedingt. Die Vernarbung nach einer Verletzung, die Regeneration eines Gliedes nach der Amputation bedeutet, daß eine feine Abstimmung der Reaktionen des Organismus existiert.

Die Anpassungsfähigkeit des Programms erlaubt, gewissen Formen von Aggression entgegenzuwirken. In erster Linie entwickeln sich jedoch im Verlaufe der Evolution die Mittel, um Informationen von außen zu empfangen, sie zu verarbeiten und die Reaktionen des Organismus darauf abzustimmen. Im Zuge der natürlichen Selektion sind sämtliche Möglichkeiten ausprobiert worden. Es gibt Organismen, die ihre Umwelt abtasten, andere belauschen sie, beobachten sie oder riechen sie. Parallel zueinander verstärkt sich die Sensibilität für Reize von außen und nimmt die Vielfalt in der Auswahl der Reaktionen zu. Denn es genügt nicht, gelegentlich einige Informationen zu erhalten. Es ist darüber hinaus notwendig, sie zu integrieren und aus ihnen Schlußfolgerungen zu ziehen. Zum Beispiel ist es von höchstem Interesse, auf Licht empfindlich zu sein. Folglich wurde das Auge im Verlaufe der Evolution mehrmals »erfunden«. Die Insekten haben Facettenaugen. Das mit einer Linse versehene Auge ist unabhängig wenigstens dreimal erschienen: bei gewissen Mollusken, bei den Spinnen und bei den ersten Wirbeltieren. Welch andere Verwendung aber hätte ein Präzisionsinstrument, das fähig ist, eine Distanz abzuschätzen und die Richtung einer Bewegung zu bestimmen, als die Anwesenheit eines Feindes oder einer Beute festzustellen, das heißt um seine Reaktion der Lage anzupassen? Darüber hinaus ist es notwendig, die empfangenen Signale integrieren zu können, sie mit den im »Gedächtnis« bewahrten Formen zu vergleichen, um Freund und Feind zu unterscheiden, um zu schwimmen, zu laufen oder zu fliegen, das heißt um eine Reaktion zu »wählen«. Die Fähigkeiten der Wahrnehmung, der Reaktion, der Entscheidung können sich nur in gemeinsamer Harmonie entwickeln.

Die Verstärkung der Beziehungen zwischen Organismus und Außenwelt beruht auf der Entwicklung des Nervensystems. Allerdings entsprechen unsere Kenntnisse des Nervensystems etwa dem Wissen, das das 19. Jahrhundert von der Vererbung hatte. Man verfügt über Informationen über gewisse elektrische oder biochemische Eigenschaften der Nerven. Doch weiß man fast nichts über die Spezifizität der Verbindungen, über die Organisation des Netzes und seine Konstruktion. Wie wird die Information chiffriert, übermittelt, aufbewahrt und wieder zugänglich gemacht? Welche Logik liegt der Tätigkeit des Gehirns, des Gedächtnisses, des Lernprozesses zugrunde? All das ist nahezu vollständig unbekannt. Hingegen scheint mehr oder weniger festzustehen, daß die Anatomie des Nervensystems auf die eine oder andere Weise von der Vererbung bestimmt wird. Darin gleicht das Gehirn den anderen Organen: seine Struktur ist bis in jede Einzelheit vom genetischen Programm vorgeschrieben. So führt bei vielen Mutanten der Maus die

Änderung eines bestimmten Gens gleichzeitig zu einer Anomalie im Verhalten und zu einer spezifischen Läsion des Gehirns. Oder man kann in gewissen Organismen bei der Regeneration von zerschnittenen Nerven feststellen, daß der Verlauf der Fasern, die Knüpfung der Verbindungen, der Aufbau der Kreise, kurz daß sich die ganze Organisation des Netzes nach dem ursprünglichen Plan vollzieht. Ferner gibt es im Gehirn der Säugetiere bestimmte Zentren, die nicht nur verschiedene Empfindungen aufnehmen können und die Steuerung der Tätigkeit der verschiedenen Muskeln festlegen, sondern auch solche, die den Schlaf oder die Aufmerksamkeit regeln; es gibt sogar Zentren für die Gefühlsregungen. Zum Beispiel gibt es bei der Ratte ein Zentrum für »Bestrafung« und ein anderes für »Vergnügen«: wird einer Ratte eine Elektrode an der richtigen Stelle eingepflanzt und macht man es ihr möglich, dieses Zentrum nach Lust und Laune selbst in Tätigkeit zu setzen, so stimuliert die Ratte ihr eigenes Vergnügen, bis sie vor Erschöpfung umfällt! Man weiß jedoch noch nicht, wie sich die erworbenen Kreise dem Netz der Vererbung überlagern. Man weiß nicht, wie sich das Angelernte dem Angeborenen eingliedert. Jedoch ist dieser alte Gegensatz heute verschwunden: beide ergänzen sich gegenseitig. Die Verhaltensforscher sind der Meinung, daß die Erfahrung eine Verhaltensweise nur in Funktion des genetischen Programms beeinflussen kann. Das Erlernte wird in den von der Vererbung bestimmten Rahmen eingefügt. Zweifellos wird man den molekularen Mechanismus der Synapse bald analysieren können, die Gliederung der Nervenzellen, die Grundeinheit der anatomischen Brücke, auf der das Nervennetz aufbaut. Und man kann sicher sein, daß die für die Aktivität des Gehirns charakteristischen Reaktionen dem Biochemiker bald so banal vorkommen werden wie die der Verdauung. Eine Gemütsbewegung, ein Gefühl, eine Entscheidung, eine Erinnerung zu beschreiben stellt jedoch ein Problem anderer Größenordnung dar. Nichts weist darauf hin, daß das jemals gelingen könnte; und das nicht nur auf Grund der Komplexität des Nervensystems, sondern auch deshalb, weil seit Gödel bekannt ist, daß ein logisches System zu seiner eigenen Beschreibung nicht genügt.
Mit der Entwicklung des Nervensystems, mit der Lernfähigkeit und dem Gedächtnis vermindert sich die Unbeweglichkeit im Ausdruck der Vererbung. Im genetischen Programm, das den Eigenschaften eines etwas komplexeren Organismus zugrunde liegt, gibt es einen unzugänglichen Teil, dessen Durchführung streng fixiert ist; ein anderer offener Teil beläßt dem Individuum eine gewisse Freiheit in der Reaktion. Das Programm schreibt einerseits mit Strenge die Strukturen, Funktionen und Attribute vor, andererseits bestimmt es nur Potentialitäten,

Normen und Rahmen. Einerseits setzt es fest, andererseits erlaubt es. Das Verhalten des Individuums ändert sich mit der zunehmenden Bedeutung, die dem Erworbenen zukommt. Das veranschaulichen die verschiedenen Verhaltensmechanismen, mittels derer die Vögel ihre Familienmitglieder erkennen. Bei einigen Vögeln wie beim Kuckuck ist die Identifizierung der Art durch das genetische Programm streng vorgeschrieben. Für das Erkennen spielen nur Formen und Bewegungen eine Rolle. Im Nest von Adoptiveltern wie Sperling oder Grasmücke aufgezogen, gesellt sich der unabhängig gewordene Kuckuck seinen Artgenossen zu, obwohl er sie nie zuvor im Leben gesehen hat. Bei der Gans hingegen geschieht die Identifizierung auf differenziertere Weise, und zwar dank einem Mechanismus, den die Verhaltensforscher »Prägung« *(imprinting)* nennen. Aus dem Ei geschlüpft, folgt die junge Gans dem ersten sich bewegenden Objekt, dessen Ruf sie vernimmt. Meistens folgt das Junge seiner richtigen Mutter Gans. Handelt es sich jedoch zufälligerweise um einen anderen Organismus, zum Beispiel um Konrad Lorenz, so wird die kleine Gans Konrad Lorenz als seine Mutter betrachten und ihm überallhin folgen. Das genetische Programm bestimmt somit im einen Fall eine Form und im anderen die Fähigkeit, von einer anderen Form geprägt zu werden. Im Tierreich gibt es unzählige Beispiele dieser Art. Die zunehmende Wichtigkeit des offenen Teils des Programms weist der Evolution eine Richtung. Mit der Fähigkeit, auf Reize zu antworten, steigen die Freiheitsgrade bei der Auswahl der Reaktionen an. Beim Menschen wird die Anzahl der möglichen Reaktionen derart umfangreich, daß man von jenem berühmten, den Philosophen so teuren »freien Willen« sprechen kann. Die Anpassungsfähigkeit hat jedoch immer ihre Grenzen. Selbst wenn das Programm dem Organismus nur eine Fähigkeit verleiht, zum Beispiel die Lernfähigkeit, so erlegt es doch in bezug auf das Erlernbare Beschränkungen auf sowie über den Zeitpunkt und die Bedingungen, unter denen gelernt werden kann. So verleiht das genetische Programm dem Menschen die Fähigkeit zu sprechen. Es liegt in seiner Macht, jede Sprache verstehen oder sprechen zu können. Jedoch muß sich der Mensch während einer bestimmten Entwicklungsstufe in einer günstigen Umgebung befinden, damit sich diese Potentialität verwirklichen kann. Von einem gewissen Alter an und wenn es zu lange dem Gespräch, der Pflege und der mütterlichen Zuneigung beraubt ist, wird das Kind niemals sprechen lernen. Dieselben Einschränkungen gelten auch für das Gedächtnis. Dem Umfang der Informationen, die aufgenommen werden können, der Dauer der Aufnahmebereitschaft und dem Erinnerungsvermögen sind Grenzen gesetzt. Die Schranke, wo die strenge Durchführung aufhört und die

Anpassungsfähigkeit des Programms beginnt, ist jedoch noch kaum erforscht worden.

Mit der Verstärkung des Informationsaustausches im Verlaufe der Evolution treten Kommunikationssysteme auf, die nicht mehr im Inneren des Organismus, sondern zwischen den Organismen funktionieren. Auf diese Weise entsteht ein Netz von Beziehungen zwischen den einer Art angehörenden Individuen. Ursprünglich sind diese Kommunikationssysteme unmittelbar an die Finalität der Fortpflanzung gebunden. Ohne diese Systeme wäre die Sexualität wirkungslos. Solange sie keine absolute Notwendigkeit für die Reproduktion ist, solange sie eine Hilfsfunktion bleibt, wird die Vereinigung der Geschlechter durch nichts gefördert. Die Bakterien kennen keinen »Sex-Appeal«. Die Begegnungen geschehen durch zufällige Kollisionen zwischen Individuen verschiedenen Geschlechts. Ebenso machen gewisse niedrige Organismen, Hermaphroditen, vom Geschlecht nur gelegentlichen Gebrauch. Je mehr der Organismus an Autonomie gewinnt, um so mehr wird die Sexualität zur einzigen Art der Fortpflanzung und wird die Notwendigkeit für die Individuen eines Geschlechts größer, die Angehörigen des anderen erkennen zu können. So erscheinen Kommunikationssysteme, die auf Distanz wirken, um selektiv die beiden Geschlechter einer und derselben Art zu verbinden. Meistens handelt es sich um spezifische Signale, die von einem Geschlecht abgegeben und vom anderen empfangen werden. Bei gewissen Insekten handelt es sich um Geruchssignale: eine flüchtige Substanz wird produziert, die empfangen, identifiziert und von jenen verstanden wird, deren genetisches Programm ihnen einen Empfänger gegeben hat, der auf diese molekulare Struktur anspricht. Bei anderen Insekten handelt es sich um akustische Signale: nur die Männchen singen. Bei Fischen und Vögeln gibt es visuelle Signale: eines der Geschlechter, meistens das männliche, zeigt einen großen Reichtum an Formen, Farben, ansprechenden Verzierungen, deren Anblick als spezifischer Reiz auf das andere Geschlecht wirkt. Über die Hormone mit der Chemie des Organismus verbunden, bringen diese visuellen Signale jenen ganzen Teil des Verhaltens in Aufruhr, der mit der Fortpflanzung in Zusammenhang steht. So beginnt der ganze Aufzug von Riten, die zur Kopulation, zum Nestbau, zur Bebrütung usw. führen. Wiederum ist die ganze Sequenz der durchzuführenden Handlungen vorgeschrieben. Der Anblick des entgegengesetzten Geschlechts spielt die Rolle eines einfachen Signals. Dieses läßt ganz einfach den für die Reproduktion vorbereiteten Plan ablaufen.

Ganz offensichtlich sind diese Signalsysteme selektioniert worden, um die Fortpflanzung zu begünstigen. Darüber hinaus stellen sie jedoch allgemein Mittel der Kommunikation zwischen den Individuen einer Art dar. Sie ermöglichen die Bildung von Integrons auf einer dem Organismus übergelagerten Ebene. Bis zu den Säugetieren hinauf führt die Integration jedoch höchstens zur vorübergehenden Bildung eines Paares als Fortpflanzungseinheit. Die Bildung von Gruppen mit koordiniertem Verhalten wie Fisch- oder Vogelschwärme während der Wanderung stellt eine Ausnahme dar. Die wichtigste Ausnahme findet sich bei gewissen Insekten, bei Ameisen, Termiten, Bienen, wo eigentliche Integrons entstehen, die über das Individuum hinausgehen. Der alte Vergleich zwischen Organismus und Gesellschaft erhält im Ameisenhaufen, dem Termitenbau oder der Bienenwabe materielle Gestalt. Gleichwohl stellt jede dieser Strukturen in erster Linie eine Einheit der Reproduktion dar. Die Königin und die Drohnen spielen die Rolle der Geschlechtszellen, die Arbeiterinnen die der somatischen Zellen. Wiederum sind diese Systeme als Ganzes von genetischen Programmen streng determiniert, die nicht nur Morphologie und Physiologie eines jeden Typus bestimmen, sondern auch die Art und den Ablauf der jedem zukommenden Aufgabe. Entsteht ein neues Programm, entsteht ein neues Kommunikationssystem wie der Tanz der Bienen, so mit dem Ziel, die für eine Funktion des Systems notwendige Information weiterzugeben: in diesem Falle die der Nahrungssuche.

Die Struktur der genetischen Botschaft bestimmt somit diejenige dieser tierischen Gemeinschaften. Jedoch läßt bei den Säugetieren die Starrheit des Programms der Vererbung in zunehmendem Maße nach. Die Sinnesorgane verfeinern sich. Die Aktionsmittel vermehren sich vor allem mit der Entwicklung der Greiforgane. Mit dem Gehirn nimmt die Fähigkeit zur Integration zu. Man findet sogar eine neue Eigenschaft: die Fähigkeit sich von den Objekten zu lösen, eine Art Filter zwischen den Organismus und seine Umwelt einzuschieben, das heißt ein Symbolsystem. Nach und nach wird das Signal zum Zeichen. Schon ein Nagetier kann lernen, ein Dreieck von einem Viereck oder einem Kreis zu unterscheiden, wenn diese Formen mit seiner Nahrungssuche in Zusammenhang gebracht werden. Eine Katze lernt Reize zu zählen. Ein Schimpanse, der aufgrund der Form seines Kehlkopfes nicht zu sprechen vermag, kann zumindest teilweise den Signalcode der Handbewegungen erlernen, mittels derer sich die Taubstummen verständigen. So gelingt es ihm, eine ganze Reihe von Zeichen zu erkennen, sie zu interpretieren, zu imitieren und sogar in Gruppen zu kombinieren, um kurze »Sätze« zu bilden, um sich auszudrücken. Jene kleine Region des Gehirns, die Bewegung und Sprache steuert, hat sich somit nicht auf einmal durch einen plötzlichen Sprung entwickelt, sondern nach und nach.

Ebenso ist der Mensch nicht über eine einzige Reihe von Zwischenstufen, in einer kontinuierlichen Kette zum Menschen geworden, sondern über ein Mosaik von Veränderungen, in dem sich jedes Organ, jedes Organsystem, jede Gruppe von Funktionen mit eigener Geschwindigkeit und auf eigenen Wegen entwickelt haben. Verlängerte Dauer des fötalen Lebens und Verlangsamung der Entwicklung, das durch die Fortbewegung auf zwei Pfoten erreichte Freiwerden der vorderen Glieder für andere Aufgaben, die Bildung der Hand und die Verwendung von Werkzeugen, die Vergrößerung des Gehirns und die Fähigkeit zur Sprache – all das führt nicht nur zu einer größeren Autonomie dem Milieu gegenüber. Diese Entwicklung läßt auch neue Systeme der Kommunikation, der Regulation und des Gedächtnisses entstehen, die auf einer dem Organismus übergelagerten Ebene funktionieren. Damit sind alle Bedingungen für neue Integrationen vereinigt, in denen die Koordination der Elemente nicht mehr auf Interaktionen zwischen Molekülen, sondern auf dem Austausch chiffrierter Botschaften beruht. Eine neue Hierarchie von Integrons entsteht. Von der Familienorganisation bis zum modernen Staat, von der Volksgruppe bis zum Bund der Nationen stützt sich eine Reihe von Integrationen auf eine Varietät von kulturellen, moralischen, sozialen, politischen, ökonomischen, militärischen, religiösen und anderen Codes ab. Die Geschichte der Menschheit ist zum Teil diejenige dieser Integrons, ihrer Bildungen und Veränderungen. Auch hier zeichnet sich eine Tendenz zur zunehmenden Integration ab, durch die die Entwicklung der Kommunikationsmittel ermöglicht wird. Auf die Sprache begrenzt bleibt die Informationsübertragung im Raum und in der Zeit beschränkt. Mit der Schrift befreit sich die Kommunikation von der Zeitgebundenheit, und die Erfahrung eines jeden Individuums kann sich in einem kollektiven Gedächtnis anhäufen. Mit der Elektronik, mit den Verfahren zur Aufzeichnung von Bild und Ton und der Möglichkeit, sie in einem Augenblick auf irgendeinen Punkt des Globus zu senden, verschwindet jede Restriktion in der Zeit und im Raum.

Neue Objekte erscheinen mit den kulturellen und sozialen Integrons, die nach auf untergeordneten Ebenen unbekannten Prinzipien funktionieren. Die Vorstellungen von Demokratie, Besitz, Bezahlung haben für eine Zelle oder für einen Organismus so wenig Bedeutung wie die der Reproduktion und der natürlichen Selektion für ein isoliertes Molekül. Das heißt, daß sich die Biologie bei der Erforschung des Menschen auflösen wird, so wie die Physik beim Studium der Zelle verschwunden ist. Die Biologie stellt nur noch einen Zugang unter anderen dar. Seit Erscheinen einer Evolutionstheorie, vor allem seit Herbert Spencer, ist oft versucht worden, die sozialen und kulturellen Integrons, ihre Veränderungen, ihre Interaktionen ausschließlich mit Hilfe von der Biologie entlehnten Modellen zu interpretieren. So wie die Mechanismen der Informationsübertragung gewissen Prinzipien gehorchen, kann in einem bestimmten Sinn in der Weitergabe einer Kultur über die Generationen hinweg eine Art zweites genetisches System gesehen werden, das dem der Vererbung übergelagert ist. Damit wird vor allem für die Biologen die Versuchung groß, die ins Spiel kommenden Prozesse zu vergleichen und Analogien zu suchen; so das Auftauchen einer Idee mit dem einer Mutation zu vergleichen, das Neue der Veränderung dem Konservatismus der Kopie entgegenzustellen, das Verschwinden von Gesellschaften oder Kulturen analog zu dem von Arten durch Sackgassen einer zu spezialisierten Evolution erklären zu wollen. Man kann die Parallele sogar bis in die letzte Einzelheit treiben. Damit wird die Reproduktion in den Mittelpunkt der beiden Systeme gestellt für die kulturellen und gesellschaftlichen Codes ebensosehr wie für die der Strukturen des Organismus und ihrer Eigenschaften: die Verschmelzung von Kulturen erinnert an jene der Gameten; die Universität übernimmt in der Gesellschaft die Rolle der Keimlinie in der Art; Ideen dringen in die Gedankenwelt wie Viren in Zellen ein; dort vermehren sie sich und werden selektioniert entsprechend den Vorteilen, die sie der Gruppe einbringen. Kurz, die Änderung in den Gesellschaften und Kulturen beruht dann auf einer Evolution ähnlich der der Art. Es müßten nur noch die Kriterien der Selektion definiert werden. Fatal ist einzig, daß dies noch niemandem gelungen ist.

Denn die Codes, ihre Regulationen und Interaktionen machen es unmöglich, die Gegenstände der kulturellen und sozialen Integrons mit den Erklärungsschemata der Biologie zu erfassen. Wiederum findet man sich einer Integration von in sich selber integrierten Elementen gegenübergestellt. Mag man auch neue Stufen sehen, Diskontinuitäten in Phänomenen und Konzeptionen, so findet sich doch kein Unterbruch zwischen diesem Bereich und dem der Biologie. Die Beobachtungsobjekte fügen sich ineinander. Die Physiologie zum Beispiel betrachtet die Funktionen des Organismus und die Koordinationsmechanismen. Ihr übergelagert übersetzt die Verhaltensforschung die inneren Prozesse um die Reaktion des Organismus auf seine Umwelt in ihrer Totalität zu erfassen. Auf noch höherer Ebene, im Bereich der Bevölkerungsdynamik und der Soziologie, wird das Verhalten der Individuen unbeachtet gelassen und ausschließlich das Verhalten des Ganzen analysiert. Eines Tages wird man wohl die verschiedenen Beobachtungsebenen aneinanderfügen müssen, um sie miteinander in Beziehung zu bringen. Denn wiederum besteht keine Hoffnung darauf, daß sich das System erfassen ließe, ohne die Eigenschaften der Elemente zu kennen. Mit anderen Worten: die Erforschung des Menschen und seiner Gesellschaft kann nicht auf die Biologie verzichten, läßt sich aber auch nicht auf die Biologie reduzieren, so wenig wie die Physik zum Verständnis der Biologie genügte. Man wird den kulturellen und sozialen Revolutionen mit dem Schema einer Selektion von Ideen nicht gerecht. Freilich darf nicht vergessen werden, daß der menschliche Organismus ein Produkt der natürlichen Selektion ist. Von allen Organismen hat der Mensch das offenste, das anpassungsfähigste genetische Programm. Wo aber hört die Anpassungsfähigkeit auf? Welcher Teil des Verhaltens ist vom Gen vorgeschrieben? Welchen durch die Vererbung gegebenen Beschränkungen ist der menschliche Geist unterworfen? Allem Anschein nach bestehen derartige Beschränkungen auf bestimmten Ebenen. Wo sind jedoch ihre Grenzen zu ziehen? Die moderne Linguistik kennt eine allen Sprachen gemeinsame grundlegende Grammatik; man nimmt an, daß diese Einheitlichkeit einem von der Vererbung der Gehirnorganisation auferlegten Rahmen entspreche. Für die Neurophysiologen ist der Traum nicht nur für den Menschen eine notwendige Funktion, sondern für alle Säugetiere; er wird von einem in einer bestimmten Region des Gehirns lokalisierten Zentrum gesteuert. Für die Ethologen stellt die Aggression eine Verhaltensweise dar, die im Verlaufe der Evolution selektioniert worden ist. Sie kennzeichnete bereits die meisten Wirbeltiere und erbrachte den in kleinen Gruppen lebenden und sich in einem unaufhörlichen Daseinskampf um Nahrung, Frauen und Macht befindenden Menschen einen selektiven Vorteil ein. Heute spielt jedoch die natürliche Selektion nicht mehr die Hauptrolle für die Transformationen des Menschen, zumindest nicht in bestimmten Gesellschaftsformen. Diese Rolle ist von der Kultur übernommen worden, die wirksamer und schneller, aber auch noch sehr jung ist. Folglich finden zahlreiche Aspekte des Verhaltens der heutigen Menschen ihren Ursprung in einem selektiven Vorteil, der der Art bereits zum Zeitpunkt ihres Erscheinens mitgegeben war. Zahlreiche Züge der menschlichen Natur sind in den starren, durch die 23 Chromosomen festgelegten Rahmen gepreßt, die das Erbgut des Menschen bilden. Wie starr ist jedoch dieser Rahmen? Welche Beschränkungen sind der Wendigkeit des menschlichen Geistes durch das genetische Programm auferlegt?

Dank der Anhäufung von Wissen ist der Mensch das erste Produkt der Evolution geworden, das fähig ist, die Evolution zu beherrschen. Das gilt nicht nur für die Evolution der anderen Arten, indem er die ihn interessierenden Arten begünstigt und diejenigen eliminiert, die ihn bedrohen; er ist auch fähig, seine eigene Evolution zu beeinflussen. Vielleicht wird man eines Tages auf die Durchführung des genetischen Programms Einfluß ausüben können, ja sogar auf seine Struktur, um gewisse Fehler zu verbessern und zusätzliche Elemente einzufügen. Vielleicht wird man auch nach Willen in gewünschter Anzahl genaue Kopien eines bestimmten Individuums, eines Politikers, eines Künstlers, einer Schönheitskönigin oder eines Athleten produzieren können. Nichts hindert daran, schon jetzt auf die Menschen dieselben Selektionsmethoden anzuwenden, die für Rennpferde, Laboratoriumsmäuse oder Milchkühe gebräuchlich sind. Zuerst müßte man jedoch die genetischen Faktoren kennen, die derart komplexe Qualitäten bestimmen wie Originalität, Schönheit oder physische Ausdauer. Vor allem wird man sich auf die auszuwählenden Kriterien einigen müssen. Dieses Problem sprengt jedoch den biologischen Bereich.

Es gibt eine Kohärenz in den Darstellungen der Wissenschaft, eine Einheit in den Erklärungen. Sie bezeugt die grundlegende Einheit der Elemente und der ins Spiel kommenden Prinzipien. Auf welcher Ebene sie auch betrachtet werden, die Gegenstände der Analyse sind immer Organisationen, Systeme. Jedes von ihnen ist ein Bestandteil des nächst höheren. Sogar das alte, nicht teilbare Atom ist zu einem System geworden. Die Physiker sind noch nicht imstande zu behaupten, ob das kleinste der heute bekannten Elementarteilchen nicht auch ein Organisationssystem ist. Der Begriff Evolution beschreibt Veränderungen zwischen den Systemen. Denn die Materie entwickelt sich nicht, da sie mit der Energie zusammen eine dauernde Voraussetzung darstellt. Was sich entwickelt, ist die Organisation, jene Einheit der Erscheinung, die stets fähig ist, sich mit ihresgleichen zu vereinigen, um sich einem System zu integrieren, das sie beherrscht. Ohne diese Eigenschaft wäre das Universum grenzenlos schal: ein Ozean identischer, unbelebter, sich gegenseitig unbekannt bleibender Körner; in etwa dem Urgestein der Erde vergleichbar, in dem sich während Milliarden von Jahren weder die Moleküle noch ihre gegenseitigen Beziehungen geändert haben.
Die Qualität der Dinge ändert sich infolge der Integration. Denn eine Organisation besitzt oft Eigenschaften, die auf untergeordneter Ebene nicht existieren. Diese Eigenschaften lassen sich durch diejenigen der Bestandteile erklären, können aber nicht aus ihnen abgeleitet werden. Damit wird klar, daß dem Erscheinen eines bestimmten Integrons nur eine gewisse Wahrscheinlichkeit zukommt. Jede Voraussage in bezug auf seine Wirklichkeit hat nur statistischen Wert. Das betrifft ebensosehr das Entstehen der Wesen wie das der Dinge, den Aufbau einer

Zelle, eines Organismus oder einer Population ebensosehr wie den eines Moleküls, eines Steins oder eines Sturms. Folglich beruht gegenwärtig die Einheit der Erklärung auf der Zufälligkeit. Jedoch werden die Auswirkungen des Zufalls bei den Organismen unmittelbar durch die Erfordernisse der Anpassung, der Fortpflanzung und der natürlichen Selektion berichtigt; dies führt zu einem Paradox. In der unbelebten Welt kann die Wahrscheinlichkeit eines Ereignisses tatsächlich statistisch mit Präzision vorausgesagt werden. Bei den Lebewesen hingegen, die unauflösbar an eine Geschichte gebunden sind, deren Einzelheiten man niemals erfahren wird, machen die durch natürliche Selektion bedingten Abweichungen jede statistische Voraussage unmöglich. Wie sollen Erscheinen und Entwicklung bestimmter Lebewesen zugunsten anderer vorausgesehen werden? Wie soll das brutale Ende der großen Reptilien im Mesozoikum und der unmittelbar bevorstehende Erfolg der Säugetiere vorausgesagt werden?

Die Existenzgrundlage aller Organisationen, aller Systeme, aller Hierarchien beruht letzten Endes auf den Eigenschaften der Atome, die von den elektromagnetischen Gesetzen Maxwells beschrieben werden. Vielleicht sind andere Zusammenhänge für eine Darstellung möglich. Die Wissenschaft kann jedoch dem Käfig ihres Erklärungssystems nicht entweichen. Die heutige Welt besteht aus Botschaften, Codes, Informationen. Welches Skalpell wird morgen unsere Welt zerteilen, um sie in einem neuen Raum von neuem zusammenzusetzen? Welche neue russische Puppe wird in ihm zum Vorschein treten?

Personenregister

Inhalt